U0333837

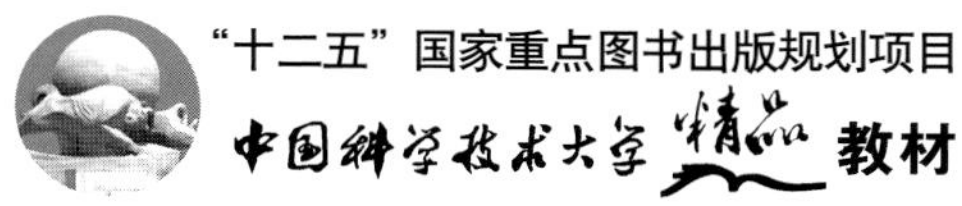

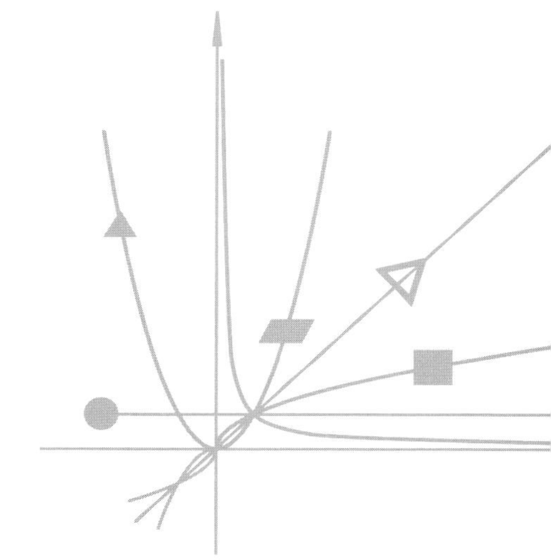

郑坚坚／编著

Stochastic Processes

随机过程

中国科学技术大学出版社

内 容 简 介

本书是一本应用随机过程的入门教材.其内容包括几种经典的随机过程,如泊松过程、更新过程、马氏链、平稳过程和布朗运动,还有对于近些年来在理论和应用研究中非常活跃的鞅过程及随机微分方程等内容的简介.

本书可作为大学本科非概率统计专业的学生(包括理科、工科及金融、管理等有关专业)及少量有此需要的研究生的教材,也可作为工程技术人员的参考书.

图书在版编目(CIP)数据

随机过程/郑坚坚编著.—合肥:中国科学技术大学出版社,2016.1(2023.12重印)

(中国科学技术大学精品教材)

"十二五"国家重点图书出版规划项目

安徽省高等学校"十二五"省级规划教材

ISBN 978-7-312-03858-7

Ⅰ.随… Ⅱ.郑… Ⅲ.随机过程—高等学校—教材 Ⅳ.O211.6

中国版本图书馆 CIP 数据核字(2015)第 316305 号

出版 中国科学技术大学出版社
安徽省合肥市金寨路 96 号,230026
http://press.ustc.edu.cn
https://zgkxjsdxcbs.tmall.com

印刷 安徽国文彩印有限公司

发行 中国科学技术大学出版社

开本 710 mm×960 mm 1/16

印张 19.5

字数 371 千

版次 2016 年 1 月第 1 版

印次 2023 年 12 月第 2 次印刷

定价 55.00 元

总　　序

2008年，为庆祝中国科学技术大学建校五十周年，反映建校以来的办学理念和特色，集中展示教材建设的成果，学校决定组织编写出版代表中国科学技术大学教学水平的精品教材系列.在各方的共同努力下，共组织选题281种，经过多轮严格的评审，最后确定50种入选精品教材系列.

五十周年校庆精品教材系列于2008年9月纪念建校五十周年之际陆续出版，共出书50种，在学生、教师、校友以及高校同行中引起了很好的反响，并整体进入国家新闻出版总署的“十一五”国家重点图书出版规划.为继续鼓励教师积极开展教学研究与教学建设，结合自己的教学与科研积累编写高水平的教材，学校决定，将精品教材出版作为常规工作，以《中国科学技术大学精品教材》系列的形式长期出版，并设立专项基金给予支持.国家新闻出版总署也将该精品教材系列继续列入“十二五”国家重点图书出版规划.

1958年学校成立之时，教员大部分来自中国科学院的各个研究所.作为各个研究所的科研人员，他们到学校后保持了教学的同时又作研究的传统.同时，根据“全院办校，所系结合”的原则，科学院各个研究所在科研第一线工作的杰出科学家也参与学校的教学，为本科生授课，将最新的科研成果融入到教学中.虽然现在外界环境和内在条件都发生了很大变化，但学校以教学为主、教学与科研相结合的方针没有变.正因为坚持了科学与技术相结合、理论与实践相结合、教学与科研相结合的方针，并形成了优良的传统，才培养出了一批又一批高质量的人才.

学校非常重视基础课和专业基础课教学的传统，这也是她特别成功的原因之一.当今社会，科技发展突飞猛进、科技成果日新月异，没有扎实的基础知识，很难在科学技术研究中作出重大贡献.建校之初，华罗庚、吴有训、严济慈等老一辈科学家、教育家就身体力行，亲自为本科生讲授基础课.他们以渊博的学识、精湛的讲课艺术、高尚的师德，带出一批又一批杰出的年轻教员，培养了一届又一届优秀学生. 入选精品教材系列的绝大部分是基础课或专业基础课的教材，其作者大多直接或间接受到过这些老一辈科学家、教育家的教诲和影响，因此在教材中也贯穿着这些先辈的教育教学理念与科学探索精神.

改革开放之初，学校最先选派青年骨干教师赴西方国家交流、学习，他们在带回先进科学技术的同时，也把西方先进的教育理念、教学方法、教学内容等带回到中国科学技术大学，并以极大的热情进行教学实践，使“科学与技术相结合、理论与实践相结合、教学与科研相结合”的方针得到进一步深化，取得了非常好的效果，培养的学生得到全社会的认可. 这些教学改革影响深远，直到今天仍然受到学生的欢迎，并辐射到其他高校. 在入选的精品教材中，这种理念与尝试也都有充分的体现.

中国科学技术大学自建校以来就形成的又一传统是根据学生的特点，用创新的精神编写教材. 进入我校学习的都是基础扎实、学业优秀、求知欲强、勇于探索和追求的学生，针对他们的具体情况编写教材，才能更加有利于培养他们的创新精神. 教师们坚持教学与科研的结合，根据自己的科研体会，借鉴目前国外相关专业有关课程的经验，注意理论与实际应用的结合，基础知识与最新发展的结合，课堂教学与课外实践的结合，精心组织材料、认真编写教材，使学生在掌握扎实的理论基础的同时，了解最新的研究方法，掌握实际应用的技术.

入选的这些精品教材，既是教学一线教师长期教学积累的成果，也是学校教学传统的体现，反映了中国科学技术大学的教学理念、教学特色和教学改革成果. 希望该精品教材系列的出版，能对我们继续探索科教紧密结合培养拔尖创新人才，进一步提高教育教学质量有所帮助，为高等教育事业作出我们的贡献.

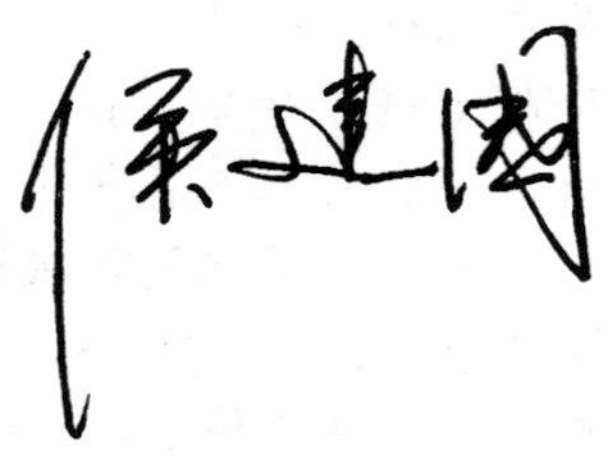

中国科学院院士
第三世界科学院院士

前言

作为一本应用随机过程的入门教材，本书的对象主要是大学非概率统计专业的本科生（包括理、工科各相关专业以及具有相应数学基础的金融、管理等专业的学生），同时也包括少量需要补习随机过程知识的某些专业（如管理）的研究生. 使用本教材所需的准备知识除了概率论与数理统计（主要是概率论）之外，还有高等数学（主要是微积分，其次要用到少量微分方程与线性代数），不需要测度论或实变函数方面的知识. 实际上，本书所用的数学工具主要是微积分.

概率论的知识无疑是非常重要的，这其中尤以条件数学期望的概念最为重要. 我们在第 1 章概率论知识回顾部分集中介绍了条件期望的概念及其一系列重要性质，并且在第 7 章中又将它推广到更加一般的、新的层面. 条件期望的新概念对于刻画和处理现代随机过程论中一些比较先进的内容（如第 7 章、第 8 章中的有关部分）起到了非常关键的作用，具有重要的理论及应用价值. 同时，与条件期望的传统概念（即我们在第 1 章中所介绍的）相比，新概念具有与之非常相似的性质，从而对于学习者而言，新概念的掌握和应用也不会有实质性的困难.

本书第 1 章至第 6 章属于经典随机过程的范围，一般来说也是必讲的内容. 第 7 章“鞅论初步”与第 8 章“布朗运动”（特别是其中有关伊藤积分与随机微分方程部分）则涉及近数十年来研究非常活跃、发展特别迅速的随机过程分支（当然，我们只介绍了其初步知识）. 对于这两章，教师可根据具体的教学要求和条件而采取选讲或者不讲的灵活处理. 全书以第 1 章为基础，其他各章间的逻辑关系基本上是按章递进的，但各章内容又相对独立. 有需要用到其他章节的地方，我们会随时交代清楚.

本书是在广泛借鉴前辈随机过程教材的基础上，结合笔者多年来讲授“概率论与数理统计”与“随机过程”课程的经验和体会而写成的. 由于学力所限，加上准备时间亦不够充分，书中缺陷乃至谬误之处在所难免，还望读者能够不吝赐教，容日后择机改正. 笔者写作这本书的初衷，是希望能以通俗易懂的方式来叙述随机过程的内容，同时也尽可能做到论述的严谨和完善，还希望能将随机过程极其丰富而绚丽的内涵尽可能全面地呈现给读者(哪怕偶尔会失之于浅陋)．但若问这一初衷究竟实现了几分，则恐怕还要俟诸读者的评判．

本书的写作得到了中国科学技术大学教材建设项目及中国科学技术大学出版社精品教材项目的经费支持，笔者在此表示衷心的感谢．笔者感谢中国科学技术大学统计与金融系缪柏其、胡太忠教授的鼓励与支持；还要感谢统计与金融系的研究生葛欣怡、徐佩雯和卫雨婷，她们用 CTex 软件打出了全部书稿并反复校改，十分辛苦；最后，笔者要特别感谢中国科学技术大学出版社编辑老师的热情帮助与指导!

作　者

2015 年 10 月 21 日

目　　次

总序 (i)

前言 (iii)

第 1 章　基础知识 (1)

1.1　概率与概率空间 (1)

1.2　随机变量及其数字特征 (7)

1.2.1　随机变量及其概率分布 (7)

1.2.2　随机变量的数字特征 (9)

1.3　条件数学期望 (12)

1.3.1　条件期望与全期望公式 (13)

1.3.2　条件期望的性质 (15)

1.3.3　条件期望 $E(X|Y_1,Y_2,\cdots,Y_n)$ (16)

1.4　矩母函数与概率生成函数 (17)

1.5　几个重要的概率分布 (20)

1.5.1　多项分布 (20)

1.5.2　（负）指数分布 (21)

1.5.3　多维正态分布 (22)

1.5.4　随机变量的函数的分布 (23)

1.6　随机过程的基本概念 (24)

1.6.1　定义及例 (24)

1.6.2　随机过程的分布与数字特征 (26)

1.7　随机过程的分类 (30)

1.7.1　独立增量过程 (30)

1.7.2 平稳增量过程 …… (30)
1.7.3 马尔可夫过程（马氏过程） …… (31)
1.7.4 计数过程（点过程） …… (31)
1.7.5 二阶矩过程 …… (32)
1.7.6 平稳过程（严平稳、宽平稳） …… (32)
1.7.7 更新过程 …… (33)
1.7.8 鞅（过程） …… (34)
习题 1 …… (35)

第 2 章 泊松过程 …… (38)
2.1 泊松过程的定义 …… (38)
2.2 来到时间间隔与等待时间的分布 …… (42)
2.3 泊松过程的推广 …… (48)
2.3.1 非齐次泊松过程 …… (48)
2.3.2 复合泊松过程 …… (51)
2.3.3 条件泊松过程 …… (54)
习题 2 …… (55)

第 3 章 更新过程 …… (58)
3.1 定义和基本概念 …… (58)
3.2 若干极限定理 …… (65)
3.3 更新方程与关键更新定理 …… (70)
3.4 更新过程的推广 …… (75)
3.4.1 延迟更新过程 …… (75)
3.4.2 交错更新过程 …… (77)
3.4.3 更新酬劳过程 …… (81)
习题 3 …… (85)

第 4 章 马尔可夫链 …… (87)
4.1 基本概念与例子 …… (87)
4.2 马氏链的状态分类 …… (95)
4.3 常返与瞬过 …… (100)

4.4 吸收概率与平均吸收时间 .... (111)
4.5 马氏链的极限理论与平稳分布 .... (117)
4.5.1 n 步转移概率 $p_{ij}^{(n)}$ 的极限 .... (117)
4.5.2 马氏链的平稳分布 .... (124)
习题 4 .... (135)

第 5 章 连续时间马氏链 .... (139)
5.1 基本概念与例子 .... (139)
5.2 转移率 q_{ij} 与转移率矩阵 Q .... (145)
5.3 柯尔莫哥洛夫微分方程 .... (154)
5.4 极限分布与平稳分布 .... (160)
习题 5 .... (167)

第 6 章 平稳过程 .... (170)
6.1 定义与例子 .... (170)
6.2 均方分析初步 .... (177)
6.2.1 均方极限与均方分析初步 .... (177)
6.2.2 高斯过程（正态过程） .... (185)
6.3 遍历性（各态历经性） .... (186)
6.4 平稳过程的协方差函数与功率谱密度函数 .... (194)
6.4.1 平稳过程的协方差函数 .... (194)
6.4.2 平均功率的谱表示与维纳 – 辛钦公式 .... (195)
6.5 平稳过程的预报（预测） .... (202)
6.5.1 均方最佳预报与线性均方最佳预报 .... (202)
6.5.2 平稳序列的预报 .... (205)
习题 6 .... (211)

第 7 章 鞅论初步 .... (215)
7.1 (离散) 鞅的定义及例 .... (215)
7.2 上鞅、下鞅及其分解 .... (220)
7.3 停时与停时定理 .... (227)
7.4 鞅收敛定理 .... (238)

7.5 连续参数鞅 ………… (244)
7.5.1 关于 σ-域的条件期望 ………… (244)
7.5.2 关于递增的 σ-域族的鞅 ………… (247)
7.5.3 连续参数鞅 ………… (250)
习题 7 ………… (253)

第 8 章 布朗运动 ………… (257)
8.1 随机游动与布朗运动 ………… (258)
8.2 首中时、最大值与布朗运动的性质 ………… (265)
8.3 布朗运动的推广与变形 ………… (270)
8.4 关于布朗运动的积分 ………… (280)
8.5 伊藤微分公式与随机微分方程 ………… (290)
习题 8 ………… (296)

附录 ………… (299)

参考文献 ………… (302)

第 1 章　基础知识

我们假定读者已学过概率论，因此不再系统介绍概率论的知识，而只对那些与本门课程关系密切的内容作一些重点介绍. 本章的另外一个主题是介绍随机过程及相关的一些基本概念.

1.1　概率与概率空间

随机试验（简称试验）和随机事件（简称事件）是概率论中最基本的概念. 随机试验的最大特点是其结果的不确定性. 若将试验全部可能的结果组成的集合记为 Ω ，则 Ω 称为必然事件（或样本空间）， Ω 中的元素 ω 称为基本事件（或样本点）. 一个一般的事件 A 可以视为若干个基本事件（样本点）的组合（集合），即 A 为 Ω 的一个子集： $A\subseteq\Omega$. 但一般而言，并非 Ω 的任一子集都能成为一个事件. 而且，若记由 Ω 上的所有事件 A 所构成的集合类（事件类）为 $\mathscr{F}$ ，则人们要求 $\mathscr{F}$ 必须对某些运算是封闭的. 确切地说，要求 $\mathscr{F}$ 构成一个“σ-域”. σ-域这个概念不仅对于我们即将介绍的概率空间与随机变量等概念来说十分必要，而且对于后面第 7 章、第 8 章的内容亦起到非常重要的作用，故我们先对它做一些简单、初步的介绍.

定义 1.1.1　设 $\mathscr{F}$ 为空间 Ω 上的一个非空子集类，若满足条件:

(1) $A\in\mathscr{F}\Rightarrow\bar{A}\in\mathscr{F}$ (注： $\bar{A}$ 为 A 的补集，亦可记为 A^c);

(2) $A_i \in \mathscr{F}(i=1,2,\cdots) \Rightarrow \bigcup\limits_{i=1}^{+\infty} A_i = \sum\limits_{i=1}^{+\infty} A_i \in \mathscr{F}$,

则 $\mathscr{F}$ 被称为 Ω 上的一个 σ-域（或 σ-代数），而 $(\Omega,\mathscr{F})$ 则被称为可测空间（$\mathscr{F}$ 中任一集合 A 称为可测集）.

由定义容易推知，若 $\mathscr{F}$ 为 Ω 上的 σ-域，则 $\Omega,\varnothing \in \mathscr{F}$（$\varnothing$ 为空集. 若 Ω 为样本空间或必然事件，则 $\varnothing$ 又可理解为不可能事件），且 $\mathscr{F}$ 关于集合的有限次及可列无限次的并、交、差等运算是封闭的.

下面两个例子很容易加以验证：

例 1.1.1 设 $A \subseteq \Omega$ 为 Ω 的任一子集，则 $\mathscr{F} = \{\varnothing, A, \bar{A}, \Omega\}$ 构成一个 σ-域.

例 1.1.2 设 Ω 为一有限集合（例如，Ω 为一古典概率空间），则由 Ω 的所有子集构成的集合类 $\mathscr{F} = \{A, \forall A \subseteq \Omega\}$ 为一个 σ-域（注：符号 $\forall$ 的含义是"任取"或"任给"）.

定义 1.1.2 设 $\mathscr{A}$ 为空间 Ω 上的一个非空子集类，$\mathscr{F}$ 为 Ω 上的一个 σ-域，如果满足：

(1) $\mathscr{F} \supseteq \mathscr{A}$；

(2) 对于任一包含 $\mathscr{A}$ 的 σ-域 $\mathscr{F}'$ 必有 $\mathscr{F}' \supseteq \mathscr{F}$;

则称 $\mathscr{F}$ 是由 $\mathscr{A}$ 所生成的 σ-域，记为 $\mathscr{F} = \sigma(\mathscr{A})$. $\sigma(\mathscr{A})$ 亦称为包含 $\mathscr{A}$ 的最小 σ-域.

注 集类 $\sigma(\mathscr{A})$ 可以理解为，是由 $\mathscr{A}$ 中集合经任意有限次或可列无限次并、交、差等运算而得到的所有可能的集合所构成的，它也等于所有包含 $\mathscr{A}$ 的 σ-域的交.

例 1.1.3 取 $\Omega = \mathbf{R}$（实数域），记 $\mathscr{A} = \big\{(-\infty, x], \forall x \in \mathbf{R}, \big\}$ 则 $\sigma(\mathscr{A})$ 称为一维博雷尔（Borel）域，记为 $\mathscr{B}(\mathbf{R})$ 或 $\mathscr{B}$，而 $(\mathbf{R}, \mathscr{B}(\mathbf{R}))$ 或 $(\mathbf{R}, \mathscr{B})$ 称为（一维）博雷尔空间.

$\mathscr{B}(\mathbf{R})$ 是一个重要的 σ-域，可以推想出 $\mathscr{B}(\mathbf{R})$ 中的元素都是形如 $(-\infty,b],(a,+\infty),(a,b],[a,b),[a,b],(a,b)$(其中 $a \leqslant b$) 之类的区间以及它们的有限次或可列无限次的并集及交集.

若设 $\mathscr{A}$ 为二维实平面上所有形如 $(-\infty,a] \times (-\infty,b] (\forall a,b \in \mathbf{R})$ 的矩形所构成的子集类，则 $\sigma(\mathscr{A})$ 称为二维博雷尔域，记为 $\mathscr{B}^2$. 而 $(\mathbf{R}^2, \mathscr{B}^2)$ 称为二维博雷尔空间. 更一般地，还可类似定义 $\mathscr{B}^n$ 与 $(\mathbf{R}^n, \mathscr{B}^n)$.

下面我们给出概率的定义.

定义 1.1.3　设随机试验的所有可能的结果（指样本点或基本事件 ω ）构成样本空间 Ω ， $\mathscr{F}$ 是 Ω 上的随机事件类 (σ-域). 若有 $\mathscr{F}$ 上的集函数 $P=P(A)$, 满足:

(1) $P(A)\geqslant 0(\forall A\in\mathscr{F})$;

(2) $P(\Omega)=1$(或$P(\varnothing)=0$);

(3) （可加性）对任意一组（有限个或可列无限个）两两互斥的事件 $A_1, A_2,\cdots,A_i,\cdots(A_i\in\mathscr{F})$ 都有

$$P\Big(\bigcup_i A_i\Big)=P\Big(\sum_i A_i\Big)=\sum_i P(A_i) \tag{1.1.1}$$

则称 $P(A)$ 为 A 的概率 $(\forall A\in\mathscr{F})$, 而称三元组 $(\Omega,\mathscr{F},P)$ 为概率空间.

对于概率的基本性质我们仅择要介绍如下的几条:

(1) 概率的一般加法公式

$$P(A+B)=P(A)+P(B)-P(AB) \tag{1.1.2}$$

$$\begin{aligned}P(A+B+C)=&P(A)+P(B)+P(C)-P(AB)-P(AC)\\&-P(BC)+P(ABC)\end{aligned} \tag{1.1.3}$$

更一般地，有 (Jordan) 公式:

$$P\Big(\sum_{i=1}^n A_i\Big)=\sum_{m=1}^n(-1)^{m-1}\sum_{1\leqslant i_1<i_2<\cdots<i_m\leqslant n}P(A_{i_1}A_{i_2}\cdots A_{i_m}) \tag{1.1.4}$$

(2) 概率的减法公式

$$P(A-B)=P(A)-P(AB) \tag{1.1.5}$$

特别地，若 $A\supseteq B$，则有

$$P(A-B)=P(A)-P(B) \tag{1.1.6}$$

(3) 概率的连续性

(a) 若事件列 $\{A_n,n\geqslant 1\}$ 是单调递增的，即满足： $A_1\subseteq A_2\subseteq A_3\subseteq\cdots$, 则有

$$\lim_{n\to+\infty}P(A_n)=P\Big(\bigcup_{n=1}^{+\infty}A_n\Big) \tag{1.1.7}$$

(b) 若事件列 $\{A_n, n \geqslant 1\}$ 是单调递减的，即满足：$A_1 \supseteq A_2 \supseteq A_3 \supseteq \cdots$，则有

$$\lim_{n\to+\infty} P(A_n) = P\Big(\bigcap_{n=1}^{+\infty} A_n\Big) \tag{1.1.8}$$

(4)

$$P\Big(\bigcup_{i=1}^{n} A_i\Big) \leqslant \sum_{i=1}^{n} P(A_i) \tag{1.1.9}$$

更一般地，有

$$P\Big(\bigcup_{i=1}^{+\infty} A_i\Big) \leqslant \sum_{i=1}^{+\infty} P(A_i) \tag{1.1.10}$$

证明 式 (1.1.2) 与式 (1.1.3) 是众所周知的，利用此两式，再用归纳法即可证明式 (1.1.4)。式 (1.1.5) 亦容易证明.

为证明式 (1.1.7)，先将原事件列的并分解为不交并，即

令 $B_1 = A_1, B_n = A_n\overline{\Big(\bigcup_{i=1}^{n-1} A_i\Big)} = A_n\overline{A_{n-1}}(n \geqslant 2)$（因为 $\{A_i, i \geqslant 1\}$ 为递增的），则 $B_1, B_2, \cdots, B_i, \cdots$ 为两两互斥的，且容易证明

$$\sum_{i=1}^{n} B_i = \sum_{i=1}^{n} A_i = A_n \quad 及 \quad \sum_{i=1}^{+\infty} B_i = \sum_{i=1}^{+\infty} A_i$$

对此二式取概率，并利用式 (1.1.1) 分别得到

$$P(A_n) = P\big(\sum_{i=1}^{n} B_i\big) = \sum_{i=1}^{n} P(B_i) \tag{1.1.11}$$

与

$$P\big(\sum_{i=1}^{+\infty} A_i\big) = \sum_{i=1}^{+\infty} P(B_i) \tag{1.1.12}$$

在式 (1.1.11) 两边取极限，并利用式 (1.1.12) 便得到

$$\lim_{n\to+\infty} P(A_n) = \sum_{i=1}^{+\infty} P(B_i) = P\Big(\sum_{n=1}^{+\infty} A_i\Big)$$

此即为式 (1.1.7).

至于式 (1.1.8)，可令 $B_n=\overline{A_n}(n\geqslant 1)$，则 $\{B_n,n\geqslant 1\}$ 为递增的事件列. 利用式 (1.1.7) 的结果我们有

$$\lim_{n\to+\infty}P(B_n)=P\Big(\bigcup_{n=1}^{+\infty}B_n\Big)$$

即

$$\lim_{n\to+\infty}P(\overline{A_n})=P\Big(\bigcup_{n=1}^{+\infty}\overline{A_n}\Big)$$

再利用概率论中著名的 De Morgan 公式，便可证得式 (1.1.8).

最后，由式 (1.1.2) 我们知道

$$P(A+B)\leqslant P(A)+P(B)$$

再利用归纳法便可证明式 (1.1.9). 然而用式 (1.1.9) 却不能直接推得式 (1.1.10)（反推倒是可以），需要用到概率的连续性. 令 $B_n=\bigcup\limits_{i=1}^{n}A_i\ (n\geqslant 1)$，则 $\{B_n,n\geqslant 1\}$ 为单调递增的事件列，且有

$$\sum_{i=1}^{n}B_i=\sum_{i=1}^{n}A_i,\quad \sum_{i=1}^{+\infty}B_i=\sum_{i=1}^{+\infty}A_i$$

由式 (1.1.7) 可知

$$\lim_{n\to+\infty}P(B_n)=P\big(\sum_{i=1}^{+\infty}B_i\big)=P\big(\sum_{n=1}^{+\infty}A_i\big) \tag{1.1.13}$$

而由式 (1.1.9) 可知

$$P(B_n)=P\Big(\sum_{i=1}^{n}A_i\Big)\leqslant\sum_{i=1}^{n}P(A_i)$$

在上式两边令 $n\to+\infty$，推得

$$\lim_{n\to+\infty}P(B_n)\leqslant\sum_{i=1}^{+\infty}P(A_i)$$

再利用式 (1.1.13)，便得到

$$P\big(\sum_{i=1}^{+\infty}A_i\big)\leqslant\sum_{i=1}^{+\infty}P(A_i)$$ □

条件概率与条件数学期望是研究随机过程的重要工具，故下面我们给出：

定义 1.1.4 （条件概率）设有事件 A 与 B，其中 $P(B)>0$，定义在已知事件 B 发生的条件下，事件 A 发生的条件概率为

$$P(A|B)=\frac{P(AB)}{P(B)} \qquad (P(B)>0) \tag{1.1.14}$$

注 (1) 条件概率也是概率.

若将条件概率 $P(A|B)$ 中的 B 固定，A 可以取任意事件，则 $P(A|B)\triangleq P_B(A)$（注：符号 $\triangleq$ 的含义是“记为”）为随机事件类$\mathscr{F}$ 上的一个集函数 $(\forall A\in\mathscr{F})$. 且容易验证 $P_B(A)$ 亦满足概率的公理化定义（即定义 1.1.3) 中的三个条件. 这告诉我们 $P_B(A)$ 也是概率，它具有与集函数 $P(A)$ 完全类同的性质.

(2) 概率的乘法公式

$$P(AB)=P(A|B)P(B) \quad (\text{若}P(B)>0) \tag{1.1.15}$$

$$P(AB)=P(A)P(B|A) \quad (\text{若}P(A)>0) \tag{1.1.16}$$

更一般地，若 $P(A_1A_2\cdots A_{n-1})>0$，则有

$$P(A_1A_2\cdots A_n)=P(A_1)P(A_2|A_1)P(A_3|A_1A_2)\cdots P(A_n|A_1A_2\cdots A_{n-1}) \tag{1.1.17}$$

此式的直观意义，若用 n 道工序来解释的话，是非常有趣的.（利用式 (1.1.15) 或式 (1.1.16)，用递推的方法很容易证明式 (1.1.17).）

(3)

$$P(BC|A)=P(B|A)P(C|AB) \tag{1.1.18}$$

这是在条件概率计算方面很有用的一个等式，其证明要用到推广的概率的乘法公式. 记 $A=A_1,B=A_2,C=A_3$ 则按式 (1.1.17) 有

$$P(ABC)=P(A)P(B|A)P(C|AB)$$

两边除以 $P(A)$ 便得到式 (1.1.18).

(4) 独立性. 若

$$P(A|B)=P(A) \tag{1.1.19}$$

则可以推出：$P(A|\bar{B})=P(A)$. 此时我们称 A 与 B 是（相互）独立的. 这与我们熟知的有关 A 与 B 独立的定义

$$P(AB)=P(A)P(B) \tag{1.1.20}$$

实质上是等价的.

1.2　随机变量及其数字特征

1.2.1　随机变量及其概率分布

定义 1.2.1　设 $(\Omega,\mathscr{F},P)$ 为一概率空间， $X=X(\omega)$ $(\omega\in\Omega)$ 为定义在 Ω 上的一个单值实函数（即由 Ω 到 $\mathbf{R}$ 的一个单值映射）. 若对于 $\forall x\in\mathbf{R}$ ，满足

$$\{X\leqslant x\}=\{\omega:X(\omega)\leqslant x\}\in\mathscr{F} \tag{1.2.1}$$

则称 $X=X(\omega)$ 为一随机变量 (random variable).

注　(1) 满足上述定义的 X 又被称为由可测空间 $(\Omega,\mathscr{F})$ 到一维博雷尔空间 $(\mathbf{R},\mathscr{B}(\mathbf{R})$，见例 1.1.3) 的一个可测映射（或可测函数），简称 X 关于 $\mathscr{F}$ 是可测的. 可以证明定义 1.2.1 的一个等价形式是：对于 $\forall B\in\mathscr{B}(\mathbf{R})$ ，有 $X^{-1}(B)=\{\omega:X(\omega)\in B\}\in\mathscr{F}$（见参考文献 [3]2.1 节）.

(2) 现将所有形如 $\{X\leqslant x\}=X^{-1}\{(-\infty,x]\}(\forall x\in\mathbf{R})$ 的集合构成的 $\mathscr{F}$ 的子类记作 $\mathscr{C}$，则显然 $\mathscr{C}=X^{-1}(\mathscr{A})$（即$\mathscr{C}$ 中集合皆为$\mathscr{A}$ 中集合的原像），其中 $\mathscr{A}=\{(-\infty,x],\forall x\in\mathbf{R}\}$(见例 1.1.3）. 进一步，若将由$\mathscr{C}$ 所生成的 σ-域（即包含$\mathscr{C}$ 的最小 σ-域）记为 $\sigma(\mathscr{C})\triangleq\sigma(X)$，则可以证明 $\sigma(X)=X^{-1}\Big(\mathscr{B}(\mathbf{R})\Big)$（即 $\sigma\Big(X^{-1}(\mathscr{A})\Big)=X^{-1}\Big(\sigma(\mathscr{A})\Big)$，证明见参考文献 [1]2.2 节）.

$\sigma(X)$ 被称为由 X 所产生的（事件） σ-域，是由 X 所决定的那些事件所生成的 σ-域，它代表了 X 所能提供的全部信息. 显然 $\sigma(X)\subseteq\mathscr{F}$，即 $\sigma(X)$ 为$\mathscr{F}$ 的一个子σ-域. 易知 X 关于 $\sigma(X)$ 亦是可测的，而且 $\sigma(X)$ 是使得 X 为可测的最小σ-域. 更一般地，对于任一 n 维随机向量 $X=(X_1,X_2,\cdots,X_n)$，也可类似地定义由 $X_1,X_2,\cdots,X_n$ 所产生的σ-域 $\sigma(X_1,X_2,\cdots,X_n)$. 它是由集类 $\mathscr{C}=\Big\{\{X_1\leqslant x_1,X_2\leqslant x_2,\cdots,X_n\leqslant x_n\},\forall x_1,x_2,\cdots,x_n\in\mathbf{R}\Big\}$ 所生成的σ-域，即 $\sigma(X_1,X_2,\cdots,X_n)=\sigma(\mathscr{C})$. 它也是$\mathscr{F}$ 的一个子σ-域，并且是使得每个 $X_i(i=1,2,\cdots,n)$ 都可测的最小σ-域. $\sigma(X_1,X_2,\cdots,X_n)$ 代表了 $X_1,X_2,\cdots,X_n$ 所能提供的全部信息，这一观点在第 7 章中非常有用.

定义 1.2.2　设 X 为概率空间 $(\Omega,\mathscr{F},P)$ 上的任一随机变量 (r.v.)，对于

$\forall x \in \mathbf{R}$，可定义函数

$$F(x)=F_X(x)=P\{X \leqslant x\} \quad (\forall x \in \mathbf{R}) \tag{1.2.2}$$

我们称 $F(x)$ 为 X 的分布函数.

一般而言，$F(x)$ 为 $\mathbf{R}$ 上的单调非降、非负、有界且右连续的函数. 若 X 为一离散型随机变量，且其概率分布律为：$p_i=P\{X=x_i\}$ $(i=1,2,3,\cdots)$，则其分布函数 $F(x)$ 可表为

$$F(x)=P\{X \leqslant x\}=\sum_{x_i \leqslant x} p_i \quad (\forall x \in \mathbf{R}) \tag{1.2.3}$$

这是一个阶梯状的函数.

若 $F(x)$ 为一连续函数，则 X 被称为连续型随机变量. 但一般我们只考虑其中这样一类 X，其分布函数可以表为

$$F(x)=\int_{-\infty}^{x} f(t)\mathrm{d}t \quad (\forall x \in \mathbf{R}) \tag{1.2.4}$$

（其中 $f(x)$ 为 $\mathbf{R}$ 上的任一非负、可积的函数），我们称 $f(x)$ 为（连续型随机变量）X 的概率密度函数，并记为 $X \sim f(x)$.

若 $x \in \mathbf{R}$ 为 $f(x)$ 的连续点，则有

$$F'(x)=\frac{\mathrm{d}F(x)}{\mathrm{d}x}=f(x)$$

而由实变函数论的有关理论可知，$f(x)$ 在 $\mathbf{R}$ 上是几乎处处连续的，从而上式在 $\mathbf{R}$ 上亦几乎处处成立. 故式 (1.2.4) 可化为

$$F(x)=\int_{-\infty}^{x} \mathrm{d}F(t) \quad (\forall x \in \mathbf{R}) \tag{1.2.5}$$

利用所谓的 Riemann-Stieltjes 积分（简称 R-S 积分），我们可以将离散与连续两种不同类型的随机变量的分布函数，即式 (1.2.3) 与式 (1.2.4)，统一在同一个表达式即式 (1.2.5) 中. R-S 积分是一个很方便的工具. 例如，对于 $\forall A \in \mathscr{B}(\mathbf{R})$，无论 X 是离散型还是连续型，都有

$$P\{X \in A\}=\int_A \mathrm{d}F(x) \tag{1.2.6}$$

(易见此式亦是式 (1.2.5) 的推广.）而且，它的作用还不止于此.

1.2.2 随机变量的数字特征

随机变量的数字特征有数学期望、方差、协方差与相关系数，这是大家所熟悉的. 这些数字特征在随机过程的研究中也是非常重要的. 这其中以数学期望的概念最为基本. 所以下面我们主要回顾一下数学期望的概念，但更主要的目的是用一种新的方式来表示它.

定义 1.2.3 (1) 设 X 为离散型随机变量，其分布律为：$p_i = P\{X = x_i\}$ $(i=1,2,3,\cdots)$. 若级数 $\sum\limits_i x_ip_i$ 绝对收敛，则将其和定义为 X 的数学期望，记为

$$E(X) = EX = \sum_i x_ip_i \tag{1.2.7}$$

(2) 若 $X \sim f(x)$，则定义 X 的数学期望为

$$E(X) = EX = \int_{-\infty}^{+\infty} xf(x)\mathrm{d}x \tag{1.2.8}$$

（假定上式中的积分绝对收敛. ）

我们再不加证明地给出有关随机变量的函数的数学期望的命题：

命题 1.2.1 （假定以下所涉及的期望都存在，即有关的级数与积分都是绝对收敛的.）设 X 为一随机变量，$Y = g(X)$ 为其函数，

(1) 若 X 为离散型，且其分布律为：$p_i = P(X = x_i)$ $(i=1,2,3,\cdots)$, 则有

$$E(Y) = E\big(g(X)\big) = \sum_i g(x_i)p_i \tag{1.2.9}$$

(2) 若 $X \sim f(x)$，则有

$$E(Y) = E\big(g(X)\big) = \int_{-\infty}^{+\infty} g(x)f(x)\mathrm{d}x \tag{1.2.10}$$

(3) 更一般地，设 (X,Y) 为一个二维随机向量，$Z = g(X,Y)$ 为其函数.

(a) 若 (X,Y) 为离散型，且其联合分布律为：$P\{X = x_i, Y = y_i\} = p_{i,j}$ $(i,j = 1,2,3,\cdots)$, 则有

$$E(Z) = E\big(g(X,Y)\big) = \sum_{i,j} g(x_i,y_i)p_{i,j} \tag{1.2.11}$$

(b) 若 $(X,Y) \sim f(x,y)$，则有

$$E(Z) = E\big(g(X,Y)\big) = \iint\limits_{\mathbf{R}^2} g(x,y)f(x,y)\mathrm{d}x\mathrm{d}y \tag{1.2.12}$$

用上一小节提到的 R-S 积分，我们可以给数学期望一种新的表达式(主要指式 (1.2.7)~ 式 (1.2.10))，为此我们给出以下的定义：

定义 1.2.4 设 $F(x)$ 为 $\mathbf{R}$ 上的单调非降且右连续的函数， $g(x)$ 为 $\mathbf{R}$ 上的任一实函数. 先考虑有限区间 $[a,b]\subseteq\mathbf{R}$，取任意一组分点：

$$a=x_0<x_1<x_2<\cdots<x_{n-1}<x_n=b$$

记 $\Delta x_i=x_i-x_{i-1},\Delta F(x_i)=F(x_i)-F(x_{i-1})$，并任取 $u_i\in[x_{i-1},x_i]$ $(i=1,2,3,\cdots,n)$ 作和式

$$\sum_{i=1}^{n}g(u_i)\Delta F(x_i)=\sum_{i=1}^{n}g(u_i)\big(F(x_i)-F(x_{i-1})\big)$$

又记 $\lambda=\max\limits_{1\leqslant i\leqslant n}\Delta x_i=\max\limits_{1\leqslant i\leqslant n}(x_i-x_{i-1})$. 若上述和式的极限

$$\lim_{\lambda\to 0}\sum_{i=1}^{n}g(u_i)\Delta F(x_i)\tag{1.2.13}$$

存在，则称之为 $g(x)$ 关于 $F(x)$ 在 $[a,b]$ 上的 R-S 积分. 记为

$$\lim_{\lambda\to 0}\sum_{i=1}^{n}g(u_i)\Delta F(x_i)\triangleq\int_a^b g(x)\mathrm{d}F(x)\tag{1.2.14}$$

进一步，若当 $a\to-\infty,b\to+\infty$ 时，极限 $\lim\limits_{\substack{a\to-\infty\\b\to+\infty}}\int_a^b g(x)\mathrm{d}F(x)$ 存在，则称之为 $g(x)$ 关于 $F(x)$ 在 $\mathbf{R}$ 上的 R-S 积分，记为

$$\lim_{\substack{a\to-\infty\\b\to+\infty}}\int_a^b g(x)\mathrm{d}F(x)\triangleq\int_{-\infty}^{+\infty}g(x)\mathrm{d}F(x)\tag{1.2.15}$$

注 (1) 当 R-S 积分中 $F(x)=x$ 时，就化为通常的黎曼 (Riemann) 积分. 此时式 (1.2.14) 即化为

$$\lim_{\lambda\to 0}\sum_{i=i}^{n}g(u_i)\Delta x_i=\int_a^b g(x)\mathrm{d}x\tag{1.2.16}$$

而式 (1.2.15) 即化为

$$\lim_{\substack{a\to-\infty\\b\to+\infty}}\int_a^b g(x)\mathrm{d}x=\int_{-\infty}^{+\infty}g(x)\mathrm{d}x\tag{1.2.17}$$

所以 R-S 积分是通常的黎曼积分的推广，它使得可积函数的范围进一步扩大，它的性质也跟黎曼积分的性质很类似（具体可参见参考文献 [4] 的 1.2 节）.

(2) 显然对于随机变量 X 的分布函数 $F(x)$，它也满足定义 1.2.4 的条件，因而可以构造 R-S 积分. 且若取 $g(x)=x$，则 R-S 积分 $\int_{-\infty}^{+\infty} x\mathrm{d}F(x)$ 就是 X 的数学期望 $E(X)$（如果期望 $E(X)$ 存在的话）. 其中，当 X 为离散型随机变量时，我们有

$$E(X)=\int_{-\infty}^{+\infty} x\mathrm{d}F(x)=\sum_{i=1}^{+\infty} x_i\big(F(x_i+0)-F(x_i-0)\big)=\sum_{i=1}^{+\infty} x_i p_i \qquad (1.2.18)$$

这正是前面式 (1.2.7) 中的级数. 而当 $X\sim f(x)$ 为连续型随机变量时，R-S 积分 $\int_{-\infty}^{+\infty} x\mathrm{d}F(x)$ 就等于前面式 (1.2.8) 中的积分 $\int_{-\infty}^{+\infty} xf(x)\mathrm{d}x$. 同样，式 (1.2.9) 中的级数和式 (1.2.10) 中的积分也都统一地化为了下面的形式:

$$E\big(g(X)\big)=\int_{-\infty}^{+\infty} g(x)\mathrm{d}F(x) \qquad (1.2.19)$$

因此，R-S 积分是一个方便的工具. 在下一节中我们将直接利用它来表示条件分布与条件数学期望.

(3) 在以后的章节里（如第 2 章、第 3 章、第 8 章等）我们还将见到如 $\int_a^b g(x)\mathrm{d}F(x)$ 这种形式的积分.

最后，我们来回顾两个著名的不等式：施瓦茨不等式与切比雪夫不等式.

命题 1.2.2　施瓦茨（Schwarz）不等式

(1) 设随机变量 X 与 Y 的二阶矩存在，则有

$$E^2(XY)\leqslant E(X^2)E(Y^2) \qquad (1.2.20)$$

且上式中等号成立的充要条件是 X 与 Y 可以互相线性表出；

(2) 设 X 与 Y 同上，则有

$$\mathrm{Cov}^2(X,Y)\leqslant \mathrm{Var}(X)\mathrm{Var}(Y) \qquad (1.2.21)$$

且上式中等号成立的充要条件是 X 与 Y 之间为线性函数关系.

证明　仅需证明式 (1.2.20). 构造

$$g(t)=E(tX+Y)^2=E(X^2)t^2+2E(XY)t+E(Y^2) \quad (t\in\mathbf{R})$$

易见函数 $y=g(t)$ 为抛物线，开口向上，且对 $\forall t\in\mathbf{R}$，有 $g(t)\geqslant 0$. 从而其相应的一元二次方程的判别式 $\varDelta$ 非正，即

$$\varDelta=4E^2(XY)-4E(X^2)E(Y^2)\leqslant 0$$

此即为式 (1.2.20).

若式 (1.2.20) 中等号成立，则判别式 $\varDelta=0$，此时存在 $t_0\in\mathbf{R}$，使得 $g(t_0)=0$，即有： $E(t_0X+Y)^2=0$. 由此即得： $Y=-t_0X(\text{a.s.})$（注："a.s." 意为"几乎必然"或"以概率 1"）. 反之，若 X 与 Y 可以互相线性表出，则容易算出式 (1.2.20) 两边相等. 故证毕. □

命题 1.2.3（切比雪夫不等式） 设随机变量 $Y\geqslant 0$ 且 $E[Y]<+\infty$，则对于任何 $c>0$，有

$$P\{Y\geqslant c\}\leqslant\frac{1}{c}E(Y) \tag{1.2.22}$$

特别，若随机变量 X 的期望为 μ，方差为 σ^2，则取 $Y=(X-\mu)^2$，便得到下面更常见的形式 $(\forall\varepsilon>0)$:

$$P\big\{|X-\mu|\geqslant\varepsilon\big\}\leqslant\frac{\sigma^2}{\varepsilon^2} \tag{1.2.23}$$

证明 仅需证明式 (1.2.22). 事实上：

$$E(Y)=\int_0^{+\infty}y\mathrm{d}F_Y(y)\geqslant\int_c^{+\infty}y\mathrm{d}F_Y(y)\geqslant c\int_c^{+\infty}\mathrm{d}F_Y(y)=cP\{Y\geqslant c\}$$

把不等式反过来即得到式 (1.2.22)，证毕. □

1.3 条件数学期望

条件数学期望（简称条件期望）是研究随机过程的重要工具. 简单地说，条件期望就是条件分布的数学期望，这是我们以往所熟悉的概念. 然而在本书中，我们将把条件期望的概念推广到更加一般的场合.

1.3.1 条件期望与全期望公式

先回顾简单的情形：

(1) 设 (X,Y) 为二维离散型随机变量，其联合分布律为：$p_{ij}=P\{X=x_i,Y=y_j\}(i,j=1,2,3,\cdots)$, 则定义 $Y=y_j$ 的条件下，X 的条件数学期望（假定它存在，下同）为

$$E(X|y_j)=E(X|Y=y_j)=\sum_i x_i P\{X=x_i|Y=y_j\}\quad(j=1,2,3,\cdots)\tag{1.3.1}$$

(2) 若 $(X,Y)\sim f(x,y)$，则定义 $Y=y$ 的条件下，X 的条件期望为

$$E(X|y)=E(X|Y=y)=\int_{-\infty}^{+\infty}xf_{X|Y}(x|y)\mathrm{d}x\quad(f_2(y)>0)\tag{1.3.2}$$

其中 $f_{X|Y}(x|y)=\dfrac{f(x,y)}{f_2(y)}$ 为条件概率密度，而 $f_2(y)$ 为边缘概率密度.

利用上一节介绍的 R-S 积分，我们可将离散与连续两种类型的条件期望统一在同一个表达式中：

$$E(X|y)=E(X|Y=y)=\int_{-\infty}^{+\infty}x\mathrm{d}F_{X|Y}(x|y)\tag{1.3.3}$$

其中 $F_{X|Y}(x|y)=P\{X\leqslant x|Y=y\}$ 为条件分布函数. 注意，当 (X,Y) 为连续型随机变量时，$F_{X|Y}(x|y)$ 是用极限来定义的，即

$$P\{X\leqslant x|Y=y\}=\lim_{\Delta y\downarrow 0}P\{X\leqslant x|Y\in\Delta y\}$$

其中 Δy 为包含 y 的任一个小区间 (y 的邻域)，满足：$P\{Y\in\Delta y\}>0$. “$\Delta y\downarrow 0$”的含义是指小区间的长度单调下降趋于零. 另外，与上一节的式 (1.2.5) 类似，条件分布函数本身也可以表为 R-S 积分的形式，即不管是离散型还是连续型，都有

$$F_{X|Y}(x|y)=\int_{-\infty}^{x}\mathrm{d}F_{X|Y}(t|y)\quad(\forall x\in\mathbf{R})\tag{1.3.4}$$

易见条件期望 $E(X|y)=E(X|Y=y)$ 的值随 y 值的变化而变化，因而可将它视为 y 的函数：$E(X|y)\triangleq g(y)$（在数理统计中，$g(y)$ 被称为“X 对于 Y 的回归函数”），由此，我们可以定义一个新的随机变量：

$$E(X|Y)\triangleq g(Y)\tag{1.3.5}$$

$E(X|Y)$ 亦被称为条件期望，但显然它与前述的 $E(X|y)$ 是不一样的$\big(E(X|y) = g(y)$ 是一个关于 y 的确定性的函数$\big)$. 虽然一般来讲，我们并不清楚 $E(X|Y)$ 的具体表达式为何，但我们至少可以确定：

(1) $E(X|Y)$ 为一随机变量，且为随机变量 Y 的函数： $E(X|Y) = g(Y)$；

(2) 当 $Y = y$ 时（或曰在 $Y = y$ 的条件下）， $E(X|Y)$ 的值就是 $E(X|y)$，亦即

$$E(X|Y)|_{Y=y} = E(X|Y = y) = E(X|y) \tag{1.3.6}$$

或更一般地，对于 $\forall B \in \mathscr{B}(\mathbf{R})$，有

$$E(X|Y)|_{Y\in B} = E(X|Y \in B) \tag{1.3.7}$$

在后面第 7 章中，我们将把条件期望的概念推广到更加一般的形式，即讨论关于σ-域的条件期望，这对于叙述鞅的内容是十分必要的. 而它与我们在本节对于条件期望的解释也是相吻合的.

我们来看一个有趣的结果，求 $E(X|Y)$ 的期望. 不妨设 $(X,Y) \sim f(x,y)$，且两个边缘密度分别为$f_X(x)$ 与$f_Y(y)$. 利用式 (1.2.10) 及式 (1.3.2)，我们有

$$\begin{aligned}
E\big[E(X|Y)\big] &= E\big(g(Y)\big) = \int_{-\infty}^{+\infty} g(y) f_Y(y)\mathrm{d}y = \int_{-\infty}^{+\infty} E(X|y) f_Y(y)\mathrm{d}y \\
&= \int_{-\infty}^{+\infty}\int_{-\infty}^{+\infty} x f_{X|Y}(x|y) f_Y(y)\mathrm{d}x\mathrm{d}y \\
&= \int_{-\infty}^{+\infty}\int_{-\infty}^{+\infty} x f(x,y)\mathrm{d}x\mathrm{d}y \\
&= \int_{-\infty}^{+\infty} x f_X(x)\mathrm{d}x = E(X)
\end{aligned}$$

即有

$$E(X) = E\big[E(X|Y)\big] = \int_{-\infty}^{+\infty} E(X|y)\mathrm{d}F_Y(y) \tag{1.3.8}$$

此式称为“全（数学）期望公式”，对于离散型的随机变量 (X,Y) 也是成立的.

全期望公式是随机过程中一个很重要的工具. 它也是我们在概率论中所熟知的“全概率公式”的进一步推广. 对于任一随机事件 A，我们先引进一个随机变量 I_A(称为 A 的示性函数)，其定义如下：

$$I_A = \begin{cases} 1, & A \text{ 发生} \\ 0, & A \text{ 不发生} \end{cases} \tag{1.3.9}$$

或

$$I_A = I_A(\omega) = \begin{cases} 1, & \omega \in A \\ 0, & \omega \in \bar{A} \end{cases} \tag{1.3.10}$$

则 I_A 为一离散型随机变量 (容易证明：I_A 为可测映射当且仅当 A 为可测集，即 $A \in \mathscr{F}$)，且服从参数为 $P(A)$ 的 $0-1$ 分布.

在全期望公式 (1.3.8) 中取 $X = I_A$，又设 Y 为一离散型随机变量，其分布律为 $p_j = P\{Y = y_j\}(j = 1,2,3,\cdots)$, 则有

$$P(A) = E(I_A) = E\big[E(I_A|Y)\big] = \sum_j E(I_A|Y = y_j)P\{Y = y_j\}$$

即

$$P(A) = \sum_j P(A|Y = y_j)p_j \tag{1.3.11}$$

若 $Y \sim f(y)$，则据式 (1.3.8) 可推得

$$P(A) = \int_{-\infty}^{+\infty} P(A|Y = y)f(y)\mathrm{d}y \tag{1.3.12}$$

此两式均可视为全概率公式的推广.

1.3.2　条件期望的性质

条件期望 $E(X|y)$ 的性质，应该说与非条件期望 $E(X)$ 没有什么不同. 若将它们视为某种算子，则二者都是线性算子. 条件期望 $E(X|Y)$ 的性质亦复如此，但其中也有些独特之处. 现将它们罗列如下（不加证明）：

(1) 若 X 与 Y 独立，则有

$$E(X|Y) = E(X) \tag{1.3.13}$$

(这意味着：$E(X|y) = E(X)$.)

(2)

$$E\Big(\sum_{i=1}^n a_i X_i + b\Big|Y\Big) = \sum_{i=1}^n a_i E(X_i|Y) + b \tag{1.3.14}$$

(3)

$$E\left[h(X,Y)|Y = y\right] = E\left[h(X,y)|Y = y\right] \tag{1.3.15}$$

(4)

$$E\left[h(Y)g(X)|Y\right]=h(Y)E\left(g(X)|Y\right) \tag{1.3.16}$$

（这是性质 $E(aX)=aE(X)$ 的推广.）

(5)

$$E\left[g(X)|X\right]=g(X) \tag{1.3.17}$$

(6) 全期望公式

$$E(X)=E\big[E(X|Y)\big]$$

以及更一般的

$$E(X|Z)=E\Big\{E\left[X|Y,Z\right]|Z\Big\} \tag{1.3.18}$$

1.3.3 条件期望 $E(X|Y_1,Y_2,\cdots,Y_n)$

条件期望 $E(X|Y)$ 中的 Y 可以是一个随机向量：$\boldsymbol{Y}=(Y_1,Y_2,\cdots,Y_n)$，此时条件期望可写成 $E\big[X|(Y_1,Y_2,\cdots,Y_n)\big]$ 或 $E(X|Y_1,Y_2,\cdots,Y_n)$，它是关于 $Y_1,Y_2,\cdots,Y_n$ 的函数，即可表为

$$E(X|Y_1,Y_2,\cdots,Y_n)=g(Y_1,Y_2,\cdots,Y_n) \tag{1.3.19}$$

当 $(Y_1,Y_2,\cdots,Y_n)=(y_1,y_2,\cdots,y_n)$ 时，它的值即为

$$E(X|y_1,y_2,\cdots,y_n)=E(X|Y_1=y_1,Y_2=y_2,\cdots,Y_n=y_n)$$

它也有着与 $E(X|Y)$ 类似的那些性质，比如全期望公式依然成立：

$$E\big[E(X|Y_1,Y_2,\cdots,Y_n)\big]=E(X) \tag{1.3.20}$$

以及类似于式 (1.3.17)、式 (1.3.18) 那样的结论.

例 1.3.1 作为一个例子，我们从连续型随机变量的角度来证明一下式 (1.3.18). 设 $(X,Y,Z)\sim f(x,y,z)$，几个边缘密度分别记为：$f_{1,2}(x,y),f_{1,3}(x,z),f_{2,3}(y,z)$ 及 $f_1(x),f_2(y)$ 与 $f_3(z)$. 假定有关的期望都存在，则有

$$E(X|y,z)=\int_{-\infty}^{+\infty}x\frac{f(x,y,z)}{f_{2,3}(y,z)}\mathrm{d}x$$

而

$$E\Big[E(X|Y,Z)\big|z\Big]=E\Big[E(X|Y,z)\big|z\Big]=\int_{-\infty}^{+\infty}\int_{-\infty}^{+\infty}x\frac{f(x,y,z)}{f_{2,3}(y,z)}\frac{f_{2,3}(y,z)}{f_3(z)}\mathrm{d}x\mathrm{d}y$$
$$=\int_{-\infty}^{+\infty}x\frac{f_{1,3}(x,z)}{f_3(z)}\mathrm{d}x=\int_{-\infty}^{+\infty}xf_{X|Z}(x|z)\mathrm{d}x$$
$$=E(X|z)$$

此即为： $E\Big[E(X|Y,Z)\big|Z\Big]=E(X|Z)$. 离散型的情形请读者自行加以证明.

1.4　矩母函数与概率生成函数

矩母函数与概率生成函数都属于随机变量的母函数的范畴，前者可针对任意随机变量，后者则专对取非负整数值的随机变量.

定义 1.4.1　设 X 为任一随机变量，对于 $t\in\mathbf{R}$，若期望

$$g(t)=g_X(t)=E(\mathrm{e}^{tX})=\int_{-\infty}^{+\infty}\mathrm{e}^{tx}\mathrm{d}F_X(x) \tag{1.4.1}$$

存在，则称 $g(t)=g_X(t)$ 为 X 的矩母函数.

注　(1) X 的矩母函数 $g_X(t)$ 若存在，则与 X 的分布是一一对应的. 故我们可以通过求 $g_X(t)$ 来确定 X 的分布.

(2) X 的原点矩与 $g_X(t)$ 的导数之间的关系（若它们都存在）:

$$E(X^k)=g_X^{(k)}(0)\quad(k=0,1,2,\cdots) \tag{1.4.2}$$

只需通过对式 (1.4.1) 的两边关于 t 求导数便可证明这一结论（假定可以通过积分号求导并约定： $g_X^{(0)}(t)=g_X(t)$）.

(3) 若 X 与 Y 独立，且二者的矩母函数皆存在，则 $X+Y$ 的矩母函数亦存在，且有

$$g_{X+Y}(t)=g_X(t)g_Y(t) \tag{1.4.3}$$

此式用式 (1.4.1) 亦容易证明.

(4) 若 X 为取非负整数值的随机变量，且其分布律为 $p_n = P\{X = n\}$ $(n \geqslant 0)$, 则 X 的矩母函数形如:

$$g_X(t) = \sum_{n=0}^{+\infty} \mathrm{e}^{tn} p_n \tag{1.4.4}$$

例 1.4.1 (随机和的矩母函数) 设 $X_1, X_2, \cdots, X_i, \cdots$ 为独立同分布 (i.i.d.) 的随机变量序列， N 为取非负整数值的随机变量且与 $\{X_i, i \geqslant 1\}$ 独立，试求随机和 $Y = \sum_{i=1}^{N} X_i$ 的矩母函数 $g_Y(t)$ 及 $E(Y)$ 与 $\mathrm{Var}(Y)$.

解 按矩母函数的定义式 (1.4.1) 及全期望公式 (1.3.8)，有

$$g_Y(t) = E(\mathrm{e}^{tY}) = E\big[E(\mathrm{e}^{t\sum\limits_{i=1}^{N} X_i} | N)\big] \tag{1.4.5}$$

利用条件期望的性质，我们先求

$$E(\mathrm{e}^{t\sum\limits_{i=1}^{N} X_i} | N = n) = E(\mathrm{e}^{t\sum\limits_{i=1}^{n} X_i} | N = n) = E(\mathrm{e}^{t\sum\limits_{i=1}^{n} X_i}) = g_X^n(t)$$

其中 $g_X(t) = g_{X_i}(t)$. 代入式 (1.4.5)，得到

$$g_Y(t) = E\left[g_X^N(t)\right] \tag{1.4.6}$$

为求 Y 的期望与方差，我们对式 (1.4.6) 两边关于 t 求导数（假定可以通过期望号求导），得

$$g'_Y(t) = g'_X(t) E\left[N g_X^{N-1}(t)\right]$$

与

$$g''_Y(t) = g''_X(t) E\left[N g_X^{N-1}(t)\right] + (g'_X(t))^2 E\left[N(N-1) g_X^{N-2}(t)\right]$$

用 $t = 0$ 代入以上两式，即可推得

$$E(Y) = E(N)E(X) \quad (\text{其中} E(X) = E(X_i)) \tag{1.4.7}$$

与

$$E(Y^2) = E(N)\mathrm{Var}(X) + E(N^2)(EX)^2 \tag{1.4.8}$$

由式 (1.4.8) 进而可推得

$$\mathrm{Var}(Y) = E(Y^2) - E(Y)^2 = E(N)\mathrm{Var}(X) + \mathrm{Var}(N)(EX)^2 \tag{1.4.9}$$

易见, 当 N 为一常数时，式 (1.4.7) 与式 (1.4.9) 式也都是成立的.

定义 1.4.2　设 X 为一取非负整数值的离散型随机变量，其分布律为 $P\{X=k\}=p_k\ (k=0,1,2,\cdots)$. 定义 X 的（概率）生成函数（亦叫母函数）为

$$\phi(s)=\phi_X(s)=E(s^X)=\sum_{k=0}^{+\infty}p_k s^k \quad (|s|\leqslant 1) \tag{1.4.10}$$

注　(1) 若式 (1.4.10) 中的幂级数收敛，则生成函数 $\phi_X(s)$ 与 X 的分布一一对应.

(2)

$$p_k=\frac{\phi_X^{(k)}(0)}{k!} \quad (k=0,1,2,\cdots) \tag{1.4.11}$$

（其中约定：$\phi_X^{(0)}(s)=\phi_X(s)$. 易见上式即为 $\phi(s)$ 的泰勒展开系数. ）

(3)

$$E\big[X(X-1)(X-2)\cdots(X-k+1)\big]=\phi_X^{(k)}(1) \quad (k\geqslant 1) \tag{1.4.12}$$

(4) 若 X 与 Y 独立且其生成函数皆存在，则 $X+Y$ 的生成函数亦存在且有

$$\phi_{X+Y}(s)=\phi_X(s)\phi_Y(s) \tag{1.4.13}$$

上述三式利用定义 1.4.2 皆容易证明.

(5) 对于数列 $\{a_n,n\geqslant 0\}$, 亦可形式上定义其母函数为

$$A(s)=\sum_{n=0}^{+\infty}a_n s^n \quad (|s|\leqslant 1)$$

例 1.4.2　(随机和的生成函数) 设 $X_1,X_2,\cdots,X_i,\cdots$ 皆为取非负整数值的 i.i.d. 随机变量，N 亦然，且与 $\{X_i,i\geqslant 1\}$ 独立，试求随机和 $Y=\sum_{i=1}^{N}X_i$ 的生成函数 $\phi_Y(s)$ 及 $E(Y)$ 与 $\mathrm{Var}(Y)$.

解

$$\phi_Y(s)=E(s^Y)=E\left[E(s^{\sum_{i=1}^{N}X_i}|N)\right]=E\left[\phi_X^N(s)\right]=E\left[(\phi_X(s))^N\right]=\phi_N(\phi_X(s)) \tag{1.4.14}$$

类似于例 1.4.1, 我们可以求得

$$E(Y)=E(N)E(X) \tag{1.4.15}$$

与

$$\mathrm{Var}(Y) = E(N)\mathrm{Var}(X) + \mathrm{Var}(N)(EX)^2 \tag{1.4.16}$$

这在形式上与式 (1.4.7)、式 (1.4.9) 是完全一样的（事实上也应该如此）.

1.5 几个重要的概率分布

1.5.1 多项分布

若随机向量 $(X_1, X_2, \cdots, X_n)$ 的联合分布律为

$$p_{k_1,k_2,\cdots,k_n} = P\{X_1 = k_1, X_2 = k_2, \cdots, X_n = k_n\} = \frac{N!}{k_1!k_2!\cdots k_n!}p_1^{k_1}p_2^{k_2}\cdots p_n^{k_n} \tag{1.5.1}$$

其中 $N \in \mathbf{N} = \{1,2,3,\cdots\}$ 为一自然数， k_i 为非负整数且 $\sum\limits_{i=1}^{n} k_i = N; p_i > 0$ 且 $\sum\limits_{i=1}^{n} p_i = 1$. 则称 $(X_1, X_2, \cdots, X_n)$ 服从多项分布，记为 $(X_1, X_2, \cdots, X_n) \sim M(N; p_1, p_2, \cdots, p_n)$.

注 (1) 多项分布的背景：设随机试验 E 的样本空间为 Ω，而事件列 $A_1, A_2, \cdots, A_n$ 为 Ω 的一个划分 (即满足： $A_i \cap A_j = \varnothing, \forall i \neq j$ 且 $\bigcup\limits_{i=1}^{n} A_i = \Omega$). 若记 $P(A_i) = p_i(> 0)$, 则 $\sum\limits_{i=1}^{n} p_i = 1$. 现将 E 重复独立地进行 N 次，并以 X_i 表示 N 次试验中 A_i $(i = 1,2,\cdots,n)$ 发生的次数，则有： $(X_1, X_2, \cdots, X_n) \sim M(N; p_1, p_2, \cdots, p_n)$.

(2) 当 n=2 时， $M(N; p_1, p_2)$ 即为二项分布. 这相当于 $X_1 \sim B(N, p_1)$ 或 $X_2 \sim B(N, p_2)$. 因此，多项分布实为二项分布的推广.

(3) 若 $(X_1, X_2, \cdots, X_n) \sim M(N; p_1, p_2, \cdots, p_n)$, 则容易推出

$$X_i \sim B(N, p_i) \quad (i = 1, 2, \cdots, n)$$

1.5.2 （负）指数分布

若

$$X \sim f(x) = \lambda e^{-\lambda x} \quad (x > 0, \lambda > 0) \tag{1.5.2}$$

则称 X 服从参数为λ 的（负）指数分布，记为 $X \sim Exp(\lambda)$.

注 (1) 指数分布又被称为寿命分布，而 $E(X) = 1/\lambda$ 则被称为平均寿命. 若以 X 表示某种产品的寿命， X 的分布函数为 $F(x)$，我们称极限

$$\lim_{h \downarrow 0} \frac{P\{x \leqslant X \leqslant x+h|X > x\}}{h} = \frac{F'(x)}{(1-F(x))} \quad (x > 0) \tag{1.5.3}$$

为该产品在时刻 x 的失效率.

若令失效率为一常数 $\lambda(\lambda > 0)$，即

$$\frac{F'(x)}{1-F(x)} = \lambda \quad (x \geqslant 0)$$

则解此微分方程可得

$$F(x) = 1 - e^{-\lambda x} \quad (x \geqslant 0)$$

即： $X \sim Exp(\lambda)$.

(2) 由于指数分布所刻画的寿命分布是以失效率等于常数为特征的，故它还具有另一个重要性质：无记忆性. 即若 $X \sim Exp(\lambda)$，则对任何 $s,t \geqslant 0$，有

$$P\{X > s+t|X > s\} = P\{X > t\} \tag{1.5.4}$$

反之，对于任一非负且连续型随机变量 X，若它满足式 (1.5.4)，则必可推出 $X \sim Exp(\lambda)$，其中 $\lambda = F'(0+0)$. 因此，在非负连续型分布中，指数分布是唯一具有无记忆性的分布（在离散型场合则是几何分布）.

到第 5 章我们会知道，无记忆性还是马氏性的一种体现.

(3) 若 $X \sim Exp(\lambda)$，则对于充分小的正数 $h \downarrow 0$，有

$$P\{X \leqslant h\} = 1 - e^{-\lambda h} = \lambda h + o(h) \quad (h \downarrow 0) \tag{1.5.5}$$

此式用泰勒展开式很容易加以证明.

(4) 设 $X_1, X_2, \cdots, X_n$ 相互独立，且 $X_i \sim Exp(\lambda_i)$ $(i=1,2,\cdots,n)$. 若命 $X_{(1)}=\min\{X_1, X_2, \cdots, X_n\}$，则有

$$X_{(1)} \sim Exp\Big(\sum_{i=1}^{n}\lambda_i\Big) \tag{1.5.6}$$

指数分布的上述性质在第 5 章连续时间马氏链中是非常有用的.

1.5.3 多维正态分布

若随机向量 $\boldsymbol{X}=(X_1, X_2, \cdots, X_n) \sim f(x_1, x_2, \cdots, x_n)$，且

$$f(x_1, x_2, \cdots, x_n)=\frac{1}{(2\pi)^{\frac{n}{2}}|C|^{\frac{1}{2}}}\exp\left\{-\frac{1}{2}(\boldsymbol{x}-\boldsymbol{\mu})C^{-1}(\boldsymbol{x}-\boldsymbol{\mu})^{\tau}\right\} \tag{1.5.7}$$

$$(\forall(x_1, x_2, \cdots x_n) \in \mathbf{R}^n)$$

则称 $\boldsymbol{X}$ 服从 n 维 (或 n 元) 正态分布. 其中，$\boldsymbol{x}=(x_1, x_2, \cdots, x_n)$，$\boldsymbol{\mu}=(\mu_1, \mu_2, \cdots, \mu_n)$ 且 $\mu_i=E(X_i)$ $(i=1,2,\cdots,n)$, $\boldsymbol{\mu}$ 称为 $\boldsymbol{X}$ 的均值向量. 矩阵 $C=(\mathrm{Cov}(X_i, X_j))_{n\times n}=(\rho_{i,j}\sigma_i\sigma_j)_{n\times n}$ 为 $\boldsymbol{X}=(X_1, X_2, \cdots, X_n)$ 的协方差矩阵，其中 $\rho_{i,j}$ 为 X_i 与 X_j 的相关系数，σ_i 为 X_i 的标准差. C 为一正定的对称矩阵，可逆，逆矩阵记为 C^{-1}. C 的行列式 $|C|$ 恒大于 0.

当 n=1 时，这便是众所周知的一维正态分布 $N(\mu_1, \sigma_1^2)$.$n=2$ 时，即为二维正态分布：$N(\mu_1, \mu_2, \sigma_1^2, \sigma_2^2, \rho_{1,2})$. 这些结果都容易从式 (1.5.7) 推得. 而 $\boldsymbol{X}$ 的边缘分布亦都为一维正态分布，即 $X_i \sim N(\mu_i, \sigma_i^2)(i=1,2,\cdots,n)$. 与一维正态分布类似，$n$ 维正态分布由其均值向量 $\boldsymbol{\mu}$ 与协方差矩阵 C 唯一确定，即它可记为 $\boldsymbol{X} \sim N(\boldsymbol{\mu}, C)$.

此外，多维正态分布还具有下面一些重要性质：$\boldsymbol{X}=(X_1, X_2, \cdots, X_n)$ 服从 n 维正态分布当且仅当 $\boldsymbol{X}$ 的诸分量的任一（非零）线性组合 $\alpha_1X_1+\alpha_2X_2+\cdots+\alpha_nX_n$ 服从一维正态分布.

多元正态变量 $\boldsymbol{X}=(X_1, X_2, \cdots, X_n)$ 的任一线性变换仍为多元正态变量.

多维正态分布的任一边缘分布（包括维数高于 1 的）仍为多元正态分布.

多元正态变量的诸分量相互独立的充要条件是它们两两不相关.

1.5.4 随机变量的函数的分布

设有随机向量

$$(X_1,X_2,\cdots,X_n)\sim f_{X_1,X_2,\cdots,X_n}(x_1,x_2,\cdots,x_n),$$
$$(Y_1,Y_2,\cdots,Y_n)\sim f_{Y_1,Y_2,\cdots,Y_n}(y_1,y_2,\cdots,y_n)$$

由 $(X_1,X_2,\cdots,X_n)$ 到 $(Y_1,Y_2,\cdots,Y_n)$ 为可逆变换（一一对应）关系：$Y_i=g_i(X_1,X_2,\cdots,X_n)$ $(i=1,2,\cdots n)$，且逆变换为 $X_i=h_i(Y_1,Y_2,\cdots,Y_n)$ $(i=1,2,\cdots,n)$. 假定 $x_i=h_i(y_1,y_2,\cdots,y_n)$ $(i=1,2,\cdots,n)$ 皆具有连续的一阶偏导数，则有

$$f_{Y_1,Y_2,\cdots,Y_n}(y_1,y_2,\cdots,y_n)$$
$$=\begin{cases} f_{X_1,X_2,\cdots,X_n}(h_1,h_2,\cdots,h_n)\left|\dfrac{\partial(h_1,h_2,\cdots,h_n)}{\partial(y_1,y_2,\cdots,y_n)}\right| & (y_1,y_2,\cdots,y_n)\in V \\ 0 & (y_1,y_2,\cdots,y_n)\notin V \end{cases} \tag{1.5.8}$$

其中 $h_i=h_i(y_1,y_2,\cdots,y_n)$ $(i=1,2,\cdots,n)$.$V\subseteq\mathbf{R}^n$ 为 $(Y_1,Y_2,\cdots,Y_n)$ 可能的值域. 还有雅克比（Jacobi）行列式：

$$\frac{\partial(h_1,h_2,\cdots,h_n)}{\partial(y_1,y_2,\cdots,y_n)}=\begin{vmatrix} \dfrac{\partial h_1}{\partial y_1} & \dfrac{\partial h_1}{\partial y_2} & \cdots & \dfrac{\partial h_1}{\partial y_n} \\ \dfrac{\partial h_2}{\partial y_1} & \dfrac{\partial h_2}{\partial y_2} & \cdots & \dfrac{\partial h_2}{\partial y_n} \\ \vdots & \vdots & \vdots & \vdots \\ \dfrac{\partial h_n}{\partial y_1} & \dfrac{\partial h_n}{\partial y_2} & \cdots & \dfrac{\partial h_n}{\partial y_n} \end{vmatrix} \tag{1.5.9}$$

1.6 随机过程的基本概念

1.6.1 定义及例

随机过程的内容异常丰富、深刻，但其定义却比较简单、明了. 我们先给出常见的定义.

定义 1.6.1 设有概率空间 $(\Omega,\mathscr{F},P)$ 及参数集合（指标集）$T\subseteq\mathbf{R}$，则称随机变量族

$$X=\{X(t),t\in T\}=\{X(t,\omega),\omega\in\Omega,t\in T\} \tag{1.6.1}$$

为一随机过程或随机函数.

在随机过程定义中，t 的直观意义是时间. 因此简单地说，所谓随机过程就是给随机变量加了个时间参数. 如果固定 $t\in T$，则 $X(t)$ 为一随机变量. 而另一方面，若固定样本点 $\omega\in\Omega$，则 $X(t,\omega)(t\in T)$ 是时间 t 的函数，我们称之为随机过程 X 的一条样本路径（或称样本函数、轨道），亦称为过程 X 的一次实现. 它也是我们实际观察到的过程. 从这个角度来说，我们还可以给出随机过程的另一定义：

定义 1.6.2 设有概率空间 $(\Omega,\mathscr{F},P)$ 及参数集合（指标集）$T\subseteq\mathbf{R}$，若对于任何（固定的）$\omega\in\Omega$，都可以确定一个关于 t 的函数 $X(t,\omega)(t\in T)$ 与之对应，则称 $\{X(t,\omega),t\in T,\omega\in\Omega\}$ 为一随机过程.

注 定义 1.6.2 也是非常重要的. 对于某些过程，如像布朗运动，其样本函数（轨道）具有许多奇特的性质，也是我们重点研究的对象.

在随机过程定义中，T 一般是数集，或为离散的数集，如 $T=\mathbf{N}$（全体自然数）、$\mathbf{N}_0$（全体非负整数）或 $\mathbf{Z}$（全体整数）；或为连续的数集，如 $T=[0,+\infty),T=\mathbf{R}$ 或 $T=[a,b]$. 当 T 为离散数集时，过程 $\{X(t),t\in T\}$ 又称为随机序列，常表为：$\{X_n,n\geqslant 0\},\{X_n,n\geqslant 1\},\{X(n),n\in\mathbf{Z}\}$ 等，它们就是我们以往所熟悉的随机变量序列. T 也可以是一个高维的点集，此时我们称相应的随机过程为一随机场. 例如空间中一个随机的压力场可表为：$\{V(t_1,t_2,t_3,\omega),\omega\in\Omega,(t_1,t_2,t_3)\in T\}$，其中 $T\subseteq\mathbf{R}^3$.

工程上往往称随机过程为一个系统，又称 $X(t)$ 为系统在时刻 t 的状态，实

际上是指 $X(t)$ 在时刻 t 所取的值. 状态的全体 (即 $X(t)$ 可能取的全部值) 称为状态空间，一般用 S 表示. 按照 S 的特征，我们可将随机过程分为连续状态和离散状态两大类. 当然，也可按指标集合 T 的特征，将它们分为连续时间随机过程和离散时间随机过程（即随机序列）两大类. 此外状态 $X(t)$ 也可以是一个高维向量. 例如 n 维布朗运动：$\boldsymbol{X}(t)=(X_1(t),X_2(t),\cdots,X_n(t))\,(t\geqslant 0)$.

下面我们来看几个随机过程的例子：

例 1.6.1　（直线上的随机游动）一个醉汉在路上踉踉跄跄地走着，分不清方向，东一脚，西一脚 …… 这个有趣的场景被人们提炼成一个简单而又经典的运动模型：一个质点（醉汉）在直线上的整数点间随机游动，当它位于整数点 $i(i\in\mathbf{Z})$ 时，则下一时刻它有可能前进一步（即由 i 到 $i+1$），其概率为 $p(0<p<1)$；也有可能后退一步（即由 i 到 $i-1$），概率为 $1-p\triangleq q$. 若以 X_n 表示该质点在时刻 n 时的位置（整点的坐标），则 $\{X_n,n\geqslant 0\}$ 构成一个随机过程（随机序列），被称为“一维随机游动”或“直线上的随机游动”. 当 $p=q=1/2$ 时，它又被称为“简单对称随机游动”. 其 $T=\mathbf{N}_0$，而 $S=\mathbf{Z}$. 其中 X_0 表示质点在初始时刻 $(n=0)$ 所处的位置，称为该过程的初始状态.

随机游动的模型虽然很简单，但却很重要. 以后我们会知道，它是一个马氏链，而且它与著名的“布朗运动”还有着密切的关系. 在本书第 4 章（离散时间马氏链）中，我们会接触到各式各样的随机游动.

例 1.6.2　（泊松过程）泊松过程也是著名的随机过程，其经典例子是电话呼叫次数：若以 $N(t)$ 表示 $(0,t]$ 时段内某电话总机交换台所接到的呼叫次数，则 $\{N(t),t\geqslant 0\}$ 为一泊松过程. 其中假定各次呼叫是相互独立的，且任意两次呼叫之间的时间间隔服从相同的指数分布. 其 $T=[0,+\infty)$，而 $S=\mathbf{N}_0$. 泊松过程所刻画的事件发生的规律具有如下的特点：事件的发生是独立的、平稳的、稀疏而有序的（在任何时点 t 上至多只有一个事件发生），而不是密集的或者蜂拥而至的. 例如 $N(t)$ 可以表示自 0 时刻起至 t 时刻为止到达某商店的顾客数（有序地到达）、经过公路某检查站的汽车的辆数、某通信设备所接收到的信号的个数 …… 泊松过程还是连续时间马氏链的一个重要范例. 在第 2 章中我们将专门讨论它.

例 1.6.3　（高斯过程）设有过程 $G=\{G(t),t\in\mathbf{R}\}$，若对任意 n 个时刻：$t_1,t_2,\cdots,t_n\in\mathbf{R}$ 且 $t_1<t_2<\cdots<t_n$，随机向量 $(G(t_1),G(t_2),\cdots,G(t_n))$ 服从 n 维正态分布，则称 $\{G(t),t\in\mathbf{R}\}$ 为一高斯（Gauss）过程.

因此，若 $\{G(t),t\in\mathbf{R}\}$ 为高斯过程，则 $G(t)$ 服从一维正态分布，从而可知高斯过程的参数集合与状态空间都是 $\mathbf{R}$. 又 $G(t)$ 的期望与方差都存在，即二阶矩有限，满足这一条件的过程又被称为二阶矩过程.

例 1.6.4 （布朗运动或维纳过程）布朗运动堪称是一个“古老”的过程，同时也是一个现今最充满活力的随机过程之一. 它最早是因英国的植物学家布朗 (Robert Brown) 于 1827 年对于液体中悬浮的微粒作不规则运动的观察而得名. 其后爱因斯坦 (Einstein) 于 1905 年首先对布朗运动进行了研究，他认为微粒作不规则运动是因为受到了周围介质中分子的碰撞，并且从物理定律出发导出了布朗运动所满足的微分方程（见下）. 1918 年，维纳（Wiener）在其博士论文及其后一系列论文中首次给出了布朗运动的数学定义，并研究了它的轨道性质. 从那以后，关于布朗运动的研究不断深入，迄今其研究成果已广泛运用于统计、生物、物理、通信、经济与金融、管理与控制等众多领域. 在理论上，有关布朗运动的研究催生和带动了随机数学领域中的一些先进分支，如随机分析、随机微分方程与鞅论等的发展，为现代概率论研究注入了充满生命力的新鲜血液.

若以 $\{X(t),t\geqslant 0\}$ 表示一维布朗运动（即微粒作不规则运动的一维坐标），爱因斯坦导出了在给定 $X(t_0)=x_0$ 的条件下，$X(t+t_0)$ 的条件概率密度 $f(x,t|x_0)$ 所满足的偏微分方程：

$$\frac{\partial f}{\partial t}=D\frac{\partial^2 f}{\partial x^2} \tag{1.6.2}$$

事实上，用简单对称随机游动逼近的方法也可以导出此式. 另外，用高斯过程的概念也可给出布朗运动的定义（布朗运动也是一个高斯过程）. 关于一维布朗运动的详细内容，我们将在第 8 章中加以介绍.

1.6.2 随机过程的分布与数字特征

定义 1.6.3 设有随机过程 $X=\{X(t),t\in T\}$, 定义：过程 X 的一维分布（族）为

$$F_t(x)=P\{X(t)\leqslant x\}\quad (t\in T)$$

过程的二维（联合）分布（族）为

$$F_{t_1,t_2}(x_1,x_2)=P\{X(t_1)\leqslant x_1,X(t_2)\leqslant x_2\}\quad (t_1,t_2\in T)$$

过程的均值函数为

$$\mu_X(t) = m_X(t) = m(t) = EX(t) \quad (t \in T)$$

过程的方差函数为

$$\sigma_X^2(t) = \mathrm{Var}(X(t)) \quad (t \in T)$$

过程的协方差函数为

$$C_X(t_1,t_2) = \mathrm{Cov}(X(t_1),X(t_2)) = E[X(t_1)X(t_2)] - EX(t_1)EX(t_2) \quad (t_1,t_2 \in T)$$

注 (1) 二维分布的对称性:

$$F_{t_1,t_2}(x_1,x_2) = F_{t_2,t_1}(x_2,x_1) \quad (\forall t_1,t_2 \in T; x_1,x_2 \in \mathbf{R})$$

(2) 协方差函数的对称性:

$$C_X(t_1,t_2) = C_X(t_2,t_1) \quad (t_1,t_2 \in T) \tag{1.6.3}$$

又

$$C_X(t,t) = \mathrm{Var}(X(t)) = \sigma_X^2(t) \quad (t \in T)$$

(3) 协方差函数的非负定性: 对于 $\forall t_1,t_2,\cdots,t_n \in T$ 及 $a_1,a_2,\cdots,a_n \in \mathbf{R}$，有

$$\sum_{i,j=1}^{n} a_i a_j C_X(t_i,t_j) \geqslant 0 \tag{1.6.4}$$

注意到上式

$$\text{左边} = \mathrm{Cov}\left(\sum_{i=1}^{n} a_i X(t_i), \sum_{i=1}^{n} a_j X(t_j)\right) = \mathrm{Var}\left(\sum_{i=1}^{n} a_i X(t_i)\right) \geqslant 0$$

这便证得上式成立.

定义 1.6.4 定义过程 $\{X = X(t), t \in T\}$ 的有限维（联合）分布（族）为

$$F_{t_1,t_2,\cdots,t_n}(x_1,x_2,\cdots,x_n) = P\{X(t_1) \leqslant x_1, X(t_2) \leqslant x_2, \cdots, X(t_n) \leqslant x_n\} \quad (t_1,t_2,\cdots,t_n \in T, n \in \mathbf{N})$$

易见过程的有限维分布包括了前述的一维和二维分布在内.

一个随机过程决定了其有限维分布. 反之，有限维分布也可以说从某种程度上决定了随机过程（参见参考文献 [7]1.1.2 节）. 因此，有限维分布无疑是研究随机过程的重要工具. 当然，对于我们来说最实用的还是一维和二维分布.

下面我们来看两个例子，先看一个简单的.

例 1.6.5 连续、独立地掷一枚均匀、对称（六个面）的骰子，并以 X_n 表示第 n 次所掷出的点数，则 $X=\{X_n,n\geqslant 1\}$ 为一随机序列. 其 $T=\mathbf{N},S=\{1,2,3,4,5,6\}$. 试求 X 的均值，协方差函数及其有限维分布.

解 容易算出均值函数为

$$\mu_X(n)=EX_n=EX_1=\frac{(1+2+3+\cdots+6)}{6}=3.5$$

方差函数

$$\sigma_X^2(n)=\sigma_X^2(1)=EX_1^2-(EX_1)^2=\frac{(1^2+2^2+\cdots+6^2)}{6}-\left(\frac{7}{2}\right)^2=\frac{35}{12}$$

协方差函数

$$C_X(m,n)=\mathrm{Cov}(X_m,X_n)=\begin{cases}\dfrac{35}{12} & (m=n)\\ 0 & (m\neq n)\end{cases}$$

因为随机序列 $\{X_n,n\geqslant 1\}$ 为独立同分布，故若用 $F_X(x)$ 表示 $X_n(n\geqslant 1)$ 的共同的分布函数，则过程的有限维分布可表为

$$F_{n_1,n_2,\cdots,n_k}(x_1,x_2,\cdots,x_k)=F_X(x_1)F_X(x_2)\cdots F_X(x_k)$$
$$(x_1,x_2,\cdots,x_k\in\mathbf{R},n_1,n_2,\cdots,n_k,k\in\mathbf{N})$$

但由于 $X_n(n\geqslant 1)$ 为离散型随机变量，故一个更常用的办法是用联合分布律来表示其有限维分布，从而有

$$P\{X_{n_1}=a_1,X_{n_2}=a_2,\cdots,X_{n_k}=a_k\}=\frac{1}{6^k} \tag{1.6.5}$$
$$(n_1,n_2,\cdots,n_k,k\in\mathbf{N};a_1,a_2,\cdots,a_k\in S)$$

容易看出，上式对于所有可能的 $a_1,a_2,\cdots,a_k\in S$ 求和的结果恰好为 1.

例 1.6.6 设 $X=\{X_n,n\geqslant 0\}$ 为直线上的 (p,q) 随机游动（见例 1.6.1）.

(1) 试求过程 X 的均值 $\mu_X(n)$, 方差 $\sigma_X^2(n)$ 与协方差函数 $C_X(m,n)$ $(m,n\in\mathbf{N}_0)$；

(2) 若质点从原点 0 出发，试求 X_n 的分布律 $(n\in\mathbf{N})$.

解　(1) 当 $n\geqslant 1$ 时，X_n 可表为：$X_n=X_0+\sum\limits_{i=1}^{n}Y_i\ (n\geqslant 1)$. 其中 $X_0,Y_1,Y_2,\cdots,Y_i,\cdots$ 相互独立，X_0 为过程 X 的初始状态，为取值于$\mathbf{Z}$ 的任一随机变量. $\{Y_i,i\geqslant 1\}$ 为独立同分布，诸 Y_i 都服从两点分布：$P\{Y_i=1\}=p,P\{Y_i=-1\}=1-p\triangleq q$. 又设 X_0 的期望 $E(X_0)=\mu_0$，方差 $\mathrm{Var}(X_0)=\sigma_0^2$，则有

$$E(X_n)=E(X_0)+\sum_{i=1}^{n}E(Y_i)=\mu_0+n(p-q)\quad(n\geqslant 0)$$

$$\mathrm{Var}(X_n)=\mathrm{Var}(X_0)+\sum_{i=1}^{n}\mathrm{Var}(Y_i)=\sigma_0^2+4npq$$

当 $0\leqslant m\leqslant n$ 时，有

$$\begin{aligned}E(X_mX_n)&=E\big[X_m(X_m+X_n-X_m)\big]=EX_m^2+E(X_m)\big(EX_n-EX_m\big)\\&=EX_m^2+E(X_m)E(X_n)-E^2(X_m)\end{aligned}$$

从而有

$$\begin{aligned}\mathrm{Cov}(X_m,X_n)&=E(X_mX_n)-E(X_m)E(X_n)=EX_m^2-E^2(X_m)\\&=\mathrm{Var}(X_m)=\sigma_0^2+4mpq\end{aligned}$$

故对一般的 $m,n\in\mathbf{N}_0$，有

$$\mathrm{Cov}(X_m,X_n)=\sigma_0^2+4m\wedge npq\quad(\text{注:}m\wedge n=\min(m,n))$$

(2) 若已知质点从原点 0 出发，则 $X_0=0$ 或 $P\{X_0=0\}=1$，此时

$$X_n=\sum_{i=1}^{n}Y_i\quad(n\geqslant 1)$$

易见

$$\frac{(X_n+n)}{2}\sim B(n,p)$$

从而有

$$P\{X_n=2k-n\}=\binom{n}{k}p^k(1-p)^{n-k}\quad(k=0,1,2,\cdots,n).$$

对于形如 $P\{X_0=i_0,X_1=i_1,\cdots,X_n=i_n\}$ 或 $P\{X_0=i_0,X_{n_1}=i_1,\cdots,X_{n_k}=i_k\}$ 的分布，我们将在第 4 章（离散时间马氏链）中给出表达式.

1.7 随机过程的分类

随机过程的分类异常丰富，但须知这种分类并非是分家，而是往往呈现一种“你中有我，我中有你”的情形. 例如泊松过程，它是一个计数过程，又是一个独立增量过程，还是一个二阶矩过程，一个更新过程，它还是一个连续时间马氏链 …… 类型繁多，错综复杂. 然而这也正是本课程的魅力之一.

1.7.1 独立增量过程

设有过程 $X=\{X(t),t\in T\}$，若对任意时刻：$t_0<t_1<\cdots<t_n(t_i\in T,i=0,1,2,\cdots,n,n\in\mathbf{N})$, 增量（随机变量）:

$$X(t_1)-X(t_0),\quad X(t_2)-X(t_1),\quad \cdots,\quad X(t_n)-X(t_{n-1}) \tag{1.7.1}$$

（相互）独立，则称 X 为一独立增量过程.

1.7.2 平稳增量过程

设有 $X=\{X(t),t\in T\}$, 若对任二时刻 $t_1,t_2\in T$, 及$h>0$(满足 $t_1+h,t_2+h\in T$), 有

$$X(t_1+h)-X(t_1)\overset{\mathrm{d}}{=}X(t_2+h)-X(t_2) \tag{1.7.2}$$

(符号“$\overset{\mathrm{d}}{=}$”的含义为同分布) 则称 X 为一平稳增量过程.

注 (1) 若过程 $X=\{X(t),t\in T\}$ 同时满足式 (1.7.1) 与式 (1.7.2)，则称之为一个平稳独立增量过程. 著名的泊松过程与布朗运动都是平稳独立增量过程.

(2) 若 $\{X_n,n\geqslant 0\}$ 为一独立的随机变量序列，命 $Y_n=\sum\limits_{i=0}^{n}X_i$（独立和），则易证 $\{Y_n,n\geqslant 0\}$ 为一独立增量过程. 而若 $\{X_n,n\geqslant 0\}$ 为独立同分布，则 $\{Y_n,n\geqslant 0\}$ 为一平稳独立增量过程. 反之，若 $\{Y_n,n\geqslant 0\}$ 为平稳独立增量过程，则必可推出 $\{X_n,n\geqslant 1\}$（注意不是 $n\geqslant 0$）为独立同分布.

1.7.3 马尔可夫过程（马氏过程）

设有过程 $X=\{X(t),t\in T\}$，其中 t 可理解为时间. 粗略地说，若该过程在未来的状态 $X(f)$ 仅仅取决于其目前的状态 $X(p)$，而与其以往的状态 $X(h)$ 无关 ($h,p,f\in T,$且$h<p<f$), 则称 X 为一马尔可夫过程或马氏过程. 而这一重要性质则称为马氏性（又叫无记忆性或无后效性）.

一个马氏过程，若其状态空间 S 为离散数集，则称之为马氏链. 其中，若 T 亦离散，则称之为离散时间马氏链，我们在上一节中介绍的"一维随机游动"即为其一例. 连续时间马氏链的一个著名的例子即是泊松过程，此外还有纯生过程、生灭过程等（见第 5 章）. 状态连续，时间也连续的马氏过程的最著名的例子则为布朗运动.

本书除第 6 章"平稳过程"之外，其他各章或多或少都涉及马氏过程，因而马氏过程真可谓是一个"大家庭".

1.7.4 计数过程（点过程）

过程 $N=\{N(t),t\geqslant 0\}$ 称为一个计数过程或者点过程，若对于任何 $t\geqslant 0,N(t)$ 表示时间区段 $[0,t]$ 内某一事件发生的次数. 进一步，若在任一时点（瞬刻）t 上，事件发生的次数不超过 1，则 N 称为一个简单的计数过程. 对于计数过程而言，它应该满足：

(1) 对于 $\forall t\geqslant 0,$有$N(t)\geqslant 0,$且$N(t)\in \mathbf{N}_0$；

(2) 对于任何 $0\leqslant s<t,$有$N(s)\leqslant N(t),$且$N(t)-N(s)$ 表示时段 $(s,t]$ 内事件发生的次数；

(3) 计数过程的样本函数 $N(t,\omega)(t\geqslant 0)$ 皆为 (或 a.s.) 只取非负整数值的右连续单调非降函数，即 $N(t,\omega)(t\geqslant 0)$ 为位于 x 轴上方，单调上升且跳跃度为正整数的阶梯函数. 若 N 为简单计数过程，则相应的阶梯函数的跳跃度为 1.

泊松过程即为一计数过程，而且还是一个简单的计数过程，我们在第 2 章将看到它的样本路径的图示.

计数过程的指标集也可以是高维的点集. 例如 T 为二维平面或更高维空间中的一个区域，而 $A\subseteq T$ 为 T 的任意子集. 若以 $N(A)$ 表示集合 A 内某一事件发生的次数或个数，则 $\{N(A),\forall A\subseteq T\}$ 为一空间的计数过程.

1.7.5 二阶矩过程

若过程 $X=\{X(t),t\in T\}$ 的二阶矩存在，则称 X 为一个二阶矩过程. 若 X 为一二阶矩过程，则其一阶矩亦有限，我们有：

命题 1.7.1 设随机变量 X 的二阶矩有限，即 $EX^2<+\infty$，则 X 的期望亦存在.

证明 因 $EX^2=E|X|^2$，故取 $X_1=|X|$. 又取 Y=1(即 $P\{Y=1\}=1$)，则由命题 1.2.2(施瓦茨不等式) 中的式（1.2.20）有

$$E^2(X_1Y)\leqslant E(X_1^2)E(Y^2)$$

即

$$(E|X|)^2\leqslant E(|X|^2)=EX^2<+\infty$$

亦即 $E(X)$ 存在.

我们前面提到的泊松过程、高斯过程、布朗运动以及下面将要介绍的宽平稳过程等都是二阶矩过程.

1.7.6 平稳过程（严平稳、宽平稳）

1. 严格平稳过程

设有过程 $X=\{X(t),t\in T\}$, 若对 $\forall t_1,t_2,\cdots,t_n\in T$及$h>0$ $(t_i+h\in T,i=1,2,\cdots,n)$ 都有

$$(X(t_1+h),X(t_2+h),\cdots,X(t_n+h))\overset{\mathrm{d}}{=}(X(t_1),X(t_2),\cdots,X(t_n))\quad(\forall n\geqslant 1)\tag{1.7.3}$$

则称 X 为一严格平稳（严平稳）的过程.

严平稳的要求是较为苛刻的，它不仅要求过程的一维分布是“平稳”的（即 $X(t)$ 的分布不会随 t 的改变而改变），而且要求其有限维分布都是“平稳”的. 因此，严平稳过程的例子并不多见. 而宽平稳过程的要求则要宽松不少.

2. 宽平稳（或二阶矩平稳的）过程

设 $X=\{X(t),t\in T\}$ 为一二阶矩过程，且其均值 $\mu_X(t)=EX(t)$ 为一常数 m，而协方差函数 $C_X(s,t)=\mathrm{Cov}(X(s),X(t))$ 仅与时间差 $s-t\triangleq\tau$ 有关，则称 X 为一宽平稳或二阶矩平稳的过程.

注　(1) 宽平稳过程的协方差函数可以表为时间差的函数，即有

$$C_X(s,t)=C_X(s-t,0)\triangleq R_X(s-t)=R_X(\tau)$$

而且由协方差函数的对称性（见式 (1.6.3)) 可知有： $R_X(-\tau)=R_X(\tau)$, 即 $R_X(\tau)$ 是关于时间差 τ 的偶函数.

又因为 $\sigma_X^2(t)=C_X(t,t)=R_X(0)\triangleq\sigma^2$，故对于宽平稳过程来说，其方差函数也是一个常数.

(2) 一个严平稳过程若其二阶矩有限，则容易证明它也是一个宽平稳过程. 因此简单地说，宽平稳过程相当于抽取了严平稳过程的一、二阶矩（如果存在的话）的特征，因而比较实用.

1.7.7　更新过程

设 $X_1,X_2,\cdots,X_i,\cdots$ 为独立同分布的正随机变量序列，其中 X_i 一般表示某种元件的寿命. 第一个元件在时刻 0 开始使用，在时刻 X_1 损坏之后立即换上第二个元件使用（假定更换时间可以忽略，下同），在时刻 X_1+X_2 损坏之后又立即换上第三个元件使用，依此类推. 若记 $W_0=0,W_n=\sum\limits_{i=1}^{n}X_i(n\geqslant 1)$, 则 W_n 为第 n 次更新（更换新元件）的时刻. 对于 $\forall t\geqslant 0$, 定义：

$$N(t)=\max\{n:n\geqslant 0,W_n\leqslant t\}\quad(t\geqslant 0)\tag{1.7.4}$$

则 $\{N(t),t\geqslant 0\}$ 称为一个更新过程. 其中， $N(t)$ 表示（自时刻 0 起）至时刻 t 为止的更新次数.

更新过程在管理科学、经济学、生物学等领域有广泛的应用. 其独特的理论和方法甚至还可以应用到马氏链的研究中去. 我们前述的泊松过程也是一个更新过程，其中“元件”的寿命服从参数为某个λ 的指数分布，从而更新过程也可以视为泊松过程的推广.

1.7.8 鞅（过程）

设有过程 $X=\{X(t),t\in T\}$，满足 $E|X(t)|<+\infty\ (\forall t\in T)$，且对任意有限多个时点 $t_1<t_2<\cdots<t_{n+1}$ 及实数 $a_1,a_2,\cdots,a_n$ 有

$$E\{X(t_{n+1})|X(t_1)=a_1,X(t_2)=a_2,\cdots,X(t_n)=a_n\}=a_n \tag{1.7.5}$$

或更一般地，有

$$E\{X(t_{n+1})|X(t_1),X(t_2),\cdots,X(t_n)\}=X(t_n) \tag{1.7.6}$$

则称 X 为一鞅 (martingale) 过程.

鞅可以用来描述公平赌博的模型. 若以 X_n 表示某赌徒在时刻 n 所拥有的赌本，则由式 (1.7.5) 可以推知 (取 $t_i=i,i=1,2,\cdots,n+1$)：在已知时刻 n 他拥有的赌本为 a_n 的条件下，时刻 $n+1$ 他拥有赌本的平均值仍为 a_n，而与他在时刻 n 以前拥有的赌本多少无关.

自 20 世纪 70 年代以来，鞅论成为随机过程中最活跃、最富有成果的一个分支. 它被广泛应用于马氏过程、点过程、数理统计、序贯决策、最优控制、随机微分方程等理论分支以及金融、保险、通信等实用领域，是概率论、随机过程理论与应用研究中的有力工具.

例 1.7.1 设 $X_1,X_2,\cdots,X_i,\cdots$ 为相互独立的随机变量，且均值为 0. 记 $Y_n=\sum\limits_{i=1}^{n}X_i(n\leqslant 1)$，则 $\{Y_n,n\geqslant 1\}$ 为一离散时间鞅.

证明 由条件期望的性质可知

$$\begin{aligned}E(Y_{n+1}|Y_1,Y_2,\cdots,Y_n)&=E(Y_n+X_{n+1}|Y_1,Y_2,\cdots,Y_n)\\&=E(Y_n|Y_1,Y_2,\cdots,Y_n)+E(X_{n+1}|Y_1,Y_2,\cdots,Y_n)\\&=Y_n+E(X_{n+1})=Y_n\end{aligned}$$

故 $\{Y_n,n\geqslant 1\}$ 为鞅.（因为 $EY_n=0$，所以满足 $E|Y_n|<+\infty(n\geqslant 1)$.）

类似地，可验证下例中的过程为鞅，读者不妨自己动手证明一下.

例 1.7.2 设 $X=\{X(t),t\geqslant 0\}$ 为一独立增量过程，且均值为 0. 则 X 为一连续时间鞅.

习 题 1

1.1 若事件 A,B,C 满足

$$P(AB|C)=P(A|C)P(B|C)$$

则称 A 与 B 关于 C 是条件独立的. 试证明 A 与 B 关于 C 条件独立的充要条件为

$$P(A|BC)=P(A|C)$$

1.2 (1) 设 X 为取非负整数值的随机变量，证明：

$$E(X)=\sum_{n=1}^{+\infty}P\{X\geqslant n\}=\sum_{n=0}^{+\infty}P\{X>n\}$$

(2) 设 X 为非负连续型的随机变量，其分布函数为 $F(x)$，证明：

$$E[X]=\int_0^{+\infty}P\{X>x\}\mathrm{d}x=\int_0^{+\infty}(1-F(x))\,\mathrm{d}x$$

更一般地，对于任何 $n\in\mathbf{N}$ 有

$$E[X^n]=\int_0^{+\infty}nx^{n-1}(1-F(x))\,\mathrm{d}x$$

（注：假定以上所涉期望都存在，下同. ）(提示： $P\{X>x\}=\int_x^{+\infty}f(t)\mathrm{d}t.$)

1.3 设 ξ 为非负连续型随机变量，证明： ξ 服从（负）指数分布的充要条件，是对任意 $s,t\geqslant 0$ 有

$$P\{\xi>s+t|\xi>s\}=P\{\xi>t\}.$$

1.4 设 $(X_1,X_2,\cdots,X_n)$ 为抽自总体 X 的样本，X 的概率密度函数为 $f(x)$. 又 $(X_{(1)},X_{(2)},\cdots,X_{(n)})$ 为样本的次序统计量，证明：

(1) $(X_{(1)},X_{(2)},\cdots,X_{(n)})\sim f(x_1,x_2,\cdots,x_n)=n!\prod\limits_{i=1}^{n}f(x_i)\ (x_1<x_2<\cdots<x_n).$

(2) 若 X 服从区间 [0,t] 上的均匀分布 $U(0,t)$，则有

$$f(x_1,x_2,\cdots,x_n)=\frac{n!}{t^n}\quad(0\leqslant x_1<x_2<\cdots<x_n\leqslant t)$$

1.5 (1) 设 X 为连续型随机变量，其分布函数为 $F(x)(F(x)$ 在 X 的值域内严格单调增)，证明： $Y=F(X)\sim U(0,1).$

(2) 设 U 服从均匀分布 $U(0,1),F(x)$ 为一给定的分布函数（连续）. 若令 $Y=F^{-1}(U)(F^{-1}$ 为 F 的反函数)，证明： Y 的分布函数为 $F(x).$

1.6 设 (X,Y,Z) 为三维离散型随机变量，试证明下式（推广的全期望公式）成立：

$$E(X|Z)=E\Big[E(X|Y,Z)\big|Z\Big]$$

1.7 证明：式 (1.4.13) 和式 (1.4.14) 成立.

1.8 气体分子运动速度 $\boldsymbol{V}=(V_x,V_y,V_z)$ 的联合概率密度依 Maxwell-Boltzman 定律为

$$f(v_x,v_y,v_z)=\frac{1}{(2\pi kT)^{\frac{3}{2}}}\exp\left\{-\frac{v_x^2+v_y^2+v_z^2}{2kT}\right\}\quad\left((v_x,v_y,v_z)\in\mathbf{R}^3\right)$$

其中 k 为 Boltzman 常数， T 为绝对温度. 现给定分子的总动能为 e，试求分子在 x 方向的动量的绝对值的条件期望 (设电子质量为 m).

1.9 设 $X_1,X_2,\cdots,X_n$ 独立同分布，且 X_i 服从参数为λ 的指数分布，证明：$\sum\limits_{i=1}^{n}X_i$ 服从参数为 λ,n 的 Γ 分布（又叫 n 阶 Erlang 分布），其概率密度函数为

$$f(x)=\frac{1}{\Gamma(n)}\lambda^n x^{n-1}\mathrm{e}^{-\lambda x}\quad(x>0,\lambda>0,n\in\mathbf{N})$$

1.10 设 $X_1,X_2,\cdots,X_r$ 独立同分布，都服从参数为 p 的几何分布： $P\{X_i=k\}=p(1-p)^{k-1}$ $(k\geqslant 1,0<p<1)$. 令 $Y=\sum\limits_{i=1}^{r}X_i$，试求 Y 的分布，问是什么分布?

1.11 设 $X_1,X_2,\cdots,X_n,\cdots$ 独立同分布，且都服从参数为 p 的 0–1 分布 (即 $B(1,p)$), 又 N 服从参数为λ 的泊松分布，且 N 与 $\{X_n,n\geqslant 1\}$ 独立，试求 $Y=\sum\limits_{i=1}^{N}X_i$ 的分布及 $E(Y),\mathrm{Var}(Y)$.

1.12 设 $X_1,X_2,\cdots,X_n,\cdots$ 独立同分布，且 $P\{X_i=-1\}=P\{X_i=1\}=\dfrac{1}{2}$，又设 N 服从参数为 β 的几何分布（如见题 1.10 ），且 N 与 $\{X_n,n\geqslant 1\}$ 独立，试求随机和 $Y=\sum\limits_{i=1}^{N}X_i$ 的均值、方差及三、四阶矩.

1.13 设 $U_1,U_2,\cdots,U_n$ 独立同分布，且都服从均匀分布 $U(0,1)$. 对于 $0\leqslant x,t\leqslant 1$，定义示性函数：

$$I_{(x\leqslant t)}=\begin{cases}1 & (x\leqslant t)\\ 0 & (\text{其他})\end{cases}$$

又记 $X(t)=\dfrac{1}{n}\sum\limits_{i=1}^{n}I_{(U_i\leqslant t)}$ $(0\leqslant t\leqslant 1)$，试求过程 $\{X(t),0\leqslant t\leqslant 1\}$ 的均值与协方差函数. ($X(t)$ 称为 $U(0,1)$ 的经验分布函数.)

1.14 设 $X_0,X_1,X_2,\cdots,X_n,\cdots$ 相互独立，命 $Y_n=\sum\limits_{i=0}^{n}X_i$，证明：

(1) $\{Y_n, n \geqslant 0\}$ 为独立增量过程；

(2) 若 $\{X_n, n \geqslant 0\}$ 为独立同分布，则 $\{Y_n, n \geqslant 0\}$ 为平稳独立增量过程；

(3) 反之，若 $\{Y_n, n \geqslant 0\}$ 为平稳独立增量过程，则 $\{X_n, n \geqslant 0\}$ 必为独立同分布吗？为什么？

1.15 设 Z_1 与 Z_2 独立同分布，都服从正态分布 $N(0, \sigma^2)$，定义 $X(t) = Z_1 \cos \lambda t + Z_2 \sin \lambda t$ (λ 为非零常数)，证明 $\{X(t), t \geqslant 0\}$ 为宽平稳过程.

1.16 设 Z_1 与 Z_2 独立同分布，且 $P\{Z_i = -1\} = P\{Z_i = 1\} = \dfrac{1}{2}$，记 $X(t) = Z_1 \cos \lambda t + Z_2 \sin \lambda t$,($\lambda$ 为非零常数)，证明 $\{X(t), t \in \mathbf{R}\}$ 为宽平稳过程. 它是严平稳的吗？为什么？

1.17 过程 $X = \{X(t), t \geqslant 0\}$ 称为泊松过程，若它满足：(i) $X(0) = 0$;(ii) X 为独立增量过程;(iii) 对任何 $0 \leqslant s < t, X(t) - X(s)$ 服从泊松分布 $P(\lambda(t-s))$.

(1) 试求 X 的均值与协方差函数，它是宽平稳的吗？

(2) 若记 $Y(t) = X(t+1) - X(t)$, 则 $\{Y(t), t \geqslant 0\}$ 是宽平稳的吗？

1.18 证明：一个高斯过程为严平稳过程当且仅当它为宽平稳.

1.19 设 $X = \{X(t), t \geqslant 0\}$ 为一独立增量过程，且 $EX(t) \equiv 0 (t \geqslant 0)$, 证明 $\{X(t), t \geqslant 0\}$ 为（连续时间）鞅，即对任何 $0 \leqslant t_0 < t_1 < \cdots < t_n < t_{n+1}$，有

$$E\Big\{X(t_{n+1}) \big| X(t_0), X(t_1), \cdots, X(t_n)\Big\} = X(t_n)$$

第 2 章　泊松过程

一个泊松过程 $\{N(t), t \geqslant 0\}$ 首先是一个计数过程（见 1.7 节），它所刻画的事件发生的规律具有独立性、平稳性、稀疏性和有序性等特点，又被称为泊松流，是一种在理论和应用研究中被广泛使用、非常重要的随机模型.（泊松过程在排队论中有着重要的应用.）

2.1　泊松过程的定义

我们先简单回顾一下泊松 (Poisson) 分布：

称随机变量 X 服从参数为 $\lambda(\lambda > 0)$ 的泊松分布，若其分布律为

$$p_k = P\{X = k\} = \frac{\lambda^k}{k!}\mathrm{e}^{-\lambda} \quad (k = 0, 1, 2, \cdots)$$

记为

$$X \sim P(\lambda)$$

对于泊松变量 X，易知有 $E(X) = \mathrm{Var}(X) = \lambda$，且有：

命题 2.1.1　设 X_1 与 X_2 独立，皆为取非负整数值的随机变量，则 $X_1 + X_2 \sim P(\lambda)$ 的充分与必要条件是：$X_1 \sim P(\lambda_1)$，$X_2 \sim P(\lambda_2)$，且 $\lambda_1 + \lambda_2 = \lambda$.

注　见参考文献 [2]6.2 节.

定义 2.1.1　设 $\{N(t), t \geqslant 0\}$ 为一计数过程，若它满足下列三个条件：

(1) $N(0) = 0$;

(2) $N(t)$ 为独立增量过程;

(3) $N(t)$ 为平稳增量过程，且存在 $\lambda>0$，使得对于 $\forall s\geqslant 0,t>0$，有

$$P\{N(s+t)-N(s)=n\}=P\{N(t)=n\}=\frac{(\lambda t)^n}{n!}\mathrm{e}^{-\lambda t}\quad(n=0,1,2,\cdots)$$

(即 $N(s+t)-N(s)\sim P(\lambda t)$.) 则称 $\{N(t),t\geqslant 0\}$ 是速率（或强度）为 λ 的（时齐）泊松过程.

上述定义中的条件（2）说明事件的发生是相互独立的；条件（3）则说明事件的发生在不同的时间区域上的平稳性. 至于事件发生的稀疏性和有序性，则从后面给出的另一定义会看得很清楚.

由于 $N(t)$ 表示时段 $(0,t]$ 内事件发生的次数，且 $EN(t)=\lambda t$，故 $\lambda=EN(t)/t$ 代表了事件发生的频繁程度，从而我们通常称 λ 为“强度”或“速率”.

定义 2.1.2　设 $\{N(t),t\geqslant 0\}$ 为一计数过程，若它满足:

(1) $N(0)=0$;

(2) $\{N(t),t\geqslant 0\}$ 为平稳独立增量过程;

(3) 存在 $\lambda>0$，使得当 $h\downarrow 0$ 时，有

$$P\{N(t+h)-N(t)\geqslant 1\}=P\{N(h)\geqslant 1\}=\lambda h+o(h)\quad(h\downarrow 0)\tag{2.1.2}$$

(4) 当 $h\downarrow 0$ 时，有

$$P\{N(t+h)-N(t)\geqslant 2\}=P\{N(h)\geqslant 2\}=o(h)\quad(h\downarrow 0)\tag{2.1.3}$$

则称 $\{N(t),t\geqslant 0\}$ 为一速率（或强度）为 λ 的（时齐）泊松过程.

上面的式 (2.1.2) 表明，在一个充分小的时段 $(t,t+h]$ 上，至少有一个事件发生的概率与时段的长度 h 几乎成正比. 因此，当 h 很小时，在该时段上有事件发生的概率也很小. 而式 (2.1.3) 则表明，在该时段上有两个或两个以上的事件发生的概率就更小，几乎为 0. 这就直观、形象地解释了事件发生的“稀疏”和“有序性”. 由此也容易知道泊松过程是一个简单计数过程.

上述两定义是等价的. 其中，由定义 2.1.1 推出定义 2.1.2 是很容易的（读者试自为之），我们仅证明由后者亦可推出前者成立.

设计数过程 $\{N(t),t\geqslant 0\}$ 满足定义 2.1.2，为证明它亦满足定义 2.1.1，经过简单分析可知，只需要证明 $N(t)\sim P(\lambda t)$（即式 (2.1.1) 成立）. 下面我们用无穷小分析法来证明.

证明　记 $P\{N(t)=n\} \triangleq P_n(t)(n=0,1,2,\cdots)$，下面我们求出 $P_n(t)$ 所满足的微分方程：

当 $n=0$ 时，有

$$\begin{aligned}P_0(t+h) &= P\{N(t+h)=0\} = P\{N(t)=0, N(t+h)-N(t)=0\} \\ &= P\{N(t)=0\}P\{N(h)=0\} = P_0(t)(1-P\{N(h)\geqslant 1\}) \\ &= P_0(t)-P_0(t)P\{N(h)\geqslant 1\}\end{aligned}$$

由式 (2.1.2) 可知：$P\{N(h)\geqslant 1\}=\lambda h+o(h)$，代入上式后便可推出

$$\frac{P_0(t+h)-P_0(t)}{h} = -\lambda P_0(t) - P_0(t)\frac{o(h)}{h}$$

令上式中 $h\downarrow 0$，得到

$$P_0{}'(t) = -\lambda P_0(t) \tag{2.1.4}$$

将上式两边乘以 $\mathrm{e}^{\lambda t}$ 后移项，得到

$$(P_0(t)\mathrm{e}^{\lambda t})_t{}' = 0$$

由此易得式 (2.1.4) 的通解为

$$P_0(t) = C\mathrm{e}^{-\lambda t}$$

令上式两边的 $t\downarrow 0$，右边 $\lim\limits_{t\downarrow 0} C\mathrm{e}^{-\lambda t}=C$；左边 $\lim\limits_{t\downarrow 0} P_0(t)=\lim\limits_{t\downarrow 0}[1-P(N(t)\geqslant 1)]=\lim\limits_{t\downarrow 0}(1-\lambda t+o(t))=1$，从而推得 $C=1$. 由此得到式 (2.1.4) 的特解

$$P_0(t) = \mathrm{e}^{-\lambda t} = \frac{(\lambda t)^0}{0!}\mathrm{e}^{-\lambda t} \tag{2.1.5}$$

这正满足式 (2.1.1) 中 $n=0$ 时的情形.

当 $n\geqslant 1$ 时，类似于上面 $n=0$ 时的推导可得

$$P_n(t+h) = P_n(t)P_0(h) + P_{n-1}(t)P_1(h) + \sum_{i=2}^{n} P_{n-i}(t)P_i(h) \tag{2.1.6}$$

其中

$$P_0(h) = 1-P\{N(h)\geqslant 1\} = 1-\lambda h+o(h)$$

$$P_1(h) = P\{N(h) \geqslant 1\} - P\{N(h) \geqslant 2\} = \lambda h + o(h)$$

$$\sum_{i=2}^{n} P_{n-i}(t)P_i(h) \leqslant \sum_{i=2}^{+\infty} P_i(h) = P\{N(h) \geqslant 2\} = o(h)$$

代入式 (2.1.6)，经过整理可得

$$\frac{P_n(t+h) - P_n(t)}{h} = -\lambda P_n(t) + \lambda P_{n-1}(t) + \frac{o(h)}{h}$$

令 $h \downarrow 0$，便得到微分方程：

$$P_n{}'(t) = -\lambda P_n(t) + \lambda P_{n-1}(t) \quad (n \geqslant 1) \tag{2.1.7}$$

现设命题当 $n = k(k \geqslant 0)$ 时成立，即有

$$P_k(t) = \frac{(\lambda t)^k}{k!}\mathrm{e}^{-\lambda t}$$

则当 $n = k+1$ 时，由式 (2.1.7) 可知

$$P_{k+1}{}'(t) = -\lambda P_{k+1}(t) + \lambda P_k(t) = -\lambda P_{k+1}(t) + \frac{\lambda(\lambda t)^k}{k!}\mathrm{e}^{-\lambda t}$$

两边乘以 $\mathrm{e}^{\lambda t}$ 后移项整理，得到

$$(P_{k+1}(t)\mathrm{e}^{\lambda t})_t{}' = \frac{\lambda^{k+1}t^k}{k!}$$

容易求得此式的通解为

$$P_{k+1}(t) = \frac{(\lambda t)^{k+1}}{(k+1)!}\mathrm{e}^{-\lambda t} + C\mathrm{e}^{-\lambda t}$$

类似于前面的做法可定出常数 $C = 0$，从而得到特解

$$P_{k+1}(t) = \frac{(\lambda t)^{k+1}}{(k+1)!}\mathrm{e}^{-\lambda t}$$

所以式 (2.1.1) 依然成立. 按归纳法原则，这就证明了对于任意非负整数 n，有

$$P_n(t) = P\{N(t) = n\} = \frac{(\lambda t)^n}{n!}\mathrm{e}^{-\lambda t} \quad (n = 0, 1, 2, \cdots)$$

亦即

$$N(t) \sim P(\lambda t)$$ □

例 2.1.1 一部 600 页的著作共有 240 个印刷错误，试利用泊松过程近似求出某连续三页无错误的概率.

解 设 $N(t)$ 为至第 t 页为止所有的印刷错误数，则 $\{N(t),t\geqslant 0\}$ 可近似视为一泊松过程，其强度为 $\lambda=240/600=0.4$. 从而所求概率为

$$P\{N(t+3)-N(t)=0\}=P\{N(3)=0\}=\mathrm{e}^{-0.4\times 3}=\mathrm{e}^{-1.2}\approx 0.3012$$

2.2 来到时间间隔与等待时间的分布

考虑泊松过程 $\{N(t),t\geqslant 0\}$，其一条样本路径（样本函数）$N(t,\omega)(t\geqslant 0)$ 的图像如图 2.2.1 所示.

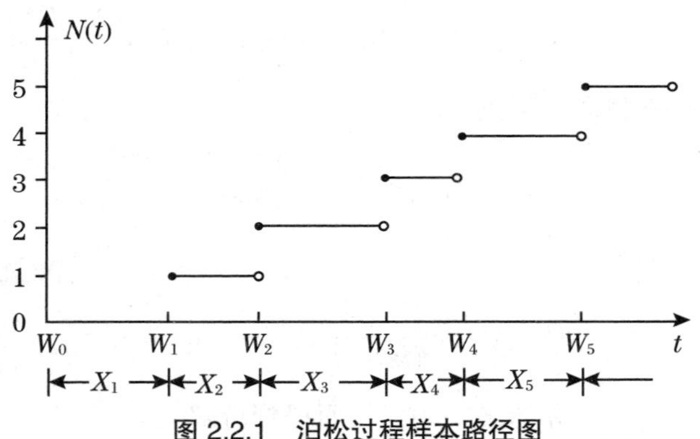

图 2.2.1 泊松过程样本路径图

图 2.2.1 为我们提供了泊松过程的样本路径为阶梯函数的直观而清晰的图像（请注意图中函数为右连续的细节）. 其中 $W_n(n\geqslant 0)$ 为第 n 个事件发生的时刻（又称为到达时刻或等待时间），约定 $W_0=0$；而 $X_n=W_n-W_{n-1}$ 为第 $n-1$ 个事件与第 n 个事件发生的时间间隔，简称为第 n 个间隔 $(n\geqslant 1)$. 易见泊松过程与等待时间序列 $\{W_n,n\geqslant 0\}$ 及间隔序列 $\{X_n,n\geqslant 1\}$ 关系密切. 我们有下面的定理：

定理 2.2.1 设 $\{N(t),t\geqslant 0\}$ 为一强度 λ 的泊松过程，$\{W_n,n\geqslant 0\}$ 与

$\{X_n, n \geqslant 1\}$ 如上. 则有:

(1) $X_1, X_2, \cdots, X_n, \cdots$ 为独立同分布，且 $X_n \sim Exp(\lambda)$（参数为 λ 的指数分布）;

(2) 当 $n \geqslant 1$ 时， $W_n = \sum_{i=1}^{n} X_i \sim \Gamma(\lambda, n)$ (参数为 λ, n 的伽马分布）.

注　伽马分布 $\Gamma(\lambda, n)(\lambda, n > 0)$ 的概率密度为

$$f(x) = \lambda^n x^{n-1} \mathrm{e}^{-\lambda x} / \Gamma(n) \quad (x > 0) \tag{2.2.1}$$

其中， $\Gamma(\frac{1}{2}, \frac{n}{2})(n \in \mathbf{N})$ 即为卡方分布 χ_n^2，而 $\Gamma(\lambda, 1)$ 则为指数分布 $Exp(\lambda)$. 当 $n \in \mathbf{N}$ 时， $\Gamma(\lambda, n)$ 又称作 n 阶爱尔朗 (Erlang) 分布，在排队论中有所谓的“爱尔朗流”.

定理 2.2.1 的证明　先求 $W_1, W_2, \cdots, W_n$ 的联合概率密度. 设 $0 < \omega_1 < \omega_2 < \cdots < \omega_n$，取充分小的 $h > 0$，使得

$0 < \omega_1 - h/2 < \omega_1 < \omega_1 + h/2 < \omega_2 - h/2 < \omega_2 < \omega_2 + h/2 < \cdots < \omega_{n-1} + h/2 < \omega_n - h/2 < \omega_n < \omega_n + h/2$ （如图 2.2.2 所示，图中小区间的半径均为 $h/2$）

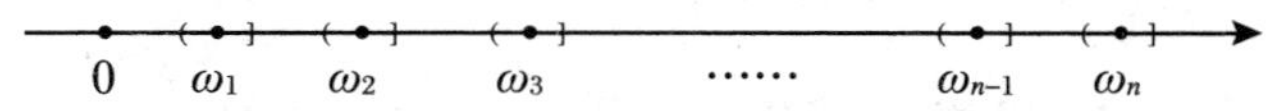

图 2.2.2　时间轴的划分

考虑事件:

$A_n = \{\omega_1 - h/2 < W_1 \leqslant \omega_1 + h/2, \omega_2 - h/2 < W_2 \leqslant \omega_2 + h/2, \cdots, \omega_n - h/2 < W_n \leqslant \omega_n + h/2\}$

则 A_n 可分解为： $A_n = B_n + C_n$ $(B_n \cap C_n = \varnothing)$. 其中

$$\begin{aligned} B_n = &\{N(\omega_1 - h/2) = 0, N(\omega_1 + h/2) - N(\omega_1 - h/2) = 1, \\ &N(\omega_2 - h/2) - N(\omega_1 + h/2) = 0, \cdots, N(\omega_n - h/2) - N(\omega_{n-1} + h/2) = 0, \\ &N(\omega_n + h/2) - N(\omega_n - h/2) = 1\} \\ C_n = &\{N(\omega_1 - h/2) = 0, N(\omega_1 + h/2) - N(\omega_1 - h/2) = 1, \\ &N(\omega_2 - h/2) - N(\omega_1 + h/2) = 0, \cdots, N(\omega_n - h/2) - N(\omega_{n-1} + h/2) = 0, \\ &N(\omega_n + h/2) - N(\omega_n - h/2) \geqslant 2\} \end{aligned}$$

由泊松过程的性质（见定义 2.1.1 与定义 2.1.2）可算得： $P(B_n) =$

$(\lambda h)^n \mathrm{e}^{-\lambda(\omega_n+h/2)}, P(C_n)=o(h^n)$，从而有

$$P(A_n)=P(B_n)+P(C_n)=\lambda^n \mathrm{e}^{-\lambda\omega_n}h^n+o(h^n) \tag{2.2.2}$$

在上式两边除以 h^n 并令 $h\downarrow 0$，便得到 $W_1,W_2,\cdots,W_n$ 的联合概率密度函数为

$$f_{W_1,W_2,\cdots,W_n}(\omega_1,\omega_2,\cdots,\omega_n)=\begin{cases}\lambda^n \mathrm{e}^{-\lambda\omega_n} & (0<\omega_1<\omega_2<\cdots<\omega_n)\\ 0 & (\text{其他})\end{cases} \tag{2.2.3}$$

再求 $X_1,X_2,\cdots,X_n$ 的联合概率密度. 注意到：$X_k=W_k-W_{k-1}$ $(1\leqslant k\leqslant n)$ 即由 $(W_1,W_2,\cdots,W_n)$ 到 $(X_1,X_2,\cdots,X_n)$ 为可逆变换，其逆变换为

$$W_k=\sum_{i=1}^{k}X_i \quad (k=1,2,\cdots,n)$$

故由第 1 章的公式 (1.5.8) 可求得 $(X_1,X_2,\cdots,X_n)$ 的联合概率密度为

$$f_{X_1,X_2,\cdots,X_n}(x_1,x_2,\cdots,x_n)=\lambda^n \mathrm{e}^{-\lambda\sum\limits_{i=1}^{n}x_i} \quad (x_i>0, i=1,2,\cdots,n)$$

由此易知 $X_1,X_2,\cdots,X_n$ 为独立同分布，且 $X_i\sim Exp(\lambda)$ $(i=1,2,\cdots,n)$. 由 n 的任意性，这便证明了 (1).

为证明 (2) 的结论，可直接求 W_n 的分布函数：

$$F_{W_n}(t)=P\{W_n\leqslant t\}=P\{N(t)\geqslant n\}=\sum_{k=n}^{+\infty}\frac{(\lambda t)^k}{k!}\mathrm{e}^{-\lambda t}$$

对上式两端求导，得

$$f_{W_n}(t)=\lambda^n t^{n-1}\frac{\mathrm{e}^{-\lambda t}}{(n-1)!}=\lambda^n t^{n-1}\frac{\mathrm{e}^{-\lambda t}}{\Gamma(n)}$$

此即为 $\Gamma(\lambda,n)$ 的密度函数.

还有一种办法是利用 (1) 中已证明的结果，以及 $W_n=\sum\limits_{i=1}^{n}X_i$，用矩母函数也可以证明：$W_n\sim\Gamma(\lambda,n)$.

第三种方法是利用前面求出的式 (2.2.3) 来求边缘概率密度 $f_{W_n}(\omega_n)$，有兴趣的读者不妨尝试为之. □

定理 2.2.1 从时间的角度刻画了泊松过程，即第 n 次事件到达的时间 W_n 等于 n 个独立同分布的指数分布随机变量之和： $W_n=\sum\limits_{i=1}^{n}X_i$. 这表明在泊松过程的结构中，间隔序列 $X_1,X_2,\cdots,X_i,\cdots$ 是最基本的. 可以这样来定义泊松过程：

设 $X_1,X_2,\cdots,X_i,\cdots$ 为独立同分布，且 $X_i\sim Exp(\lambda)$. 记 $W_0=0,W_n=\sum\limits_{i=1}^{n}X_i\ (n\geqslant 1)$ ，定义：

$$N(t)=\max\{n:W_n\leqslant t\}\quad (t\geqslant 0)\tag{2.2.4}$$

则可以证明 $\{N(t),t\geqslant 0\}$ 为一强度 λ 的泊松过程.

这可以算作泊松过程的又一定义. 而且更一般地，若将指数分布 $Exp(\lambda)$ 推广为任一非负随机变量的分布 F，则式 (2.2.4) 还可以用来定义更新过程（见第 3 章）.

此外，式 (2.2.4) 还可表为

$$N(t)=\sum_{n=1}^{+\infty}I_{(W_n\leqslant t)}\quad (t\geqslant 0)\tag{2.2.5}$$

其中， $I_{(W_n\leqslant t)}$ 为事件 $\{W_n\leqslant t\}$ 的示性函数.

例 2.2.1　公路上到达某加油站的卡车数 $N_1(t)$ 为强度为 λ_1 的泊松过程，而到达的小汽车数 $N_2(t)$ 为强度为 λ_2 的泊松过程，且 $N_1(t)$ 与 $N_2(t)$ 独立. 试问：

(1) $N(t)=N_1(t)+N_2(t)$ 是什么过程?

(2) 在总的车流 $N(t)$ 中，卡车首先到达的概率是多少?

(3) 在相继到达的两辆卡车之间，恰好有 k 辆小车到达的概率 p_k 是多少?

解　(1) 利用泊松分布的性质以及定义 2.1.1，容易证明 $\{N(t),t\geqslant 0\}$ 为强度为 $\lambda_1+\lambda_2$ 的泊松过程（读者可自为之）.

(2) 设第一辆卡车到达的时间为 X_1，第一辆小汽车到达的时间为 Y_1，则 X_1 与 Y_1 独立，且 $X_1\sim Exp(\lambda_1),Y_1\sim Exp(\lambda_2)$. 若设 $(X_1,Y_1)\sim f(x,y)$，则有

$$f(x,y)=\lambda_1\lambda_2\mathrm{e}^{-\lambda_1 x-\lambda_2 y}\quad (x,y>0)$$

从而所求概率为

$$P\{X_1<Y_1\}=\iint\limits_{x<y}f(x,y)\mathrm{d}x\mathrm{d}y=\iint\limits_{0<x<y}\lambda_1\lambda_2\mathrm{e}^{-\lambda_1 x-\lambda_2 y}\mathrm{d}x\mathrm{d}y$$

$$= \int_0^{+\infty} \lambda_2 e^{-\lambda_2 y} dy \int_0^y \lambda_1 e^{-\lambda_1 x} dx = \frac{\lambda_1}{(\lambda_1 + \lambda_2)}$$

(3) 设卡车流 $\{N_1(t), t \geqslant 0\}$ 的到达间隔序列为 $\{X_i, i \geqslant 1\}$ 而 $W_n = \sum_{i=1}^{n} X_i$ $(n \geqslant 1, W_0 = 0)$，则所求概率为

$$p_k = P\{N_2(W_n) - N_2(W_{n-1}) = k\} = P\{N_2(X_n) = k\}$$

因为 $X_n \sim Exp(\lambda_1)$，故利用推广的全概率公式 (1.3.12) 我们有

$$\begin{aligned}
p_k &= \int_0^{+\infty} P\{N_2(X_n) = k | X_n = x\} \lambda_1 e^{-\lambda_1 x} dx \\
&= \int_0^{+\infty} P\{N_2(x) = k\} \lambda_1 e^{-\lambda_1 x} dx \\
&= \int_0^{+\infty} \frac{\lambda_1 \lambda_2^k x^k}{k!} e^{-(\lambda_1 + \lambda_2)x} dx \\
&= \left(\frac{\lambda_1}{\lambda_1 + \lambda_2}\right)\left(\frac{\lambda_2}{\lambda_1 + \lambda_2}\right)^k \quad (k = 0, 1, 2, \cdots)
\end{aligned}$$

注 此例容易推广到多个车流，如公路上有红、黄、蓝三种颜色的车流，相互独立且均为泊松流，同样可考虑类似于上例的问题.

定理 2.2.2 （n 个等待时间的条件分布）设 $\{N(t), t \geqslant 0\}$ 为一强度为 λ 的泊松过程，则在 $N(t) = n$ 的条件下，n 个等待时间 $W_1, W_2, \cdots, W_n$ 的条件联合概率密度为

$$f(\omega_1, \omega_2, \cdots, \omega_n | n) = n! t^{-n} \quad (0 < \omega_1 < \omega_2 < \cdots < \omega_n < t) \tag{2.2.6}$$

证明 类似于定理 2.2.1 的证明，设 $0 < \omega_1 < \omega_2 < \cdots < \omega_n < t$，取充分小的 $h > 0$，使得

$0 < \omega_1 - h/2 < \omega_1 < \omega_1 + h/2 < \omega_2 - h/2 < \omega_2 < \omega_2 + h/2 < \cdots < \omega_n - h/2 < \omega_n < \omega_n + h/2 < t$ （如图 2.2.3 所示）

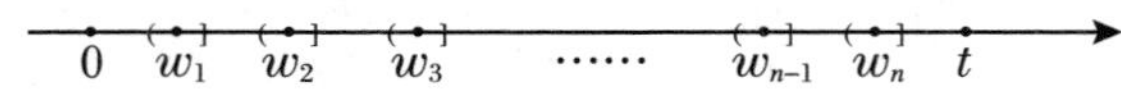

图 2.2.3 时间轴的划分

仍记事件

$\{\omega_1-h/2<W_1\leqslant\omega_1+h/2,\omega_2-h/2<W_2\leqslant\omega_2+h/2,\cdots,\omega_n-h/2<W_n\leqslant\omega_n+h/2\}\triangleq A_n$
考虑条件概率

$$P(A_n|N(t)=n)=\frac{P\{A_n,N(t)=n\}}{P\{N(t)=n\}}$$

用类似于定理 2.2.1 的证明中的算法可求得

$$\begin{aligned}
&P\{A_n,N(t)=n\}\\
&=P\{N(\omega_1-h/2)=0,N(\omega_1+h/2)-N(\omega_1-h/2)=1,\cdots,\\
&\qquad N(\omega_n+h/2)-N(\omega_n-h/2)=1,N(t)-N(\omega_n+h/2)=0\}\\
&=\lambda^n h^n \mathrm{e}^{-\lambda t}
\end{aligned}$$

而 $P\{N(t)=n\}=\dfrac{(\lambda t)^n}{n!}\mathrm{e}^{-\lambda t}$，故得到条件概率

$$P(A_n|N(t)=n)=n!t^{-n}h^n$$

在上式两边除以 h^n，并令 $h\downarrow 0$，便得到

$$f(\omega_1,\omega_2,\cdots,\omega_n|n)=n!t^{-n}\quad(0<\omega_1<\omega_2<\cdots<\omega_n<t)$$ □

注　设 $(X_1,X_2,\cdots,X_n)$ 为抽自均匀分布 $U(0,t)$ 的样本，$(X_{(1)},X_{(2)},\cdots,X_{(n)})$ 为其次序统计量，则可以证明 $(X_{(1)},X_{(2)},\cdots,X_{(n)})$ 的联合概率密度为

$$f_{X_{(1)},X_{(2)},\cdots,X_{(n)}}(x_1,x_2,\cdots,x_n)=n!/t^n\quad(0<x_1<x_2<\cdots<x_n<t)\qquad(2.2.7)$$

（见习题 1.4）易见此式与前面的式 (2.2.6) 完全一样，即定理 2.2.2 中的条件分布与次序统计量 $(X_{(1)},X_{(2)},\cdots,X_{(n)})$ 的分布恰好相同，这颇能说明等待时间的意义. 例如，设 $N(t)=n$ 表示某商店到 t 时刻为止总共到达 n 位顾客. 则在此条件下，每位顾客的到达时间都可看成服从均匀分布 $U(0,t)$ 的随机变量，且相互独立. 而 n 个等待时间 $W_1,W_2,\cdots,W_n$ 恰好是将这 n 个随机变量按从小到大的次序（即到达的先后次序）重新排列的结果.

例 2.2.2　旅客依速率为 λ 的泊松过程到达火车站. 若火车于时刻 t 离站，问在时段 $(0,t]$ 内旅客的平均总等待时间是多少?

解 此题所谓"等待时间"系指旅客的等车时间，故第 i 位旅客的等待时间为 $t-W_i$ $(i=1,2,\cdots,N(t))$ 其中 W_i 为第 i 位旅客到达车站的时刻. 故总等待时间为 $\sum_{i=1}^{N(t)}(t-W_i)$（随机和，但与第 1 章例 1.4.1 中的不同），而平均总等待时间则为 $E\left[\sum_{i=1}^{N(t)}(t-W_i)\right]$. 按照全期望公式

$$E\left[\sum_{i=1}^{N(t)}(t-W_i)\right]=E\left\{E\left[\sum_{i=1}^{N(t)}(t-W_i)\Big|N(t)\right]\right\} \tag{2.2.8}$$

先求

$$\begin{aligned}E\left[\sum_{i=1}^{N(t)}(t-W_i)\Big|N(t)=n\right]&=E\left[\sum_{i=1}^{n}(t-W_i)\Big|N(t)=n\right]\\&=nt-E\left[\sum_{i=1}^{n}W_i\Big|N(t)=n\right]\end{aligned} \tag{2.2.9}$$

现设 $U_1,U_2,\cdots,U_n$ 为 i.i.d.，且 $U_i\sim U(0,t)$. 则根据定理 2.2.2 的注可知有

$$\text{式}(2.2.9)=nt-E\Big(\sum_{i=1}^{n}U_{(i)}\Big)=nt-E\Big(\sum_{i=1}^{n}U_i\Big)=\frac{nt}{2}$$

将此结果代入式（2.2.8），便可推得平均总等待时间

$$E\left[\sum_{i=1}^{N(t)}(t-W_i)\right]=E[tN(t)/2]=\frac{\lambda t^2}{2}$$

2.3 泊松过程的推广

2.3.1 非齐次泊松过程

非齐次泊松过程，又称非时齐泊松过程，是将时齐的泊松过程（即满足定义 2.1.1）去掉平稳增量性后得到的过程，即有下面的定义：

定义 2.3.1　设 $\{N(t), t \geqslant 0\}$ 为一计数过程，若它满足：

(1) $N(0)=0$;

(2) $\{N(t), t \geqslant 0\}$ 为独立增量过程;

(3) 存在 $\lambda(t)>0$，使得当 $h \downarrow 0$ 时，有

$$P\{N(t+h)-N(t) \geqslant 1\}=\lambda(t) h+o(h) \tag{2.3.1}$$

(4) 当 $h \downarrow 0$ 时，有

$$P\{N(t+h)-N(t) \geqslant 2\}=o(h) \tag{2.3.2}$$

则称 $\{N(t), t \geqslant 0\}$ 为具有强度（或速率）函数 $\lambda(t)(t \geqslant 0)$ 的非齐次泊松过程.

定理 2.3.1　设 $\{N(t), t \geqslant 0\}$ 为具有强度函数 $\lambda(t)$ 的非齐次泊松过程，若记 $m(t)=\int_0^t \lambda(s) \mathrm{d} s$，则有

$$P\{N(s+t)-N(s)=n\}=\frac{[m(s+t)-m(s)]^n}{n!} \mathrm{e}^{-[m(s+t)-m(s)]}$$
$$(s \geqslant 0, t>0, n=0,1,2, \cdots) \tag{2.3.3}$$

证明　记 $P\{N(s+t)-N(s)=n\} \triangleq P_n(s, t)$，与本章 2.1 节中由定义 2.1.2 推出定义 2.1.1 的证明类似，用无穷小分析法，导出 $P_n(s, t)$ 所满足的微分方程（关于 t）并解之，最后用归纳法完成证明.

例如当 $n=0$ 时，有

$$\begin{aligned}
P_0(s, t+h) & =P\{N(s+t+h)-N(s)=0\} \\
& =P\{N(s+t)-N(s)=0, N(s+t+h)-N(s+t)=0\} \\
& =P_0(s, t)(1-P\{N(s+t+h)-N(s+t) \geqslant 1\}) \\
& =P_0(s, t)(1-\lambda(s+t) h+o(h))
\end{aligned}$$

由此导出微分方程

$$(P_0(s, t))_t^{\prime}=-\lambda(s+t) P_0(s, t) \tag{2.3.4}$$

此式的通解为

$$P_0(s, t)=C(s) \mathrm{e}^{-\int_0^{s+t} \lambda(u) \mathrm{d} u}$$

在上式两边令 $t\downarrow 0$，则左边

$$\lim_{t\to 0}P_0(s,t)=\lim_{t\to 0}P\{N(s+t)-N(s)=0\}=\lim_{t\to 0}(1-\lambda(s)t+o(t))=1$$

由此导出

$$C(s)=\mathrm{e}^{\int_0^s \lambda(u)\mathrm{d}u}$$

从而得到式 (2.3.4) 的特解

$$P_0(s,t)=\mathrm{e}^{-[m(s+t)-m(s)]} \tag{2.3.5}$$

而这正是式 (2.3.3) 中 $n=0$ 时的情形. 一般结论的证明仿此办理，读者试自为之. □

注 显然，若强度函数 $\lambda(t)\equiv\lambda$ $(t\geqslant 0)$，则 $\{N(t),t\geqslant 0\}$ 即为时齐的泊松过程.

例 2.3.1 某商店早晨 8:00 开门，此时顾客的平均到达率为 5 人 / 小时，到 11:00 线性增加到 20 人 / 小时，从 11:00 到 13:00，顾客平均到达率保持在 20 人 / 小时. 从 13:00 到 17:00，顾客平均到达率线性下降到 12 人 / 小时. 假定在不重叠时段内到达商店的顾客数是相互独立的.

(1) 试写出从 8:00 到 17:00 的顾客到达率函数；

(2) 问在 11:30 到 14:00 间无人到达商店的概率是多少?

(3) 在第 (2) 小题时段内到达商店的平均顾客数是多少?

解 (1) 设上午 8:00 为 0 时，依题意求得顾客到达率（速率）为（人 / 小时）

$$\lambda(t)=\begin{cases}5t+5 & (0\leqslant t\leqslant 3)\\ 20 & (3<t\leqslant 5)\\ -2t+30 & (5<t\leqslant 9)\end{cases}$$

(2) 按照式 (2.3.3)，所求概率为

$$\begin{aligned}P\{N(6)-N(3.5)=0\}&=\mathrm{e}^{-[m(6)-m(3.5)]}=\exp\left\{-\int_{3.5}^{6}\lambda(t)\mathrm{d}t\right\}\\&=\exp\left\{-\int_{3.5}^{5}20\mathrm{d}t-\int_{5}^{6}(30-2t)\mathrm{d}t\right\}=\mathrm{e}^{-49}\end{aligned}$$

(3) 按第(2) 小题结果及式 (2.3.3) 可知， $N(6)-N(3.5)\sim P(49)$, 故

$$E[N(6)-N(3.5)]=49\text{（人）}$$

例 2.3.2　（记录值）设 $X_1,X_2,\cdots,X_i,\cdots$ 为 i.i.d（独立同分布）且非负的连续型随机变量序列（例如 X_i 为某种元件的寿命），若 $X_i\sim f(x)$，其分布函数为 $F(x)$，则该种元件在时刻 t 的“失效率”为 $\lambda(t)=f(t)/[1-F(t)]\triangleq f(t)/\overline{F}(t)$（见第 1 章式 (1.5.3)）. 如果 $X_n>\max(X_1,X_2,\cdots,X_{n-1})$（$n\geqslant 1$，并约定 $X_0=0$）则称在时刻 n 产生了一个记录，并称 X_n 是一个记录值. 若以 $N(t)$ 表示不超过 t 的记录值的个数，则 $\{N(t),t\geqslant 0\}$ 为一非齐次泊松过程，且其强度函数即为失效率： $\lambda(t)=f(t)/\overline{F}(t)$.

事实上若 $N(t+h)-N(t)=1$，则说明在 $(t,t+h]$ 内有一记录值，不妨设为 X_n，则有（利用式（1.5.3））

$$P\{N(t+h)-N(t)=1\}=P\{X_n\in(t,t+h]|X_n>t\}=\lambda(t)h+o(h)$$

进而得到

$$P\{N(t+h)-N(t)\geqslant 2\}=o(h)$$

对比定义 2.3.1 知结论成立.

2.3.2　复合泊松过程

定义 2.3.2　设 $\{N(t),t\geqslant 0\}$ 为一强度为 λ 的泊松过程， $X_1,X_2,\cdots,X_i,\cdots$ 为 i.i.d，且 $\{N(t),t\geqslant 0\}$ 与 $\{X_i,i\geqslant 1\}$ 相互独立，则称随机和

$$Y(t)=\sum_{i=1}^{N(t)}X_i\quad(t\geqslant 0)\tag{2.3.6}$$

为一复合泊松过程.

注　(1) 显然，复合泊松过程即是一随机和. 若设 $E(X_i)=\mu$， $\mathrm{Var}(X_i)=\sigma^2$，且记 X_i 的矩母函数为 $g_X(s)$，则由第 1 章例 1.4.1 的结果可知

$$E[Y(t)]=EN(t)E(X)=\lambda\mu t$$
$$\mathrm{Var}[Y(t)]=EN(t)\mathrm{Var}(X)+\mathrm{Var}(N)(EX)^2=\lambda t(\mu^2+\sigma^2)$$

且 $Y(t)$ 的矩母函数为

$$g_{Y(t)}(s)=E[g_X^{N(t)}(s)]=\sum_{n=0}^{+\infty}g_X^n(s)P\{N(t)=n\}=\mathrm{e}^{\lambda t(g_X(s)-1)} \tag{2.3.7}$$

(2) 若 $X_i\equiv 1\ (i\geqslant 1)$，由式 (2.3.6) 易知：$Y(t)=N(t)\ (t\geqslant 0)$；

若 $X_i\sim B(1,p)$（参数为 p 的 $0-1$ 分布），则由式 (2.3.7) 可算得：$g_Y(t)(s)=\mathrm{e}^{\lambda pt(\mathrm{e}^s-1)}$，即 $Y(t)\sim P(\lambda pt)$. 此时，$\{Y(t),t\geqslant 0\}$ 为一强度为 λp 的泊松过程.

(3) 若 $Y(t)=\sum\limits_{i=1}^{N(t)}X_i$ 为复合泊松过程，设 X_i 的分布函数为 $F(x)$，则容易证明

$$F_{Y(t)}(y)=P\{Y(t)\leqslant y\}=\sum_{n=0}^{+\infty}F_n(y)\frac{(\lambda t)^n}{n!}\mathrm{e}^{-\lambda t} \tag{2.3.8}$$

上式中 $F_n(x)=F*F*\cdots*F(x)=P\{X_1+X_2+\cdots+X_n\leqslant x\}$ 为 $F(x)$ 的 n 重卷积. 其中 $n=2$ 时，$F_2(x)=F*F(x)=P\{X_1+X_2\leqslant x\}=\int_{-\infty}^{+\infty}F(x-y)\mathrm{d}F(y)$. $n\geqslant 3$ 时，可采用归纳定义：$F_n(x)=F_{n-1}*F(x)=\int_{-\infty}^{+\infty}F_{n-1}(x-y)\mathrm{d}F(y)$. 又约定：$F_1(x)=F(x),F_0(x)=1$.

例 2.3.3 设 $\{N(t),t\geqslant 0\}$ 是速率为 λ 的泊松过程，若每一事件独立地以概率 p 被观察到，现将被观察到的事件数记为 $N_1(t)$，并记 $N(t)-N_1(t)\triangleq N_2(t)$. 问 $N_1(t)$ 与 $N_2(t)$ 分别是什么过程？ $N_1(t)$ 与 $N_2(t)$ 是否相互独立？

解 因为 $N_1(t)$ 可表为：$N_1(t)=\sum\limits_{i=1}^{N(t)}X_i$，其中：$X_1,X_2,\cdots,X_i,\cdots$ 为 i.i.d. 且 $X_i\sim B(1,p)$，故由上面注 (2) 可知 $\{N_1(t),t\geqslant 0\}$ 为强度为 λp 的泊松过程. 同理可知：$N_2(t)=\sum\limits_{i=1}^{N(t)}(1-X_i)\triangleq\sum\limits_{i=1}^{N(t)}Y_i$ 为强度为 $\lambda q=\lambda(1-p)$ 的泊松过程.

$N_1(t)$ 与 $N_2(t)$ 相互独立. 事实上，任取 $n_1,n_2\in\mathbf{N}_0$，并记 $n_1+n_2=n$，则有

$$\begin{aligned}P\{N_1(t)=n_1,N_2(t)=n_2\}&=P\{N_1(t)=n_1,N(t)=n\}\\&=P\{N_1(t)=n_1|N(t)=n\}P\{N(t)=n\}\\&=\begin{pmatrix}n\\n_1\end{pmatrix}p^{n_1}(1-p)^{n_2}\frac{(\lambda t)^n}{n!}\mathrm{e}^{-\lambda t}\end{aligned}$$

$$
\begin{aligned}
&= \frac{n!}{n_1!n_2!} p^{n_1} q^{n_2} \frac{(\lambda t)^{n_1+n_2}}{n!} \mathrm{e}^{-\lambda(p+q)t} \\
&= \frac{(\lambda pt)^{n_1}}{n_1!} \mathrm{e}^{-\lambda pt} \frac{(\lambda qt)^{n_2}}{n_2!} \mathrm{e}^{-\lambda qt} \\
&= P\{N_1(t)=n_1\} P\{N_2(t)=n_2\}
\end{aligned}
$$

例 2.3.4 （冲击模型）设 $N(t)$ 为某系统到时刻 t 为止所受到的冲击次数，且 $\{N(t),t \geqslant 0\}$ 为泊松过程（强度为 λ）．又设第 i 次冲击对系统造成的损害的大小为 $Y_i \sim Exp(\mu)$，且 $\{Y_i, i \geqslant 1\}$ 为 i.i.d.. 记 $X(t)=\sum\limits_{i=1}^{N(t)} Y_i$ 为系统到 t 时刻为止所受到的总损害，设当损害超过一定限度 a 时，系统无法运行，寿命终止. 现设 T 为系统寿命，试求系统平均寿命 $E(T)$.（提示：对于非负随机变量 T，有 $E(T)=\int_0^{+\infty} P\{T>t\}\mathrm{d}t$，参见习题 1.2.）

解　先求卷积：

$$
\begin{aligned}
G_n(a) &= P\{Y_1+Y_2+\cdots+Y_n \leqslant a\} = P\{N_1(a) \geqslant n\} \\
&= \sum_{k=n}^{+\infty} \frac{(\mu a)^k}{k!} \mathrm{e}^{-\mu a}
\end{aligned} \tag{2.3.9}
$$

（其中，$N_1(t)$ 为一强度 μ 的泊松过程.）于是根据定义 2.3.2 的注 (3)，有

$$
\begin{aligned}
P\{T>t\} &= P\{X(t) \leqslant a\} = \sum_{n=0}^{+\infty} G_n(a) \frac{(\lambda t)^n}{n!} \mathrm{e}^{-\lambda t} \\
&= \sum_{n=0}^{+\infty} \sum_{k=n}^{+\infty} \frac{(\lambda t)^n}{n!} \mathrm{e}^{-\lambda t} \frac{(\mu a)^k}{k!} \mathrm{e}^{-\mu a},
\end{aligned} \tag{2.3.10}
$$

对式 (2.3.10) 右端交换求和次序得到

$$
P\{T>t\} = \sum_{k=0}^{+\infty} \frac{(\mu a)^k}{k!} \mathrm{e}^{-\mu a} \sum_{n=0}^{k} \frac{(\lambda t)^n}{n!} \mathrm{e}^{-\lambda t}
$$

对上式两端积分，利用题目的提示并注意到对任意 $n \in \mathbf{N}_0$，有

$$
\begin{aligned}
\int_0^{+\infty} \frac{(\lambda t)^n}{n!} \mathrm{e}^{-\lambda t} \mathrm{d}t &= \frac{1}{\lambda} \int_0^{+\infty} \frac{(\lambda t)^n}{n!} \mathrm{e}^{-\lambda t} \mathrm{d}(\lambda t) \\
&= \frac{1}{\lambda} \frac{\Gamma(n+1)}{n!} = \frac{1}{\lambda}
\end{aligned}
$$

便可推得

$$E(T) = \int_0^{+\infty} P\{T > t\}\mathrm{d}t = \sum_{k=0}^{+\infty} \frac{(\mu a)^k}{k!}\mathrm{e}^{-\mu a} \sum_{n=0}^{k} \int_0^{+\infty} \frac{(\lambda t)^n}{n!}\mathrm{e}^{-\lambda t}\mathrm{d}t$$
$$= \sum_{k=0}^{+\infty} \frac{(\mu a)^k (k+1)}{k!\lambda}\mathrm{e}^{-\mu a} = \frac{1+\mu a}{\lambda}$$

2.3.3 条件泊松过程

把泊松过程的强度参数 λ 推广为一随机变量，便得到所谓条件泊松过程.

定义 2.3.3 设 Λ 为一正的随机变量，分布函数为 $G(x)(x \geqslant 0)$. 又设 $\{N(t), t \geqslant 0\}$ 为一计数过程，且在给定 $\Lambda = \lambda$ 的条件下，$\{N(t), t \geqslant 0\}$ 为一强度为 λ 的（时齐）泊松过程. 即对任给 $s \geqslant 0, t, \lambda > 0, n \in \mathbf{N}_0$，有

$$P\{N(s+t) - N(s) = n | \Lambda = \lambda\} = \frac{(\lambda t)^n}{n!}\mathrm{e}^{-\lambda t} \quad (n = 0, 1, 2, \cdots) \tag{2.3.11}$$

则称 $\{N(t), t \geqslant 0\}$ 为一条件泊松过程.

由推广的全概率公式（见式 (1.3.12)）易得

$$P\{N(s+t) - N(s) = n\} = \int_0^{+\infty} \frac{(\lambda t)^n \mathrm{e}^{-\lambda t}}{n!}\mathrm{d}G(\lambda) \tag{2.3.12}$$

由此可见，条件泊松过程 $\{N(t), t \geqslant 0\}$ 是平稳增量过程，但却未必是独立增量过程.（读者试自举反例.）

下面计算给定 $N(t) = n$ 的条件下，Λ 的条件分布. 对于充分小的 $\mathrm{d}\lambda$，我们有

$$P\{\Lambda \in (\lambda, \lambda + \mathrm{d}\lambda) | N(t) = n\} = \frac{P\{N(t) = n | \Lambda \in (\lambda, \lambda + \mathrm{d}\lambda)\} P\{\Lambda \in (\lambda, \lambda + \mathrm{d}\lambda)\}}{P\{N(t) = n\}}$$
$$\approx \frac{\mathrm{e}^{-\lambda t}\dfrac{(\lambda t)^n}{n!}\mathrm{d}G(\lambda)}{\displaystyle\int_0^{+\infty} \mathrm{e}^{-\lambda t}\frac{(\lambda t)^n}{n!}\mathrm{d}G(\lambda)} \tag{2.3.13}$$

从而得到

$$P\{\Lambda \leqslant x | N(t) = n\} = \frac{\displaystyle\int_0^{x} \lambda^n \mathrm{e}^{-\lambda t}\mathrm{d}G(\lambda)}{\displaystyle\int_0^{+\infty} \lambda^n \mathrm{e}^{-\lambda t}\mathrm{d}G(\lambda)} \tag{2.3.14}$$

我们来看一个 Λ 为离散型随机变量的例子.

例 2.3.5 假设在某地区某个季节中地震发生的平均强度不是 λ_1 就是 λ_2，并假设百分之 $100p$ 的年份强度为 λ_1，其余的年份强度则为 λ_2. 设 $\{N(t),t\geqslant 0\}$ 为一条件泊松过程，其中 Λ 分别以概率 p 与 $1-p$ 取 λ_1 与 λ_2. 已知在该季节起先的 t 时间内发生 n 次地震，则这是一 λ_1 季节的概率为（按式 (2.3.13)）

$$\begin{aligned}P\{\Lambda=\lambda_1|N(t)=n\}&=\frac{p\mathrm{e}^{-\lambda_1 t}(\lambda_1 t)^n/n!}{p\mathrm{e}^{-\lambda_1 t}(\lambda_1 t)^n/n!+(1-p)\mathrm{e}^{-\lambda_2 t}(\lambda_2 t)^n/n!}\\&=\frac{p\lambda_1^n\mathrm{e}^{-\lambda_1 t}}{p\lambda_1^n\mathrm{e}^{-\lambda_1 t}+(1-p)\lambda_2^n\mathrm{e}^{-\lambda_2 t}}\end{aligned}$$

同理：

$$P\{\Lambda=\lambda_2|N(t)=n\}=\frac{(1-p)\lambda_2^n\mathrm{e}^{-\lambda_2 t}}{p\lambda_1^n\mathrm{e}^{-\lambda_1 t}+(1-p)\lambda_2^n\mathrm{e}^{-\lambda_2 t}}.$$

又设 T 为从时刻 t 起到下一次地震发生的时间间隔，则有（注意 T 服从指数分布）

$$\begin{aligned}P\{T\leqslant x|N(t)=n\}&=\sum_{i=1}^{2}P\{T\leqslant x|\Lambda=\lambda_i,N(t)=n\}P\{\Lambda=\lambda_i|N(t)=n\}\\&=\frac{p(1-\mathrm{e}^{-\lambda_1 x})\mathrm{e}^{-\lambda_1 t}\lambda_1^n+(1-p)(1-\mathrm{e}^{-\lambda_2 x})\mathrm{e}^{-\lambda_2 t}\lambda_2^n}{p\mathrm{e}^{-\lambda_1 t}\lambda_1^n+(1-p)\mathrm{e}^{-\lambda_2 t}\lambda_2^n}\end{aligned}$$

习 题 2

2.1 设 $\{N(t),t\geqslant 0\}$ 为强度 $\lambda=2$ 的泊松过程，试求：

(1) $P\{N(1)\leqslant 2\}$；

(2) $P\{N(1)=1,N(2)=3\}$；

(3) $P\{N(1)\geqslant 2|N(1)\geqslant 1\}$.

2.2 设 $\{N(t),t\geqslant 0\}$ 为强度为 λ 的泊松过程，$s,t>0$，试求：

(1) $P\{N(s)=k|N(s+t)=n\}\quad(0\leqslant k\leqslant n)$；

(2) $E[N(s)N(t+s)]$；

(3) $Z=E\{N(s+t)|N(s)\}$ 的分布律及期望、方差.

2.3 设 $\{N(t), t \geqslant 0\}$ 为强度为 λ 的泊松过程，$0 < t_1 < t_2 < t$，证明：

$$N(t_2) - N(t_1)|_{N(t)=n} \sim B(n, (t_2 - t_1)/t)$$

2.4 设某路口红、黄、蓝三种颜色的汽车的到达数分别为速率 λ_1，λ_2 和 λ_3 的泊松过程，且相互独立.

(1) 试求先后两辆汽车到达时间间隔 X 的概率密度；

(2) 设在时刻 t_0 观察到一辆红车，问下一辆是非红车的概率是多少？

(3) 设在时刻 t_0 观察到一辆红车，问下三辆全是红车，而后是非红车的概率是多少？

2.5 一部仪器受到的冲击数 $N(t)$ 为强度为 λ 的泊松过程. 设第 i 次冲击造成的损伤为 D_i. 其中 $\{D_i, i \geqslant 1\}$ 为独立同分布，且与 $N(t)$ 独立. 若损伤随时间而（指数地）衰减，即经过 t 时间后 D_i 变为 $D_i \mathrm{e}^{-\alpha t} (\alpha > 0)$，则时刻 t 仪器所受的总损伤为

$$D(t) = \sum_{i=1}^{N(t)} D_i \mathrm{e}^{-\alpha(t - W_i)}$$

其中 W_i 为第 i 次冲击来到的时刻. 试求 $E[D(t)]$（假定 $ED_i = D$）.

2.6 设 $\{N(t), t \geqslant 0\}$ 为强度为 λ 的泊松过程，W_k 为第 k 个事件发生的时刻 $(k \geqslant 1)$.

(1) 试求给定 $N(t) = n$ 的条件下，W_k 的条件概率密度 $f(w_k|n)(k \leqslant n)$；

(2) 试求 $E(W_k|N(t) = n)$ 与 $\mathrm{Var}(W_k|N(t) = n)$.

2.7 证明定理 2.3.1.

2.8 设 $\{N(t), t \geqslant 0\}$ 是强度函数为 $\lambda(t)$ 的非齐次泊松过程，$X_1, X_2, \cdots, X_i, \cdots$ 为事件发生的时间间隔序列.

(1) 问 $\{X_i, i \geqslant 1\}$ 是否独立？

(2) 问 $\{X_i, i \geqslant 1\}$ 是否同分布？

(3) 试求 X_1 及 X_2 的分布.

2.9 某市地铁的起点站自早上 5 时至晚上 23 时有列车发出，各时段顾客流量如下：5 时顾客的平均到达率为 200 人 / 小时，至 8 时线性增加到 1400 人 / 小时；8 时 $\sim$ 12 时平均到达率保持不变；12 时 $\sim$ 14 时平均到达率恒为 1000 人 / 小时，$14 \sim 19$ 时恒为 1400 人 / 小时；19 时 $\sim$ 23 平均到达率线性下降为 200 人 / 小时. 假定不相重叠的时间间隔内顾客的到达数相互独立，试求 17 时 $\sim$ 20 时内有 3000 人来该站乘车的概率，并求这 3 小时之内来乘车人数的平均值.

2.10 一电梯从底层 $(i = 0)$ 开始上升，设在第 i 层进入电梯的人数 N_i 服从参数为 λ_i 的泊松分布，且诸 N_i 相互独立. 又设在第 i 层进入电梯的各人相互独立地以概率 p_{ij} 在第 j 层离开电梯，且 $\sum\limits_{j>i} p_{ij} = 1$. 若设 O_j 为在第 j 层离开电梯的人数 $(j > 0)$.

(1) 试求 $E(O_j)$；

(2) O_j 服从什么分布？

(3) O_j 与 O_k 的联合分布如何？

2.11 设要做的试验的次数服从参数为 λ 的泊松分布. 试验有 n 个可能的结果，每次试验出现第 j 个结果的概率为 p_j，且 $\sum_{i=1}^{n} p_j = 1$. 设各次试验相互独立，并以 X_j 表示其中第 j 个结果发生的次数.

(1) 问 X_j 服从什么分布？并求其期望与方差 $(j = 1, 2, \cdots, n)$；

(2) 证明：$X_1, X_2, \cdots, X_n$ 相互独立.

2.12 某甲负责征订杂志. 设前来订阅的顾客数为强度为 λ 的泊松过程，顾客分别以概率 p_1，p_2 和 p_3 订阅 1 季，2 季和 3 季杂志 $(\sum_{i=1}^{3} p_i = 1)$，且各人的选择相互独立. 若以 $N_i(t)$ 表示 $(0, t]$ 时段内订阅 i 季杂志的顾客数 $(i = 1, 2, 3)$.

(1) 试问 $N_i(t)$ $(i = 1, 2, 3)$ 分别是什么过程？它们是否相互独立？为什么？

(2) 若每订出一季杂志，甲可得 1 元手续费，试求其于时间段 $(0, t]$ 内所得全部手续费 $X(t)$ 的期望与方差.

第 3 章　更新过程

更新过程的理论主要用于研究随时间变化而不断更新的随机系统，系统在每次更新之后依统计意义又重复原来的变化过程. 其经典的例子是我们在第 1 章（见 1.7 节）曾介绍过的一系列元件（如灯泡）的替换或更新，这也是更新过程名称的来由. 我们还曾指出，更新过程可以视为泊松过程的一种推广. 然而通过本章的学习我们将会知道，更新过程具有自己更为独特的方法和丰富的内涵. 顺便说一句，要学好更新过程，首先要深入地理解和体会“更新”一词的含义，这一点很重要.

在本章中，我们还将首次接触到“停时”这一重要概念.

3.1　定义和基本概念

定义 3.1.1　设 $X_1, X_2, \cdots, X_i, \cdots$ 为 i.i.d 且非负的随机变量序列，X_i 的分布函数为 $F(x)$，且 $F(0) = P\{X_i = 0\} < 1$（也有假定 $F(0) = 0$ 的）. 记 $W_0 = 0, W_n = \sum\limits_{i=1}^{n} X_i\ (n \geqslant 1)$，对于 $\forall t \geqslant 0$，定义:

$$N(t) = \max\{n : W_n \leqslant t\} \quad (t \geqslant 0) \tag{3.1.1}$$

或等价地

$$N(t) = \sum_{n=1}^{+\infty} I_{(W_n \leqslant t)} \quad (t \geqslant 0) \tag{3.1.2}$$

（注意此两式在形式上与第 2 章式 (2.2.4)、式 (2.2.5) 完全相同）则我们称 $\{N(t),t\geqslant 0\}$ 为一更新过程或更新计数过程.

注 (1) 易见更新过程为一计数过程，且它为简单计数过程的充要条件是 $P\{X_1=0\}=F(0)=0$.

(2) 在更新过程中，$N(t)$ 表示到时刻 t 为止发生的更新次数. $W_n=\sum\limits_{i=1}^{n}X_i$ 表示第 n 次更新发生的时刻，称为第 n 个更新点 $(n\geqslant 1)$. X_i 称为第 i 个更新间隔 $(i\geqslant 1)$. 由上述定义可见，更新间隔序列 $\{X_i,i\geqslant 1\}$ 完全确定了更新过程 $\{N(t),t\geqslant 0\}$，故有时也称 $\{X_i,i\geqslant 1\}$ 为更新过程，而称 $\{N(t),t\geqslant 0\}$ 为更新计数过程. 又 $EN(t)\triangleq m(t)$ 称为更新函数.

(3) 对于更新过程 $N=\{N(t),t\geqslant 0\}$ 来说，$\{W_n,n\geqslant 1\}$ 为一列使 N "重新开始"的时刻. 即对每个 $W_n(n\geqslant 1),N(W_n+t)-N(W_n)$ 与 $N(t)$ 同分布 $(t>0)$. 这一点是理解更新过程的关键，在今后会经常用到.

我们来考虑 $W_n(n\geqslant 1)$ 的分布函数，利用第 2 章定义 2.3.2 的注 (3) 介绍的卷积，可将它表示为

$$F_{W_n}(t)=P\{W_n\leqslant t\}=P\left\{\sum_{i=1}^{n}X_i\leqslant t\right\}=F_n(t) \tag{3.1.3}$$

上式中 $F_n(t)=F*F*\cdots*F(t)$ 为更新间隔 X_i 的分布函数 $F(t)$ 的 n 重卷积，它可以表示为一个 R-S 积分：

$$F_n(t)=F_{n-1}*F(t)=\int_{-\infty}^{+\infty}F_{n-1}(t-y)\mathrm{d}F(y)=\int_0^t F_{n-1}(t-y)\mathrm{d}F(y)\quad(n\geqslant 1) \tag{3.1.4}$$

其中 $F_1(t)=F(t)$，并约定 $F_0(t)=1$. $F_n(t)$ 的概率意义是 n 个独立同分布的随机变量和的分布函数.

利用式 (3.1.3)，我们容易证明下面的定理：

定理 3.1.1 设 $\{N(t),t\geqslant 0\}$ 为一更新过程，更新间隔 X_i 的分布函数为 $F(x)$. 则有

(1)

$$P\{N(t)=n\}=F_n(t)-F_{n+1}(t)\quad(n\geqslant 0) \tag{3.1.5}$$

(2)

$$m(t)=EN(t)=\sum_{n=1}^{+\infty}F_n(t) \tag{3.1.6}$$

证明 (1) 当 $n=0$ 时，有

$$P\{N(t)=0\}=P\{W_1>t\}=P\{X_1>t\}=1-F(t)=F_0(t)-F_1(t)$$

当 $n\geqslant 1$ 时，有

$$\begin{aligned}P\{N(t)=n\}&=P\{N(t)\geqslant n\}-P\{N(t)\geqslant n+1\}=P\{W_n\leqslant t\}-P\{W_{n+1}\leqslant t\}\\&=F_n(t)-F_{n+1}(t)\end{aligned}$$

故 (1) 证毕.

(2) 利用习题 1.2 的结果有

$$\begin{aligned}m(t)=EN(t)&=\sum_{n=1}^{+\infty}P\{N(t)\geqslant n\}\\&=\sum_{n=1}^{+\infty}P\{W_n\leqslant t\}=\sum_{n=1}^{+\infty}F_n(t)\end{aligned}$$ □

我们还可以得到进一步的结果，即式 (3.1.6) 中的无穷级数是收敛的. 为此，我们先需要给出：

命题 3.1.1 设 $\{N(t),t\geqslant 0\}$ 为一更新过程，更新间隔 X_i 的期望记为 $\mu=E(X_i)$（由定义 3.1.1 中的条件 $F(0)<1$ 易知有 $\mu>0$），则有

(1)

$$P\{\lim_{n\to+\infty}\frac{W_n}{n}=\mu\}=1 \tag{3.1.7}$$

（或记为：$\lim\limits_{n\to+\infty}\dfrac{W_n}{n}=\mu\quad$ (a.s.).）

(2)

$$P\{\lim_{n\to+\infty}W_n=+\infty\}=1 \tag{3.1.8}$$

证明　(1) 由强大数定律直接证得，且含 $\mu=+\infty$ 的情形（见参考文献 [2]9.1 节“柯尔莫哥洛夫强大数定律与格里文科定理”）.

主要证明 (2). 用反证法，若式 (3.1.8) 不成立，则存在 $M>0$，使得 $P\{\lim\limits_{n\to+\infty}W_n\leqslant M\}=\alpha>0$，于是得到 $P\{\lim\limits_{n\to+\infty}\dfrac{W_n}{n}=0\}\geqslant\alpha>0$，但由式 (3.1.7) 可知：$P\{\lim\limits_{n\to+\infty}\dfrac{W_n}{n}=\mu\}=1$，且 $\mu>0$，显然这两者是矛盾的. 从而式 (3.1.8) 得证. □

下面我们可以证明：

命题 3.1.2　设 $\{N(t),t\geqslant 0\}$ 为更新过程，$m(t)$ 为其更新函数，则对 $\forall t\geqslant 0$，有

$$m(t)<+\infty\quad(t\geqslant 0)\tag{3.1.9}$$

证明　由式 (3.1.6) 及式 (3.1.4) 可知

$$m(t)=EN(t)=\sum_{n=1}^{+\infty}F_n(t)$$

其中

$$F_n(t)=F_{n-1}*F(t)=\int_0^t F_{n-1}(t-s)\mathrm{d}F(s)\quad(n\geqslant 1)\tag{3.1.10}$$

利用 $F(t)$ 的单调性并用归纳法容易证明，对 $\forall t\geqslant 0$ 及 $n\in\mathbf{N}$，有

$$F_n(t)\leqslant[F(t)]^n\quad(\forall t\geqslant 0,n\in\mathbf{N})\tag{3.1.11}$$

从而当 $t=0$ 时，由于 $F(0)<1$，再据式 (3.1.11) 便有

$$m(0)=\sum_{n=1}^{+\infty}F_n(0)\leqslant\sum_{n=1}^{+\infty}[F(0)]^n=\frac{F(0)}{1-F(0)}<+\infty$$

再考虑 $t>0$. 先由 $F_k(t)$ 的单调性可以推知

$$F_{n+m}(t)=F_n*F_m(t)\leqslant F_n(t)F_m(t)\quad(\forall n,m\in\mathbf{N})\tag{3.1.12}$$

（由此式可知有 $F_1(t)\geqslant F_2(t)\geqslant F_3(t)\geqslant\cdots$），并类似于式 (3.1.11) 那样可以推得：

$$F_{nk+m}(t)\leqslant[F_k(t)]^nF_m(t)\quad(1\leqslant m\leqslant k)\tag{3.1.13}$$

另一方面，根据式 (3.1.8) 可知有

$$P\{\lim_{n\to+\infty} W_n = +\infty\} = 1$$

从而对任一固定的 $t>0$，存在充分大的 $k\in\mathbf{N}$，使得 $P\{W_k>t\}>0$，亦即 $F_k(t)=P\{W_k\leqslant t\}<1$. 由此，再根据式 (3.1.13) 便有

$$m(t)=\sum_{n=1}^{+\infty}F_n(t)=\sum_{n=0}^{+\infty}\sum_{m=1}^{k}F_{nk+m}(t)\leqslant\sum_{n=0}^{+\infty}k[F_k(t)]^n<+\infty$$

故式 (3.1.9) 得证. □

注 本命题及其证明过程表明：对于任一固定的 $t\geqslant 0$，序列 $F_1(t),F_2(t),F_3(t),\cdots$，不仅是单调下降的，而且是按几何级数（公比小于 1）的速率递减的，因此级数 $\sum\limits_{n=1}^{+\infty}F_n(t)$ 在（t 的）任意有限区间上是绝对一致收敛的. 从而这便决定了其和函数 $m(t)$ 也是 $[0,+\infty)$ 上的非负、右连续且单调增加的函数（像诸 $F_n(t)$ 一样），这一点对于我们后面理解有关更新方程的内容是有益的.

定义 3.1.2 形如下式的积分方程称为更新方程:

$$A(t)=a(t)+\int_0^t A(t-s)\mathrm{d}F(s)=a(t)+A*F(t)\quad(t\geqslant 0)\tag{3.1.14}$$

其中 $a(t)$ 为 $[0,+\infty)$ 上的局部有界函数（在任一有限区间上有界），$F(t)$ 为更新间隔 X_n 的分布函数，此二者不妨看作是已知的，而 $A(t)$ 则为 $[0,+\infty)$ 上的未知函数. 更新方程在更新理论中扮演着非常重要的角色.

定理 3.1.2 更新函数 $m(t)$ 满足下列更新方程:

$$m(t)=F(t)+\int_0^t m(t-s)\mathrm{d}F(s)\quad(t\geqslant 0)\tag{3.1.15}$$

（易见这是在式 (3.1.14) 中取 $a(t)=F(t)$ 的情形.）

证明 方法 1 由式 (3.1.6) 可得

$$\begin{aligned}m(t)&=\sum_{n=1}^{+\infty}F_n(t)=F(t)+\sum_{n=2}^{+\infty}F_n(t)=F(t)+\sum_{n=2}^{+\infty}F_{n-1}(t)*F(t)\\&=F(t)+\sum_{n=2}^{+\infty}\int_0^t F_{n-1}(t-s)\mathrm{d}F(s)\end{aligned}$$

$$= F(t) + \int_0^t m(t-s)\mathrm{d}F(s) = F(t) + m * F(t)$$

方法 2　我们使用所谓的“更新技巧”（或“更新论证法”）来证明这一结果，利用全期望公式 (1.3.8)，有

$$m(t) = EN(t) = E[E(N(t)|W_1)] = \int_0^{+\infty} E(N(t)|W_1 = s)\mathrm{d}F(s) \tag{3.1.16}$$

注意上式中的 $E(N(t)|W_1 = s)$，当 $W_1 = s > t$ 时，易见有：$E(N(t)|W_1 = s) = 0$；而当 $W_1 = s \leqslant t$ 时，以 s 作为新的时间起点，则更新过程可以看作是重新开始，再计入第一次更新，便得到 $E(N(t)|W_1 = s) = 1 + m(t-s)$，代入式 (3.1.16) 推得

$$\begin{aligned} m(t) &= \int_0^t [1 + m(t-s)]\mathrm{d}F(s) = \int_0^t \mathrm{d}F(s) + \int_0^t m(t-s)\mathrm{d}F(s) \\ &= F(t) - F(0-0) + \int_0^t m(t-s)\mathrm{d}F(s) \\ &= F(t) + m * F(t) \quad (t \geqslant 0) \end{aligned}$$

□

注　上述定理的结论并不复杂，但“更新技巧”却非常重要，它是研究更新过程的重要方法之一，今后将频繁地使用.

例 3.1.1　设 $N = \{N(t), t \geqslant 0\}$ 为一强度 λ 的泊松过程，则 N 也是一更新过程. 其第 n 个更新点 $W_n(n \geqslant 1)$ 的具体含义是第 n 次事件发生的时刻，而其更新间隔 $X_n \sim Exp(\lambda)\,(n \geqslant 1)$. 由于 $Exp(\lambda)$ 为连续型分布，故 $F(0) = P\{X_1 = 0\} = 0$ 即在时刻 0 没有更新产生. 于是，泊松过程为一简单计数过程.

我们在第 2 章中已经熟知 $N(t) \sim P(\lambda t)$ $(t > 0)$ 以及 $m(t) = EN(t) = \lambda t$ $(t \geqslant 0)$，因此似乎也没有必要用式 (3.1.5) 与式 (3.1.6) 再去算一遍泊松过程的分布与均值. 倒是可以验证一下其均值函数 $m(t) = \lambda t$ 满足更新方程 (3.1.15)，这也是不难做到的. 当然，我们还可以从泊松过程的样本路径图（第 2 章图 2.2.1）来想象一下更新过程的样本路径. 二者都是上升的且右连续的阶梯函数，主要的区别是对于一般的更新过程（即满足定义 3.1.1 者）来说，其阶梯函数不一定是从 $N(t) = 0$ 开始上升的. 而且，并非其所有阶梯的跃升高度都是 1. 这一点与一般的连续时间马氏链（见第 5 章）有点相似.

我们再来介绍几个有趣的随机变量：现龄 δ_t、剩余寿命 γ_t 及全寿命 β_t（均与 t 有关）. 它们虽然是从泊松过程引进的，但是可直接推广于一般的更新过程.

对于泊松过程或更新过程 $N=\{N(t),t\geqslant 0\}$ 来说，定义：

$$\delta_t = t - W_{N(t)} \quad （现龄或年龄）$$
$$\gamma_t = W_{N(t)+1} - t \quad （剩余寿命）$$
$$\beta_t = \delta_t + \gamma_t \quad （全寿命）$$

它们的意义是时刻 t 正在运行的元件已经运行的时间、还剩下的时间及全部的运行时间. 这从图 3.1.1 可以一目了然.

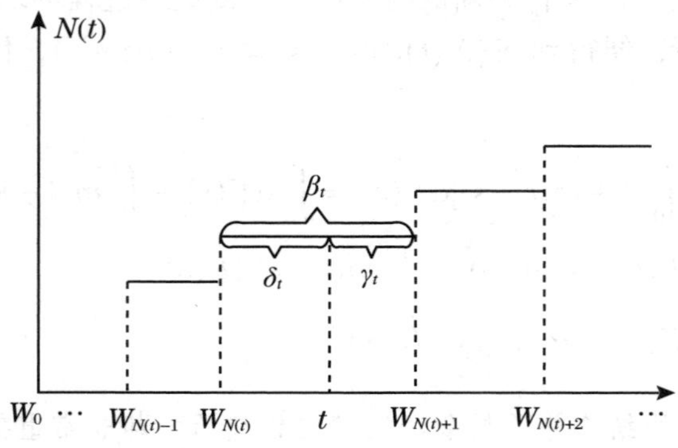

图 3.1.1 δ_t, γ_t 与 β_t

设 $N=\{N(t),t\geqslant 0\}$ 为强度 λ 的泊松过程，我们来求 δ_t 与 γ_t 的分布. 首先， $P\{\delta_t\leqslant t\}=1$，故而当 $x\geqslant t$ 时，有 $P\{\delta_t\leqslant x\}=1$. 若 $0\leqslant x<t$，则由图 3.1.1 易知 $\delta_t>x$ 的充要条件是时段 $(t-x,t]$ 内没有事件到达（或称没有更新点），亦即 $N(t)-N(t-x)=0$，此事件的概率为 $\mathrm{e}^{-\lambda x}$. 由此求得 δ_t 的分布

$$F_{\delta_t}(x)=P\{\delta_t\leqslant x\}=\begin{cases}1 & (x\geqslant t)\\ 1-\mathrm{e}^{-\lambda x} & (0\leqslant x<t)\end{cases} \tag{3.1.17}$$

此称为截尾指数分布.

再考虑剩余寿命 γ_t，对于 $x\geqslant 0$， $\gamma_t>x$ 的充要条件是在时段 $(t,t+x]$ 内不出现更新，因此对于泊松过程来说就有： $P\{\gamma_t>x\}=P\{N(t+x)-N(t)=0\}=P\{N(x)=0\}=\mathrm{e}^{-\lambda x}$，从而得到

$$F_{\gamma_t}(x)=P\{\gamma_t\leqslant x\}=1-\mathrm{e}^{-\lambda x} \quad (x\geqslant 0) \tag{3.1.18}$$

即 γ_t 的分布与任一来到间隔 X_i 的分布一样，都是指数分布 $Exp(\lambda)$.

全寿命 β_t 的均值：

$$
\begin{aligned}
E(\beta_t) &= E(\delta_t) + E(\gamma_t) = \int_0^t P\{\delta_t > x\}\mathrm{d}x + \frac{1}{\lambda} \\
&= \int_0^t \mathrm{e}^{-\lambda x}\mathrm{d}x + \frac{1}{\lambda} = \frac{1}{\lambda} + \frac{1}{\lambda}(1-\mathrm{e}^{-\lambda t})
\end{aligned} \tag{3.1.19}
$$

这时出现了一个不太好理解的现象，即全寿命的均值显然大于任一间隔 X_i 的均值 $1/\lambda$. 甚至，当 t 充分大时， $E(\beta_t)$ 几乎是 $E(X_i)$ 的两倍. 这从图 3.1.1 来看时，甚至让人感到有些荒谬. 这一现象被认为是由所谓“长度偏倚抽样”性造成的，有兴趣的读者可参阅相关文献（如见参考文献 [8] 的 5.3 节）.

3.2　若干极限定理

命题 3.2.1　$\{N(t), t \geqslant 0\}$ 为一更新过程，则有

$$
P\{\lim_{t\to+\infty} N(t) = +\infty\} = 1 \tag{3.2.1}
$$

证明　（反证法）因 $N(t) \in \mathbf{N}_0$，故若命题不成立，则必有充分大的 $n \in \mathbf{N}_0$，使得

$$
P\{N(t) \leqslant n\} = \alpha > 0 \quad (\forall t \in [0, +\infty)) \tag{3.2.2}
$$

但由式 (3.1.5) 可知

$$
\begin{aligned}
P\{N(t) \leqslant n\} &= \sum_{k=0}^{n} P\{N(t) = k\} = \sum_{k=0}^{n}(F_k(t) - F_{k+1}(t)) \\
&= 1 - F_{n+1}(t)
\end{aligned}
$$

故 $\lim\limits_{t\to+\infty} P\{N(t) \leqslant n\} = \lim\limits_{t\to+\infty}(1 - F_{n+1}(t)) = 0$. 显然，这与式 (3.2.2) 是矛盾的，从而命题得证.

定理 3.2.1　设 $\{N(t), t \geqslant 0\}$ 为一更新过程，更新间隔 X_i 的期望 $E(X_i) = \mu > 0$，则有

$$
\lim_{t\to+\infty} \frac{N(t)}{t} = \frac{1}{\mu} \quad \text{(a.s.)} \tag{3.2.3}
$$

其中 $\mu=+\infty$ 时，$\dfrac{1}{\mu}$ 可理解为 0.

证明 由命题 3.2.1可知

$$\lim_{t\to+\infty} N(t)=+\infty \quad \text{(a.s.)}$$

故由强大数定理易知有

$$\lim_{t\to+\infty}\frac{W_{N(t)}}{N(t)}=E(X_i)=\mu \quad \text{(a.s.)} \tag{3.2.4}$$

又显然有

$$W_{N(t)}\leqslant t\leqslant W_{N(t)+1}$$

并且

$$\frac{W_{N(t)}}{N(t)}\leqslant\frac{t}{N(t)}\leqslant\frac{W_{N(t)+1}}{N(t)+1}\cdot\frac{N(t)+1}{N(t)} \tag{3.2.5}$$

再结合式 (3.2.4) 便可得到

$$\lim_{t\to+\infty}\frac{t}{N(t)}=\mu \quad \text{(a.s.)}$$

这便证明了式 (3.2.3). □

进一步，我们还将讨论 $EN(t)/t$ 当 t 趋于无穷时的极限，即所谓“基本更新定理”. 为此，需要先介绍停时的概念和瓦尔德等式.

定义 3.2.1 设 $\{X_n,n\geqslant 0\}$ 为任一随机序列，N 为一取非负整数值的随机变量. 若对任一 $n\geqslant 0$，事件 $\{N=n\}$ 是否发生可由 $(X_0,X_1,X_2,\cdots,X_n)$ 确定，而与 $X_{n+1},X_{n+2},\cdots$ 无关，则称 N 为关于 $\{X_n,n\geqslant 0\}$ 的停时（stopping time）或马尔可夫时间（Markov time）.

停时可以理解为停止观察的时间. 例如我们依次观察随机序列 $\{X_n,n\geqslant 1\}$，停时 $N=n$，则表示我们已经观察了 $X_1,X_2,\cdots,X_n$，而在尚未观察 $X_{n+1},X_{n+2},\cdots$ 之时就停止了观察.

停时是近代概率论与随机过程的重要概念之一，我们在以后的章节中（如见第 7 章）还会用到它，并将它推广到更一般的场合. 我们来看几个停时的例子. 首先回顾一下第 1 章的例 1.4.1 与例 1.4.2 中的随机和：$Y=\sum\limits_{i=1}^{N}X_i$，其中的 N 便是一个关于 $\{X_n,n\geqslant 1\}$ 的停时（实际上 N 与整个 $\{X_n,n\geqslant 1\}$ 是独立的）. 其次还有如：

例 3.2.1　设 $\{N(t),t\geqslant 0\}$ 为一更新过程，则 $N(t)+1$ 关于 $\{X_n,n\geqslant 1\}$ 或 $\{W_n,n\geqslant 0\}$ 均为停时.

解　对于任一 $n\in\mathbf{N}$，有

$$\{N(t)+1=n\}=\{N(t)=n-1\}=\{W_{n-1}\leqslant t<W_n\} \tag{3.2.6}$$

即 $\{N(t)+1=n\}$ 是否发生可由 $W_1,W_2,\cdots,W_n$ 确定，自然亦可由 $X_1,X_2,\cdots,X_n$ 确定，故 $N(t)+1=n$ 关于 $\{X_n,n\geqslant 1\}$ 或 $\{W_n,n\geqslant 0\}$ 均为停时.

定理 3.2.2　（Wald 等式）设 $\{X_n,n\geqslant 1\}$ 为 i.i.d.，期望 $\mu=EX_1$ 存在. 又 N 关于 $\{X_n,n\geqslant 1\}$ 是停时，且 $E(N)$ 存在，则有

$$E\Big(\sum_{n=1}^{N}X_n\Big)=(EN)(EX_1) \tag{3.2.7}$$

证明　令

$$I_n=\begin{cases}1 & (n\leqslant N)\\ 0 & (n>N)\end{cases}\quad (n\geqslant 1)$$

则有

$$\sum_{n=1}^{N}X_n=\sum_{n=1}^{+\infty}X_nI_n \tag{3.2.8}$$

由于 $\{I_n=0\}=\{N<n\}=\bigcup\limits_{k=1}^{n-1}\{N=k\}$ 仅依赖于 $X_1,X_2,\cdots,X_{n-1}$，而与 $X_n,X_{n+1},\cdots$ 独立（因为整个 $\{X_n,n\geqslant 1\}$ i.i.d.）. 而且 $\{I_n=1\}=\{I_n=0\}^c=\Big\{\bigcup\limits_{k=1}^{n-1}(N=k)\Big\}^c$ 也与 $X_n,X_{n+1},\cdots$ 独立，故 I_n 与 X_n 独立，从而有

$$E(X_nI_n)=E(X_n)E(I_n)$$

于是由式 (3.2.8) 便可推得

$$\begin{aligned}E\Big(\sum_{n=1}^{N}X_n\Big)&=E\Big(\sum_{n=1}^{+\infty}X_nI_n\Big)=\sum_{n=1}^{+\infty}E(X_n)E(I_n)\\&=E(X_1)\sum_{n=1}^{+\infty}E(I_n)=E(X_1)\sum_{n=1}^{+\infty}P\{N\geqslant n\}=E(X_1)E(N)\end{aligned}$$ □

注 我们在第 1 章例 1.4.1 与例 1.4.2 中曾经得到过与式 (3.2.7) 形式上完全一样的等式，但必须注意的是，彼时的条件（即 N 与整个 $\{X_n, n \geqslant 1\}$ 独立）比现在的条件要更强一些.

例 3.2.2 设 $\{N(t), t \geqslant 0\}$ 为一更新过程，假定更新间隔 X_n 的期望 $E(X_n) = \mu < +\infty$. 由例 3.2.1 可知 $N(t)+1$ 关于 $\{X_n, n \geqslant 1\}$ 为停时，且 $E(N(t)+1) = m(t)+1 < +\infty$（由命题 3.1.2）. 故由 Wald 等式 (3.2.7) 可以推得

$$E\Big(W_{N(t)+1}\Big) = E\Big(\sum_{i=1}^{N(t)+1} X_i\Big) = \mu(m(t)+1) \tag{3.2.9}$$

定理 3.2.3 （基本更新定理）设 $\{N(t), t \geqslant 0\}$ 为更新过程，$\mu = E(X_n), m(t) = EN(t)$，则有

$$\lim_{t \to +\infty} \frac{m(t)}{t} = \frac{1}{\mu} \tag{3.2.10}$$

（其中当 $\mu = +\infty$ 时，$1/\mu = 0$.）

证明 先设 $(0 <)\mu < +\infty$. 因 $W_{N(t)+1} > t$（见图 3.1.1），故取期望，由式 (3.2.9) 可知有 $\mu(m(t)+1) > t$，亦即

$$\frac{m(t)+1}{t} > \frac{1}{\mu}$$

对上式取下极限，得到

$$\varliminf_{t \to +\infty} \frac{m(t)}{t} \geqslant \frac{1}{\mu} \tag{3.2.11}$$

另一方面，任意给定一常数 $M > 0$，我们可以定义一个新的更新过程——截尾更新过程. 令

$$\overline{X}_n = \begin{cases} X_n & (X_n \leqslant M) \\ M & (X_n > M) \end{cases} \quad (n \geqslant 1) \tag{3.2.12}$$

及 $\overline{W}_0 = 0, \overline{W}_n = \sum_{i=1}^{n} \overline{X}_i \ (n \geqslant 1)$. 则

$$\overline{N}(t) = \max\{n : \overline{W}_n \leqslant t\} \tag{3.2.13}$$

为一更新过程.

进一步，若记 $E\overline{X}_n = \mu_M, E(\overline{N}(t)) = \overline{m}(t)$，易见有： $\mu_M \leqslant \mu, \overline{W}_n \leqslant W_n, \overline{N}(t) \geqslant N(t)$ 及 $\overline{m}(t) \geqslant m(t)$. 又因为此截尾更新过程的更新间隔以 M 为界，故我们得到

$$\overline{W}_{N(t)+1} \leqslant t + M$$

类似地，利用式 (3.2.9) 我们有

$$\mu_M(1 + \overline{m}(t)) \leqslant t + M$$

从而有

$$\mu_M(1 + m(t)) \leqslant t + M$$

亦即

$$\frac{m(t)}{t} \leqslant \frac{1}{\mu_M} + \frac{1}{t}\left(\frac{M}{\mu_M} - 1\right)$$

取上极限便有

$$\varlimsup_{t\to+\infty} \frac{m(t)}{t} \leqslant \frac{1}{\mu_M} \quad (\forall M > 0) \tag{3.2.14}$$

又据式 (3.2.12)，有

$$\mu_M = \int_0^M (1 - F(x))\mathrm{d}x$$

其中 $F(x)$ 为更新间隔 X_n 的分布函数. 故而

$$\lim_{M\to+\infty} \mu_M = \int_0^{+\infty} (1 - F(x))\mathrm{d}x = E(X_n) = \mu$$

从而在式 (3.2.14) 两边令 $M \to +\infty$，便有

$$\varlimsup_{t\to+\infty} \frac{m(t)}{t} \leqslant \frac{1}{\mu}$$

再结合式 (3.2.11) 可知有

$$\frac{1}{\mu} \leqslant \varliminf_{t\to+\infty} \frac{m(t)}{t} \leqslant \varlimsup_{t\to+\infty} \frac{m(t)}{t} \leqslant \frac{1}{\mu}$$

这便证明了式 (3.2.10).

若 $\mu = +\infty$，则由 $\mu_M < +\infty$，对截尾更新过程应用上述结论有

$$\varlimsup_{t\to+\infty} \frac{m(t)}{t} \leqslant \varlimsup_{t\to+\infty} \frac{\overline{m}(t)}{t} = \frac{1}{\mu_M} > 0 \quad (\forall M > 0)$$

令 $M \to +\infty$，得

$$\varlimsup_{t\to+\infty} \frac{m(t)}{t} \leqslant \lim_{M\to+\infty} \frac{1}{\mu_M} = \frac{1}{+\infty} = 0$$

易见这只能有

$$\lim_{t\to+\infty} \frac{m(t)}{t} = 0$$

即式 (3.2.10) 成立. □

3.3 更新方程与关键更新定理

在 3.1 节中，我们证明了更新函数 $m(t)$ 满足更新方程式 (3.1.15)：

$$m(t) = F(t) + \int_0^t m(t-s)\mathrm{d}F(s) = F(t) + m * F(t)$$

并且在定义 3.1.2 中给出了更加一般的更新方程式 (3.1.14)：

$$A(t) = a(t) + \int_0^t A(t-s)\mathrm{d}F(s) = a(t) + A * F(t)$$

其中 $a(t)$ 为 $[0,+\infty)$ 上的局部有界函数， $F(t)$ 为更新间隔 X_n 的分布函数. 本节我们首先要给出以下重要的定理：

定理 3.3.1 设 $a(t)$ 为 $[0,+\infty)$ 上的局部有界函数， $F(t)$ 为更新间隔的分布函数，则更新方程式 (3.1.14) 有唯一局部有界解 $A(t)$，其中

$$A(t) = a(t) + \int_0^t a(t-s)\mathrm{d}m(s) = a(t) + a * m(t) \tag{3.3.1}$$

证明 先证明由式 (3.3.1) 表示的 $A(t)$ 为局部有界函数：

$$\sup_{0\leqslant t\leqslant u} |A(t)| \leqslant \sup_{0\leqslant t\leqslant u} |a(t)| + \int_0^u \sup_{0\leqslant t\leqslant u} |a(t)|\mathrm{d}m(s) \leqslant \sup_{0\leqslant t\leqslant u} |a(t)|(1+m(u)) < +\infty$$

上面最后一个不等式成立是因为 $a(t)$ 为局部有界函数且对任意 $u \geqslant 0$ 有 $m(u) < +\infty$ （见命题 3.1.2）.

其次证明 $A(t)$ 满足式 (3.1.14)：

$$\begin{aligned}A(t)&=a(t)+a*m(t)=a(t)+a*\Big(\sum_{n=1}^{+\infty}F_n\Big)(t)\\&=a(t)+a*F(t)+a*\Big(\sum_{n=2}^{+\infty}F_n\Big)(t)\\&=a(t)+a*F(t)+a*(m*F)(t)\\&=a(t)+a*F(t)+(a*m)*F(t)\quad\text{（卷积满足结合律）}\\&=a(t)+(a+(a*m))*F(t)=a(t)+A*F(t)\end{aligned}$$

即 $A(t)$ 满足式 (3.1.14).

最后证明解的唯一性，设有任一 $B(t)$ 满足式 (3.1.14)，且 $B(t)$ 为局部有界，则有

$$\begin{aligned}B&=a+B*F=a+(a+B*F)*F=a+a*F+B*F_2=\cdots\\&=a+a*\sum_{i=1}^{n-1}F_i+B*F_n\end{aligned}\tag{3.3.2}$$

由于上式中

$$|B*F_n(t)|\leqslant\sup_{0\leqslant s\leqslant t}|B*F_n(s)|\leqslant\sup_{0\leqslant s\leqslant t}|B(s)|F_n(t)\quad(\forall t\geqslant 0)$$

而由命题 3.1.2（即 $m(t)=\sum_{n=1}^{+\infty}F_n(t)<+\infty$）可知

$$\lim_{n\to+\infty}F_n(t)=0\quad(\forall t\geqslant 0)$$

故得到

$$\lim_{n\to+\infty}B*F_n(t)=0\quad(\forall t\geqslant 0)$$

从而在式 (3.3.2) 中令 $n\to+\infty$ 便得到

$$B=a+a*\sum_{i=1}^{+\infty}F_i=a+a*m$$

即 B 必具有式 (3.3.1) 的形式. □

接下来我们将不加证明地介绍布莱克威尔（Blackwell）定理和关键更新定理，先看下面的定义：

定义 3.3.1 非负随机变量 X（或其分布函数 F）被称为是格点的（lattice），如果存在 $d \geqslant 0$，使得

$$\sum_{n=0}^{+\infty} P\{X = nd\} = 1 \tag{3.3.3}$$

即 X 只取非负数 d 的整数倍（其特例是 $P\{X=0\}=1$）. 满足式 (3.3.3) 的最大的 d 称为 X（或 F）的周期.

注 易见满足上述定义的 X 为一离散型随机变量，且 X/d 为一取非负整数值的随机变量.

下面的定理可以看作是基本更新定理（即定理 3.2.3）的进一步推广和精细化.

定理 3.3.2 （布莱克威尔定理）设 $F(x)$ 为更新间隔 X_i 的分布函数，$\mu = E(X_i) = \int_0^{+\infty} x\mathrm{d}F(x)$，$F_n(x)$ 为 $F(x)$ 的 n 重卷积，$m(t) = \sum_{n=1}^{+\infty} F_n(t)$ 为更新函数.

(1) 若 F 是非格点的，则对 $\forall a > 0$ 有

$$\lim_{t\to+\infty}[m(t+a) - m(t)] = a/\mu \tag{3.3.4}$$

(2) 若 F 为格点的，其周期为 d，则有

$$\lim_{n\to+\infty}[m((n+1)d) - m(nd)] = d/\mu \tag{3.3.5}$$

（证明可见参考文献 [5] 的 4.3 节.）

注 式 (3.3.4) 还可以写为：$\lim\limits_{t\to+\infty}[m(t+a) - m(t)]/a = 1/\mu$，易见这与基本更新定理：$\lim\limits_{t\to+\infty} m(t)/t = 1/\mu$ 相比，二者意义是相似的，且式 (3.3.4) 更为精细. 事实上基本更新定理只是布莱克威尔定理的推论（见参考文献 [5] 的 4.3 节）.

若 F 为格点的且周期为 d，则更新只能发生在形如 nd 这样的点上，此时式 (3.3.4) 便体现为式 (3.3.5). 而且，容易证明式 (3.3.5) 与下面更一般的式子是等价的：

$$\lim_{n\to+\infty}[m((n+k)d) - m(nd)] = kd/\mu \quad (\forall k \in \mathbf{N}) \tag{3.3.6}$$

为叙述关键更新定理，我们需要先给出：

定义 3.3.2　设 $h(t)$ 为定义在 $[0,+\infty)$ 上的函数，对于任意 $\delta>0$，记

$$\underline{m}_n(\delta)=\inf\{h(t):(n-1)\delta\leqslant t\leqslant n\delta\}\quad(n\in\mathbf{N}) \tag{3.3.7}$$

$$\overline{m}_n(\delta)=\sup\{h(t):(n-1)\delta\leqslant t\leqslant n\delta\}\quad(n\in\mathbf{N}) \tag{3.3.8}$$

如果对任意 $\delta>0$，$\sum\limits_{n=1}^{+\infty}\underline{m}_n(\delta)$ 与 $\sum\limits_{n=1}^{+\infty}\overline{m}_n(\delta)$ 均有限，且有

$$\lim_{\delta\downarrow 0}\sum_{n=1}^{+\infty}\underline{m}_n(\delta)=\lim_{\delta\downarrow 0}\sum_{n=1}^{+\infty}\overline{m}_n(\delta) \tag{3.3.9}$$

则称函数 $h(t)$ 为直接黎曼（Riemann）可积的.

注　对于上述定义，我们可以不关心其细节，但我们必须重视下面的结论：任何一个单调且在 $[0,+\infty)$ 上绝对可积的函数 $h(t)$，必是直接黎曼可积的，且此时式 (3.3.9) 中的极限就等于通常的（黎曼）积分：$\int_0^{+\infty}h(t)\mathrm{d}t$. 又若 $h(t)$ 为 $[0,+\infty)$ 上直接黎曼可积的函数，则必有：$\lim\limits_{t\to+\infty}h(t)=0$.（见参考文献 [5] 的 4.3 节）

现在可以叙述关键更新定理了：

定理 3.3.3　（关键更新定理）设 $F(x)$ 为更新间隔 X_i 的分布函数，$\mu=\int_0^{+\infty}x\mathrm{d}F(x)$，$a(t)$ 为 $[0,+\infty)$ 上直接黎曼可积的函数，$A(t)$ 是更新方程：

$$A(t)=a(t)+\int_0^t A(t-x)\mathrm{d}F(x) \tag{3.3.10}$$

的解（即 $A(t)=a(t)+\int_0^t a(t-s)\mathrm{d}m(s)=a(t)+a*m(t)$，见定理 3.3.1）.

(1) 若 F 为非格点的，则

$$\lim_{t\to+\infty}A(t)=\begin{cases}\dfrac{1}{\mu}\displaystyle\int_0^{+\infty}a(t)\mathrm{d}t & (0<\mu<+\infty)\\ 0 & (\mu=+\infty)\end{cases} \tag{3.3.11}$$

(2) 若 F 为格点的，且周期为 d，则对任何 $0\leqslant c<d$，有

$$\lim_{n\to+\infty}A(c+nd)=\begin{cases}\dfrac{d}{\mu}\displaystyle\sum_{n=0}^{+\infty}a(c+nd) & (0<\mu<+\infty)\\ 0 & (\mu=+\infty)\end{cases} \tag{3.3.12}$$

(证明见参考文献 [5] 的 4.3 节).

关键更新定理是一个十分重要且有用的结果，当我们要计算与时刻 t 有关的某些概率或期望 $g(t)$ 的极限时，便要用到它. 试看下例:

例 3.3.1 剩余寿命 γ_t 的极限分布. 我们在本章 3.1 节中提到(见例 3.1.1)，对于一般的更新过程 $\{N(t),t\geqslant 0\}$，我们也可以类似于泊松过程那样定义现龄 δ_t、剩余寿命 γ_t 和全寿命 β_t 等随机变量. 例如像剩余寿命 $\gamma_t=W_{N(t)+1}-t$，虽然就一般而言我们难以求出一个像式 (3.1.18) 那么简单的表达式(γ_t 的分布函数). 但我们可以求 γ_t 的极限分布. 设 $z>0$，记 $A_z(t)=P\{\gamma_t>z\}$，我们先去求 $A_z(t)$ 所满足的更新方程，方法是用更新技巧或更新论证法. 按推广的全概率公式 (1.3.12)，我们有

$$A_z(t)=\int_0^{+\infty}P\{\gamma_t>z|W_1=x\}\mathrm{d}F(x) \tag{3.3.13}$$

其中，通过对图 3.3.1 的分析可以求出

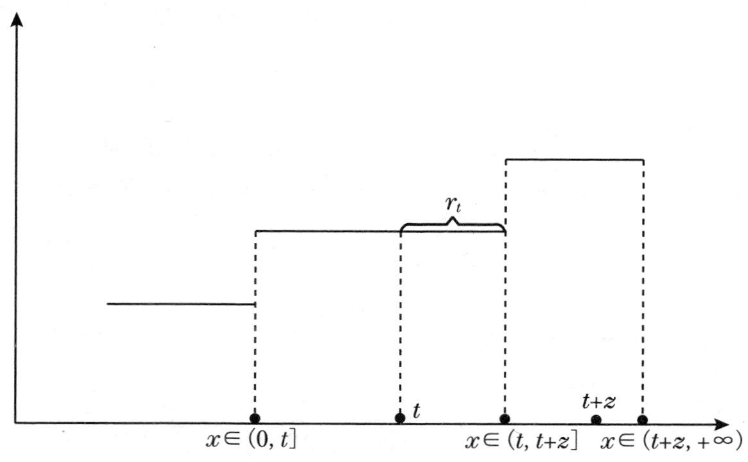

图 3.3.1 分析 γ_t 的分布

$$P\{\gamma_t>z|W_1=x\}=\begin{cases}1 & (x>t+z)\\ 0 & (t<x\leqslant t+z)\\ A_z(t-x) & (0<x\leqslant t)\end{cases} \tag{3.3.14}$$

由式 (3.3.13) 可得

$$A_z(t)=\int_0^t A_z(t-x)\mathrm{d}F(x)+\int_{t+z}^{+\infty}\mathrm{d}F(x)$$
$$=1-F(t+z)+\int_0^t A_z(t-x)\mathrm{d}F(x)$$

因此得到 $A_z(t)$ 所满足的更新方程

$$A_z(t)=1-F(t+z)+\int_0^t A_z(t-x)\mathrm{d}F(x) \tag{3.3.15}$$

（由定理 3.3.1 可知 $A_z(t)=1-F(t+z)+\int_0^t(1-F(t+z-s))\mathrm{d}m(s)$.）若记 $1-F(t+z)=a(t)$，则显然 $a(t)$ 在 $[0,+\infty)$ 上单调减少，且

$$\int_0^{+\infty}a(t)\mathrm{d}t=\int_0^{+\infty}(1-F(t+z))\mathrm{d}t=\int_z^{+\infty}(1-F(y))\mathrm{d}y$$
$$\leqslant\int_0^{+\infty}(1-F(y))\mathrm{d}y=\mu<+\infty$$

故 $a(t)$ 为直接黎曼可积. 因而根据关键更新定理便有（设 F 为非格点的）

$$\lim_{t\to+\infty}A_z(t)=\frac{1}{\mu}\int_0^{+\infty}(1-F(t+z))\mathrm{d}t=\frac{1}{\mu}\int_z^{+\infty}(1-F(y))\mathrm{d}y\quad(z>0) \tag{3.3.16}$$

有趣的是，若 $\{N(t),t\geqslant 0\}$ 为强度 λ 的泊松过程，则上述极限 $\lim_{t\to+\infty}A_z(t)=\mathrm{e}^{-\lambda z}$，即 γ_t 的极限分布为

$$\lim_{t\to+\infty}P\{\gamma_t\leqslant z\}=1-\mathrm{e}^{-\lambda z}\quad(z>0)$$

这刚好跟式 (3.1.18) 是一致的.

3.4　更新过程的推广

3.4.1　延迟更新过程

定义 3.4.1　设 $\{X_i,i\geqslant 1\}$ 为一列独立的非负随机变量，其中 $\{X_i,i\geqslant 2\}$ 为 i.i.d.，其共同分布为 F，而 X_1 的分布为 G. 仍令 $W_0=0,W_n=\sum_{i=1}^n X_i\ (n\geqslant 1)$，

命

$$N_D(t)=\max\{n:W_n\leqslant t\}\quad (t\geqslant 0) \tag{3.4.1}$$

则 $N_D=\{N_D(t),t\geqslant 0\}$ 称为延迟更新过程（D 为延迟之意）. 我们记 N_D 的均值为 $E(N_D(t))=m_D(t)$，而 $m(t)$ 仍为：$m(t)=\sum\limits_{n=1}^{+\infty}F_n(t)$，又 $\mu=\int_0^{+\infty}x\mathrm{d}F(x)$. 当 $G=F$ 时，N_D 就是一般的更新过程.

注 延迟更新过程的概念最初来源于这样的考虑：在观察更新元件的初始时刻，第一个元件已经使用了一段时间 t_0，因此第一个更新间隔的分布应修改为

$$P\{X_1\leqslant t+t_0|X_1>t_0\}=\frac{F(t+t_0)-F(t_0)}{1-F(t_0)}\triangleq G(t)$$

只要 F 不是指数分布，则 G 已经与 F 不同，这就是延迟的原意. 但我们现在定义的延迟更新过程则更为一般，适用于更广泛的场合. 显然，一般的更新过程 $N=\{N(t),t\geqslant 0\}$ 也是它的一个特例.

延迟更新过程与一般更新过程相比，其差别主要在第一个更新间隔. 因此容易想象，当时间 $t\to+\infty$ 时，延迟更新过程的极限性态应该与一般的更新过程没什么两样. 从而我们有下面的定理：

定理 3.4.1 设 $N_D=\{N_D(t),t\geqslant 0\}$ 为一延迟更新过程，则有：

(i) 以概率 1 有

$$\lim_{t\to+\infty}\frac{N_D(t)}{t}=\frac{1}{\mu} \tag{3.4.2}$$

（其中 $\mu=\int_0^{+\infty}x\mathrm{d}F(x)$.）

(ii) 基本更新定理：

$$\lim_{t\to+\infty}\frac{m_D(t)}{t}=\frac{1}{\mu} \tag{3.4.3}$$

(iii) 布莱克威尔定理：

(a) 若 F 是非格点的，则对任意 $a\geqslant 0$，有

$$\lim_{t\to+\infty}[m_D(t+a)-m_D(t)]=\frac{a}{\mu} \tag{3.4.4}$$

(b) 若 F 为格点的，且其周期为 d，则有

$$\lim_{t\to+\infty}[m_D((n+1)d)-m_D(nd)]=\frac{d}{\mu} \tag{3.4.5}$$

证明略（见参考文献 [5] 的 4.3 节）.

回顾我们在上一节例 3.3.1 中得到的一个结果. 对于一般的更新过程 $\{N(t),t\geqslant 0\}$，我们曾利用关键更新定理求出了其剩余寿命 $\gamma_t=W_{N(t)+1}-t$ 的极限分布（即式 (3.3.16)）:

$$\lim_{t\to+\infty}A_z(t)=\lim_{t\to+\infty}P\{\gamma_t>z\}=\frac{1}{\mu}\int_z^{+\infty}(1-F(y))\mathrm{d}y$$

或写为

$$\lim_{t\to+\infty}P\{\gamma_t\leqslant z\}=\frac{1}{\mu}\int_0^z(1-F(y))\mathrm{d}y\triangleq F_{\mathrm{e}}(z)\quad(z>0)\tag{3.4.6}$$

F_{e} 称为 F 的“平衡分布”. 若一个延迟更新过程 N_D 的首个更新间隔 X_1 的分布 $G=F_{\mathrm{e}}$，则 N_D 又称为“稳定更新过程”（或“平衡更新过程”）. 由于平衡分布为更新过程的剩余寿命 γ_t 的极限分布，故稳定更新过程反映了延迟更新过程经过长时间发展之后进入稳定状态后的特性.

由式 (3.4.6) 容易知道，指数分布 $Exp(\lambda)$ 的平衡分布仍为 $Exp(\lambda)$，故泊松过程（强度为 λ）也是稳定更新过程的典型例子.

定理 3.4.2 设 $N_D=\{N_D(t),t\geqslant 0\}$ 为一稳定更新过程，记其剩余寿命为 $\gamma_D(t)$，则有

(i) $m_D(t)=t/\mu$; (3.4.7)

(ii) $P\{\gamma_D(t)\leqslant x\}=F_{\mathrm{e}}(x)\quad(\forall t\geqslant 0)$; (3.4.8)

(iii) $\{N_D(t),t\geqslant 0\}$具有平稳增量性. (3.4.9)

证明略（见参考文献 [10] 的 3.5 节）.

这几条结论充分说明了稳定更新过程所具有的稳定的或平稳的状态特征，和我们所熟知的泊松过程有几分相似. 尤其是第 (i) 条，均值函数 $m_D(t)$ 为 t 的线性函数，与泊松过程几乎是一模一样.

3.4.2 交错更新过程

考虑仅有两个状态的系统：“开”与“关”. 起初它是开的，且持续开的时间是 Z_1；而后是关闭的且关闭的时间为 Y_1；之后又打开，持续时间为 Z_2；又关闭，时间为 Y_2；类此交替重复下去.

我们假定 $\{(Z_n,Y_n),n\geqslant 1\}$ 为 i.i.d 的随机向量序列，这意味着 $\{Z_n,n\geqslant 1\}$ 与 $\{Y_n,n\geqslant 1\}$ 都是 i.i.d 的，但允许 Z_n 与 Y_n 是相依的. 也就是说，每当系统打

开时，一切就重新开始（更新）；但当它关闭时，其关闭的时间有可能依赖于前一段打开的时间. 若将 $X_n = Z_n + Y_n$ $(n \geqslant 1)$ 视为更新间隔，则由此生成的更新过程称为交错更新过程（见图 3.4.1）.

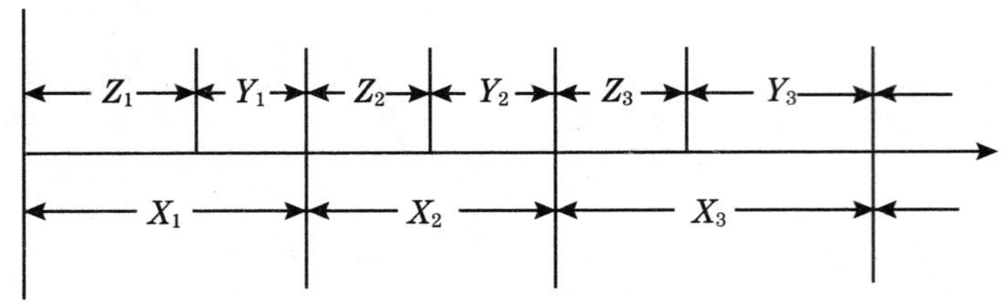

图 3.4.1 交错更新过程

记 $P\{Z_n \leqslant t\} = H(t), P\{Y_n \leqslant t\} = G(t), P\{X_n \leqslant t\} = F(t)$，则 $F(t)$ 为更新间隔的分布函数，相应的交错更新过程记为 $N = \{N(t), t \geqslant 0\}$. 又设 A_t 表示事件："时刻 t 系统开着"，并记 $p(t) = P\{A_t\}$，则 $p(t)$ 表示时刻 t 系统开着的概率. 类似地，$P\{\overline{A}_t\} \triangleq q(t)$ 表示时刻 t 系统关着的概率. 我们有下面的定理：

定理 3.4.3 设 $\{N(t), t \geqslant 0\}$ 为交错更新过程，若 $0 < E(X_n) < +\infty$，且 F 为非格点的，则有

$$\lim_{t \to +\infty} p(t) = \frac{E(Z_1)}{E(Z_1) + E(Y_1)} \tag{3.4.7}$$

$$\lim_{t \to +\infty} q(t) = \frac{E(Y_1)}{E(Z_1) + E(Y_1)} \tag{3.4.8}$$

证明 注意到

$$A_t = \{W_{N(t)} \leqslant t < W_{N(t)} + Z_{N(t)+1}\} = \bigcup_{n=0}^{+\infty} \{W_n \leqslant t < W_n + Z_{n+1}\}$$

故

$$\begin{aligned} p(t) = P\{A_t\} &= \sum_{n=0}^{+\infty} P\{W_n \leqslant t < W_n + Z_{n+1}\} \\ &= P\{Z_1 > t\} + \sum_{n=1}^{+\infty} P\{W_n \leqslant t < W_n + Z_{n+1}\} \end{aligned} \tag{3.4.9}$$

其中（由推广的全概率公式 (1.3.12)）:

$$\begin{aligned}\sum_{n=1}^{+\infty}P\{W_n\leqslant t<W_n+Z_{n+1}\}&=\sum_{n=1}^{+\infty}\int_0^{+\infty}P\{W_n\leqslant t<W_n+Z_{n+1}|X_1=x\}\mathrm{d}F(x)\\&=\int_0^t\sum_{n=1}^{+\infty}P\{W'_{n-1}\leqslant t-x<W'_{n-1}+Z'_n\}\mathrm{d}F(x)\\&=\int_0^t p(t-x)\mathrm{d}F(x)\end{aligned}$$

（其中 $W'_0=0, W'_{n-1}=W_n-X_1=\sum_{i=2}^{n}X_i\ (n\geqslant 2), Z'_n=Z_{n+1}$.）从而由式 (3.4.12) 得到

$$p(t)=1-H(t)+\int_0^t p(t-x)\mathrm{d}F(x) \tag{3.4.10}$$

即 $p(t)$ 为更新方程式 (3.1.14) 的解，其中的 $a(t)$ 即为 $1-H(t)$.

由于 $a(t)=1-H(t)$ 非负、单调降，且

$$\int_0^{+\infty}(1-H(t))\mathrm{d}t=E(Z_1)\leqslant E(X_1)<+\infty$$

故 $a(t)=1-H(t)$ 为直接黎曼可积. 从而利用关键更新定理（定理 3.3.3）可知有

$$\lim_{t\to+\infty}p(t)=\frac{1}{E(X_1)}\int_0^{+\infty}(1-H(t))\mathrm{d}t=\frac{E(Z_1)}{E(Z_1)+E(Y_1)}$$

此即式 (3.4.10). 类似可证明式 (3.4.11).

注　式 (3.4.13) 似乎还可以这样得到：由推广的全概率公式 (1.3.12)，我们有

$$p(t)=P(A_t)=\int_0^{+\infty}P\{A_t|X_1=x\}\mathrm{d}F(x) \tag{3.4.11}$$

其中（由图 3.4.1 可见）

$$P\{A_t|X_1=x\}=\begin{cases}P\{t<Z_1\leqslant x|X_1=x\} & (x\geqslant t)\\ p(t-x) & (x<t)\end{cases}$$

于是由式 (3.4.14) 可得

$$p(t)=\int_t^{+\infty}P\{t<Z_1\leqslant x|X_1=x\}\mathrm{d}F(x)+\int_0^t p(t-x)\mathrm{d}F(x)$$

而其中 $\int_t^{+\infty} P\{t < Z_1 \leqslant x | X_1 = x\} \mathrm{d}F(x)$ 应该就等于 $P\{Z_1 > t\} = 1 - H(t)$，于是式 (3.4.13) 成立.

例 3.4.1 (计数器模型) 计数器是探测和记录瞬时脉冲信号的仪器，而所有物理上可实现的计数器都是不完善的. 它们无法检测出进入仪器的所有信号或粒子. 因为当一个粒子或信号被记录下来之后，计数器必须要锁闭一段时间，这样它才能恢复到原来的状态以准备记录此后到达的粒子. 而在计数器闭锁期间到达的粒子便无法被记录下来. 所以我们必须区分到达的粒子和被记录的粒子.

假设粒子或信号到达的过程是更新过程，其到达的间隔时间为 $X_1, X_2, \cdots, X_i, \cdots$，间隔 X_i 的分布函数为 $F(x)$. 我们在这里介绍的是所谓的 “I 型计数器”，其原理从图 3.4.2 可以看得很清楚.

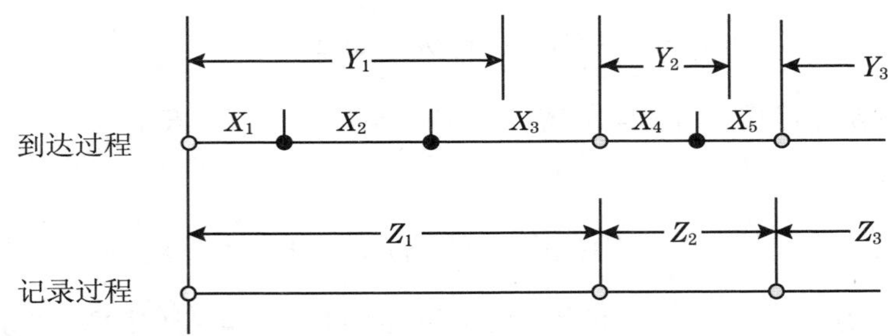

图 3.4.2　I 型计数器，○ 表示被记录的信号，● 表示未被记录的信号

第一个粒子在时刻 0 到达（被记录），并使计数器闭锁一段时间 Y_1. 下一个被记录的粒子则是在时刻 Y_1 之后到达的第一个粒子，由于记录该粒子，计数器再度锁闭，时间长度为 Y_2. 再下一次被记录的粒子则是在计数器开放以后到达的第一个粒子……此过程不断重复，其中相继闭锁的时间长度记为 $Y_1, Y_2, Y_3, \cdots$. 假定它们是 i.i.d 的且具有分布 $P\{Y_i \leqslant y\} = G(y)$，并且 $\{Y_i, i \geqslant 1\}$ 与 $\{X_i, i \geqslant 1\}$ 独立.

令 Z_n 表示第 $n-1$ 次记录与第 n 次记录之间的时间间距 $(n \geqslant 1)$，由于过程在每次记录后又重新开始，所以 $\{Z_n, n \geqslant 1\}$ 构成一个更新过程. 由图 3.4.2 可知， Z_1 是 Y_1 加上在 Y_1 的剩余寿命，即

$$Z_1 = Y_1 + \gamma_{Y_1} = W_{N(Y_1)+1}$$

（其中 $W_k = X_1 + X_2 + \cdots + X_k$.）由于假定 $\{X_i, i \geqslant 1\}$ 与 $\{Y_i, i \geqslant 1\}$ 是独立的，

所以根据推广的全概率公式我们有

$$\begin{aligned}P\{Z_1\leqslant z\}&=\int_0^{+\infty}P\{Y_1+\gamma_{Y_1}\leqslant z|Y_1=y\}\mathrm{d}G(y)\\&=\int_0^z P\{\gamma_y\leqslant z-y\}\mathrm{d}G(y)\\&=\int_0^z\{1-A_{z-y}(y)\}\mathrm{d}G(y)\end{aligned}\tag{3.4.12}$$

其中 $A_x(t)=P\{\gamma_t>x\}$.

由例 3.3.1 可知 $A_x(t)$ 满足更新方程

$$A_x(t)=1-F(t+x)+\int_0^t A_x(t-s)\mathrm{d}F(s)$$

复据定理 3.3.1 可知

$$A_x(t)=1-F(t+x)+\int_0^t(1-F(t+x-s))\mathrm{d}m(s)$$

（其中 $m(t)=\sum\limits_{n=1}^{+\infty}F_n(t)$.）利用此式，便可由式 (3.4.15) 求出更新过程 $\{Z_i,i\geqslant1\}$ 的间隔分布.（例如，当到达信号为泊松流时，即 $F(x)=1-\mathrm{e}^{-\lambda x}(x\geqslant0)$，可求出 $A_x(t)=\mathrm{e}^{-\lambda x}$，并进而求出：$P\{Z_1\leqslant z\}=\int_0^z G(z-y)\lambda\mathrm{e}^{-\lambda y}\mathrm{d}y$.）

容易看出，若令 $Z_i-Y_i=U_i\ (i\geqslant1)$，则 $\{U_i,i\geqslant1\}$ 为计数器相继开放的时间长度，且 $Z_i=Y_i+U_i\ (i\geqslant1)$，因此 $\{Z_i,i\geqslant1\}$ 亦可视为一交错更新过程. 故根据定理 3.4.3 的结论我们知道，若以 $p(t)$ 表示计数器在时刻 t 闭锁的概率，以 $q(t)$ 表示计数器在时刻 t 开放的概率，则有（设 $P\{Z_1\leqslant z\}$ 为非格点的）：

$$\lim_{t\to+\infty}p(t)=\frac{E(Y_1)}{E(Z_1)}$$

$$\lim_{t\to+\infty}q(t)=1-\frac{E(Y_1)}{E(Z_1)}$$

3.4.3 更新酬劳过程

定义 3.4.2 设 $\{N(t),t\geqslant0\}$ 为一更新过程，其来到间隔 $X_n(n\geqslant1)$ 具有分布 F. 假定每发生一次更新，我们将收到一份酬劳，并以 R_n 表示在第 n 次更新时刻 $(W_n,n\geqslant1)$ 所获得的酬劳. 我们假定 $\{R_n,n\geqslant1\}$ 为 i.i.d.，且设

$\{(X_n, R_n), n \geqslant 1\}$ 亦为 i.i.d.，但允许 R_n 可以依赖 $X_n(n \geqslant 1)$. 令

$$R(t) = \sum_{n=1}^{N(t)} R_n \tag{3.4.13}$$

则 $R(t)$ 表示到时刻 t 为止所获得的全部酬劳. 我们称 $\{R(t), t \geqslant 0\}$ 为更新酬劳过程.（注：有的书以 R_n 表示在 $W_{n-1}(n \geqslant 1)$ 所获得的酬劳，则相应的总酬劳表示为 $R(t) = \sum\limits_{n=1}^{N(t)+1} R_n$，见参考文献 [8].）

记 $E(R_n) = E(R)$，$E(X_n) = E(X) = \mu$，则有以下定理：

定理 3.4.4 若 $E(R) < +\infty$，$E(X) = \mu < +\infty$，则有：

(1) 以概率 1 有

$$\lim_{t \to +\infty} \frac{R(t)}{t} = \frac{E(R)}{E(X)} \tag{3.4.14}$$

(2)

$$\lim_{t \to +\infty} \frac{E[R(t)]}{t} = \frac{E(R)}{E(X)} \tag{3.4.15}$$

证明 (1)

$$\frac{R(t)}{t} = \frac{\sum\limits_{n=1}^{N(t)} R_n}{t} = \frac{\sum\limits_{n=1}^{N(t)} R_n}{N(t)} \cdot \frac{N(t)}{t}$$

故

$$\lim_{t \to +\infty} \frac{R(t)}{t} = \lim_{t \to +\infty} \frac{\sum\limits_{n=1}^{N(t)} R_n}{N(t)} \lim_{t \to +\infty} \frac{N(t)}{t} \tag{3.4.16}$$

由强大数律可知

$$\lim_{t \to +\infty} \frac{\sum\limits_{n=1}^{N(t)} R_n}{N(t)} = E(R) \quad \text{(a.s.)}$$

由定理 3.2.1 则可知

$$\lim_{t \to +\infty} \frac{N(t)}{t} = \frac{1}{E(X)} \quad \text{(a.s.)}$$

从而由式 (3.4.19) 即可推得式 (3.4.17) 成立.

(2) 首先注意 $(N(t)+1)$ 关于 $\{X_n, n\geqslant 1\}$ 是停时（见例 3.2.1），因而容易推知它关于 $\{R_n, n\geqslant 1\}$ 亦为停时. 由瓦尔德等式 (3.2.10) 可知有

$$E\Big(\sum_{n=1}^{N(t)} R_n\Big)=E\Big(\sum_{n=1}^{N(t)+1} R_n\Big)-E(R_{N(t)+1})=(m(t)+1)E(R)-E(R_{N(t)+1})$$

从而

$$\frac{ER(t)}{t}=\frac{(m(t)+1)}{t}E(R)-\frac{E(R_{N(t)+1})}{t} \tag{3.4.17}$$

其中，若记 $E(R_{N(t)+1})=g(t)$，我们首先将证明： $g(t)/t\to 0\ (t\to+\infty)$. 事实上，由全期望公式 (1.3.8)，有

$$g(t)=\int_0^{+\infty} E(R_{N(t)+1}|X_1=x)\mathrm{d}F(x)$$

其中利用更新技巧可以得到

$$E(R_{N(t)+1}|X_1=x)=\begin{cases}E(R_1|X_1=x) & (x>t)\\ g(t-x) & (x\leqslant t)\end{cases}$$

代入上式便得到 $g(t)$ 所满足的更新方程

$$\begin{aligned}g(t)&=\int_t^{+\infty} E(R_1|X_1=x)\mathrm{d}F(x)+\int_0^t g(t-x)\mathrm{d}F(x)\\ &\triangleq h(t)+\int_0^t g(t-x)\mathrm{d}F(x)\end{aligned} \tag{3.4.18}$$

其中

$$\begin{aligned}|h(t)|&\leqslant\int_t^{+\infty}|E(R_1|X_1=x)|\mathrm{d}F(x)\leqslant\int_t^{+\infty}E(|R_1||X_1=x)\mathrm{d}F(x)\\ &\leqslant\int_0^{+\infty}E(|R_1||X_1=x)\mathrm{d}F(x)=E|R_1|<+\infty\end{aligned}$$

从而对所有的 $t\geqslant 0$，有 $|h(t)|\leqslant E|R_1|$. 且当 $t\to+\infty$ 时， $|h(t)|\to 0$. 故对于 $\forall\varepsilon>0$，存在 $T>0$，当 $t>T$ 时， $|h(t)|<\varepsilon$. 又由定理 3.3.1 并依据式 (3.4.21) 可得

$$g(t)=h(t)+\int_0^t h(t-x)\mathrm{d}m(x) \tag{3.4.19}$$

从而有

$$\frac{|g(t)|}{t}\leqslant\frac{|h(t)|}{t}+\int_0^{t-T}\frac{|h(t-x)|\mathrm{d}m(x)}{t}+\int_{t-T}^{t}\frac{|h(t-x)|\mathrm{d}m(x)}{t}$$

$$\leqslant \frac{\varepsilon}{t} + \frac{\varepsilon m(t-T)}{t} + E|R_1|\frac{m(t)-m(t-T)}{t}$$

由基本更新定理（定理 3.2.3）可知，上面不等式的最右端，当 $t \to +\infty$ 时是趋于 $\varepsilon/E(X)$ 的，故由 ε 的任意性便得到：$\lim\limits_{t\to+\infty} g(t)/t = 0.$

由此，在式 (3.4.20) 两边令 $t \to +\infty$，复据基本更新定理便得到

$$\lim_{t\to+\infty} \frac{E[R(t)]}{t} = \frac{E(R)}{E(X)}$$

此即式 (3.4.18). □

注 式 (3.4.18) 告诉我们，$E(R)/E(X)$ 可以作为单位时间的平均酬劳即 $E(R(t))/t$（当 t 充分大时）的近似值.

例 3.4.2 顾客按更新过程来到一个火车站，其平均来到时间间隔为 μ. 每当有 N 个人在车站上等待时，就开出一辆火车. 而每当有 n 个乘客在等待时车站以每单位时间 nc 元的比率开支费用，且每开出一辆火车要多开支 K 元，那么此车站每单位时间的平均费用是多少？

每当一辆火车开出我们就说完成了一次循环，则上述过程（到时刻 t 为止的总费用）为一更新酬劳过程. 一次循环的平均长度是来到 N 个顾客所需的平均时间，因为顾客到达的平均时间间隔为 μ，故它等于 $E(X) = N\mu$.

若以 Y_n 表示一次循环中第 n 个顾客与第 $n+1$ 个顾客到达时间之间的间隔 $(n = 1, 2, \cdots, N-1)$，则一个循环的平均费用为

$$\begin{aligned} E(R) &= E[cY_1 + 2cY_2 + \cdots + (N-1)cY_{N-1}] + K \\ &= \frac{c\mu N(N-1)}{2} + K \end{aligned}$$

故每单位时间的平均费用（按式（3.4.18））为

$$\frac{E(R)}{E(X)} = \frac{c(N-1)}{2} + \frac{K}{N\mu}$$

习 题 3

3.1 设 $\{N(t),t\geqslant 0\}$ 为更新过程，W_k 为其第 k 个更新点 $(k\geqslant 1)$，试判断下面结论的真伪：

(1) $\{N(t)<k\}\Leftrightarrow\{W_k>t\}$；

(2) $\{N(t)\leqslant k\}\Leftrightarrow\{W_k\geqslant t\}$；

(3) $\{N(t)>k\}\Leftrightarrow\{W_k<t\}$；

(4) $\{N(t)\geqslant k\}\Leftrightarrow\{W_k\leqslant t\}$；

3.2 设更新过程 $\{N(t),t\geqslant 0\}$ 具有间隔密度：

$$f(x)=\begin{cases}\rho\mathrm{e}^{-\rho(x-\delta)} & (x>\delta)\\ 0 & (x\leqslant\delta)\end{cases}$$

其中 $\rho,\delta>0$，试计算 $P\{N(t)\geqslant k\}$.

3.3 设更新间隔有密度函数：$f(x)=\lambda^2x\mathrm{e}^{-\lambda x}$ $(x\geqslant 0)$. 试证明相应的更新函数为

$$m(t)=\frac{1}{2}\lambda t-\frac{1}{4}(1-\mathrm{e}^{-2\lambda t})$$

3.4 考虑一间隔分布为 F 的更新过程，假设每一事件以概率 q 被抹掉，并以比例因子 $\frac{1}{q}$ 扩大时间尺度. 证明事件流构成一更新过程，其更新间隔的分布函数为

$$F_q(x)=\sum_{n=1}^{+\infty}(1-q)^{n-1}qF_n\left(\frac{x}{q}\right)$$

其中 F_n 为 F 的 n 重卷积.

3.5 设 $b(t)$ 为局部有界函数，$B(t)$ 是更新方程：

$$B(t)=b(t)+\int_0^t B(t-s)\mathrm{d}F(s)$$

的解. 证明：$Z(t)=\int_0^t B(s)\mathrm{d}s$ 是更新方程：

$$Z(t)=\int_0^t b(s)\mathrm{d}s+\int_0^t Z(t-s)\mathrm{d}F(s)$$

的解.

3.6 设 $\{N(t), t \geqslant 0\}$ 为更新过程，其更新间隔的分布函数为 $F(x)$，记 $m_k(t) = E[N(t)^k]$ $(k=0,1,2,\cdots)$. 试运用更新技巧证明 $m_k(t)$ 满足更新方程

$$m_k(t) = z_k(t) + \int_0^t m_K(t-s)\mathrm{d}F(s) \quad (k=1,2,3,\cdots)$$

其中： $z_k(t) = \int_0^t \sum_{j=0}^{k-1} \begin{pmatrix} k \\ j \end{pmatrix} m_j(t-s)\mathrm{d}F(s)$.

3.7 设 $A(t)$ 是更新方程 $A(t) = a(t) + \int_0^t A(t-s)\mathrm{d}F(s)$ 的解，其中 $a(t)$ 是一个有界的非减函数， $a(0)=0$. 求证：

$$\lim_{t\to+\infty} \frac{A(t)}{t} = \frac{a^*}{\mu}$$

其中 $a^* = \lim\limits_{t\to+\infty} a(t)$，而 $\mu(\mu<+\infty)$ 为 $F(x)$ 的期望.

3.8 汽车相继到达一大门前，每辆汽车的长度 X 的分布函数为 $F(x)$. 第一辆汽车到达并在大门前停放，此后各辆汽车相继到达并以一定间距 Y 停在前一辆车后面. 其中间距 Y 服从均匀分布 $U(0,1)$. 若以 N_x 表示距离大门 x 以内停放的汽车数，试求 $\lim\limits_{x\to+\infty} E[N_x]/x$，其中：(1) X 为常数 c；(2) X 服从指数分布 $Exp(1)$.

3.9 设更新间隔的分布为 F，试求平衡分布 F_{e}，若：

(1) F 为退化于 c 点 $(c>0)$ 的退化分布；

(2) F 为均匀分布 $U(0,1)$；

(3) F 为指数分布 $Exp(\lambda)$.

3.10 ($M/G/1$ 损失制排队系统) 设顾客按速率 λ 的泊松过程来到某个只有一名理发师的理发店，若理发师空闲，则该顾客立即进门理发；若已有其他顾客在理发，则该顾客立即离开. 假定为一个顾客理发的时间是一个随机变量（与到来的顾客无关），其分布为 G，而均值为 $\dfrac{1}{\mu}$. 问一个顾客来到理发店可立即开始理发的概率是多少？

3.11 （$M/G/1$ 等待制排队系统）若在题 3.10 中，当到达的顾客发现已有人在理发时，他不是立即离开，而是排队等候，问在这种情况下，一个顾客来到理发店可以立即开始理发的概率是多少？（假定 $\lambda/\mu<1$）

3.12 某人长期使用自行车，一辆自行车的寿命为 Z 个月， Z 的分布函数为 H. 若原有的车用了 T 个月尚未损坏（T 为一固定正数），为了安全起见将它弃之不用，花 c_1 元换一辆新车. 若车在 T 个月前损坏，则除了花费 c_1 元换新车外，还需附加 c_2 元其他支出. 问此人平均每月要支付多少费用？

第 4 章　马尔可夫链

关于马氏过程（马尔可夫过程）我们在第 1 章曾做过简单的介绍（见 1.7 节），其主要特征是具有马氏性（又叫无记忆性或无后效性）：过程在未来的状态仅仅取决于其目前的状态而跟其以往的历史无关. 这一重要特征是用条件概率来刻画的，因此对于马氏过程来说，条件概率是重要的工具.（对于更新过程，尤其是后面第 7 章鞅来说，条件期望则是重要的工具.）

本章我们主要介绍（离散时间）马氏链.

4.1　基本概念与例子

定义 4.1.1　设 $X=\{X_n,n=0,1,2,\cdots\}\triangleq\{X_n,n\geqslant 0\}$ 为一随机序列，其状态空间 S 为有限或可列无限集（常以 $S=\{0,1,2,\cdots\}$ 表示）. 若对任意有限个状态：$i_o,i_1,\cdots,i_n,i_{n+1}\in S(n\geqslant 0)$ 满足马氏性：

$$P\{X_{n+1}=i_{n+1}\mid X_0=i_0,X_1=i_1,\cdots,X_n=i_n\}=P\{X_{n+1}=i_{n+1}\mid X_n=i_n\} \tag{4.1.1}$$

则 $X=\{X_n,n\geqslant 0\}$ 被称为一个（离散时间）马氏链.

上述定义中，时刻 n 代表“现在”或“目前”；时刻 $0,1,2,\cdots,n-1$ 代表“以往”或“历史”；时刻 $n+1$ 则代表“未来”. 为了说明马氏链模型更为广泛的意义，我们在下面增加了一个等价定义，它能更好地诠释马氏性的特征.

定义 4.1.2　设 $X=\{X_n,n\geqslant 0\}$ 为一随机序列，其状态空间 $S=\{0,1,2,\cdots\}$.

若对任意有限个时点：$t_0 < t_1 < \cdots < t_n < t_{n+1}$（诸 $t_i \in \mathbf{N}_0 = \{0,1,2,\cdots\}$）及状态：$i_o, i_1, \cdots, i_n, i_{n+1} \in S$，有

$$P\{X_{t_{n+1}} = i_{n+1} \mid X_{t_0} = i_0, X_{t_1} = i_1, \cdots, X_{t_n} = i_n\} = P\{X_{t_{n+1}} = i_{n+1} \mid X_{t_n} = i_n\} \tag{4.1.2}$$

则称 $\{X_n, n \geqslant 0\}$ 为一个（离散时间）马氏链.

可以证明上述两个定义是等价的（见参考文献 [5] 的 2.1 节）. 以后在第 5 章我们会知道，由定义 4.1.2 亦更容易过渡到连续时间马氏链的定义.

定义 4.1.3 在定义 4.1.1 中，条件概率

$$P\{X_{n+1} = j \mid X_n = i\} \triangleq p_{ij}^{n,n+1} \quad (i,j \in S, n \geqslant 0) \tag{4.1.3}$$

称为该马氏链（由状态 i 到 j）的（一步）转移概率. 若对任意 $i,j \in S, p_{ij}^{n,n+1}$ 与 n 无关（即关于时间是齐次的），则称它是平稳的，并将它记为：$p_{ij}^{n,n+1} \triangleq p_{ij}$. 即有

$$p_{ij} = P\{X_{n+1} = j \mid X_n = i\} = P\{X_n = j \mid X_{n-1} = i\} = \cdots = P\{X_1 = j \mid X_0 = i\}$$

我们称一个具有平稳转移概率的马氏链为时齐（或齐次）的马氏链. 今后，只要不作特别说明，我们所研究的马氏链都是时齐的. 易见有：$p_{ij} \geqslant 0(i,j = 0,1,2,\cdots 或 i,j \in S)$ 且

$$\sum_j p_{ij} = \sum_{j \in S} p_{ij} = 1 \quad (i = 0,1,2,\cdots) \tag{4.1.4}$$

而由 p_{ij} 所构成的矩阵

$$P = (p_{ij}) = \begin{matrix} 0 \\ 1 \\ 2 \\ 3 \\ \vdots \end{matrix} \begin{pmatrix} p_{00} & p_{01} & p_{02} & p_{03} & \cdots \\ p_{10} & p_{11} & p_{12} & p_{13} & \cdots \\ p_{20} & p_{21} & p_{22} & p_{23} & \cdots \\ p_{30} & p_{31} & p_{32} & p_{33} & \cdots \\ \vdots & \vdots & \vdots & \vdots & \ddots \end{pmatrix}$$

称为马氏链的（一步）转移概率矩阵.

注 易知马氏链的转移概率矩阵 P 的所有元素 $p_{ij} \geqslant 0$，且行和为 1. 这样的矩阵又称为随机矩阵.

例 4.1.1　（直线上的随机游动）设有一质点在实数轴的整数点之间作随机游动，当它处于位置 i 时，我们称它具有状态 i. 假定该质点由 i（一步）游动到 $i+1$ 的概率为 p 而由 i（一步）游动到 $i-1$ 的概率为 $1-p \triangleq q$，则易知该质点在时刻 n 所处的位置 X_n 便构成一（时齐的）马氏链：$\{X_n, n \geqslant 0\}$. 其状态空间 $S=\mathbf{Z}$（全体整数），而其（一步）转移概率容易求得为

$$p_{ij}=P\{X_{n+1}=j \mid X_n=i\}=\begin{cases} p & (j=i+1) \\ q & (j=i-1) \\ 0 & (\text{其他 } i,j\in\mathbf{Z}) \end{cases}$$

其转移概率矩阵为

$$P=(p_{ij})=\begin{matrix} \vdots \\ -2 \\ -1 \\ 0 \\ 1 \\ 2 \\ \vdots \end{matrix}\begin{pmatrix} & \vdots & \vdots & \vdots & \vdots & \vdots & \vdots & \vdots & \\ \cdots & q & 0 & p & 0 & 0 & 0 & 0 & \cdots \\ \cdots & 0 & q & 0 & p & 0 & 0 & 0 & \cdots \\ \cdots & 0 & 0 & q & 0 & p & 0 & 0 & \cdots \\ \cdots & 0 & 0 & 0 & q & 0 & p & 0 & \cdots \\ \cdots & 0 & 0 & 0 & 0 & q & 0 & p & \cdots \\ & \vdots & \vdots & \vdots & \vdots & \vdots & \vdots & \vdots & \end{pmatrix}$$

（其中：$0<p,q<1$ 且 $p+q=1$.）此矩阵的行和、列和均为 1，又被称为是双随机的.

该马氏链的状态转移规律还可用更为直观的状态转移图来描绘 (图 4.1.1).

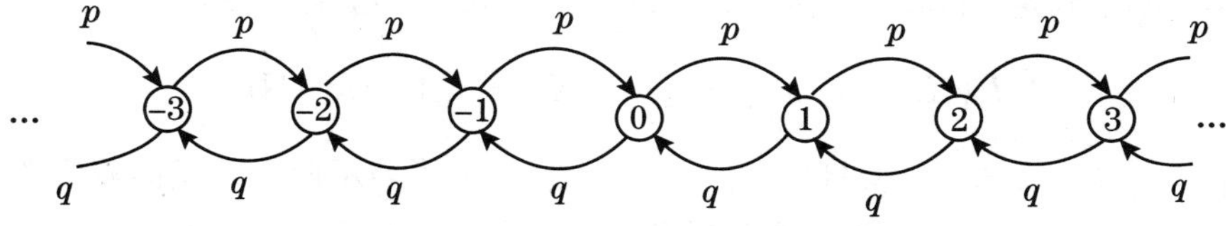

图 4.1.1　一维随机游动

由此图读者也许更能体会到“马氏链”中“链”字的含义.

当 $p=q=\dfrac{1}{2}$ 时，上述模型又称为简单对称随机游动，我们来考虑其中一个特例.

例 4.1.2 （带吸收壁的随机游动）现有甲、乙两个赌徒玩掷硬币游戏，硬币是均匀的，且每掷一次输赢一元. 若以 X_n 代表甲在 n 次掷币之后所赢的钱数，则 $\{X_n, n \geqslant 0\}$ 便为一个简单对称随机游动. 进一步，若设甲乙的赌本有限，分别为 a 元和 b 元，则当 X_n 等于 b 或者 $-a$ 时，赌博自然停止，过程结束. 此时 b 与 $-a$ 称为该过程的吸收态，而相应的过程则称为带吸收壁的随机游动. 此时马氏链的状态空间为 $S = \{-a, -a+1, \cdots, -1, 0, 1, \cdots, b-1, b\}$，其状态转移图如图 4.1.2 所示.

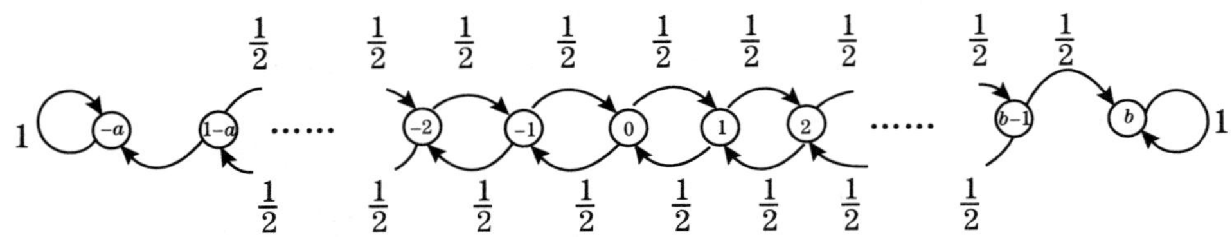

图 4.1.2　带吸收壁的随机游动

读者可自己尝试写出该马氏链的转移概率矩阵.

命题 4.1.1 一个马氏链可由其初始状态的分布与一步转移概率完全确定. 即若设 $P\{X_0 = i\} = p_i\ (i = 0, 1, 2, \cdots 或 i \in S)$，则有

$$P\{X_0 = i_0, X_1 = i_1, \cdots, X_n = i_n\} = p_{i_0} p_{i_0 i_1} p_{i_1 i_2} \cdots p_{i_{n-1} i_n} \tag{4.1.5}$$

证明 记 $\{X_k = i_k\} = A_k (k = 0, 1, 2, \cdots, n)$，则利用概率的乘法公式 (1.1.17)，再加上马氏性与时齐性，很容易证明式 (4.1.5). □

上述命题的含义是，一个马氏链的有限维分布可由该马氏链的初始分布与一步转移概率来确定. 然而，有限维分布的更一般的形式应该是如下所示：

$$P\{X_{t_0} = i_0, X_{t_1} = i_1, \cdots, X_{t_n} = i_n\} \quad (n \in \mathbf{N}) \tag{4.1.6}$$

（其中：$t_0, t_1, \cdots, t_n \in \mathbf{N}_0, 且 t_0 < t_1 < \cdots < t_n$.）为了表示此式，我们需要考虑如定义 4.1.2 中式 (4.1.2) 右端那样的转移概率，我们给出下面的定义：

定义 4.1.4 （n 步转移概率与 n 步转移概率矩阵）设 $\{X_n, n \geqslant 0\}$ 为一马氏链，称条件概率：$P\{X_{m+n} = j \mid X_m = i\} \triangleq p_{ij}^{m,m+n}$ 为该马氏链的 n 步转移概率. 若该马氏链是时齐的，则 $p_{ij}^{m,m+n}$ 跟 m 亦无关，即有

$$P\{X_{m+n} = j \mid X_m = i\} = P\{X_n = j \mid X_0 = i\} \triangleq p_{ij}^{(n)} \quad (n \in \mathbf{N}, p_{ij}^{(1)} = p_{ij})$$

因此，我们今后所涉及的 n 步转移概率（只要不作特别说明）也都是平稳的.

由 $p_{ij}^{(n)}$ 所构成的矩阵

$$P^{(n)}=\left(p_{ij}^{(n)}\right)=\begin{matrix}0\\1\\2\\\vdots\end{matrix}\begin{pmatrix}p_{00}^{(n)} & p_{01}^{(n)} & p_{02}^{(n)} & \cdots\\ p_{10}^{(n)} & p_{11}^{(n)} & p_{12}^{(n)} & \cdots\\ p_{20}^{(n)} & p_{21}^{(n)} & p_{22}^{(n)} & \cdots\\ \vdots & \vdots & \vdots & \ddots\end{pmatrix}$$

称为该马氏链的 n 步转移概率矩阵. 易见， $P^{(n)}$ 也是一个随机矩阵，即有: $p_{ij}^{(n)}\geqslant 0\ (i,j\in S)$ 及 $\sum\limits_{j\in S}p_{ij}^{(n)}=1\ (\forall i\in S)$.

有了 n 步转移概率 $p_{ij}^{(n)}$，我们便可以将命题 4.1.1 推广到更一般的场合.

命题 4.1.2　一个马氏链的有限维分布可由该马氏链的初始分布及转移概率完全确定. 即若设 $P\{X_0=i\}=p_i\ (i\in S), 0=t_0<t_1<\cdots<t_n; t_1,t_2,\cdots,t_n\in\mathbf{N}, i_0,i_1,\cdots,i_n\in S$，则有

$$P\{X_{t_0}=i_0,X_{t_1}=i_1,\cdots,X_{t_n}=i_n\}=p_{i_0}p_{i_0i_1}^{(t_1)}p_{i_1i_2}^{(t_2-t_1)}\cdots p_{i_{n-1}i_n}^{(t_n-t_{n-1})}\tag{4.1.7}$$

读者可以尝试自行证明本命题.

下面我们建立 $P^{(n)}$ 与 P 之间的重要关系:

定理 4.1.1　查普曼-柯尔莫哥洛夫（Chapman-Kolmogorov）方程

设马氏链的 n 步转移概率为 $p_{ij}^{(n)}(i,j\in S=\{0,1,2,\cdots\},n\in\mathbf{N})$， n 步转移概率矩阵为 $P^{(n)}(n\in\mathbf{N})$，则有

$$p_{ij}^{(n)}=\sum_{k\in S}p_{ik}p_{kj}^{(n-1)}\quad (i,j\in S,n\geqslant 2)\tag{4.1.8}$$

亦即有: $P^{(n)}=P\times P^{(n-1)}$. 由此递推下去可得

$$P^{(n)}=P^n\quad (n\in\mathbf{N})\tag{4.1.9}$$

进一步，由矩阵乘法规则可得

$$P^{(m+n)}=P^{(m)}\times P^{(n)}\quad (m,n\in\mathbf{N})\tag{4.1.10}$$

而这便是著名的 Chapman-Kolmogorov 方程（简称为 C-K 方程）:

$$p_{ij}^{(m+n)} = \sum_{k\in S} p_{ik}^{(m)} p_{kj}^{(n)} \quad (i,j\in S, m,n\in \mathbf{N}) \tag{4.1.11}$$

证明 仅需证式 (4.1.8) 成立

$$\begin{aligned}
p_{ij}^{(n)} &= P\{X_n=j \mid X_0=i\} = \sum_{k\in S} P\{X_1=k, X_n=j \mid X_0=i\} \\
&= \sum_{k\in S} P\{X_1=k \mid X_0=i\} P\{X_n=j \mid X_1=k, X_0=i\} \quad （按式 (1.1.18)） \\
&= \sum_{k\in S} p_{ik} P\{X_n=j \mid X_1=k\} \quad （按马氏性） \\
&= \sum_{k\in S} p_{ik} p_{kj}^{(n-1)}
\end{aligned}$$

证毕.

我们再来看几个马氏链的例子:

例 4.1.3 （埃伦费斯特 (Ehrenfest) 分子扩散模型）分子在薄膜间扩散可用薄膜两侧的两个罐子及其中的小球（代表分子）来表示. 设两罐中共有 $2a$ 个小球，分子的扩散相当于每次从 $2a$ 个小球中随机地选取一球，然后放入另一罐中. 设时刻 n（第 n 次扩散后）A 罐中有 Y_n 个小球. 则 Y_n 有可能取：$0,1,2,\cdots,2a$ 且易知 $\{Y_n, n\geqslant 0\}$ 为一马氏链. 我们实际考虑的是 $\{X_n = Y_n - a, n\geqslant 0\}$，其状态空间为 $S=\{-a,-a+1,\cdots,-1,0,1,\cdots,a-1,a\}$，且易知 $\{X_n, n\geqslant 0\}$ 亦为马氏链. 可以求出 X 的转移概率如下:

$$p_{ij} = \begin{cases} \dfrac{a-i}{2a}, & 当 j=i+1 时 (且 i=-a,-a+1,\cdots,a-1) \\ \dfrac{a+i}{2a}, & 当 j=i-1 时 (且 i=-a+1,-a+2,\cdots,a) \\ 0, & 其他 -a\leqslant i,j\leqslant a \end{cases}$$

据此可以写出该马氏链的转移概率矩阵 P（读者试自为之）. 还可以画出马氏链的状态转移图如图 4.1.3 所示.

读者可能会发现此图与前两幅有关随机游动的状态转移图不无相似之处. 实际上，它与我们下面将介绍的另外一种随机游动更为相似.

例 4.1.4 （带反射壁的随机游动）一质点在区间 $[0,4]$ 上做随机游动，其状态转移规律如图 4.1.4 所示（其中 $0<p,q<1$）.

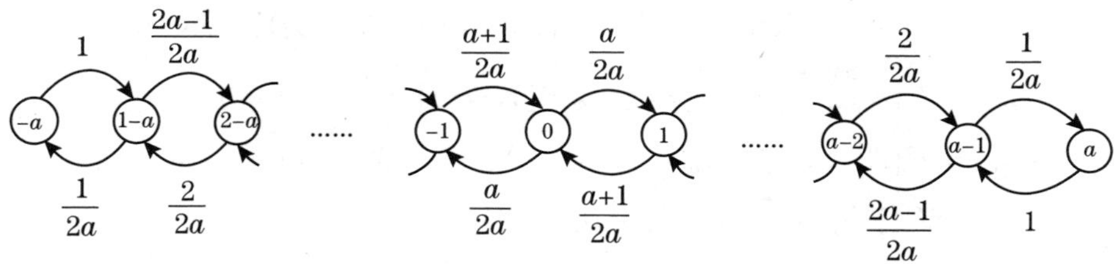

图 4.1.3　埃伦菲斯特分子扩散模型

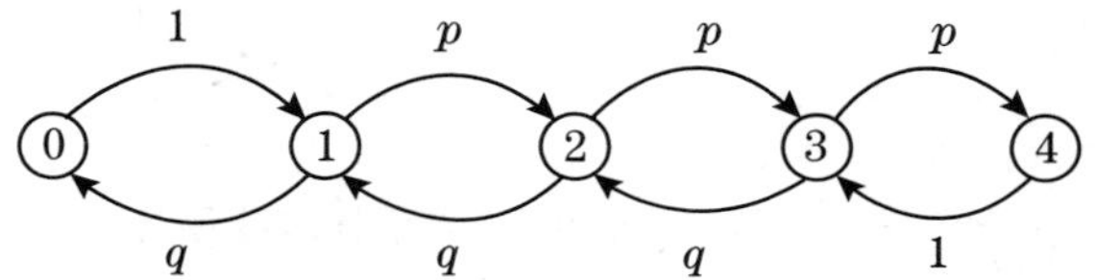

图 4.1.4　带反射壁的随机游动

根据此图可以写出该马氏链的转移概率矩阵

$$P=\begin{array}{c} 0\\1\\2\\3\\4 \end{array}\begin{pmatrix} 0 & 1 & 0 & 0 & 0\\ q & 0 & p & 0 & 0\\ 0 & q & 0 & p & 0\\ 0 & 0 & q & 0 & p\\ 0 & 0 & 0 & 1 & 0 \end{pmatrix}$$

读者可将此矩阵与前三个例子中的转移概率矩阵加以比较，分析其异同之处.

例 4.1.5　（离散排队系统）顾客到达一服务台（一位服务员）排队等待服务，若服务台空闲，则到达的顾客立刻接受服务，否则需要排队等候. 顾客接受完服务后，立刻离开服务台. 设在第 n 个服务周期中到达的顾客数为 Y_n（一个服务周期指服务员对一个顾客的服务时间或一次轮空的时间），设 $Y_1,Y_2,\cdots,Y_n,\cdots$ 为 i.i.d 且 $P\{Y_n=k\}=p_k\ (k=0,1,2,\cdots)$. 又设 X_n 为第 n 个服务周期开始时服务台前排队的顾客数，则易推知有

$$X_{n+1}=\begin{cases} X_n-1+Y_n & (\text{若}X_n\geqslant 1)\\ Y_n & (\text{若}X_n=0) \end{cases}\quad (n\in\mathbf{N})$$

显然 $\{X_n,n\geqslant 1\}$ 为一马氏链，下求其转移概率（设 X_n 与 Y_n 独立,$n\geqslant 1$）：

$$
\begin{aligned}
&p_{0j}=P\{X_{n+1}=j\mid X_n=0\}=P\{Y_n=j\}=p_j \quad (j\geqslant 0)\\
&p_{1j}=P\{X_{n+1}=j\mid X_n=1\}=P\{X_n-1+Y_n=j\mid X_n=1\}\\
&\quad\ \ =P\{Y_n=j\}=p_j \quad (j\geqslant 0)\\
&p_{2j}=P\{X_{n+1}=j\mid X_n=2\}=P\{Y_n=j-1\}=p_{j-1} \quad (j\geqslant 1)\\
&\cdots\cdots\\
&p_{kj}=P\{Y_n=j-(k-1)\}=p_{j-k+1} \quad (j\geqslant k-1)\\
&\cdots\cdots
\end{aligned}
$$

其他 $p_{kj}\equiv 0\ (k>1,0\leqslant j<k-1)$(读者可自行写出转移概率矩阵 P). 从直观上看容易想象：若新到顾客数的均值 $E(Y_n)=\sum\limits_{k=1}^{+\infty}kp_k>1$，则当 n 充分大后，排队长度将无限增大；而若 $E(Y_n)<1$，则排队长度将趋于某种平衡.

例 4.1.6 （$G/M/1$ 排队系统）在 $G/M/1$ 排队系统中，G 表示顾客到达服务台的时间间隔服从一般分布 $G(x)$，且为独立同分布（亦即顾客的到达为一更新过程）. M 表示服务员对于顾客的服务时间，服从指数分布（设参数为 μ），亦为独立同分布，且与顾客到达过程独立. 1 则表示只有一个服务员.

设 X_n 表示第 n 个顾客到达服务台时系统内的顾客总数（含该顾客），T_n 表示第 n 个顾客的到达时刻. 易知 $\{X_n,n\geqslant 1\}$ 为一马氏链（其状态空间 $S=\mathbf{N}=\{1,2,3,\cdots\}$）. 下求其转移概率：

$$
\begin{aligned}
&p_{ij}=P\{X_{n+1}=j\mid X_n=i\}=P\{\text{在}(T_n,T_{n+1}]\text{时段内服务完}i-j+1\text{个顾客}\}\\
&(\text{其中}1\leqslant j\leqslant i+1)
\end{aligned}
\tag{4.1.12}
$$

若记 $\{\text{在}(T_n,T_{n+1}]\text{时段内服务完}i+1-j\text{个顾客}\}\triangleq A_{ij}$，则因为在长为 t 的时段中服务完的顾客数服从参数为 μt 的泊松分布，故有

$$
P\{A_{ij}\}=\int_0^{+\infty}P\{A_{ij}\mid T_{n+1}-T_n=t\}\mathrm{d}G(t)=\int_0^{+\infty}\mathrm{e}^{-\mu t}\frac{(\mu t)^{i+1-j}}{(i+1-j)!}\mathrm{d}G(t)
$$

根据式 (4.1.12)，便有

$$
p_{ij}=\int_0^{+\infty}\mathrm{e}^{-\mu t}\frac{(\mu t)^{i+1-j}}{(i+1-j)!}\mathrm{d}G(t) \quad (i\geqslant 1,1\leqslant j\leqslant i+1)
$$

4.2　马氏链的状态分类

定义 4.2.1　设 $\{X_n, n \geqslant 0\}$ 为一马氏链，其状态空间为 $S=\{0,1,2,\cdots\}$. 对于状态 i,j，若存在非负整数 $n \geqslant 0$，使得 $p_{ij}^{(n)}>0$（约定：$p_{ij}^{(0)}=\delta_{ij}=\begin{cases}1 & (i=j\text{时}) \\ 0 & (i\neq j\text{时})\end{cases}$），则称从状态 i 可到达状态 j，记为 $i \to j$.

若同时成立 $i\to j$ 与 $j\to i$，则称 i 与 j 为互达（或互通），记为 $i\leftrightarrow j$.

命题 4.2.1　互达（或互通）为等价关系，即它满足下面三条性质：

(i) 自反性：$i\leftrightarrow i$;

(ii) 对称性：若 $i\leftrightarrow j$，则有 $j\leftrightarrow i$;

(iii) 传递性：若 $i\leftrightarrow j$ 且 $j\leftrightarrow k$，则有 $i\leftrightarrow k$.

证明　(i) 与 (ii) 按定义与约定为显然，故仅需证明 (iii).

设 $i\leftrightarrow j$ 且 $j\leftrightarrow k$，则按定义 4.2.1，存在 $m,n\in\mathbf{N}$，使得 $p_{ij}^{(m)}>0, p_{jk}^{(n)}>0$（不妨设 $i\neq j$，且 $j\neq k$）. 于是由查普曼-柯尔莫哥洛夫方程（C-K 方程）有

$$p_{ik}^{(m+n)}=\sum_{\ell\in S}p_{il}^{(m)}p_{lk}^{(n)}\geqslant p_{ij}^{(m)}p_{jk}^{(n)}>0$$

从而有：$i\to k$；同理可证：$k\to i$. 综合起来便得到：$i\leftrightarrow k$. □

注　(1) 马氏链的状态空间 S 由“互达”关系而分解为若干个互不相交的等价类的并集. 每个等价类内的任何两个状态必为互达的，而任何两个分属于不同等价类的状态必不互达.

（2）若马氏链的所有状态都处于同一等价类中，则该马氏链称为不可约的. 也就是说，一个不可约马氏链的任何两个状态都是互达的.

定义 4.2.2　设 $A\subseteq S$ 为马氏链状态空间的一个子集，若对于每个 $i\in A$ 都有

$$\sum_{j\in A}p_{ij}=1\quad(\forall i\in A) \tag{4.2.1}$$

（即由 i 出发不可能到达 A 以外的状态）则称 A 为一闭集. 又闭集 A 称为极小的，若 A 的任一真子集不是闭集.

注 (1) 若 $A\subseteq S$ 为马氏链的闭集，则 $(p_{ij})_{i,j\in A}$ 亦构成一个随机矩阵. 换句话说，当我们仅限于在闭集 A 中讨论时，$\{X_n, n\geqslant 0\}$ 仍为一马氏链，其状态空间即为 A，转移概率矩阵即为 $(p_{ij})_{i,j\in A}$.

(2) 若闭集 A 包含状态 i，则易知 A 亦包含 i 所在的（互达）等价类. 因此，闭集一般是若干个等价类的并集. 显然，整个状态空间 S 就构成一个闭集. 而若闭集 $A=\{i\}$ 时，即仅包含一个状态，则按式 (4.2.1) 必有：$p_{ii}=1$，故此时 i 为一吸收态. 因此闭集也可以如此来理解：一旦转移进去就永远不可能再出来.

(3) 状态空间 S 为极小闭集的充要条件是该马氏链为不可约的.

例 4.2.1 设马氏链 $\{X_n, n\geqslant 0\}$ 的转移概率矩阵如下所示：

$$P=\begin{matrix}1\\2\\3\\4\\5\end{matrix}\begin{pmatrix}\frac{1}{4} & \frac{3}{4} & 0 & 0 & 0\\ \frac{1}{2} & \frac{1}{2} & 0 & 0 & 0\\ 0 & 0 & 0 & 1 & 0\\ 0 & 0 & \frac{1}{2} & 0 & \frac{1}{2}\\ 0 & 0 & 0 & 1 & 0\end{pmatrix}=\begin{pmatrix}A & 0\\ 0 & B\end{pmatrix}$$

试讨论其状态分类.

解 绘其状态转移图如图 4.2.1 所示.

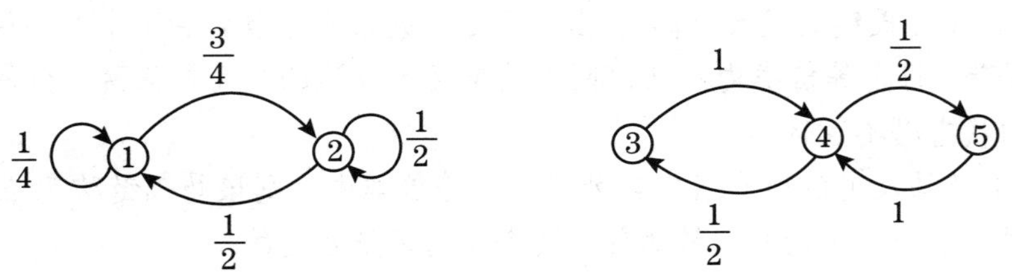

图 4.2.1 状态转移图 (a)

由图清晰可见，该马氏链的状态空间 S 可分解为两个互不相交的等价类 $S_1=\{1,2\}$ 与 $S_2=\{3,4,5\}$ 的并集. S_1 与 S_2 亦是两个（极小）闭集，将原过程 $\{X_n, n\geqslant 0\}$ 分别局限于 $S_1=\{1,2\}$ 与 $S_2=\{3,4,5\}$ 仍构成马氏链，其转移概率

矩阵分别为

$$P_1=A=\begin{pmatrix}\frac{1}{4} & \frac{3}{4}\\ \frac{1}{2} & \frac{1}{2}\end{pmatrix} \quad 与 \quad P_2=B=\begin{pmatrix}0 & 1 & 0\\ \frac{1}{2} & 0 & \frac{1}{2}\\ 0 & 1 & 0\end{pmatrix}$$

本题实际上是把两个完全不相干的过程组合在一起.

但若我们将图 4.2.1 稍微作一点改动，情况则会发生明显改变 (图 4.2.2).

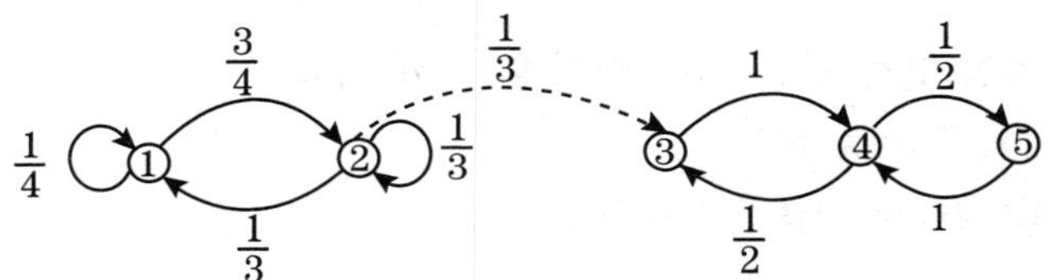

图 4.2.2　状态转移图 (b)

我们仅仅增设了由状态 2 转移到状态 3 的可能性（见图中虚线箭头），现在 $S_1=\{1,2\}$ 与 $S_2=\{3,4,5\}$ 仍为两个互不相交的等价类，但 S_1 已不再是闭集. 现在马氏链的转移概率矩阵如下所示：

$$P=\begin{array}{c}1\\2\\3\\4\\5\end{array}\begin{pmatrix}\frac{1}{4} & \frac{3}{4} & 0 & 0 & 0\\ \frac{1}{3} & \frac{1}{3} & \frac{1}{3} & 0 & 0\\ 0 & 0 & 0 & 1 & 0\\ 0 & 0 & \frac{1}{2} & 0 & \frac{1}{2}\\ 0 & 0 & 0 & 1 & 0\end{pmatrix}=\begin{pmatrix}A_1 & C\\ 0 & B\end{pmatrix}$$

此时 P 的左上角的子矩阵 A' 为

$$A_1=\begin{pmatrix}\frac{1}{4} & \frac{3}{4}\\ \frac{1}{3} & \frac{1}{3}\end{pmatrix}$$

不再是随机矩阵. 有的书上将此时 S_1 这样的等价类（指图 4.2.2 中的）称为“非本质类”（见参考文献 [5] 的 2.2 节）. 但此时 $S_2=\{3,4,5\}$ 依然是闭集，且为该马氏链唯一的一个极小闭集（本质类）. 此时将过程局限于 S_2 上仍为一马氏链，其转移概率矩阵仍为 B.

下面我们引进状态的周期的概念：

定义 4.2.3 设 i 为马氏链的任一状态，则使得 $p_{ii}^{(n)}>0$ 成立的所有自然数 n（即 $n\geqslant 1$）的最大公约数称为状态 i 的周期，记为 $d(i)$. 其中若 $d(i)=1$，又称 i 为非周期. 若集合 $\{n:n\geqslant 1且p_{ii}^{(n)}>0\}$ 为空集，则称 i 的周期为无穷.

注 (1) 周期的意义：$d(i)$ 反映了过程由 i 出发而又回到 i 其所用时间的周期性.

(2) 若有 $n\in\mathbf{N}$ 使得 $p_{ii}^{(n)}>0$，则必有：$d(i)\mid n$.

(3) 若 $d(i)\nmid n$ 则必有 $p_{ii}^{(n)}=0$.

例 4.2.2 设马氏链的转移概率矩阵为：

$$P=\begin{matrix}0\\1\\2\\3\end{matrix}\begin{pmatrix}0&1&0&0\\0&0&1&0\\0&0&0&1\\\frac{1}{2}&0&\frac{1}{2}&0\end{pmatrix}$$

试求周期 $d(0)$.

解 画出该马氏链的状态转移图如图 4.2.3 所示.

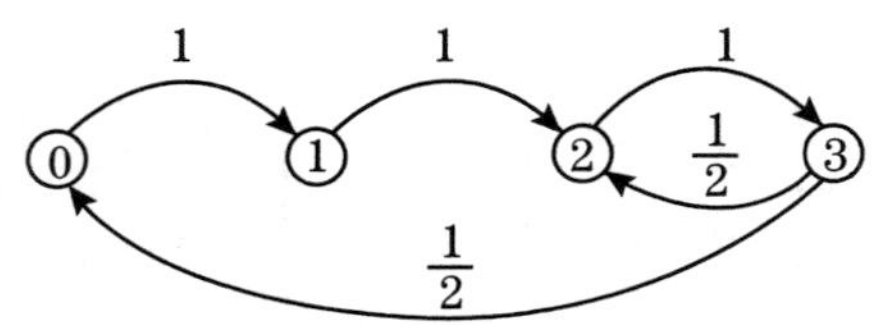

图 4.2.3 求状态 0 的周期

由图 4.2.3 可见

$$\begin{aligned}&p_{00}^{(1)}=p_{00}^{(2)}=p_{00}^{(3)}=0,\quad p_{00}^{(2k+1)}=0\quad(k=2,3,4,\cdots)\\&p_{00}^{(4k)}>0,\quad p_{00}^{(4k+2)}>0\quad(k=1,2,3,\cdots)\end{aligned}$$

故使得 $p_{00}^{(n)}>0$ 的全体自然数为 $\{4,6,8,10,\cdots\}$，即大于 2 的全体偶数. 其最大公约数为 2，即 $d(0)=2$.

下面的命题告诉我们，周期是一个“类性质”：

命题 4.2.2　若 $i \leftrightarrow j$，则必有 $d(i) = d(j)$.

证明　因 $i \leftrightarrow j$，故存在 $m,n \in \mathbf{N}$，使得：$p_{ij}^{(m)} > 0$且$p_{ji}^{(n)} > 0$，于是由 C-K 方程式 (4.1.11) 可知

$$p_{jj}^{(n+m)} = \sum_k p_{jk}^{(n)} p_{kj}^{(m)} \geqslant p_{ji}^{(n)} p_{ij}^{(m)} > 0$$

从而由定义 4.2.3 的注 (2) 可知有

$$d(j) \mid (m+n) \tag{4.2.2}$$

又设有 $\ell \in \mathbf{N}$ 使得 $p_{ii}^{(\ell)} > 0$,（如此的 ℓ 必存在，为什么？）从而有（两次用 C-K 方程）

$$p_{jj}^{(n+\ell+m)} \geqslant p_{ji}^{(n+\ell)} p_{ij}^{(m)} \geqslant p_{ji}^{(n)} p_{ii}^{(\ell)} p_{ij}^{(m)} > 0$$

故又得到

$$d(j) \mid (m+n+\ell) \tag{4.2.3}$$

综合式 (4.2.2) 与式 (4.2.3) 便得到：$d(j) \mid \ell$. 而由 ℓ 的任意性便知有

$$d(j) \mid d(i)$$

同理也可以证明：$d(i) \mid d(j)$. 故最终便得到

$$d(i) = d(j)$$

例 4.2.3　我们继续刚才的例 4.2.2. 由图 4.2.3 的状态转移图可知，该马氏链为不可约的. 因此，其任一状态的周期都与 0 的周期相等，都等于 2.

命题 4.2.3　若马氏链的状态 i 的周期 $d(i)$ 存在（即 $d(i) < +\infty$），则存在正整数 $N \in \mathbf{N}$，使得对所有的自然数 $n > N$ 都有

$$p_{ii}^{(nd(i))} > 0 \tag{4.2.4}$$

证明　本证明需要用到数论中的一个命题：

若正整数 $n_1, n_2, \cdots, n_k$ 的最大公约数 $(n_1, n_2, \cdots, n_k) = d$，则存在 $N \in \mathbf{N}$，使得对于任意的正整数 $n > N$，都可找到相应的非负整数 $c_1, c_2, \cdots, c_k \geqslant 0$，满足

$$nd = \sum_{j=1}^{k} c_j n_j \tag{4.2.5}$$

现考虑状态 i，设 $n_1,n_2,\cdots,n_k$ 为使 $p_{ii}^{(n)}>0$ 的 k 个正整数，不妨设 $d(i)=(n_1,n_2,\cdots,n_k)$. 则由式 (4.2.5) 可知，存在 $N\in\mathbf{N}$，使得对任意的正整数 $n>N$，我们可以找到相应的非负整数 $c_1,c_2,\cdots,c_k\geqslant 0$，满足

$$nd(i)=\sum_{j=1}^{k}c_jn_j$$

于是

$$p_{ii}^{(nd(i))}=p_{ii}^{(\sum\limits_{j=1}^{k}c_jn_j)}\geqslant\prod_{j=1}^{k}p_{ii}^{(c_jn_j)}\geqslant\prod_{j=1}^{k}(p_{ii}^{(n_j)})^{c_j}>0$$

（上式推导过程中反复使用了 C-K 方程.）命题证毕.

注 本命题的结论可以视为对定义 4.2.3 注 (2) 的进一步说明. 注 (2) 所叙述命题的逆命题虽然一般来说不一定成立（例 4.2.2 即为反例），但是当 n 充分大时却是对的. 即当 n 充分大时，由 $d(i)\mid n$ 可推出必有：$p_{ii}^{(n)}>0$.

4.3 常返与瞬过

本节我们继续对马氏链的状态进行深入而细致的分析.

定义 4.3.1 （首达时）设有马氏链 $\{X_n,n\geqslant 0\}$，j 为其任一状态. 我们定义 j 的首达时为

$$T_j=\min\{n:X_n=j,n\geqslant 0\} \tag{4.3.1}$$

即 T_j 为马氏链首次转移到状态 j 的时间（若集合 $\{n:X_n=j,n\geqslant 0\}$ 为空集，则定义 $T_j=+\infty$），其可能的值域为 $\mathbf{N}_0\bigcup\{+\infty\}$.

易见 T_j 关于 $\{X_n,n\geqslant 0\}$ 为停时，因为事件：

$$\{T_j=0\}=\{X_0=j\},\quad \{T_j=n\}=\{X_0\neq j,\cdots,X_{n-1}\neq j,X_n=j\}\quad (n\geqslant 1)$$

完全由 $X_0,X_1,\cdots,X_n$ 的取值所确定.

定义 4.3.2 （首达概率 $f_{ij}^{(n)}$ 与 f_{ij}）沿用上面的记号，我们定义

$$f_{ij}^{(n)}=P\{T_j=n\mid X_0=i\}=P\{X_n=j,X_k\neq j,1\leqslant k\leqslant n-1\mid X_0=i\} \tag{4.3.2}$$

（$n \geqslant 0$，其中 $f_{ij}^{(1)} = p_{ij}$ 并约定 $f_{ij}^{(0)} = 0$.）

$f_{ij}^{(n)}(n \geqslant 1)$ 表示过程（即马氏链）由状态 i 出发，经过 n 步首次转移到 j 的概率. 若 $j = i$，则 $f_{ii}^{(n)}$ 表示过程由 i 出发，经过 n 步首次回到 i 的概率.

据此我们还可以定义

$$f_{ij} = \sum_{n=0}^{+\infty} f_{ij}^{(n)} = \sum_{n=1}^{+\infty} f_{ij}^{(n)} \tag{4.3.3}$$

f_{ij} 为过程由 i 出发，经过有限步转移到 j 的概率，或从 i 出发至少转移到 j 一次的概率. 亦即有

$$f_{ij} = P\{T_j < +\infty \mid X_0 = i\} = P\left\{ \bigcup_{n=1}^{+\infty} \{X_n = j\} \middle| X_0 = i \right\} \tag{4.3.4}$$

（为说明上式，只消将 $\bigcup\limits_{n=1}^{+\infty}\{X_n = j\}$ 写成不交并即可：$\bigcup\limits_{n=1}^{+\infty}\{X_n = j\} = \bigcup\limits_{n=1}^{+\infty}\{X_n = j, X_k \neq j, 1 \leqslant k \leqslant n-1\} = \bigcup\limits_{n=1}^{+\infty}\{T_j = n\} = \{T_j < +\infty\}$.）

注 (1) 若 j 为吸收态，则 f_{ij} 称为吸收概率. 此时对所有 $n \geqslant 1$，满足 $\{X_n = j\} \subseteq \{X_{n+1} = j\}$，因此我们有

$$f_{ij} = \lim_{n \to +\infty} P\left\{ \bigcup_{k=1}^{n} \{X_k = j\} \middle| X_0 = i \right\} = \lim_{n \to +\infty} P\{X_n = j \mid X_0 = i\} = \lim_{n \to +\infty} p_{ij}^{(n)} \tag{4.3.5}$$

(2) 易见，对一切 $i, j \in S$ 及 $n \geqslant 1$ 有

$$0 \leqslant f_{ij}^{(n)} \leqslant p_{ij}^{(n)} \leqslant f_{ij} \leqslant 1 \tag{4.3.6}$$

(3) 据上式容易证明：对于任何状态 $i \neq j$ 则 $i \to j$ 的充要条件是 $f_{ij} > 0$. 或者写为

$$f_{ij} = P\{i \to j\} \quad (i \neq j) \tag{4.3.7}$$

利用概率 f_{ij}，我们引进状态分类的两个新概念：

定义 4.3.3 对于马氏链的任何状态 i，若有 $f_{ii} = 1$，则称 i 为常返的；否则（若 $0 \leqslant f_{ii} < 1$），则称 i 为瞬过的（又叫滑过的，非常返的）. 即常返与瞬过是一对非此即彼的概念.

注 (1) 由于 f_{ii} 是过程由 i 出发，经过有限步又回到 i 的概率，故若 i 为常返的（即 $f_{ii}=1$），则表明过程由 i 出发后，必然会返回到 i；而若 i 为瞬过的（$f_{ii}<1$），则表明过程由 i 出发后，未必会回到 i.

(2) 若 $f_{ii}=0$，则意味着过程由 i 出发后，必不回到 i. 又因为 $f_{ii}=\sum\limits_{n=1}^{+\infty} f_{ii}^{(n)}$，故 $f_{ii}=0$ 相当于对任何 $n\geqslant 1$ 有 $f_{ii}^{(n)}=0$，亦等价于对任何 $n\geqslant 1$，有 $p_{ii}^{(n)}=0$. 于是我们有：$f_{ii}=0$ 的充要条件是 i 的周期为无穷.

定理 4.3.1 对任意状态 $i,j\in S$ 及自然数 $n\geqslant 1$，有

$$p_{ij}^{(n)}=\sum_{k=0}^{n} f_{ij}^{(k)} p_{jj}^{(n-k)}=\sum_{k=1}^{n} f_{ij}^{(k)} p_{jj}^{(n-k)} \quad (n\geqslant 1) \tag{4.3.8}$$

证明

$$\begin{aligned}
p_{ij}^{(n)} &= P\{X_n=j \mid X_0=i\}=\sum_{k=1}^{+\infty} P\{T_j=k, X_n=j \mid X_0=i\} \\
&=\sum_{k=1}^{n} P\{T_j=k \mid X_0=i\} P\{X_n=j \mid T_j=k, X_0=i\} \quad （按式（1.1.18）） \\
&=\sum_{k=1}^{n} f_{ij}^{(k)} P\{X_n=j \mid X_k=j, X_\ell\neq j, 1\leqslant \ell<k, X_0=i\} \\
&=\sum_{k=1}^{n} f_{ij}^{(k)} P\{X_n=j \mid X_k=j\} \quad （按马氏性） \\
&=\sum_{k=1}^{n} f_{ij}^{(k)} p_{jj}^{(n-k)}
\end{aligned}$$

证毕.

下面我们给出常返与瞬过的一个判别定理：

定理 4.3.2 (1) 状态 i 为常返的充要条件是

$$\sum_{n=0}^{+\infty} p_{ii}^{(n)}=+\infty \tag{4.3.9}$$

(2) 状态 i 为瞬过（非常返）的充要条件是

$$\sum_{n=0}^{+\infty} p_{ii}^{(n)}=\frac{1}{1-f_{ii}}<+\infty \tag{4.3.10}$$

证明　记 $\{p_{ii}^{(n)},n\geqslant 0\}$ 与 $\{f_{ii}^{(n)},n\geqslant 0\}$ 的母函数（参见定义 1.4.2 注 (5) ）分别为 $P_i(s)$ 与 $F_i(s)$，即

$$P_i(s)=\sum_{n=0}^{+\infty}p_{ii}^{(n)}s^n \quad 与 \quad F_i(s)=\sum_{n=0}^{+\infty}f_{ii}^{(n)}s^n \quad (0\leqslant s<1)$$

则根据定理 4.3.1，有

$$\begin{aligned}P_i(s)-1&=\sum_{n=1}^{+\infty}p_{ii}^{(n)}s^n=\sum_{n=1}^{+\infty}\left(\sum_{k=1}^{n}f_{ii}^{(k)}p_{ii}^{(n-k)}\right)s^n\\&=\left(\sum_{k=1}^{+\infty}f_{ii}^{(k)}s^k\right)\left(\sum_{n=k}^{+\infty}p_{ii}^{(n-k)}s^{n-k}\right)\\&=F_i(s)\sum_{\ell=0}^{+\infty}p_{ii}^{(\ell)}s^\ell\\&=F_i(s)P_i(s)\end{aligned}$$

即有

$$P_i(s)-1=P_i(s)F_i(s)$$

因为当 $0\leqslant s<1$ 时， $F_i(s)<f_{ii}\leqslant 1$，故有

$$P_i(s)=\frac{1}{1-F_i(s)} \quad (0\leqslant s<1) \tag{4.3.11}$$

又因为对于一切 $0\leqslant s<1$ 及正整数 N，有

$$\sum_{n=0}^{N}p_{ii}^{(n)}s^n\leqslant P_i(s)\leqslant\sum_{n=0}^{+\infty}p_{ii}^{(n)} \tag{4.3.12}$$

且当 $s\to 1^-$ 时 $P_i(s)$ 单调增，故在式 (4.3.12) 中先令 $s\to 1^-$，再令 $N\to+\infty$，便得到

$$\lim_{s\to 1^-}P_i(s)=\sum_{n=0}^{+\infty}p_{ii}^{(n)}$$

同理可得

$$\lim_{s\to 1^-}F_i(s)=\sum_{n=0}^{+\infty}f_{ii}^{(n)}=f_{ii}$$

故在式 (4.3.11) 两边令 $s\to 1^-$，根据上两式，再结合 i 为常返与瞬过两种情况，便证得式 (4.3.9) 与式 (4.3.10).

注 设 $I_n=I_{(X_n=i)}(n\geqslant 1)$，并记 $\xi=\sum\limits_{n=1}^{+\infty}I_n$，则 ξ 表示过程 $\{X_n,n\geqslant 0\}$ 转移到 i 的次数. 求其条件期望:

$$E(\xi\mid X_0=i)=\sum_{n=1}^{+\infty}E(I_n\mid X_0=i)=\sum_{n=1}^{+\infty}p_{ii}^{(n)} \tag{4.3.13}$$

反观式 (4.3.9) 与式 (4.3.10) 我们立即可以知道: 状态 i 为常返相当于过程从 i 出发后返回到 i 的平均次数为无穷，而 i 为瞬过则相当于过程从 i 出发后又返回到 i 的平均次数为一有限数. 这无疑是对常返与瞬过概念的更为直观的解释，且从定义 4.3.3 中是看不出来的.

推论 4.3.1 设 j 为常返状态，则

(1) 当 $i\to j$ 时，有

$$\sum_{n=1}^{+\infty}p_{ij}^{(n)}=+\infty \tag{4.3.14}$$

(2) 当 $i\nrightarrow j$ 时，有

$$\sum_{n=1}^{+\infty}p_{ij}^{(n)}=0 \tag{4.3.15}$$

证明 (2) 是显然的，故仅证 (1) . 因为 $i\to j$，故存在 $m\in\mathbf{N}$，使得 $p_{ij}^{(m)}>0$，从而

$$p_{ij}^{(m+n)}=\sum_{k\in S}p_{ik}^{(m)}p_{kj}^{(n)}\geqslant p_{ij}^{(m)}p_{jj}^{(n)}$$

对上式关于 n 两边求和，得到

$$\sum_{n=1}^{+\infty}p_{ij}^{(m+n)}\geqslant p_{ij}^{(m)}\sum_{n=1}^{+\infty}p_{jj}^{(n)}=+\infty\quad(\text{由式 (4.3.9)})$$

这便证明了: $\sum\limits_{n=1}^{+\infty}P_{ij}^{(n)}=+\infty$.

推论 4.3.2 若 j 为瞬过状态，则对任意 $i\in S$，有

$$\sum_{n=1}^{+\infty}p_{ij}^{(n)}<+\infty \tag{4.3.16}$$

且

$$\lim_{n\to+\infty} p_{ij}^{(n)} = 0 \tag{4.3.17}$$

证明　将式 (4.3.8) 两边对 n 求和

$$\begin{aligned}\sum_{n=1}^{N} p_{ij}^{(n)} &= \sum_{n=1}^{N}\sum_{k=1}^{n} f_{ij}^{(k)} p_{jj}^{(n-k)} = \sum_{k=1}^{N}\sum_{n=k}^{N} f_{ij}^{(k)} p_{jj}^{(n-k)} \\ &= \sum_{k=1}^{N} f_{ij}^{(k)} \sum_{m=0}^{N-k} p_{jj}^{(m)} \leqslant \sum_{k=1}^{N} f_{ij}^{(k)} \sum_{n=0}^{N} p_{jj}^{(n)}\end{aligned}$$

令 $N\to+\infty$，并由式 (4.3.10) 可知

$$\sum_{n=1}^{+\infty} p_{ij}^{(n)} \leqslant \sum_{k=1}^{+\infty} f_{ij}^{(k)} \sum_{n=0}^{+\infty} p_{jj}^{(n)} \leqslant \sum_{n=0}^{+\infty} p_{jj}^{(n)} < +\infty$$

故式 (4.3.16) 成立.

又因为收敛级数通项必趋于零，故式 (4.3.17) 亦成立.

注　推论 4.3.1 与推论 4.3.2 可视为对于定理 4.3.2 的某种意义上的推广.

推论 4.3.3　*若 i 为常返，且 $i\leftrightarrow j$，则 j 也常返.*

证明　设 i 为常返，且 $i\leftrightarrow j$，故存在 $m,n\in\mathbf{N}$，使得：$p_{ji}^{(m)}>0, p_{ij}^{(n)}>0$，故对任意 $\ell\in\mathbf{N}$，有

$$p_{jj}^{(m+\ell+n)} \geqslant p_{ji}^{(m)} p_{ii}^{(\ell)} p_{ij}^{(n)}$$

对上式两边关于 ℓ 求和，得到

$$\sum_{\ell=1}^{+\infty} p_{jj}^{(m+\ell+n)} \geqslant p_{ji}^{(m)} p_{ij}^{(n)} \sum_{\ell=1}^{+\infty} p_{ii}^{(\ell)} = +\infty \quad (\text{由式 } (4.3.9))$$

即有

$$\sum_{n=1}^{+\infty} p_{jj}^{(n)} = +\infty$$

复由式 (4.3.9) 可知 j 亦为常返状态.

注　本推论表明，在一个等价类中的状态，要么皆常返，要么皆瞬过，即常返与瞬过皆为类性质.

定义 4.3.4 对于马氏链的任意状态 $i,j\in S$，我们定义 g_{ij} 为从状态 i 出发而无穷多次转移到 j 的概率，即

$$\begin{aligned} g_{ij} &= P\{\text{有无穷多个}n\geqslant 1\text{，使得}X_n=j\mid X_0=i\} \\ &= P\Big\{\bigcap_{k=1}^{+\infty}\bigcup_{n=k}^{+\infty}\{X_n=j\}\Big|X_0=i\Big\} \end{aligned} \tag{4.3.18}$$

事实上，若有无穷多个 $n\geqslant 1$，使得 $X_n=j$，则对所有 $k\geqslant 1$，事件 $\bigcup_{n=k}^{+\infty}\{X_n=j\}$ 都发生，故事件 $\bigcap_{k=1}^{+\infty}\bigcup_{n=k}^{+\infty}\{X_n=j\}$ 发生；反之，若事件 $\bigcap_{k=1}^{+\infty}\bigcup_{n=k}^{+\infty}\{X_n=j\}$ 发生，则对一切 $k\geqslant 1$，必有 $n_k\geqslant k$，使得 $X_{n_k}=j$，且 $n_1<n_2<\cdots<n_k<\cdots$ 即有无穷多个 $n\geqslant 1$，使得 $X_n=j$，故上式成立. 显然，我们有

$$0\leqslant g_{ij}\leqslant f_{ij} \tag{4.3.19}$$

下面的定理建立了 g_{ij} 与 f_{ij} 之间的重要关系：

定理 4.3.3 对所有 $i,j\in S$，有

$$g_{ii}=\lim_{n\to+\infty}(f_{ii})^n \tag{4.3.20}$$

及

$$g_{ij}=f_{ij}g_{jj} \tag{4.3.21}$$

证明 我们以 $g_{ij}(m)$ 表示从状态 i 出发至少转移到 j m 次的概率，即

$$g_{ij}(m)=P\{\text{至少有}m\text{个}n\geqslant 1,\text{使得}X_n=j\mid X_0=i\}\triangleq P\{A_m\mid X_0=i\}$$

显然 $g_{ij}(1)=P\{A_1\mid X_0=i\}=f_{ij}$. 又因为事件 $A_m=\{\text{至少有}m\text{个}n\geqslant 1,\text{使得}X_n=j\}$ 是随着 m 的增加而单调递减的，且

$$\bigcap_{m=1}^{+\infty}A_m=\bigcap_{m=1}^{+\infty}\{\text{至少有}m\text{个}n\geqslant 1\text{，使得}X_n=j\}=\{\text{有无穷多个}n\geqslant 1\text{，使得}X_n=j\}$$

据此，再由概率的连续性（见第 1 章式 (1.1.8)）及式 (4.3.18) 便得到

$$\lim_{m\to+\infty}g_{ij}(m)=\lim_{m\to+\infty}P\{A_m\mid X_0=i\}=P\Big\{\bigcap_{m=1}^{+\infty}A_m\Big|X_0=i\Big\}=g_{ij} \tag{4.3.22}$$

又对 $m \geqslant 0$，有

$$
\begin{aligned}
g_{ij}(m+1) &= P\{A_{m+1} \mid X_0=i\} = \sum_{k=1}^{+\infty} P\{T_j=k, A_{m+1} \mid X_0=i\} \quad (T_j\text{：首达时}) \\
&= \sum_{k=1}^{+\infty} P\{X_k=j, X_\ell \neq j, 1 \leqslant \ell \leqslant k-1; \text{至少有} m+1 \text{个} n \geqslant 1, \\
&\quad \text{使得} X_n=j \mid X_0=i\} \\
&= \sum_{k=1}^{+\infty} P\{X_k=j, X_\ell \neq j, 1 \leqslant \ell \leqslant k-1; \text{至少有} m \text{个} n \geqslant k+1, \\
&\quad \text{使得} X_n=j \mid X_0=i\} \\
&= \sum_{k=1}^{+\infty} P\{T_j=k \mid X_0=i\} P\{\text{至少有} m \text{个} n \geqslant k+1, \\
&\quad \text{使得} X_n=j \mid X_k=j\} \quad (\text{由式 (1.1.18) 及马氏性}) \\
&= \sum_{k=1}^{+\infty} f_{ij}^{(k)} P\{\text{至少有} m \text{个} n \geqslant 1, \text{使得} X_n=j \mid X_0=j\} \quad (\text{由时齐性}) \\
&= \sum_{k=1}^{+\infty} f_{ij}^{(k)} g_{jj}(m) = f_{ij} g_{jj}(m) \qquad (4.3.23)
\end{aligned}
$$

由此特别得到

$$
g_{ii}(m+1) = f_{ii} g_{ii}(m) = (f_{ii})^2 g_{ii}(m-1) = \cdots = (f_{ii})^m g_{ii}(1) = (f_{ii})^{m+1} \quad (4.3.24)
$$

复由式 (4.3.23) 可得

$$
g_{ij}(m+1) = f_{ij}(f_{jj})^m \qquad (4.3.25)
$$

在 (4.3.24) 及 (4.3.25) 两式中分别令 $m \to +\infty$，并结合式 (4.3.22) 便可证得式 (4.3.20) 与式 (4.3.21). □

由此定理立刻可以得到有关常返与瞬过的另一充要条件，它可以帮助我们更好地理解这两个概念. 我们有:

推论 4.3.4 (1) i 为常返状态的充要条件是

$$
g_{ii} = 1 \qquad (4.3.26)
$$

（即过程从 i 出发后必然无穷多次返回到 i.）

(2) i 为瞬过状态的充要条件是

$$g_{ii}=0 \tag{4.3.27}$$

（即由 i 出发后至多返回 i 有限次.）

(3) 若 j 为常返状态，则对一切 $i\in S$ 有

$$g_{ij}=f_{ij} \tag{4.3.28}$$

(4) 若 j 为瞬过状态，则对一切 $i\in S$ 有

$$g_{ij}=0 \tag{4.3.29}$$

定理 4.3.4 设 i 为常返状态，且 $i\to j$，则有

$$g_{ji}=f_{ji}=1 \tag{4.3.30}$$

证明 对任意 $m\geqslant 1$ 及 $\ell\in S$，有

$$\begin{aligned}
g_{i\ell}&=P\{\text{有无穷多个}n\geqslant 1\text{使得}X_n=\ell\mid X_0=i\}\\
&=\sum_{k\in S}P\{X_m=k,\text{有无穷多个}n\geqslant 1\text{使得}X_n=\ell\mid X_0=i\}\\
&=\sum_{k\in S}P\{X_m=k,\text{有无穷多个}n\geqslant m+1\text{使得}X_n=\ell\mid X_0=i\}\\
&=\sum_{k\in S}P\{X_m=k\mid X_0=i\}P\{\text{有无穷多个}n\geqslant m+1\text{使得}X_n=\ell\mid X_m=k\}\\
&=\sum_{k\in S}p_{ik}^{(m)}P\{\text{有无穷多个}n\geqslant 1\text{使得}X_n=\ell\mid X_0=k\}\\
&=\sum_{k\in S}p_{ik}^{(m)}g_{k\ell}
\end{aligned} \tag{4.3.31}$$

因为 i 为常返，故由推论 4.3.4 可知 $g_{ii}=1$，从而有

$$0=1-g_{ii}=\sum_{k\in S}p_{ik}^{(m)}(1-g_{ki})$$

即对一切 $m\geqslant 1$ 及 $k\in S$，有

$$p_{ik}^{(m)}(1-g_{ki})=0\quad(\forall m\geqslant 1\text{及}k\in S)$$

若 $i \to j$，则存在 $m \geqslant 1$ 使得 $p_{ij}^{(m)} > 0$，由上式可知，此时必有：$g_{ji} = 1$，但由式 (4.3.21) 可知 $g_{ji} \leqslant f_{ji}$，从而推得：$f_{ji} = 1$. □

注　(1) 由式 (4.3.30) 可知，若 i 为常返，且 $i \to j$，则必有 $j \to i$，即 $i \leftrightarrow j$. 按推论 4.3.3 可知，此时 j 亦常返，且与 i 属同一等价类. 因此，从一个常返等价类中任一状态出发，不可能到达其他等价类（即常返类为闭集）. 但从非常返类（即瞬过类）中的状态出发，却可以到达常返类. 一个简单的例子便是前面例 4.2.1 中的图 4.2.2.

(2) 若 $i \to j$，但 $j \nrightarrow i$，则 i 必为瞬过.

(3) 由式 (4.3.30) 可知，此时 f_{ij} 亦等于 1. 故本定理亦可如下叙述：

设 i 为常返状态，且 $i \to j$，则必有 $i \leftrightarrow j$，且

$$f_{ij} = f_{ji} = g_{ij} = g_{ji} = 1 \tag{4.3.32}$$

例 4.3.1　继续考虑直线上的随机游动（见例 4.1.1）其状态空间 $S = \mathbf{Z}$（全体整数），设质点由整点 i 移动到 $i+1$ 的概率为 p，由 i 移动到 $i-1$ 的概率为 $1-p \triangleq q$. 试分析其状态是否具有常返性.

解　由其状态转移图（见图 4.1.1）易知该马氏链为不可约的，周期为 2. 因此只需分析状态 0 的常返性. 按定理 4.3.2 的充要条件，我们考虑级数 $\sum\limits_{n=1}^{+\infty} p_{00}^{(n)}$ 的敛散性. 易见有

$$p_{00}^{(2n+1)} = 0 \quad (n = 0, 1, 2, \cdots)$$

而

$$p_{00}^{(2n)} = \binom{2n}{n} p^n q^n \quad (n = 1, 2, 3, \cdots)$$

利用斯特林（Stirling）公式：$n! \sim \sqrt{2\pi n}(n/e)^n$（$n$ 充分大时），我们可以得到

$$p_{00}^{(2n)} = \frac{(2n)!}{(n!)^2}(pq)^n \sim \frac{(4pq)^n}{\sqrt{n\pi}} \quad (n \text{ 充分大})$$

若 $p = q = \dfrac{1}{2}$，则 $\dfrac{(4pq)^n}{\sqrt{n\pi}} = \dfrac{1}{\sqrt{n\pi}}$，而 $\sum\limits_{n=1}^{+\infty} \dfrac{1}{\sqrt{n\pi}} = +\infty$

若 $p \neq q$，容易证明 $r = 4pq < 1$，而 $\sum\limits_{n=1}^{+\infty} \dfrac{1}{\sqrt{n\pi}} r^n < +\infty$

从而，若该随机游动为对称的，则 0 及所有状态为常返；若它为非对称的，则 0 及所有状态为瞬过.

我们还可以进一步讨论平面上的二维对称随机游动与空间三维对称随机游动，前者也是周期为 2 的不可约常返链，后者虽也是周期为 2 的不可约链，但却是瞬过的（详见参考文献 [5] 的 2.3 节）.

定义 4.3.5 对于马氏链的常返状态 i，我们称首达时 T_i 为 i 的常返时. 因为 i 为常返，故有

$$P\{T_i<+\infty \mid X_0=i\}=P\Big\{\bigcup_{n=1}^{+\infty}\{T_i=n\}\Big|X_0=i\Big\}=\sum_{n=1}^{+\infty}P\{T_i=n \mid X_0=i\}$$

$$=\sum_{n=1}^{+\infty}f_{ii}^{(n)}=f_{ii}=1$$

即 T_i 只取有限值. 由此，我们可以定义 i 的平均常返时为

$$\mu_i=E(T_i \mid X_0=i)=\sum_{n=1}^{+\infty}nP\{T_i=n \mid X_0=i\}=\sum_{n=1}^{+\infty}nf_{ii}^{(n)} \tag{4.3.33}$$

对于常返状态 i，易见有：$0<\mu_i\leqslant+\infty$.

利用 μ_i 我们可以对常返状态作进一步的细致刻画：

定义 4.3.6 常返状态 i 被称为是零常返的，若 $\mu_i=+\infty$；常返状态 i 被称为是正常返的，若 $0<\mu_i<+\infty$.

注 (1) i 为零常返：过程由 i 出发后必然返回到 i，但返回的时间较长；i 为正常返：过程由 i 出发后必然返回到 i，且返回的时间较短.

(2) 从直观的角度看，有限多个状态的马氏链的 μ_i 应该总是有限的，即为正常返. 只有在可列无穷多个状态马氏链的情况下才有可能出现零常返. 正常返的马氏链较易举例，零常返的例子则不多见. 这里我们先指出：前面例 4.3.1 中的简单对称随机游动（一维与二维）皆为零常返的马氏链. 其证明将在 4.5 节给出.

(3) 零常返与正常返亦分别都是类性质，其证明亦将在 4.5 节给出.

定理 4.3.5 设 $\{X_n,n\geqslant0\}$ 为一个有限状态的马氏链，则有：

(1) 它至少有一个状态是常返的；

(2) 其任何常返状态必为正常返.

证明 (1) (反证法) 若其所有状态皆为瞬过的，则 $\forall i\in S$，有

$$\sum_{j\in S}p_{ij}^{(n)}=1$$

在上式两边令 $n\to+\infty$，右边：$\lim\limits_{n\to+\infty}1=1$. 而左边，因为 S 仅含有限个状态，且所有 $j\in S$ 皆为瞬过状态，故按推论 4.3.2 可知，有

$$\lim_{n\to+\infty}\sum_{j\in S}p_{ij}^{(n)}=\sum_{j\in S}\lim_{n\to+\infty}p_{ij}^{(n)}=0$$

这显然是矛盾的. 从而原命题得证，即 S 中至少有一个状态是常返的.

(2) 的证明将在 4.5 节中给出.

4.4 吸收概率与平均吸收时间

在上一节定义 4.3.2 的注 (1) 中我们曾提到，当 j 为吸收态，则概率 f_{ij} 称为吸收概率，即过程由 i 出发而最终被 j 所吸收的概率. 马氏链中与此吸收概率相关的问题不少，本节中我们将探讨其一般的求解方法，先从一个例子入手.

例 4.4.1　设 $\{X_n,n\geqslant 0\}$ 为区间 $[0,3]$ 上的随机游动，其转移概率矩阵如下：

$$P=\begin{matrix}0\\1\\2\\3\end{matrix}\begin{pmatrix}1&0&0&0\\\frac{1}{4}&\frac{1}{2}&\frac{1}{4}&0\\0&\frac{1}{4}&\frac{1}{2}&\frac{1}{4}\\0&0&1&0\end{pmatrix}$$

试求质点由 k 出发而被 0 吸收的概率 u_k 及其平均步数 v_k $(k=1,2,3)$.

解　由状态转移图（读者可自作）易知，状态 0 为吸收态，状态 3 为一反射壁. $\{0\}$ 为一常返类（正常返），非周期. $T=\{1,2,3\}$ 为瞬过类，亦为非周期. 此处 u_k 实际上就是 f_{k0} $(k=1,2,3)$，因此我们有（记 T_0 为首达时）

$$\begin{aligned}u_1=f_{10}=P\{X_{T_0}=0\mid X_0=1\}&=\sum_{k=0}^{3}P\{X_1=k,X_{T_0}=0\mid X_0=1\}\\&=\sum_{k=0}^{3}P\{X_{T_0}=0\mid X_1=k\}p_{1k}=1\times\frac{1}{4}+u_1\times\frac{1}{2}+u_2\times\frac{1}{4}+u_3\times 0\end{aligned}$$

即有

$$f_{10}=\frac{1}{4}+\frac{1}{2}f_{10}+\frac{1}{4}f_{20} \tag{4.4.1}$$

类似可求得

$$f_{20}=\frac{1}{4}f_{10}+\frac{1}{2}f_{20}+\frac{1}{4}f_{30} \tag{4.4.2}$$

$$f_{30}=f_{20} \tag{4.4.3}$$

将此三式联立可解得

$$f_{10}=f_{20}=f_{30}=1 \tag{4.4.4}$$

即由任一瞬过状态出发必然要（在某一步）转移到常返状态 0，且被永久吸收.

再考虑 $v_k(k=1,2,3)$，我们有

$$v_1=E(T_0\mid X_0=1)=\sum_{k=0}^{3}E(T_0\mid X_1=k)p_{1k}=\frac{1}{4}+\frac{1}{2}(1+v_1)+\frac{1}{4}(1+v_2)$$

类似地

$$v_2=\frac{1}{4}(1+v_1)+\frac{1}{2}(1+v_2)+\frac{1}{4}(1+v_3)$$

$$v_3=(1+v_2)$$

解上述的线性方程组，得到

$$v_1=9,\quad v_2=14,\quad v_3=15$$

注 (1) 在本例中，由于 $f_{00}=1$，故线性方程组 (4.4.1)~(4.4.3) 可用矩阵符号表示为

$$(f_{00},f_{10},f_{20},f_{30})^{\tau}=P\cdot(f_{00},f_{10},f_{20},f_{30})^{\tau} \tag{4.4.5}$$

关于 v_1,v_2,v_3 的线性方程组的规律性亦很明显. 后面我们会将此归纳为一个命题.

(2) 式 (4.4.4) 启发我们得到这样一个结论：在一个有限状态马氏链中，由任何一个瞬过状态 i 出发，必然要转移到常返状态. 否则，若设由所有这样的瞬过状态（即不会转移到常返状态）构成的集合为 $A\subseteq S$，则明显 A 为一闭集，且仅含有限个状态，然而这是不可能的（参见定理 4.3.5 中 (1) 的证明）.

对于概率 f_{ij}，若 j 为常返态，则对于任一 $i\in C(j)$（j 所在的等价类），必有 $f_{ij}=1$（见式 (4.3.32)）. 若 i 为常返，但 $i\nrightarrow j$，则显然 $f_{ij}=0$. 所以我们

仅需考虑 f_{ij} $(i \in T)$，其中 $T \subseteq S$ 是由全体瞬过状态构成的集合. 若 j 为吸收态，则情况更简单（此时 $C(j)=\{j\}$）.

命题 4.4.1　*若 j 为马氏链的吸收状态，T 为所有瞬过状态构成的集合，$v_{ij}=E(T_j \mid X_0=i)$，则有*

(1)

$$f_{ij}=\sum_{k\in T}p_{ik}f_{kj}+p_{ij} \quad (i\in T) \tag{4.4.6}$$

(2)

$$v_{ij}=\sum_{k\in T}p_{ik}(v_{kj}+1)+p_{ij} \quad (i\in T) \tag{4.4.7}$$

证明　(1)

$$\begin{aligned}
f_{ij}&=\sum_{n=1}^{+\infty}P\{T_j=n \mid X_0=i\}=\sum_{n=1}^{+\infty}\sum_{k\in S}P\{X_1=k,T_j=n \mid X_0=i\}\\
&=\sum_{n=1}^{+\infty}\sum_{k\in S}p_{ik}P\{T_j=n \mid X_1=k\}=\sum_{k\in S}p_{ik}\sum_{n=1}^{+\infty}P\{T_j=n \mid X_1=k\}\\
&=\sum_{k\in S}p_{ik}f_{kj}=\sum_{k\in T}p_{ik}f_{kj}+p_{ij}
\end{aligned}$$

(2)

$$\begin{aligned}
v_{ij}&=E(T_j \mid X_0=i)=\sum_{n=1}^{+\infty}nP\{T_j=n \mid X_0=i\}\\
&=\sum_{n=1}^{+\infty}\sum_{k\in S}np_{ik}P\{T_j=n \mid X_1=k\}=\sum_{k\in S}p_{ik}E(T_j \mid X_1=k)\\
&=\sum_{k\in T}(v_{kj}+1)p_{ik}+p_{ij} \quad (i\in T)
\end{aligned}$$

□

例 4.4.2　（赌徒输光问题）本例为例 4.1.2 的后续和推广，但处理方法稍变. 设赌徒甲与乙分别拥有赌资 a 元与 b 元，且每次掷币甲赢一元的概率为 p，输一元的概率为 $q \triangleq 1-p$，并设 X_n 为第 n 次掷币后甲所拥有的全部赌资，则

马氏链 $\{X_n,n\geqslant 0\}$ 的状态空间为 $S=\{0,1,2,\cdots,a+b\}$，其转移概率矩阵为

$$P=\begin{matrix}0\\1\\2\\\vdots\\a+b-1\\a+b\end{matrix}\begin{pmatrix}1&0&0&0&0&&\\q&0&p&0&0&&\\0&q&0&p&0&&\\&&&\ddots&\ddots&\ddots&\\&&&&q&0&p\\&&&&0&0&1\end{pmatrix}$$

假定 $X_0=i(1\leqslant i\leqslant a+b-1)$，试求甲输光的概率及乙输光的概率.

解 这是一个带两个吸收壁的随机游动，易见它分为三个等价类：$\{0\}$ 与 $\{a+b\}$ 为两个常返类（均为吸收态），$T=\{1,2,\cdots,a+b-1\}$ 为一瞬过类. 所求甲输光的条件概率即为 f_{i0}，乙输光的条件概率即为 $f_{i,a+b}$. 易知 $f_{i0}+f_{i,a+b}=1$，故我们仅求出 f_{i0} 即可. 记 $f_{i0}=z_i$（其中 $z_0=f_{00}=1,z_{a+b}=f_{a+b,0}=0$），则由式 (4.4.6) 有

$$z_i=qz_{i-1}+pz_{i+1}\quad(i\in T=\{1,2,\cdots,a+b-1\})$$

即

$$p(z_{i+1}-z_i)=q(z_i-z_{i-1})\quad(i\in T)$$

或

$$(z_{i+1}-z_i)=\left(\frac{q}{p}\right)(z_i-z_{i-1})=\cdots=\left(\frac{q}{p}\right)^i(z_1-z_0)=\left(\frac{q}{p}\right)^i(z_1-1)$$

$$(z_i-z_{i-1})=\left(\frac{q}{p}\right)^{i-1}(z_1-1)$$

$$\cdots\cdots$$

$$(z_1-z_0)\ =(z_1-1)$$

将以上诸等式两边分别叠加，得

$$z_{i+1}-1=\sum_{k=0}^{i}\left(\frac{q}{p}\right)^k(z_1-1)\tag{4.4.8}$$

在上式中取 $i=a+b-1$，并由 $z_{a+b}=0$，得到

$$1-z_1=\left(\sum_{k=0}^{a+b-1}\left(\frac{q}{p}\right)^k\right)^{-1}$$

由此解得

$$f_{i0}=z_i=\begin{cases}1-\dfrac{i}{a+b} & (p=q=\dfrac{1}{2})\\ \dfrac{\left(\dfrac{q}{p}\right)^{a+b}-\left(\dfrac{q}{p}\right)^i}{\left(\dfrac{q}{p}\right)^{a+b}-1} & (p\neq q)\end{cases}\quad(1\leqslant i\leqslant a+b-1)$$

$$f_{i,a+b}=1-z_i=\begin{cases}\dfrac{i}{a+b} & (p=q=\dfrac{1}{2})\\ \dfrac{\left(\dfrac{q}{p}\right)^{i}-1}{\left(\dfrac{q}{p}\right)^{a+b}-1} & (p\neq q)\end{cases}\quad(1\leqslant i\leqslant a+b-1)$$

（当 $i=0$ 或 $a+b$ 时上式也成立.）其中，若 $p=q=\dfrac{1}{2}$（即每次掷币甲输赢一元钱的概率都是 $\dfrac{1}{2}$），且 $i=a$（$X_0=a$，即初始时刻甲没输也没赢），则甲输光的概率为 $f_{a0}=\dfrac{b}{a+b}$，而乙输光的概率则为 $f_{a,a+b}=\dfrac{a}{a+b}$，即每人输光的概率的大小是与其自身赌本的多少成反比的.

例 4.4.3　（分支过程）分支过程是一类特殊的马氏链，在生物遗传和原子核连锁反应中都有应用. 考虑一个群体的繁衍问题，设开始时群体所含个体数为 X_0，它们被称为第零代个体（又叫祖先）. 第零代个体繁衍的下一代称为第一代，第一代所含个体数记为 X_1. 第一代个体繁衍的下一代称为第二代，第二代所含个体数记为 $X_2,\cdots$ 一般第 n 代个体的个数记为 X_n，它们都是第 $n-1$ 代个体的下一代. 假定每个个体所产生的下一代个体数为一随机变量 Z，其概率分布为

$$P\{Z=k\}=p_k\quad(k\geqslant 0)\tag{4.4.9}$$

并假设同一代中每个个体所繁衍的下一代个数相互独立，且与群体以前的繁衍过

程无关. 则有

$$X_n = \begin{cases} \sum_{i=1}^{X_{n-1}} Z_i & (\text{若} X_{n-1} \geqslant 1) \\ 0 & (\text{若} X_{n-1} = 0) \end{cases} \quad (n \geqslant 1) \tag{4.4.10}$$

（其中 $\{Z_i, i \geqslant 1\}$ 为 i.i.d，且与 $\{X_0, X_1, \cdots, X_{n-1}\}$ 相互独立. 又 Z_i 与 Z 同分布.）由上式易知 $\{X_n, n \geqslant 0\}$ 为一马氏链，它便称为分支过程（通常假定 $X_0 = 1$，从而由上式可知 $X_1 = Z_1$）. 我们先来看该马氏链的转移概率：

当 $i \geqslant 1$ 时，有

$$p_{ij} = P\{X_{n+1} = j \mid X_n = i\} = P\Big\{\sum_{k=1}^{X_n} Z_k = j \mid X_n = i\Big\} = P\Big\{\sum_{k=1}^{i} Z_k = j\Big\}$$

（由 Z 的分布，即式 (4.4.9) 便可算出 p_{ij}.）又由式 (4.4.10) 易知

$$p_{00} = P\{X_{n+1} = 0 \mid X_n = 0\} = 1 \tag{4.4.11}$$

即 0 为该马氏链的吸收态.

设 $E(Z) = \mu, \mathrm{Var}(Z) = \sigma^2$，可以求出

$$\begin{aligned} E(X_n) &= E[E(X_n \mid X_{n-1})] = \mu E(X_{n-1}) = \mu^2 E(X_{n-2}) \\ &= \cdots = \mu^{n-1} E(X_1) = \mu^{n-1} E(Z) = \mu^n \end{aligned} \tag{4.4.12}$$

显然，当 $\mu < 1$ 时，$E(X_n) \to 0 (n \to +\infty)$. 同时可以证明，当 $\mu < 1$ 且 $n \to +\infty$ 时，$\mathrm{Var}(X_n)$ 亦趋于 0. 由此进一步可以证明，当 $n \to +\infty$ 时，X_n 依概率趋于 0，群体终将灭绝（详见参考文献 [7] 的 3.4 节）. 一般而言，设 $X_0 = 1$，则群体最终灭绝的概率，相当于该马氏链最终进入吸收态 0 的概率，亦即吸收概率 f_{10}，但此处吸收概率的求法却并非与前面数例相同.

由上一节定义 4.3.2 的注 (1) 可知

$$f_{10} = \lim_{n \to +\infty} P\{X_n = 0 \mid X_0 = 1\} = \lim_{n \to +\infty} P\{X_n = 0\} \triangleq \lim_{n \to +\infty} \pi_n \tag{4.4.13}$$

我们用 X_n 的概率生成函数（母函数）$\phi_n(s)$ 来研究上述概率. 当 $n = 1$ 时，因为 $X_1 = Z_1$，故由定义 1.4.2 可知 X_1 的生成函数为

$$\phi_1(s) = \phi_{X_1}(s) = \sum_{k=0}^{+\infty} p_k s^k \triangleq \phi(s)$$

再由式 (4.4.10) 可知 X_2 的生成函数为

$$\phi_2(s) = \phi_{X_2}(s) = \phi_{X_1}(\phi(s)) = \phi(\phi_1(s))$$

一般地，X_{n+1} 的生成函数为

$$\phi_{n+1}(s) = \phi_n(\phi(s)) = \phi(\phi_n(s)) \quad (n \geqslant 1)$$

又 $\phi_n(0) = P\{X_n = 0\} = \pi_n$，故由上式得到

$$\pi_{n+1} = \phi(\pi_n) \tag{4.4.14}$$

由式 (4.4.13) 可知极限 $\lim\limits_{n\to+\infty} \pi_n$ 存在且即为 f_{10}（不妨记为 π_0），故在式 (4.4.14) 两边令 $n \to +\infty$ 便得到

$$\pi_0 = \phi(\pi_0) \tag{4.4.15}$$

更具体的内容可归结为如下的定理：

定理 4.4.1　设有分支过程 $\{X_n, n \geqslant 0\}$，其中每个个体繁衍的下一代个体数 Z 的分布律为：$p_k = P\{Z = k\}$ $(k = 0, 1, 2, \cdots)$ 并设 $X_0 = 1$. 若 $p_0 > 0$ 且 $p_0 + p_1 < 1$，则有：

(1) 群体灭绝概率 π_0 是方程 $\phi(s) = s$ 的最小正根，其中 $\phi(s) = \sum\limits_{k=0}^{+\infty} p_k s^k$ $(0 \leqslant s \leqslant 1)$.

(2) $\pi_0 = 1$ 的充要条件是 $\mu = E(Z) \leqslant 1$.

（证明见参考文献 [10] 的 4.5 节.）

4.5　马氏链的极限理论与平稳分布

4.5.1　n 步转移概率 $p_{ij}^{(n)}$ 的极限

所谓马氏链的极限理论，主要讨论马氏链的 n 步转移概率的极限：$\lim\limits_{n\to+\infty} p_{ij}^{(n)}$ $(i, j \in S)$ 或者等价地，讨论 n 步转移概率矩阵的极限：$\lim\limits_{n\to+\infty} P^{(n)}$. 若

极限 $\lim\limits_{n\to+\infty} p_{ij}^{(n)}$ 存在且与 i 无关，即 $\lim\limits_{n\to+\infty} p_{ij}^{(n)} = \pi_j\ (i,j\in S)$ 则 $\pi=\{\pi_j, j\in S\}$ 又称为马氏链的极限分布. 对于马氏链极限理论的讨论牵涉到我们此前所介绍过的诸多重要概念，如：互达、周期、常返、瞬过、零常返、正常返等. 此外，极限理论还与后面将要介绍的平稳分布有密切的关系. 我们先来看：

定理 4.5.1 马氏链的基本极限定理（$p_{ii}^{(n)}$ 的极限）.

(1) 若 i 为马氏链的瞬过状态或零常返状态，则有

$$\lim_{n\to+\infty} p_{ii}^{(n)} = 0 \tag{4.5.1}$$

(2) 若 i 是周期为 d 的常返状态，则有

$$\lim_{n\to+\infty} p_{ii}^{(nd)} = \frac{d}{\mu_i} \tag{4.5.2}$$

（当 i 为零常返时，上式仍成立，其等式右边为 $d/\infty = 0$.）

(3) 若 i 为非周期正常返状态（又称为遍历状态），则有

$$\lim_{n\to+\infty} p_{ii}^{(n)} = \frac{1}{\mu_i} \tag{4.5.3}$$

证明 (1) 若 i 为瞬过状态，则由推论 4.3.2 易知式 (4.5.1) 成立. 若 i 为零常返，则我们将从 (2) 中的式 (4.5.2) 推出式 (4.5.1) 成立. 另外， (3) 显然是 (2) 的一个特例. 所以，下面我们主要证明 (2) 中的式 (4.5.2) 成立.

按照第 1 章的式 (1.4.4)，可定义 $\{p_{ii}^{(n)}, n\geqslant 0\}$ 与 $\{f_{ii}^{(n)}, n\geqslant 0\}$ 的形式矩母函数为

$$P_{ii}(t) = \sum_{n=0}^{+\infty} \mathrm{e}^{tn} p_{ii}^{(n)} \quad 与 \quad F_{ii}(t) = \sum_{n=0}^{+\infty} \mathrm{e}^{tn} f_{ii}^{(n)} \quad (t<0)$$

由定理 4.3.1 可知有

$$p_{ii}^{(n)} = \sum_{k=1}^{n} f_{ii}^{(k)} p_{ii}^{(n-k)}$$

从而有

$$\begin{aligned} P_{ii}(t) &= 1 + \sum_{n=1}^{+\infty} \mathrm{e}^{tn} p_{ii}^{(n)} = 1 + \sum_{n=1}^{+\infty} \mathrm{e}^{tn} \sum_{k=1}^{n} f_{ii}^{(k)} p_{ii}^{(n-k)} \\ &= 1 + \sum_{k=1}^{+\infty} \mathrm{e}^{tk} f_{ii}^{(k)} \sum_{n=k}^{+\infty} \mathrm{e}^{t(n-k)} p_{ii}^{(n-k)} \end{aligned}$$

$$= 1 + P_{ii}(t)F_{ii}(t) \quad (t < 0)$$

由此得到

$$P_{ii}(t) = 1/(1 - F_{ii}(t)) \quad (t < 0)$$

亦即

$$(1 - \mathrm{e}^{td})P_{ii}(t) = (1 - \mathrm{e}^{td})/(1 - F_{ii}(t)) \quad (t < 0)$$

于上式两边令 $t \to 0^-$，分别得到

$$\begin{aligned}
\text{左边} &= \lim_{t\to 0^-} \frac{\sum\limits_{n=0}^{+\infty} \mathrm{e}^{tn} p_{ii}^{(n)}}{\sum\limits_{n=0}^{+\infty} \mathrm{e}^{tdn}} = \lim_{t\to 0^-} \frac{\sum\limits_{n=0}^{+\infty} \mathrm{e}^{tnd} p_{ii}^{(nd)}}{\sum\limits_{n=0}^{+\infty} \mathrm{e}^{tdn}} \\
&= \lim_{t\to 0^-} \lim_{k\to+\infty} \frac{\sum\limits_{n=0}^{k} \mathrm{e}^{tdn} p_{ii}^{(nd)}}{\sum\limits_{n=0}^{k} \mathrm{e}^{tdn}} = \lim_{k\to+\infty} \lim_{t\to 0^-} \frac{\sum\limits_{n=0}^{k} \mathrm{e}^{tdn} p_{ii}^{(nd)}}{\sum\limits_{n=0}^{k} \mathrm{e}^{tdn}} \\
&= \lim_{k\to+\infty} \frac{\sum\limits_{n=0}^{k} p_{ii}^{(nd)}}{k+1} = \lim_{n\to+\infty} p_{ii}^{(nd)}
\end{aligned} \tag{4.5.4}$$

（上式中第二个等号成立是因为对于不能被 d 整除的 m，有 $p_{ii}^{(m)} = 0$. 最后一个等号成立，是运用了所谓蔡查罗 (Cesáro) 定理：若 $\lim\limits_{n\to+\infty} a_n = a$，则必有 $\lim\limits_{n\to+\infty} \sum\limits_{i=1}^{n} a_i/n = a$. 显然，这里还需要有个重要的前提，即极限 $\lim\limits_{n\to+\infty} p_{ii}^{(nd)}$ 存在且有限，关于这一点的证明，请见参考文献 [5] 的第 2.6 节.）

对于右边，利用 L'Hospital 法则得到

$$\begin{aligned}
\text{右边} &= \lim_{t\to 0^-} \frac{1 - \mathrm{e}^{td}}{1 - F_{ii}(t)} = \lim_{t\to 0^-} \frac{-d\mathrm{e}^{td}}{-F'_{ii}(t)} \\
&= \lim_{t\to 0^-} \frac{d\mathrm{e}^{td}}{\sum\limits_{n=0}^{+\infty} n\mathrm{e}^{tn} f_{ii}^{(n)}} = \frac{d}{\sum\limits_{n=0}^{+\infty} n f_{ii}^{(n)}} = \frac{d}{\mu_i}
\end{aligned} \tag{4.5.5}$$

综合式 (4.5.4) 与 (4.5.5) 便得到式 (4.5.2)

$$\lim_{n\to+\infty} p_{ii}^{(nd)} = \frac{d}{\mu_i}$$

易见在式（4.5.5）中，若级数 $\sum_{n=0}^{+\infty} n f_{ii}^{(n)}$ 发散到正无穷，则立刻可推出：$\lim_{n\to+\infty} p_{ii}^{(nd)} = 0$，进而容易推得：$\lim_{n\to+\infty} p_{ii}^{(n)} = 0$，此即式 (4.5.1) 中 i 为零常返的情形. 而若 i 为非周期正常返，则由式 (4.5.2) 立刻可以推出式 (4.5.3) 成立.（注意在式 (4.5.5) 中利用了结论：$\lim_{t\to 0^-} \sum_{n=0}^{+\infty} n e^{tn} f_{ii}^{(n)} = \sum_{n=0}^{+\infty} n f_{ii}^{(n)}$，其证明可仿照定理 4.3.2 的证明中使用的方法.） □

推论 4.5.1 设 i 为马氏链的常返状态，则 i 为零常返的充分与必要条件是

$$\lim_{n\to+\infty} p_{ii}^{(n)} = 0 \tag{4.5.6}$$

证明 (必要性) 按定理 4.5.1 (1)，必要性显然成立.

(充分性) 用反证法，若 i 不是零常返，则只能是正常返. 按定理 4.5.1 的 (2) 与 (3)，此时必能找到 $\{p_{ii}^{(n)}, n \geqslant 0\}$ 的一个子列 $\{p_{ii}^{(nd)}, n \geqslant 0\}$，使得 $\lim_{n\to+\infty} p_{ii}^{(nd)} = d/\mu_i > 0$，这说明极限 $\lim_{n\to+\infty} p_{ii}^{(n)} \neq 0$ 或者不存在，但这与式 (4.5.6) 是矛盾的. □

推论 4.5.2 设 i 为零常返状态，且 $i \leftrightarrow j$，则 j 亦为零常返.（由此知零常返、正常返也都是类性质.）

证明 由于 $i \leftrightarrow j$，故首先我们据推论 4.3.3 可知 j 亦为常返. 其次，存在 $m, n \in \mathbf{N}$ 使得

$$p_{ij}^{(m)} > 0, \quad p_{ji}^{(n)} > 0$$

于是对任意的 $\ell \in \mathbf{N}$，由 C-K 方程可推得

$$p_{ii}^{(m+\ell+n)} \geqslant p_{ij}^{(m)} p_{jj}^{(\ell)} p_{ji}^{(n)}$$

即

$$p_{jj}^{(\ell)} \leqslant \frac{1}{p_{ij}^{(m)} p_{ji}^{(n)}} p_{ii}^{(m+\ell+n)} \quad (\forall \ell \in \mathbf{N}) \tag{4.5.7}$$

因 i 为零常返，故由式 (4.5.6) 可知

$$\lim_{\ell\to+\infty} p_{ii}^{(m+\ell+n)} = 0$$

于是由式 (4.5.7) 可得

$$\lim_{\ell\to+\infty} p_{jj}^{(\ell)} = 0$$

因为 j 亦为常返，故复由式 (4.5.6) 可知，j 亦为零常返. □

例 4.5.1 我们在例 4.3.1 中讨论了直线上的一维对称随机游动，证明了它是周期为 2 的不可约常返链. 对于平面上的二维对称随机游动，也有相同的结论. 现在，我们还可以进一步证明它们都是零常返的. 例如对于一维对称随机游动，设 $p_{00}^{(2n)}$ 是质点由原点出发，经过 $2n$ 步又返回原点的概率，则由例 4.3.1 中的结果可知：$\lim\limits_{n\to+\infty} p_{00}^{(2n)} = 0$，并进一步容易推知 $\lim\limits_{n\to+\infty} p_{00}^{(n)} = 0$. 因此，由推论 4.5.1 与推论 4.5.2 可知，该马氏链是零常返的. 对于二维对称随机游动，亦可类似证明相同的结论.

下面我们考虑 $p_{ij}^{(n)}$ 的极限，首先有：

定理 4.5.2 若 j 为瞬过或零常返状态，则对任意 $i\in S$ 有

$$\lim_{n\to+\infty} p_{ij}^{(n)} = 0 \tag{4.5.8}$$

证明 当 j 为瞬过状态时，我们已在推论 4.3.2 中证明过式 (4.5.8) 成立. 故下面仅考虑 j 为零常返时的情形. 此时取 $m<n$，有

$$p_{ij}^{(n)} = \sum_{k=1}^{n} f_{ij}^{(k)} p_{jj}^{(n-k)} \leqslant \sum_{k=1}^{m} f_{ij}^{(k)} p_{jj}^{(n-k)} + \sum_{k=m+1}^{+\infty} f_{ij}^{(k)}$$

先固定 m 而令 $n\to+\infty$，则由式 (4.5.1) 可知上式右边第一项趋于 0；再令 $m\to+\infty$，则因级数 $\sum\limits_{k=0}^{+\infty} f_{ij}^{(k)}$ 是收敛的，从而上式右边第二项亦趋于 0. 于是最终得到

$$\lim_{n\to+\infty} p_{ij}^{(n)} = 0$$

□

推论 4.5.3 一个马氏链若包含零常返状态，则它必包含无限多个零常返状态.

证明 (反证法) 设 $A \subseteq S$ 为由马氏链的全体零常返状态构成的子集，若命题不成立，则 A 仅为一有限集. 容易知道 A 为一闭集，因而按照闭集的特征 (见定义 4.2.2 的注 (1))，我们有

$$\sum_{j \in A} p_{ij}^{(n)} = 1 \quad (\forall i \in A) \tag{4.5.9}$$

在上式两边令 $n \to +\infty$，则因 A 为有限集且由式 (4.5.8) 可知有

$$左边 = \lim_{n \to +\infty} \sum_{j \in A} p_{ij}^{(n)} = \sum_{j \in A} \lim_{n \to +\infty} p_{ij}^{(n)} = 0$$

但右边却等于 1，这显然是矛盾的. 因此，原命题获证. □

注 显然，本推论的结论同时也证明了 4.3 节中定理 4.3.5 的 (2)，即在有限状态马氏链中不可能存在零常返状态.

定理 4.5.3 若 j 为正常返状态，周期为 d ($d \in \mathbf{N}$)，则对任意 $i \in S$ 及 $0 \leqslant r \leqslant d-1$，有

$$\lim_{n \to +\infty} p_{ij}^{(nd+r)} = f_{ij}(r) \frac{d}{\mu_j} \tag{4.5.10}$$

其中 $f_{ij}(r) = \sum_{m=0}^{+\infty} f_{ij}^{(md+r)} (0 \leqslant r \leqslant d-1)$.

(证明见参考文献 [5] 的第 2.6 节.)

由此定理立刻可得下面的推论:

推论 4.5.4 若 j 为遍历状态 (即 j 为非周期，正常返)，则

(1) 对于 $\forall i \in S$，有

$$\lim_{n \to +\infty} p_{ij}^{(n)} = f_{ij}/\mu_j \tag{4.5.11}$$

(2) 若 $i \leftrightarrow j$，则有

$$\lim_{n \to +\infty} p_{ij}^{(n)} = 1/\mu_j \tag{4.5.12}$$

注 (1) 由式 (4.5.12) 可知，对于一个不可约且遍历的马氏链来说，极限 $\lim_{n \to +\infty} p_{ij}^{(n)}$ 对 $\forall i, j \in S$ 都存在，而且具有如下的形式:

$$\lim_{n \to +\infty} p_{ij}^{(n)} = 1/\mu_j \triangleq \pi_j \quad (i, j \in S) \tag{4.5.13}$$

其中 $\pi = (\pi_0, \pi_1, \pi_2, \cdots, \pi_j, \cdots) = \{\pi_j, j \geqslant 0\}$ 即为该马氏链的极限分布. 这是马氏链的极限理论中最为理想的一种情形.

(2) 极限分布 $\lim\limits_{n\to+\infty} p_{ij}^{(n)} = \pi_j$ 的意义：无论从哪个状态 i 出发，当经过无穷多步（或相当长时间的）转移之后，过程处于 j 的概率都（大约）等于 $\pi_j(\forall i,j\in S)$.

例 4.5.2　设马氏链 $\{X_n, n\geqslant 0\}$ 的转移概率矩阵如下所示：

$$P = \begin{matrix} 0 \\ 1 \end{matrix}\begin{pmatrix} 1-\alpha & \alpha \\ \beta & 1-\beta \end{pmatrix} \quad (0<\alpha,\beta<1)$$

试求极限 $\lim\limits_{n\to+\infty} P^{(n)}$.

解　画出该马氏链的状态转移图如图 4.5.1 所示.

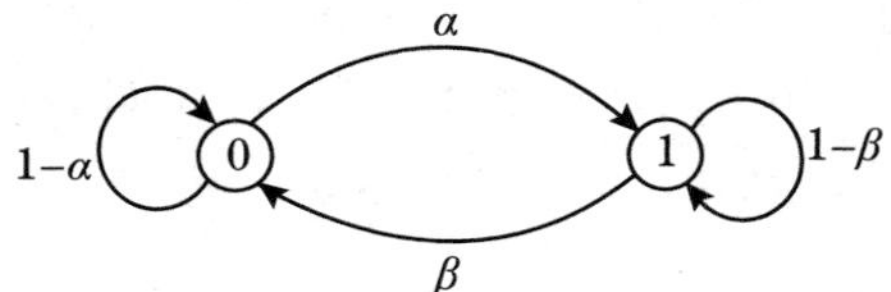

图 4.5.1　状态转移图

由图可见，该马氏链是不可约的，且周期为 1（非周期），因为对任意 $n\in\mathbf{N}$ 有 $p_{00}^{(n)}>0$. 其次，由 定理 4.3.5 可知，状态 0 与 1 都是正常返状态（通过计算 μ_0 与 μ_1 也可证明这一点）. 因此，该马氏链是不可约遍历的. 由推论 4.5.4 的注可知：极限 $\lim\limits_{n\to+\infty} p_{ij}^{(n)} = \pi_j = 1/\mu_j(i,j\in S)$ 存在. 下面利用图 4.5.1 来求此极限：

$$\begin{aligned}
\mu_0 &= \sum_{n=1}^{+\infty} n f_{00}^{(n)} = 1\times(1-\alpha)+2\alpha\beta+3\alpha\beta(1-\beta)+\cdots+n\alpha\beta(1-\beta)^{n-2}+\cdots \\
&= 1-\alpha+\frac{\alpha\beta}{(1-\beta)}[2(1-\beta)+3(1-\beta)^2+\cdots+n(1-\beta)^{n-1}+\cdots] \\
&= 1-\alpha+\frac{\alpha\beta}{(1-\beta)}[2q+3q^2+\cdots+nq^{n-1}+\cdots] \quad ((1-\beta)\triangleq q) \\
&= 1-\alpha+\frac{\alpha\beta}{(1-\beta)}(q^2+q^3+\cdots+q^n+\cdots)_q' \\
&= 1-\alpha+\frac{\alpha\beta}{(1-\beta)}\frac{(1-\beta^2)}{\beta^2} = \frac{\alpha+\beta}{\beta} = \frac{1}{\pi_0}
\end{aligned}$$

同理可算得

$$\mu_1 = \frac{\alpha+\beta}{\alpha} = \frac{1}{\pi_1}$$

由此得到该马氏链极限分布

$$\pi = (\pi_0, \pi_1) = \left(\frac{\beta}{\alpha+\beta}, \frac{\alpha}{\alpha+\beta}\right)$$

而

$$\lim_{n\to+\infty} P^{(n)} = \begin{pmatrix} \pi_0 & \pi_1 \\ \pi_0 & \pi_1 \end{pmatrix} = \begin{pmatrix} \dfrac{\beta}{\alpha+\beta} & \dfrac{\alpha}{\alpha+\beta} \\ \dfrac{\beta}{\alpha+\beta} & \dfrac{\alpha}{\alpha+\beta} \end{pmatrix}$$

当然，并非所有的马氏链的转移概率矩阵 $P^{(n)}$ 的极限都具有如上理想的形式（有的马氏链的极限 $\lim\limits_{n\to+\infty} P^{(n)}$ 甚至不存在），比如下面的例子：

例 4.5.3 设马氏链的转移概率矩阵如下：

$$P = \begin{matrix} 0 \\ 1 \\ 2 \end{matrix} \begin{pmatrix} 1 & 0 & 0 \\ p & q & r \\ 0 & 0 & 1 \end{pmatrix} \quad (0 < p,q,r < 1)$$

试对该马氏链作状态分类，并求极限 $\lim\limits_{n\to+\infty} P^{(n)}$.（读者可自行求解一下此题，并简单分析一下所得结果.）

4.5.2 马氏链的平稳分布

定义 4.5.1 设马氏链 $\{X_n, n \geqslant 0\}$ 的转移概率矩阵为 $P = (p_{ij})$，若有一个概率分布 $\pi = \{\pi_j, j \in S\}$ 满足

$$\pi_j = \sum_{i\in S} \pi_i p_{ij} \quad (\forall j \in S) \tag{4.5.14}$$

则称 $\pi = \{\pi_j, j \in S\} = (\pi_0, \pi_1, \pi_2, \cdots, \pi_j, \cdots)$ 为该马氏链的一个平稳分布.

注 (1) 引进矩阵记号：$\pi = (\pi_0, \pi_1, \pi_2, \cdots, \pi_j, \cdots), \mathbf{1} = (1,1,1,\cdots,1,\cdots)^{\tau}$，则平稳分布 π 应满足的条件可以写为

$$\pi \geqslant 0, \quad \pi\mathbf{1} = 1 \quad 且 \quad \pi = \pi P \tag{4.5.15}$$

(2) 若 $\pi=(\pi_0,\pi_1,\pi_2,\cdots,\pi_j,\cdots)$ 为马氏链的平稳分布，则它还应满足下式：

$$\pi_j=\sum_{i\in S}\pi_i p_{ij}^{(n)}\quad(\forall j\in S,n\in\mathbf{N})\tag{4.5.16}$$

或等价地

$$\pi=\pi P^{(n)}\tag{4.5.17}$$

显然，这很容易证明. 这同时也告诉我们平稳分布 π 的一个等价定义，即 π 应满足：

$$\pi\geqslant 0,\quad \pi\mathbf{1}=1\quad 且\quad \pi=\pi P^{(n)}\tag{4.5.18}$$

(3) “平稳”一词的含义：若马氏链的初始分布 $\pi(0)=(\pi_0,\pi_1,\pi_2,\cdots,\pi_j,\cdots)$ 即为平稳分布（初始分布是指 X_0 的分布，即 $\pi_j=P\{X_0=j\},j\in S$）. 则对任意 $n\in\mathbf{N}$，有 $\pi(n)=\pi(0)$. 事实上，$P\{X_n=j\}=\sum\limits_{i\in S}P\{X_0=i\}P\{X_n=j\mid X_0=i\}=\sum\limits_{i\in S}\pi_i P_{ij}^{(n)}=\pi_j=P\{X_0=j\}(\forall j\in S)$. 再利用马氏性及时齐性便可知，对任意有限个时点 $t_0,t_1,t_2,\cdots,t_k,n\in\mathbf{N}$且$t_0<t_1<t_2<\cdots<t_k$ 有

$$(X_{t_0+n},X_{t_1+n},\cdots,X_{t_k+n})\overset{\mathrm{d}}{=}(X_{t_0},X_{t_1},\cdots,X_{t_k})\tag{4.5.19}$$

即该马氏链的有限维分布是平稳的. 从而由式（1.7.3）可知，此时 $\{X_n,n\geqslant 0\}$ 为一个严格平稳的过程.

定理 4.5.4　非周期不可约马氏链是正常返（因而也是遍历的）的充要条件是它存在平稳分布，且此时平稳分布即为该马氏链的极限分布.

证明　(必要性) 因为马氏链为不可约遍历，则由推论 4.5.4 的注可知，马氏链的极限分布存在

$$\lim_{n\to+\infty}p_{ij}^{(n)}=1/\mu_j\triangleq\pi_j\quad(\forall i,j\in S)$$

以下我们将证明 $\{\pi_j=1/\mu_j,j\in S\}=\{\pi_j=1/\mu_j,j\geqslant 0\}$ 是方程组

$$x_j=\sum_{i\in S}x_i p_{ij}\tag{4.5.20}$$

满足条件 $x_j>0,j\in S$且$\sum\limits_{j\in S}x_j=1$ 的唯一解.

设 n,M 为任意自然数，则有

$$1=\sum_{j\in S}p_{ij}^{(n)}\geqslant\sum_{j=0}^{M}p_{ij}^{(n)}$$

固定 M，令 $n\to+\infty$，可得 $\sum_{j=0}^{M}\pi_j\leqslant 1$；再令 $M\to+\infty$，得

$$\sum_{j\in S}\pi_j\leqslant 1$$

由 C-K 方程有

$$p_{ij}^{(n+1)}\geqslant\sum_{k=0}^{M}p_{ik}^{(n)}p_{kj}$$

先令 $n\to+\infty$，得 $\pi_j\geqslant\sum_{k=0}^{M}\pi_k p_{kj}$，再令 $M\to+\infty$，得

$$\pi_j\geqslant\sum_{k\in S}\pi_k p_{kj}\quad(\forall j\in S)\tag{4.5.21}$$

将式 (4.5.21) 两边乘以 p_{ji} 并对 j 求和，复依该式得

$$\pi_i\geqslant\sum_{j\in S}\pi_j p_{ji}\geqslant\sum_{k\in S}\pi_k p_{ki}^{(2)}$$

或者写为

$$\pi_j\geqslant\sum_{i\in S}\pi_i p_{ij}^{(2)}\quad(\forall j\in S)$$

重复上述步骤，可得

$$\pi_j\geqslant\sum_{i\in S}\pi_i p_{ij}^{(n)}\quad(\forall j\in S,n\in\mathbf{N})\tag{4.5.22}$$

下证式 (4.5.22) 实际上成立等号. 否则，设对某个 j 成立严格不等式，即 $\pi_j>\sum_{i\in S}\pi_i p_{ij}^{(n)}$，将此式两边关于 j 求和，得到

$$\sum_{j\in S}\pi_j>\sum_{j\in S}\sum_{i\in S}\pi_i p_{ij}^{(n)}=\sum_{i\in S}\pi_i\sum_{j\in S}p_{ij}^{(n)}=\sum_{i\in S}\pi_i$$

但这显然是矛盾的. 这便证明了

$$\pi_j = \sum_{i\in S} \pi_i p_{ij}^{(n)} \quad (\forall j \in S, n \in \mathbf{N}) \tag{4.5.23}$$

这说明 $\{\pi_j = 1/\mu_j, j \in S\}$ 为式 (4.5.20) 的解（实际上还满足式 (4.5.16)）. $\pi_j = 1/\mu_j > 0\ (\forall j \in S)$ 是显然的. 下证 $\sum\limits_{j\in S} \pi_j = 1$. 事实上，由于 $\sum\limits_{i\in S} \pi_i \leqslant 1$，且 $p_{ij}^{(n)}$ 关于 n 一致有界，故在式 (4.5.23) 两边令 $n \to +\infty$，据控制收敛定理（见参考文献 [4] 的 3.5 节）有

$$\pi_j = \lim_{n\to+\infty} \sum_{i\in S} \pi_i p_{ij}^{(n)} = \sum_{i\in S} \pi_i \lim_{n\to+\infty} p_{ij}^{(n)} = (\sum_{i\in S} \pi_i) \pi_j$$

由于 $\pi_j > 0$，故得到

$$\sum_{i\in S} \pi_i = 1$$

最后证明唯一性. 设 $\{v_j, j \in S\}$ 是满足条件 (4.5.15) 的另一组解，则由式 (4.5.16) 可知它还应该满足

$$v_j = \sum_{i\in S} v_i p_{ij}^{(n)} \quad (\forall j \in S, n \in \mathbf{N})$$

令 $n \to +\infty$，复由控制收敛定理，有

$$v_j = \sum_{i\in S} v_i \lim_{n\to+\infty} p_{ij}^{(n)} = \Big(\sum_{i\in S} v_i\Big) \pi_j = \pi_j \quad (\forall j \in S)$$

必要性证毕.

(充分性) 设马氏链存在平稳分布 $\pi = \{\pi_j, j \in S\}$，即有

$$\pi_j = \sum_{i\in S} \pi_i p_{ij}^{(n)} \quad (\forall j \in S, n \in \mathbf{N}) \tag{4.5.24}$$

且 $\pi_j \geqslant 0 (j \in S), \sum\limits_{j\in S} \pi_j = 1$. 令式 (4.5.24) 两边 $n \to +\infty$，由控制收敛定理，得到

$$\pi_j = \lim_{n\to+\infty} \sum_{i\in S} \pi_i p_{ij}^{(n)} = \sum_{i\in S} \pi_i \lim_{n\to+\infty} p_{ij}^{(n)} = \lim_{n\to+\infty} p_{ij}^{(n)}$$

由于马氏链为不可约非周期，故由定理 4.5.2 与 推论 4.5.4，上式中的极限 $\lim\limits_{n\to+\infty} p_{ij}^{(n)}$ 要么等于 0（j 为瞬过或零常返），要么等于 $1/\mu_j>0$（j 为遍历状态）. 显然前者是不可能的，因为此时需满足 $\sum\limits_{j\in S}\lim\limits_{n\to+\infty} p_{ij}^{(n)}=\sum\limits_{j\in S}\pi_j=1$. 故只能是后者成立，即 j 为遍历状态，该马氏链为正常返，且

$$\pi_j=\lim_{n\to+\infty} p_{ij}^{(n)}=1/\mu_j>0 \quad (\forall i,j\in S)$$

证毕. □

注 由上述定理及其证明过程可知：不可约遍历的马氏链必存在唯一的平稳分布：$\{\pi_j, j\in S\}$，且它就等于该马氏链的极限分布

$$\pi_j=\lim_{n\to+\infty} p_{ij}^{(n)}=1/\mu_j>0 \quad (\forall i,j\in S) \tag{4.5.25}$$

这同时也告诉我们一个实用的结果，对于一个不可约遍历的马氏链，其极限分布 $\lim\limits_{n\to+\infty} p_{ij}^{(n)}=1/\mu_j=\pi_j(\forall i,j\in S)$ 可以通过求解下面的线性方程组的方法来获得

$$\pi\mathbf{1}=1 \quad 且 \quad \pi=\pi P \tag{4.5.26}$$

例 4.5.4 一个国家在稳定经济条件下其商品出口可用三状态的马氏链来描述，其中状态“1”表示今年比去年增长 $\geqslant 5\%$；“-1”表示今年比去年减少 $\geqslant 5\%$；“0”表示波动低于 5%. 设由以往的统计数据可求得转移概率矩阵为

$$P=\begin{matrix} -1 \\ 0 \\ 1 \end{matrix}\begin{pmatrix} 0.6 & 0.4 & 0 \\ 0.35 & 0.3 & 0.35 \\ 0 & 0.2 & 0.8 \end{pmatrix}$$

试求每个状态的平均返回时间 $\mu_i(i=-1,0,1)$ 并比较在稳定经济条件下增长趋势与减少趋势的期望长度.

解 画出该马氏链的状态转移图如图 4.5.2 所示.

由图显见该马氏链为不可约、非周期的，再由定理 4.3.5 可知它是正常返的，

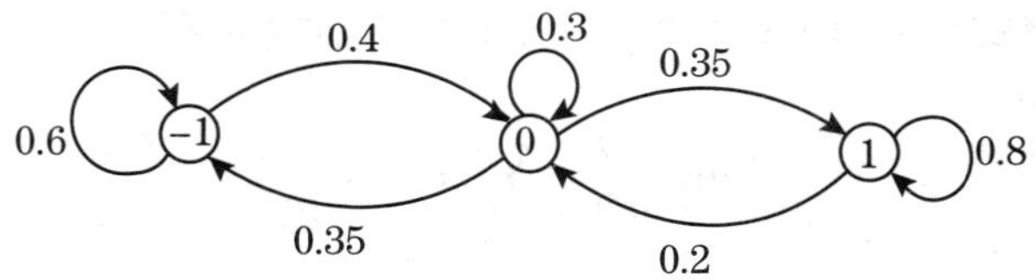

图 4.5.2　状态转移图

从而该马氏链是不可约遍历的. 于是由式 (4.5.26) 可求解其极限分布

$$\begin{cases}\pi_{-1}=0.6\pi_{-1}+0.35\pi_0\\ \pi_0\ \ =0.4\pi_{-1}+0.3\pi_0+0.2\pi_1\\ \pi_1\ \ =0.35\pi_0+0.8\pi_1\\ \pi_{-1}+\pi_0+\pi_1=1\end{cases}$$

解得： $\pi_{-1}=\dfrac{7}{29},\pi_0=\dfrac{8}{29},\pi_1=\dfrac{14}{29}$. 故各状态平均返回时间为 $\mu_i=\dfrac{1}{\pi_i}:\mu_{-1}=\dfrac{29}{7},\mu_0=\dfrac{29}{8},\mu_1=\dfrac{29}{14}$. 又 $\pi_{-1}=\dfrac{7}{29},\pi_1=\dfrac{14}{29}$，即增长趋势的期望长度是减少趋势期望长度的两倍.

注　上例解答中，我们用到了极限分布 $\pi_j=\lim\limits_{n\to+\infty}p_{ij}^{(n)}$ 的另一种直观解释，即 π_j 代表了过程转移到 j 的次数在总的转移次数中所占的（长期和平均的）比率. 事实上，设 $I_n=I_{(X_n=j)}$ $(n\in\mathbf{N})$，则

$$E\Big(\frac{1}{m}\sum_{n=1}^{m}I_n\mid X_0=i\Big)=\frac{1}{m}\sum_{n=1}^{m}E(I_n\mid X_0=i)=\frac{1}{m}\sum_{n=1}^{m}p_{ij}^{(n)}$$

令上式中 $m\to+\infty$，便有

$$\lim_{m\to+\infty}E\Big(\frac{1}{m}\sum_{n=1}^{m}I_n\mid X_0=i\Big)=\lim_{m\to+\infty}\frac{1}{m}\sum_{n=1}^{m}p_{ij}^{(n)}=\lim_{m\to+\infty}p_{ij}^{(m)}=\pi_j$$

（上式中第二个等号用到了 Ceśaro 定理）.

下面我们将要把定理 4.5.4 的结论稍微拓广一些，给出一个判断不可约链是否为正常返的法则，但此前我们须引进下面的定理：

定理 4.5.5　若 j 为马氏链的常返状态，则对任意 $i\in S$，有

$$\lim_{n\to+\infty}\frac{1}{n+1}\sum_{k=0}^{n}p_{ij}^{(k)}=\frac{f_{ij}}{\mu_j}\tag{4.5.27}$$

特别地，若马氏链为不可约常返的，则对任意 $i,j\in S$，有

$$\lim_{n\to+\infty}\frac{1}{n+1}\sum_{k=0}^{n}p_{ij}^{(k)}=\frac{1}{\mu_j} \tag{4.5.28}$$

（证明见参考文献 [4] 的 3.3 节.）

定理 4.5.6 不可约马氏链为正常返的充要条件是该马氏链存在平稳分布 $\{\pi_j,j\in S\}$，且其中 $\pi_j=1/\mu_j(\forall j\in S)$.

证明 (充分性) 若马氏链存在平稳分布 $\pi=\{\pi_j,j\in S\}$，则由式 (4.5.16) 可知有

$$\pi_j=\sum_{i\in S}\pi_i p_{ij}^{(n)}\quad(\forall j\in S,n\in\mathbf{N})$$

若命题不成立，即此时马氏链不是正常返，那么它只可能是瞬过的或者零常返的，由此根据 定理 4.5.2，在上式两端令 $n\to+\infty$，并利用控制收敛定理，便得到

$$\pi_j=\lim_{n\to+\infty}\sum_{i\in S}\pi_i p_{ij}^{(n)}=\sum_{i\in S}\pi_i\lim_{n\to+\infty}p_{ij}^{(n)}=0\quad(\forall j\in S)$$

这显然是矛盾的，因为 $\sum\limits_{j\in S}\pi_j=1$. 从而充分性得证.

(必要性) 因为马氏链为不可约正常返的，故对任意 $j\in S$，有 $0<\mu_j<+\infty$. 记 $1/\mu_j=\pi_j(j\in S)$, 我们下面证明 $\{\pi_j,j\in S\}$ 即为该马氏链唯一的平稳分布.

由定理 4.5.5 的式 (4.5.28) 可知，对 $\forall i,j\in S$，有

$$\lim_{n\to+\infty}\frac{1}{n}\sum_{k=1}^{n}p_{ij}^{(k)}=\frac{1}{\mu_j}=\pi_j>0 \tag{4.5.29}$$

又对任意 $k,M\in\mathbf{N}$ 有

$$1=\sum_{j\in S}p_{ij}^{(k)}\geqslant\sum_{j=0}^{M}p_{ij}^{(k)}$$

两边令 k 从 1 到 n 求和并除以 n，得

$$1=\frac{1}{n}\sum_{k=1}^{n}\sum_{j\in S}p_{ij}^{(k)}=\sum_{j\in S}\frac{1}{n}\sum_{k=1}^{n}p_{ij}^{(k)}\geqslant\sum_{j=0}^{M}\frac{1}{n}\sum_{k=1}^{n}p_{ij}^{(k)}$$

将上式中 M 固定，先令 $n\to+\infty$，则由式 (4.5.29) 可知有：$\sum\limits_{j=0}^{M}\pi_j\leqslant 1$，再令 $M\to+\infty$，便得到

$$\sum_{j\in S}\pi_j\leqslant 1$$

又由 C-K 方程，有

$$p_{ij}^{(k+1)}\geqslant\sum_{\ell=0}^{M}p_{i\ell}^{(k)}p_{\ell j}$$

将上式两边关于 k 从 1 到 n 求和并除以 n，得到

$$\frac{1}{n}\sum_{k=1}^{n}p_{ij}^{(k+1)}\geqslant\sum_{\ell=0}^{M}p_{\ell j}\frac{1}{n}\sum_{k=1}^{n}p_{i\ell}^{(k)}$$

先令 $n\to+\infty$，再令 $M\to+\infty$，便得到

$$\pi_j\geqslant\sum_{\ell\in S}\pi_\ell p_{\ell j}\quad(\forall j\in S)\tag{4.5.30}$$

将式 (4.5.30) 两边乘以 p_{ji} 并对 $j\in S$ 求和，复依该式，可得

$$\pi_i\geqslant\sum_{\ell\in S}\pi_\ell p_{\ell i}^{(2)}$$

重复上述步骤可以得到对 $\forall j\in S$ 及 $n\in\mathbf{N}$，有

$$\pi_j\geqslant\sum_{i\in S}\pi_i p_{ij}^{(n)}\quad(\forall j\in S,n\in\mathbf{N})$$

接下来的证明过程与定理 4.5.4 的必要性的证明非常类似（读者可以尝试自行完成），我们最终可以证明

$$\pi_j=\sum_{i\in S}\pi_i p_{ij}^{(n)}\quad(\forall j\in S,n\in\mathbf{N})$$

$$\sum_{j\in S}\pi_j=1$$

且解 $\{\pi_j=\dfrac{1}{\mu_j},j\in S\}$ 是唯一的. □

注 本定理只是告诉我们不可约正常返的马氏链其平稳分布必存在，且即为 $\{\pi_j=\dfrac{1}{\mu_j},j\in S\}$，但并未告诉我们其极限 $\lim\limits_{n\to+\infty}P^{(n)}$ 是否存在. 事实上，若该马氏链的周期 $d>1$，极限 $\lim\limits_{n\to+\infty}P^{(n)}$ 是不存在的.

例 4.5.5 袋中有 N 个球，球为白球或黑球. 每次从袋中随机取出一球，然后放回一个不同颜色的球. 若袋中有 k 个白球，则称系统处于状态 k. 设 X_n 为第 n 次抽放后袋中的白球数，则易知 $\{X_n,n\geqslant 0\}$ 为一马氏链，且其状态空间为 $S=\{0,1,2,\cdots,N\}$. 试求出该马氏链的转移概率矩阵 P，并讨论其状态分类. 试求该马氏链的平稳分布 $\pi=\{\pi_j,j\in S\}$ 并问极限 $\lim\limits_{n\to+\infty}p_{ij}^{(n)}(\forall i,j\in S)$ 是否存在?

解 易求得

$$p_{ij}=\begin{cases}\dfrac{N-i}{N}, & j=i+1\quad(i=0,1,2,\cdots,N-1)\\ \dfrac{i}{N}, & j=i-1\quad(i=1,2,\cdots,N)\\ 0, & \text{其余}0\leqslant i,j\leqslant N\end{cases}$$

据此可写出 P

$$P=\begin{matrix}0\\1\\2\\3\\ \vdots\\N-1\\N\end{matrix}\begin{pmatrix}0&1&0&0&0&&\\ \frac{1}{N}&0&\frac{N-1}{N}&0&0&&\\ 0&\frac{2}{N}&0&\frac{N-2}{N}&0&&\\ 0&0&\frac{3}{N}&0&\frac{N-3}{N}&&\\ &&&\ddots&\ddots&\ddots&\\ &&&&\frac{N-1}{N}&0&\frac{1}{N}\\ &&&&0&1&0\end{pmatrix}$$

由状态转移图（读者可自画）易知该马氏链为不可约、正常返、周期为 2. 因此由定理 4.5.6 可知它存在唯一的平稳分布 $\pi_j=\dfrac{1}{\mu_j}(j\in S)$. 解线性方程组:

$\pi = \pi P, \pi\mathbf{1} = 1$ 即

$$\begin{cases} \pi_0 = \dfrac{1}{N}\pi_1 \\ \pi_i = \dfrac{N-i+1}{N}\pi_{i-1} + \dfrac{i+1}{N}\pi_{i+1} \quad (1 \leqslant i \leqslant N-1) \\ \pi_N = \dfrac{1}{N}\pi_{N-1} \\ \pi_0 + \pi_1 + \pi_2 + \cdots + \pi_N = 1 \end{cases}$$

解得

$$\pi_j = \frac{\dbinom{N}{j}}{2^N} \quad (j = 0, 1, 2, \cdots, N)$$

因而同时也得到

$$\mu_j = 1/\pi_j = \frac{2^N}{\dbinom{N}{j}} \quad (j = 0, 1, 2, \cdots, N)$$

容易知道极限 $\lim\limits_{n\to+\infty} p_{ij}^{(n)}$ $(\forall i, j \in S)$ 并不存在. 例如考虑 $p_{00}^{(n)}$，易见 $p_{00}^{(2n+1)} \equiv 0$ $(n \geqslant 0)$，而 $\lim\limits_{n\to+\infty} p_{00}^{(2n)} = 2/\mu_0 = 1/2^{N-1} > 0$ （据定理 4.5.1），故 $\lim\limits_{n\to+\infty} p_{00}^{(n)}$ 不存在.

我们将有关平稳分布的另外一些结果归纳在下面的定理中，相信读者运用我们前面所介绍的有关方法可以不太困难地证明它们.

定理 4.5.7　有关平稳分布的若干结论.

(1) 马氏链存在平稳分布的充要条件是该马氏链存在正常返状态;

(2) 平稳分布唯一存在的充要条件为该马氏链只有一个正常返等价类;

(3) 有限状态的马氏链必存在平稳分布;

(4) 有限状态不可约的马氏链必存在唯一的平稳分布.

证明　（读者试自为之.）

最后我们来考虑一个旧例:

例 4.5.6　继续考虑本章第 4.2 节的例 4.2.1. 马氏链 $\{X_n, n \geqslant 0\}$ 的转移概

率矩阵如下所示:

$$p=\begin{matrix}1\\2\\3\\4\\5\end{matrix}\begin{pmatrix}\frac{1}{4} & \frac{3}{4} & 0 & 0 & 0\\ \frac{1}{2} & \frac{1}{2} & 0 & 0 & 0\\ 0 & 0 & 0 & 1 & 0\\ 0 & 0 & \frac{1}{2} & 0 & \frac{1}{2}\\ 0 & 0 & 0 & 1 & 0\end{pmatrix}=\begin{pmatrix}A & 0\\ 0 & B\end{pmatrix}$$

试求其平稳分布.

解 由其状态转移图（见图 4.2.1）可知该马氏链划分为两个不同的正常返等价类：$S=S_1+S_2$，其中 $S_1=\{1,2\}$ 为遍历类，而 $S_2=\{3,4,5\}$ 是周期为 2 的正常返类，两者都为闭集. 这是一个典型的平稳分布存在但不唯一的例子. 我们直接来求解 $\pi=\pi P$及$\pi\mathbf{1}=1$，即

$$\begin{cases}\pi_1=\frac{1}{4}\pi_1+\frac{1}{2}\pi_2\\ \pi_2=\frac{3}{4}\pi_1+\frac{1}{2}\pi_2\\ \pi_3=\frac{1}{2}\pi_4\\ \pi_4=\pi_3+\pi_5\\ \pi_5=\frac{1}{2}\pi_4\\ \pi_1+\pi_2+\pi_3+\pi_4+\pi_5=1\end{cases}$$

解得平稳分布族:

$$\pi=\left(\lambda,\frac{3}{2}\lambda,\frac{1}{4}-\frac{5}{8}\lambda,\frac{1}{2}-\frac{5}{4}\lambda,\frac{1}{4}-\frac{5}{8}\lambda\right)\quad(0\leqslant\lambda\leqslant\frac{2}{5})$$

当 $\lambda=0$ 和 $\frac{2}{5}$ 时，分别得到两个特殊的平稳分布：$\left(0,0,\frac{1}{4},\frac{1}{2},\frac{1}{4}\right)$和$\left(\frac{2}{5},\frac{3}{5},0,0,0\right)$，它们分别相应于两个正常返等价类 S_2 与 S_1. 即有

$$\left(\frac{1}{4},\frac{1}{2},\frac{1}{4}\right)=\left(\frac{1}{4},\frac{1}{2},\frac{1}{4}\right)B \quad 及 \quad \left(\frac{2}{5},\frac{3}{5}\right)=\left(\frac{2}{5},\frac{3}{5}\right)A$$

其中，$\{X_n, n \geqslant 0\}$ 局限在 S_1 上时为一不可约遍历的马氏链，其转移概率矩阵即为 A，且有：$\lim\limits_{n \to +\infty} A^n = \begin{pmatrix} \dfrac{2}{5} & \dfrac{3}{5} \\ \dfrac{2}{5} & \dfrac{3}{5} \end{pmatrix}$. 而极限 $\lim\limits_{n \to +\infty} B^n$ 却不存在.

习　题　4

4.1　对于马氏链 $\{X_n, n \geqslant 0\}$，证明条件：

$$P\{X_{n+1} = j \mid X_0 = i_0, \cdots, X_{n-1} = i_{n-1}, X_n = i\} = P\{X_{n+1} = j \mid X_n = i\}$$

等价于对任意时刻 $n \geqslant 0, m \geqslant 1$ 及任何状态 $i_0, i_1, \cdots, i_n, j_1, j_2, \cdots, j_m$ 有

$$\begin{aligned} &P\{X_{n+1} = j_1, \cdots, X_{n+m} = j_m \mid X_0 = i_0, \cdots, X_n = i_n\} \\ &= P\{X_{n+1} = j_1, \cdots, X_{n+m} = j_m \mid X_n = i_n\} \end{aligned}$$

4.2　设 $\{Z_i, i \geqslant 1\}$ 为独立同分布，且 $P\{Z_1 = k\} = p_k\ (k \geqslant 0), \sum\limits_k p_k = 1$.

(1)　令 $X_0 = 0, X_n = \max\{Z_1, Z_2, \cdots, Z_n\}$，证明：$\{X_n, n \geqslant 0\}$ 为马氏链，并求其转移概率矩阵 P；

(2)　令 $X_0 = 0, X_n = \sum\limits_{i=1}^{n} Z_i$，证明：$\{X_n, n \geqslant 0\}$ 为马氏链，并求其转移概率矩阵 P.

4.3　A, B 两罐总共装有 N 个球，作如下试验：先从 N 个球中等概率地选取一球，然后从 A, B 两罐中任选一罐（其中选中 A 罐的概率为 p 而选中 B 罐的概率为 $q = 1 - p$），之后再将选出的球放入选好的罐中. 若设 X_n 为第 n 次试验后 A 罐中的球数，试求马氏链 $\{X_n, n \geqslant 0\}$ 的转移概率矩阵.

4.4　传染模型. 设 N 个人中的某些人已患流感，假定：

(1)　当一个病人遇见一个健康者时，后者被传染的概率为 α；

(2)　所有的接触都是两个人之间的接触；

(3)　一切成对的接触都是等可能发生的；

(4)　每个单位时间只发生一次接触.

试用一个马氏链 $\{X_n, n \geqslant 0\}$ 去描述这个模型并求其转移概率矩阵.（提示：可设状态空间为 $S = \{0, 1, 2, \cdots, N\}$.）

4.5 捕捉苍蝇的一只蜘蛛按一马氏链在位置 1 与 2 之间移动，其初始位置为 1，转移概率矩阵为 $\begin{pmatrix} 0.7 & 0.3 \\ 0.3 & 0.7 \end{pmatrix}$. 未察觉到蜘蛛的苍蝇的初始位置为 2，并按转移概率矩阵为 $\begin{pmatrix} 0.4 & 0.6 \\ 0.6 & 0.4 \end{pmatrix}$ 的马氏链移动. 只要它们在同一位置相遇，蜘蛛即捉住苍蝇，从而捕捉结束. 证明捕捉的过程可用一三状态的马氏链来描述：其中一个是吸收态，代表捕捉结束，另外两个状态代表蜘蛛与苍蝇处在不同的位置. 求此马氏链的转移概率矩阵，并求时刻 n 蜘蛛与苍蝇都处于其各自初始位置的概率以及捕捉持续的平均时间.

4.6 将小鼠放入如下图所示的迷宫中，在迷宫的 7 号格内放有食物而在 8 号格内则放有电击捕鼠器. 假定当小鼠处于某格中时有 k 个出口可以出去，它总是等概率地选择一个出口离开，且每过单位时间小鼠只能跑到相邻的某一格中去. 若设 X_n 为时刻 n 小鼠所在小格的号码，试写出马氏链 $\{X_n, n \geqslant 0\}$ 的转移概率矩阵，并求出小鼠在遭到电击前能找到食物的概率.

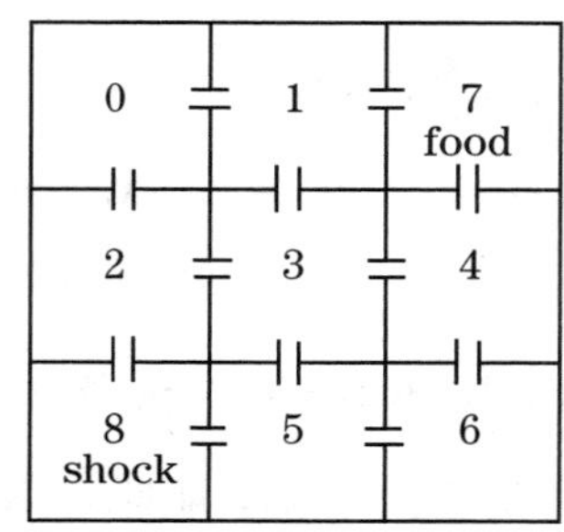

题 4.6 图

4.7 在成败型重复独立试验中，设每次试验的结果为成功的概率 $P(S) = p$，为失败的概率 $P(F) = 1 - p \triangleq q$. 同一结果持续出现的次数称为一个游程的长度. 记 X_n 为第 n 次试验后成功游程的长度（若第 n 次试验结果为失败 F，则 $X_n = 0$ ；若第 n 次试验结果为成功 S，则 $X_n \geqslant 1$），并约定 $X_0 = 0$. 证明 $\{X_n, n \geqslant 0\}$ 为一马氏链，并求其转移概率矩阵 P. 若记 T 为过程返回状态 0 的时间，试求 T 的分布律及 $E(T)$，并据此对该马氏链的状态进行分类.

4.8 证明：简单对称随机游动（向各方向游动的概率相等）在二维时仍为常返的，在三维时却是瞬过的.

4.9 生长与灾害模型. 考虑一马氏链 $\{X_n, n \geqslant 0\}$，其转移概率为：$p_{i,i+1} = p_i \in (0,1), p_{i,0} = 1 - p_i \triangleq q_i (i \geqslant 1)$ 且 $p_{0,1} = 1$.

(1) 试证明该马氏链的所有状态为常返的充要条件为：$\lim\limits_{n \to +\infty} p_1 p_2 \cdots p_n = 0$；

(2) 若此链为常返的，试求它为零常返的充要条件.

4.10 一质点在区间 $[0,N]$ 上作随机游动，其中 0 为吸收态 ($p_{00}=1$)，N 为反射态 ($p_{N,N-1}=1$)，而在其余各（整）点，每次往正向和反向移动一步的概率均为 $p\in(0,\frac{1}{2})$，并以概率 $q=1-2p$ 留在原处. 试求质点由 n 出发而被 0 吸收的概率 u_n 及它被吸收的平均时间 v_n $(n=1,2,\cdots,N)$.

4.11 一篇文稿共有 k 个错误，每校阅一次至少能发现其中的一个错误，但剩下的错误的个数在 0 到 $k-1$ 之间是等可能的. 试求为使全部错误被改正所需要校阅次数的数学期望.

4.12 分支过程中，一个个体产生后代的分布为 $p_0=q,p_1=p\,(p+q=1)$ 试求第 n 代总体的均值、方差及群体消失的概率. 若产生后代的概率分布分别为 $p_0=\frac{1}{4},p_1=\frac{1}{2},p_2=\frac{1}{4}$ 及 $p_0=\frac{1}{8},p_1=\frac{1}{2},p_2=\frac{1}{4},p_3=\frac{1}{8}$，试回答同样的问题.

4.13 血液培养在时刻 0 从一个红细胞开始，一分钟后红细胞死亡，可能出现下面几种情况：以概率 $\frac{1}{4}$ 再生两个红细胞；以概率 $\frac{1}{2}$ 再生一个红细胞和一个白细胞；以概率 $\frac{1}{4}$ 产生两个白细胞. 再过一分钟后每个红细胞以同样的规律再生下一代而白细胞则不再生，假定各细胞行为互相独立.

(1) 从培养开始 $n+\frac{1}{2}$ 分钟不出现白细胞的概率是多少?

(2) 整个培养过程停止的概率是多少?

4.14 假定在逐日天气变换模型中，每天的阴、晴与前两天的关系很大. 故可考虑四种状态的马氏链 $\{X_n,n\geqslant 0\}$，其状态为 (s,s)：接连两天晴，(s,c)：一晴一阴，(c,s)：一阴一晴与 (c,c)：接连两天阴. 设该马氏链的转移概率矩阵如下：

$$\begin{matrix}(s,s)\\(s,c)\\(c,s)\\(c,c)\end{matrix}\begin{pmatrix}0.8&0.2&0&0\\0&0&0.4&0.6\\0.6&0.4&0&0\\0&0&0.1&0.9\end{pmatrix}$$

试求该链的平稳分布及长期平均的晴朗天数.

4.15 某人有 M 把伞并在办公室与家之间往返. 若某天他在家（办公室）时下雨了且家中（办公室）有伞，他就打一把伞去上班（回家），不下雨时他从不带伞. 若每天与以往独立地早上（傍晚）下雨的概率皆为 p，试定义一 $M+1$ 个状态的马氏链以研究该人被雨淋湿的概率.

4.16 设马氏链 $\{X_n,n\geqslant 0\}$ 的转移概率矩阵如下所示：

$$P=\begin{matrix}0\\1\\2\end{matrix}\begin{pmatrix}1&0&0\\p&q&r\\0&0&1\end{pmatrix}\quad(\text{其中}p,q,r>0)$$

试对该马氏链作状态分类，并求 $\lim\limits_{n\to+\infty}P^{(n)}$.

4.17 设马氏链 $\{X_n, n \geqslant 0\}$ 的转移概率矩阵为

$$P = \begin{matrix} 1 \\ 2 \\ 3 \\ 4 \end{matrix} \begin{pmatrix} 0 & 0 & 1 & 0 \\ 1 & 0 & 0 & 0 \\ \frac{1}{2} & \frac{1}{2} & 0 & 0 \\ \frac{1}{3} & \frac{1}{3} & \frac{1}{3} & 0 \end{pmatrix}$$

试讨论该马氏链状态分类，并求其平稳分布 $\pi = (\pi_1, \pi_2, \pi_3, \pi_4)$，又极限 $\lim\limits_{n \to +\infty} P^{(n)}$ 是否存在?

4.18 设马氏链仅有 0 与 1 两个状态，观察得到其 50 步转移样本：

$$\begin{matrix} 0 & 1 & 0 & 1 & 1 & 1 & 0 & 1 & 0 & 0 & 1 & 0 & 1 & 0 & 1 & 0 & 1 \\ 1 & 1 & 1 & 0 & 1 & 0 & 0 & 1 & 0 & 1 & 1 & 0 & 0 & 1 & 0 & 1 & 1 \\ 0 & 1 & 0 & 0 & 0 & 1 & 0 & 1 & 1 & 0 & 0 & 1 & 1 & 0 & 1 & 1 & 0 \end{matrix}$$

试据此给出该马氏链一步转移概率矩阵的一个估计.

第 5 章　连续时间马氏链

简单地说，将第 4 章所讨论的离散时间马氏链的时间集合 $T=\{0,1,2,\cdots\}$ 推广为连续的数集 $T=[0,+\infty)$，便得到连续时间马氏链. 后者的不少概念可以视为前者相应概念的推广，并通过所谓“离散骨架”与前者保持着密切的联系. 但连续时间马氏链同时也具有自己独特而又丰富的内容. 我们所熟悉的泊松过程便是其中一个典型的例子，通过它我们可以对连续时间马氏链有多方面、具体的了解. 此外，本章还将介绍纯生过程、生灭过程等重要的马氏链之例. 尤其是生灭过程，它在排队论、可靠性理论、通信、交通和管理等诸多领域中有着广泛的应用.

5.1　基本概念与例子

定义 5.1.1　设随机过程 $X=\{X(t),t\geqslant 0\}$ 的时间连续 $T=[0,+\infty)\triangleq\{t:t\geqslant 0\}$，状态空间离散（常表为 $S=\{0,1,2,\cdots\}$）. 若对任意有限个时刻：$0\leqslant t_0<t_1<\cdots<t_n<t_{n+1}$ 及状态：$i_0,i_1,\cdots i_n,i_{n+1}\in S$ 都有

$$\begin{aligned}&P\{X(t_{n+1})=i_{n+1}|X(t_n)=i_n,X(t_{n-1})=i_{n-1},\cdots,X(t_0)=i_0\}\\&=P\{X(t_{n+1})=i_{n+1}|X(t_n)=i_n\}\end{aligned}\tag{5.1.1}$$

则称 $X=\{X(t),t\geqslant 0\}$ 为一个连续时间马氏链，或者（在不致引起混淆时）简称为马氏链.

若进一步，转移概率 $P\{X(s+t)=j|X(s)=i\}$ $(s,t\geqslant 0)$ 仅与 t 有关而与 s

无关，则称之为平稳的，并将它记为 $P\{X(s+t)=j|X(s)=i\}\triangleq p_{ij}(t)$. 具有平稳转移概率的马氏链被称为时齐的（或齐次的）马氏链，它们也是我们今后主要的研究对象.

$p_{ij}(t)(t\geqslant 0)$ 又称为转移概率函数，因为它们是 t 的函数. 而矩阵 $P(t)=(p_{ij}(t))_{i,j\in S}$ 则称为该马氏链的转移概率（函数）矩阵.

命题 5.1.1 （时齐的）连续时间马氏链的转移概率 $p_{ij}(t)(i,j\in S)$ 与初始分布 $p_i=P\{X(0)=i\}(i\in S)$ 完全确定了该马氏链的有限维分布，即对任意的时点： $0=t_0<t_1<\cdots<t_n$ 及状态： $i_0,i_1,\cdots,i_n$，有

$$\begin{aligned}&P\{X(t_0)=i_0,X(t_1)=i_1,\cdots,X(t_n)=i_n\}\\&=p_{i_0}p_{i_0i_1}(t_1)p_{i_1i_2}(t_2-t_1)\cdots p_{i_{n-1}i_n}(t_n-t_{n-1})\end{aligned}\tag{5.1.2}$$

本命题与第 4 章的命题 4.1.2 非常相似（仅时间参数集合 T 不一样），证明方法也是类似的，读者可自证之.

易知转移概率函数族 $p_{ij}(t)(i,j\in S)$ 具有如下的性质：

(1) $p_{ij}(t)\geqslant 0,\forall t\geqslant 0\ (i,j\in S)$；特别有

$$p_{ij}(0)=\delta_{ij}=\begin{cases}1 & (j=i)\\ 0 & (j\neq i)\end{cases}\quad(\forall i,j\in S)\tag{5.1.3}$$

(2)

$$\sum_{j\in S}p_{ij}(t)=1\quad(\forall t\geqslant 0,i\in S)\tag{5.1.4}$$

(3) 连续时间的查普曼–柯尔莫哥洛夫方程（C-K 方程）：

$$p_{ij}(s+t)=\sum_{k\in S}p_{ik}(s)p_{kj}(t)=\sum_{k\in S}p_{ik}(t)p_{kj}(s)\quad(\forall s,t\geqslant 0,i,j\in S)\tag{5.1.5}$$

上式用矩阵来表示即为

$$P(s+t)=P(s)P(t)=P(t)P(s)\quad(\forall s,t\geqslant 0)\tag{5.1.6}$$

此外，今后我们总假定转移概率函数还满足下面的标准性条件：

(4)

$$\lim_{t\to 0^+}p_{ij}(t)=\delta_{ij}=p_{ij}(0)\quad(\forall i,j\in S)\tag{5.1.7}$$

即函数 $p_{ij}(t)$ 在 $t=0$ 是连续的，上式还可以写成

$$\lim_{t\to 0^+} p_{ii}(t)=1 \quad (\forall i\in S) \tag{5.1.8}$$

此式的直观意义可以这样来理解：在很短的时段内状态发生改变的概率也很小. 或者说，当过程转移到状态 i 之后会在 i 上逗留一段时间（或长或短），而不会立刻离开（又被称为“无瞬即转移性”）.

后面我们将陆续看到，若转移概率函数 $p_{ij}(t)$ （作为关于 t 的函数）满足上述四条性质，则它们将具有很好的分析性质：在 $[0,+\infty)$ 上连续而且可导. 我们先来看：

定理 5.1.1　设 $p_{ij}(t)(i,j\in S)$ 为马氏链的转移概率函数族（满足上述四条性质，下皆准此），则有：

(1) 对于 $\forall i,j\in S, p_{ij}(t)$ 在 $[0,+\infty)$ 上一致连续；

(2) $\forall i\in S, t\geqslant 0$, 有 $p_{ii}(t)>0$.

(3) 设有 $t_0>0$，使 $p_{ij}(t_0)>0$，则当 $t\geqslant t_0$ 时，必有 $p_{ij}(t)>0$.

证明　(1) 由 C-K 方程 (5.1.5)，对 $\forall t\geqslant 0, h>0$，有

$$p_{ij}(t+h)-p_{ij}(t)=\sum_{k\neq i} p_{ik}(h)p_{kj}(t)-p_{ij}(t)(1-p_{ii}(h))$$

由此得到

$$p_{ij}(t+h)-p_{ij}(t)\leqslant \sum_{k\neq i} p_{ik}(h)p_{kj}(t)\leqslant \sum_{k\neq i} p_{ik}(h)=1-p_{ii}(h)$$

又

$$p_{ij}(t+h)-p_{ij}(t)\geqslant -p_{ij}(t)(1-p_{ii}(h))\geqslant -(1-p_{ii}(h))$$

综合起来便有

$$|p_{ij}(t+h)-p_{ij}(t)|\leqslant 1-p_{ii}(h)$$

（当 $h<0$ 时，类上可推得 $|p_{ij}(t+h)-p_{ij}(t)|\leqslant 1-p_{ii}(-h)$.）从而根据标准性条件式 (5.1.8) 可知，当 $h\to 0$ 时， $p_{ij}(t+h)-p_{ij}(t)$ （对于 $\forall t\in[0,+\infty)$）一致地趋于 0 （且关于 j 也是一致的），即 $p_{ij}(t)$ 在 $[0,+\infty)$ 上一致连续.

(2) 当 $t=0$ 时，对任给 $i\in S$ 有 $p_{ii}(0)=1>0$.

当 $t>0$ 时，对 $\forall i\in S$，复由式 (5.1.8) 可知，存在充分大的 $n\in \mathbf{N}$，使得 $p_{ii}(t/n)>0$. 故多次使用 C-K 方程 (5.1.5) 便可证明

$$p_{ii}(t)=p_{ii}\left(n\times\frac{t}{n}\right)\geqslant\left(p_{ii}(\frac{t}{n})\right)^n>0$$

(3) 由 C-K 方程及 (2) 可知

$$p_{ij}(t)\geqslant p_{ij}(t_0)p_{jj}(t-t_0)>0$$

例 5.1.1 设 $\{N(t),t\geqslant 0\}$ 为一强度是 λ 的泊松过程，试证明 $\{N(t),t\geqslant 0\}$ 为一连续时间马氏链，并写出其转移概率矩阵 $P(t)=(p_{ij}(t))$.

证明 对于任意有限个时点： $0\leqslant t_0<t_1<\cdots<t_{n-1}<t<t+\tau$ 及状态 $i_0\leqslant i_1\leqslant\cdots\leqslant i_{n-1}\leqslant i\leqslant j$，往证：

$$\begin{aligned}&P\{N(t+\tau)=j|N(t)=i,N(t_{n-1})=t_{n-1},\cdots,N(t_0)=i_0\}\\&\quad=P\{N(t+\tau)=j|N(t)=i\}\end{aligned}\tag{5.1.9}$$

事实上，按泊松过程的性质可知：

$$\begin{aligned}&\text{上式左边}\\&=\frac{P\{N(t+\tau)=j,N(t)=i,\cdots,N(t_0)=i_0\}}{P\{N(t)=i,\cdots,N(t_0)=i_0\}}\\&=P\{N(t_0)=i_0,N(t_1)-N(t_0)=i_1-i_0,\cdots,N(t)-N(t_{n-1})=i-i_{n-1},\\&\quad N(t+\tau)-N(t)=j-i\}/\\&\quad P\{N(t_0)=i_0,N(t_1)-N(t_0)=i_1-i_0,\cdots,N(t)-N(t_{n-1})=i-i_{n-1}\}\\&=P\{N(t+\tau)-N(t)=j-i\}=\frac{(\lambda\tau)^{j-i}}{(j-i)!}\mathrm{e}^{-\lambda\tau}\quad(j\geqslant i)\end{aligned}$$

而

$$\begin{aligned}\text{上式右边}&=\frac{P\{N(t+\tau)=j,N(t)=i\}}{P\{N(t)=i\}}\\&=P\{N(t+\tau)-N(t)=j-i\}=\frac{(\lambda\tau)^{j-i}}{(j-i)!}\mathrm{e}^{-\lambda\tau}\quad(j\geqslant i)\end{aligned}$$

故式 (5.1.9) 成立，且易见 $\{N(t),t\geqslant 0\}$ 为一时齐的连续时间马氏链（初始状态为 0）.

上面的证明中实际上已得出了其转移概率函数：

$$p_{ij}(t)=\begin{cases}\dfrac{(\lambda t)^{j-i}}{(j-i)!}\mathrm{e}^{-\lambda t} & (j\geqslant i\geqslant 0)\\ 0 & (0\leqslant j<i)\end{cases}\quad (t\geqslant 0) \tag{5.1.10}$$

还可以写出转移概率矩阵 $P(t)$

$$P(t)=\mathrm{e}^{-\lambda t}\begin{pmatrix}1 & \lambda t & \dfrac{(\lambda t)^2}{2} & \dfrac{(\lambda t)^3}{3!} & \dfrac{(\lambda t)^4}{4!} & \cdots\\ 0 & 1 & \lambda t & \dfrac{(\lambda t)^2}{2} & \dfrac{(\lambda t)^3}{3!} & \cdots\\ 0 & 0 & 1 & \lambda t & \dfrac{(\lambda t)^2}{2} & \cdots\\ 0 & 0 & 0 & 1 & \lambda t & \cdots\\ 0 & 0 & 0 & 0 & 1 & \cdots\\ \vdots & \vdots & \vdots & \vdots & \vdots & \vdots\end{pmatrix}$$

以后我们会知道，像泊松过程这样，能很容易地写出其转移概率函数与转移概率矩阵的马氏链是很少见的.

容易验证，泊松过程的转移概率函数 $p_{ij}(t)(i,j\in S)$ 满足式 (5.1.3)~(5.1.8). 我们通过对泊松过程样本路径 $N(t,\omega)(t\geqslant 0)$ 的分析，还可以得出连续时间马氏链的一些更深刻的性质. 在泊松过程的样本路径图中 (见本书第 2 章图 2.2.1) 我们可以看到：泊松过程的状态空间为全体非负整数 $S=\{0,1,2,\cdots\}$. 当过程转移到某一状态 i 后，会在 i 上逗留一段时间，而逗留的这段时间（随机变量）服从参数为 λ 的指数分布 $Exp(\lambda)$. 当过程从状态 i 发生转移时，必然是转移到状态 $i+1$. 对于一般的（连续时间）马氏链来说也是类似的：当过程转移到某个状态 i 之后，会在 i 上逗留一段时间 τ_i，由于是马氏过程，故 τ_i 满足所谓的“无记忆性”，即对 $\forall s,t\geqslant 0$ 有

$$P\{\tau_i>s+t|\tau_i>s\}=P\{\tau_i>t\}$$

而我们在第 1 章中曾提到过，若 τ_i 满足上式，则必可推出 τ_i 服从参数为某个 ν_i 的指数分布， $\tau_i\sim Exp(\nu_i)$ （见第 1 章 1.5 节）. 在泊松过程的场合，$\nu_i\equiv\lambda$ $(i\geqslant 0)$.

由于 $\nu_i = 1/E(\tau_i)$，故我们可以形象地用 ν_i 来表示过程离开状态 i 的"速度"：ν_i 越大，表示离开得越快（逗留的平均时间 $E(\tau_i)$ 较短）；ν_i 越小，表示离开得越慢（$E(\tau_i)$ 较长）. 我们还可以利用 ν_i 来对马氏链的状态作一个简单的分类：(1) $0 < \nu_i < +\infty$，此时我们称 i 为逗留状态（例如泊松过程的每个状态都是逗留状态）. (2) $\nu_i = 0$，这相当于 $E(\tau_i) = +\infty$，故此时称 i 为吸收状态. (3) $\nu_i = +\infty$，这相当于 $E(\tau_i) = 0$，即过程转移到 i 后不作任何停留，立刻转移到其他状态. 这时的 i 我们称为瞬时状态. 这种情况虽然从理论的角度看有可能存在，但在实际应用中遇到的马氏链一般都不会发生此种情况. 因此今后我们不考虑这种状态，亦即假定对所有的 $i \in S$，都有 $0 \leqslant \nu_i < +\infty$. 这与我们前面提到的"无瞬即转移性"（即式 (5.1.8) ）亦相吻合.

若过程一旦离开状态 i，则它会转移到其他状态上去，我们现在以 P_{ij} 来表示过程一旦离开状态 i 后转移到 j 的概率 $(j \neq i)$，注意这里的 P_{ij} 不是第 4 章中离散时间马氏链的一步转移概率 p_{ij}. 例如在泊松过程中，$P_{i,i+1} = 1$，而对于其他的 $j \neq i+1$ 都有 $P_{ij} = 0$. 一般我们有：$\sum\limits_{j \neq i} P_{ij} = 1\ (\forall i \in S)$. 利用 ν_i 和 $P_{ij} (i \neq j)$，我们还可以引进一个新的概念：

$$q_{ij} = \nu_i P_{ij} \quad (\forall i \neq j) \tag{5.1.11}$$

q_{ij} 称为过程由 i 到 j 的转移率，它由两部分组成：离开 i 的速度 ν_i 和离开 i 后转移到 j 的概率 P_{ij}. 对于泊松过程，我们可以写出其转移率表达式

$$q_{ij} = \begin{cases} \lambda & (j = i+1) \\ 0 & (j \neq i, i+1) \end{cases} \quad (i, j \in S = \{0, 1, 2 \cdots\}) \tag{5.1.12}$$

转移率 q_{ij} 以及 ν_i 都是马氏链的非常重要的概念，在下一节中我们将对它们加以进一步的阐述.

定义 5.1.2 对于连续时间马氏链 $X = \{X(t), t \geqslant 0\}$，任取 $h > 0$，定义

$$X_n(h) = X(nh) \quad (n \geqslant 0) \tag{5.1.13}$$

由 $X = \{X(t), t \geqslant 0\}$ 满足马氏性容易推知：$\{X_n(h), n \geqslant 0\}$ 为一个离散时间马氏链，它称为 X 的以 h 为步长的离散骨架，简称 h 骨架. h 骨架的转移概率矩阵即为 $P(h) = (p_{ij}(h))$，而 n 步转移概率矩阵则为 $P(nh) = (p_{ij}(nh))$.

可以想象得到， h 骨架是研究连续时间马氏链的一条有效途径. 在本章的最后一节，我们将利用它，并仿照在离散时间马氏链中的方法来讨论连续时间马氏链的状态分类、极限分布与平稳分布等方面的内容.

5.2 转移率 q_{ij} 与转移率矩阵 Q

例 5.2.1 我们继续考虑泊松过程. 根据例 5.1.1 中所得到的泊松过程的转移概率函数表达式 (5.1.10) ，我们对 $p_{ij}(t)$ 求其在 0 点的（右）导数值，会得到一些有趣的结果：

$$p'_{ij}(0)=p'_{ij}(t)|_{t=0}=\begin{cases}\lambda & (j=i+1)\\ -\lambda & (j=i)\\ 0 & (j\neq i,i+1)\end{cases}\qquad (i,j\geqslant 0) \tag{5.2.1}$$

经过与式 (5.1.12) 对比后我们发现，当 $j\neq i$ 时， $p'_{ij}(0)$ 刚好等于泊松过程的转移率 q_{ij}. 而当 $j=i$ 时， $p'_{ii}(0)=-\lambda=-\nu_i(\forall i\geqslant 0)$. 这可不是个孤立的结果，事实上，对一般的马氏链我们有下面的定理：

定理 5.2.1 (1) 对于任意状态 $i\in S$，极限

$$\lim_{t\to 0^+}\frac{1-p_{ii}(t)}{t}=\sup_{t>0}\frac{1-p_{ii}(t)}{t}=\nu_i\quad (0\leqslant \nu_i\leqslant +\infty) \tag{5.2.2}$$

存在，但 ν_i 有可能为 $+\infty$.

(2) 对于任二状态 $i\neq j$，极限

$$\lim_{t\to 0^+}\frac{p_{ij}(t)}{t}=q_{ij}\quad (0\leqslant q_{ij}<+\infty) \tag{5.2.3}$$

存在且有限.

注 需要说明的是，到目前为止，本定理的结论（包括其证明过程）所告诉我们的仅仅是式 (5.2.2) 与式 (5.2.3) 的极限存在. 然而在稍后的定理里我们会弄清楚，式 (5.2.2) 中的极限就是我们在例 5.1.1 中介绍的 ν_i，而式 (5.2.3) 中的极

限就是马氏链的转移率 q_{ij}. 而且容易看出，这两式中的极限（若他们存在且有限）前者正是 $-p'_{ii}(0)$，后者则是 $p'_{ij}(0)$.

为证明定理 5.2.1，我们需要微积分方面的一个结果：

引理 5.2.1 设 $g(t)$ 为 $[0,+\infty)$ 上的连续函数，若 $g(0)=0$，且满足

$$g(s+t) \leqslant g(s)+g(t) \quad (s,t>0) \tag{5.2.4}$$

则有

$$\lim_{t\to 0^+}\frac{g(t)}{t}=\sup_{t>0}\frac{g(t)}{t}$$

上式中的极限有可能为 $+\infty$.

证明 对 $\forall t>0$，取 h 充分小：$0<h<t$，且 $t=nh+s$，其中 n 为正整数而 $s\in[0,h)$. 由式 (5.2.4) 可知有

$$\frac{g(t)}{t}=\frac{g(nh+s)}{t}\leqslant\frac{ng(h)}{t}+\frac{g(s)}{t}=\frac{g(h)}{h}\frac{nh}{t}+\frac{g(s)}{t}$$

令 $h\to 0^+$（因而 $s\to 0^+$），在上式两端取下极限，得到

$$\frac{g(t)}{t}\leqslant\varliminf_{h\to 0^+}\frac{g(h)}{h}$$

从而有

$$\varlimsup_{t\to 0^+}\frac{g(t)}{t}\leqslant\sup_{t>0}\frac{g(t)}{t}\leqslant\varliminf_{h\to 0^+}\frac{g(h)}{h}$$

由此即得到 $\lim\limits_{t\to 0^+}\dfrac{g(t)}{t}$ 存在且即等于 $\sup\limits_{t>0}\dfrac{g(t)}{t}$. □

定理 5.2.1 的证明 (1) 由定理 5.1.1 可知，对 $\forall t\geqslant 0$，有 $p_{ii}(t)>0$，故可定义 $g(t)=-\ln p_{ii}(t)$，易知 $g(t)$ 为 $[0,+\infty)$ 上的连续函数，$g(0)=0$，且满足式 (5.2.4). 故据引理 5.2.1 可知下面的极限存在：

$$\lim_{t\to 0^+}\frac{g(t)}{t}\triangleq\nu_i \quad (0\leqslant\nu_i\leqslant+\infty)$$

另一方面，注意到 $\lim\limits_{t\to 0^+}g(t)=0$，故我们有

$$\lim_{t\to 0^+}\frac{1-p_{ii}(t)}{t}=\lim_{t\to 0^+}\frac{1-\mathrm{e}^{-g(t)}}{t}=\lim_{t\to 0^+}\frac{g(t)}{t}\frac{(1-\mathrm{e}^{-g(t)})}{g(t)}=\nu_i$$

此即式 (5.2.2).

(2) 对任意 $0<\varepsilon<\dfrac{1}{3}$，存在 $\delta>0$，使得当 $t\in(0,\delta)$ 时有

$$1-p_{ii}(t)<\varepsilon,\quad 1-p_{jj}(t)<\varepsilon$$

先取 $t\in(0,\delta)$，再取更小的 $h\in(0,t)$，并设 $nh\leqslant t<(n+1)h$，其中 n 为正整数. 对于 $1\leqslant k\leqslant n$，定义

$$\begin{aligned}p_k&=P\{X(kh)=j,X(vh)\neq j,0<v<k|X(0)=i\}\\ r_k&=P\{X(kh)=i,X(vh)\neq j,0<v<k|X(0)=i\}\end{aligned}$$

当 $k\geqslant 2$ 时，有

$$\begin{aligned}p_k&\geqslant P\{X(kh)=j,X((k-1)h)=i,X(vh)\neq j,0<v<k-1|X(0)=i\}\\ &=r_{k-1}p_{ij}(h)\quad（用式 (1.1.18)）\end{aligned}\tag{5.2.5}$$

若定义 $r_0=1$，则式 (5.2.5) 对 $k=1$ 也成立. 又

$$p_{ij}(t)\geqslant\sum_{k=1}^{n}p_kp_{jj}(t-kh)\geqslant(1-\varepsilon)\sum_{k=1}^{n}p_k\tag{5.2.6}$$

（上式中第一个不等号系利用了定理 4.3.1，而第二个不等号则是因为 $t-kh\in[0,\delta)$.）另一方面：

$$p_{ij}(t)\leqslant\sum_{k\neq i}p_{ik}(t)=1-p_{ii}(t)<\varepsilon$$

故由式 (5.2.6) 得到

$$\sum_{k=1}^{n}p_k\leqslant\frac{\varepsilon}{1-\varepsilon}$$

由此可知当 $1\leqslant k\leqslant n$ 时，有

$$\begin{aligned}1-\varepsilon<p_{ii}(kh)&=\sum_{v=1}^{k-1}p_vp_{ji}((k-v)h)+r_k\leqslant\sum_{v=1}^{k-1}p_v+r_k\\ &\leqslant\frac{\varepsilon}{1-\varepsilon}+r_k\end{aligned}$$

亦即有

$$r_k \geqslant 1-\varepsilon-\frac{\varepsilon}{1-\varepsilon} \geqslant \frac{1-3\varepsilon}{1-\varepsilon} \tag{5.2.7}$$

由式 (5.2.5)~(5.2.7) 可知有

$$\begin{aligned} p_{ij}(t) &\geqslant \sum_{k=1}^{n} p_k p_{jj}(t-kh) \geqslant \sum_{k=1}^{n} r_{k-1} p_{ij}(h) p_{jj}(t-kh) \\ &\geqslant n\frac{1-3\varepsilon}{1-\varepsilon} p_{ij}(h)(1-\varepsilon) = n(1-3\varepsilon)p_{ij}(h) \end{aligned}$$

亦即

$$\frac{p_{ij}(h)}{h} \leqslant \frac{p_{ij}(t)}{nh(1-3\varepsilon)} \leqslant \frac{p_{ij}(t)}{(t-h)(1-3\varepsilon)}$$

令 $h \to 0^+$，对上式取上极限，得到

$$\overline{\lim_{h\to 0^+}} \frac{p_{ij}(h)}{h} \leqslant \frac{p_{ij}(t)}{t(1-3\varepsilon)} < +\infty$$

再令 $t \to 0^+$，取下极限，得到

$$\overline{\lim_{h\to 0^+}} \frac{p_{ij}(h)}{h} \leqslant \underline{\lim_{t\to 0^+}} \frac{p_{ij}(t)}{t(1-3\varepsilon)}$$

最后令 $\varepsilon \to 0^+$，便推得极限

$$\lim_{t\to 0^+} \frac{p_{ij}(t)}{t} \triangleq q_{ij}$$

存在且有限. □

下面我们不加证明地给出以下定理:

定理 5.2.2 设马氏链 $\{X(t), t \geqslant 0\}$ 的轨道右连续. ν_i 与 q_{ij} 为定理 5.2.1 中的极限 $(i, j \in S, i \neq j)$，且 $0 < \nu_i < +\infty$. 令 $\tau = \inf\{t : t > 0, X(t) \neq X(0)\}$，则:

(1) 对 $\forall i \in S$， $t \geqslant 0$，有

$$P\{\tau > t | X(0) = i\} = \mathrm{e}^{-\nu_i t} \quad (t \geqslant 0) \tag{5.2.8}$$

(2) 对 $\forall i \neq j$，有

$$P\{X(\tau) = j | X(0) = i\} = \frac{q_{ij}}{\nu_i} \tag{5.2.9}$$

（证明见参考文献 [4] 的第 6.2 节）.

注 显然，本定理中的结论对于定理 5.2.1 中的极限 ν_i 与 q_{ij} 的概率意义作出了明确的解释，而且与我们在例 5.1.1 中对 ν_i，q_{ij} 及 P_{ij} 的解释完全一致. 其中，在 $X(0)=i$ 的条件下，τ 即为过程在状态 i 上逗留的时间（即例 5.1.1 中的 τ_i）. 而式 (5.2.9) 中的 q_{ij}/ν_i 即为例 5.1.1 中的 P_{ij}，即过程一旦脱离 i 后转移到 j 的概率 $(j\neq i)$.

定义 5.2.1 定义连续时间马氏链 $X=\{X(t),t\geqslant 0\}$ 的转移率矩阵（或称密度矩阵）$Q=(q_{ij})_{i,j\in S}$，其中当 $i\neq j$ 时，q_{ij} 即为过程由 i 到 j 的转移率；而 $q_{ii}=-\nu_i$，其中 ν_i 为过程离开 i 的“速度”. 由定理 5.2.1 及其注可知: $q_{ij}=p'_{ij}(0)(\forall i,j\in S)$，即 $Q=P'(0)$. 从而矩阵 $Q=(q_{ij})$ 又称为 X 的无穷小矩阵. 进一步，若对 $\forall i\in S$，有

$$\sum_{j\neq i}q_{ij}=-q_{ii}=\nu_i<+\infty\quad(\forall i\in S)\tag{5.2.10}$$

则称 $Q=(q_{ij})$ 或该马氏链 X 为保守的.

注 (1) 由式 (5.2.2) 可知

$$\sum_{j\neq i}\frac{p_{ij}(t)}{t}=\frac{1-p_{ii}(t)}{t}\leqslant\nu_i\quad(t>0)\tag{5.2.11}$$

故令 $t\to 0^+$ 便得到

$$\sum_{j\neq i}q_{ij}\leqslant\nu_i\quad(\forall i\in S)\tag{5.2.12}$$

若上式对所有 $i\in S$ 成立等号，且 ν_i 为有限，则 $Q=(q_{ij})$ 为保守的. 可见对一个保守的 Q，其所有元素为有限且行和为零.

(2) 对于有限状态的马氏链、泊松过程以及我们将要介绍的纯生过程、生灭过程等，其转移率矩阵 Q 皆为保守的. 保守的马氏链也是我们主要的研究对象.

现在我们知道了，我们在式 (5.2.1) 中给出的实际上就是泊松过程的转移率

矩阵:

$$
Q=\begin{matrix}0\\1\\2\\3\\4\\\vdots\end{matrix}\begin{pmatrix}-\lambda & \lambda & 0 & 0 & 0 & \cdots\\ 0 & -\lambda & \lambda & 0 & 0 & \cdots\\ 0 & 0 & -\lambda & \lambda & 0 & \cdots\\ 0 & 0 & 0 & -\lambda & \lambda & \cdots\\ 0 & 0 & 0 & 0 & -\lambda & \cdots\\ \vdots & \vdots & \vdots & \vdots & \vdots & \vdots\end{pmatrix} \tag{5.2.13}
$$

由此式我们还可以看出，在矩阵 $Q=(q_{ij})$ 中，主对角线上的元素 $q_{ii}=-\nu_i$ 都是非正的. 所有其他的元素 $q_{ij}(i\neq j)$ 都是非负的. 我们再来看两个更一般的例子:

例 5.2.2 (纯生过程) 设 $\{X(t),t\geqslant 0\}$ 为一连续时间马氏链（$X(t)$ 的直观意义是某群体到 t 时刻为止所拥有的个体数），其状态空间 $S=\{0,1,2,\cdots\}$，若它在无穷小时间段 $(t,t+h]$ 上的转移规律满足下面诸条，则 $\{X(t),t\geqslant 0\}$ 被称为一个纯生过程:

$$
\left.\begin{aligned}
&(1)\ P\{X(t+h)=i+1|X(t)=i\}=p_{i,i+1}(h)=\lambda_i h+o(h)\quad(\lambda_i>0,i\geqslant 0)\\
&(2)\ P\{X(t+h)=i|X(t)=i\}=p_{i,i}(h)=1-\lambda_i h+o(h)\quad(i\geqslant 0)\\
&(3)\ P\{X(t+h)=j|X(t)=i\}=p_{i,j}(h)=0\quad(j<i,i\geqslant 0)
\end{aligned}\right\} \tag{5.2.14}
$$

其中 λ_0， λ_1， λ_2， $\cdots$， λ_i， $\cdots$ 被称为出生率，式 (5.2.14) 被称为纯生过程的转移机制. 由此式可以看出，随着时间的推移，群体所含的个体数 $X(t)$ 只会增加而不会减少（这正是“纯生”一名的由来）. 在一个充分小的时间段（长为 h）里，有可能增加一个个体，也可能不增加. 其中增加一个个体的概率与时段的长度 h 成正比并与群体的大小 k 有关. 而在此时段里增加两个或者两个以上个体的可能性则几乎为零（等于 $o(h)$）. 这些与泊松过程的转移机制（第 2 章式 (2.1.2) 与式 (2.1.3) ）是非常相似的，实际上纯生过程可视为泊松过程的推广，而泊松过程则为特殊的纯生过程（出生率恒为 λ）.

由式 (5.2.14) 很容易写出纯生过程的转移率矩阵 Q:

$$Q=P'(0)=\begin{matrix}0\\1\\2\\3\\4\\\vdots\end{matrix}\begin{pmatrix}-\lambda_0 & \lambda_0 & 0 & 0 & 0 & \cdots\\ 0 & -\lambda_1 & \lambda_1 & 0 & 0 & \cdots\\ 0 & 0 & -\lambda_2 & \lambda_2 & 0 & \cdots\\ 0 & 0 & 0 & -\lambda_3 & \lambda_3 & \cdots\\ 0 & 0 & 0 & 0 & -\lambda_4 & \cdots\\ \vdots & \vdots & \vdots & \vdots & \vdots & \vdots\end{pmatrix} \tag{5.2.15}$$

显然，这与式 (5.2.13) 是很相似的.

例 5.2.3 (生灭过程) 生灭过程 $\{X(t),t\geqslant 0\}$ 是一状态空间为 $S=\{0,1,2\cdots\}$ 的连续时间马氏链，其转移机制如下所示：

$$\left.\begin{aligned}&(1)\ p_{i,i+1}(h)=\lambda_i h+o(h)\quad (i\geqslant 0)\ (\text{生})\\&(2)\ p_{i,i-1}(h)=\mu_i h+o(h)\quad (i\geqslant 1)\ (\text{灭})\\&(3)\ p_{i,i}(h)=1-(\lambda_i+\mu_i)h+o(h)\quad (i\geqslant 0)\\&(4)\ \lambda_i>0,(i\geqslant 0);\mu_0=0,\mu_i>0\quad (i\geqslant 1)\end{aligned}\right\} \tag{5.2.16}$$

当过程由状态 i 发生转移时，只能转移到 $i+1$ （生）或 $i-1$ （灭）(当 $i=0$ 时，则只能转移到状态 1)，这与离散时间马氏链中一维简单随机游动有点相似. λ_i 与 μ_i 分别称为生灭过程的出生率与死亡率. 过程在状态 i 逗留的时间 τ_i 服从参数为 $\nu_i=\lambda_i+\mu_i$ 的指数分布（$i\geqslant 0$，其中 $\nu_0=\lambda_0$）. 转移率 $q_{i,i+1}=\lambda_i\ (i\geqslant 0),q_{i,i-1}=\mu_i\ (i\geqslant 1)$，其他皆为零. 由于 $q_{i,j}=\nu_i P_{ij}$，由此可以解出 $P_{i,i+1}=\lambda_i/(\lambda_i+\mu_i)\ (i\geqslant 0)$(其中 $P_{01}=1$)， $P_{i,i-1}=\mu_i/(\lambda_i+\mu_i)\ (i\geqslant 1)$.

由式 (5.2.16) 容易写出生灭过程的转移率矩阵：

$$Q=P'(0)=\begin{matrix}0\\1\\2\\3\\4\\\vdots\end{matrix}\begin{pmatrix}-\lambda_0 & \lambda_0 & 0 & 0 & 0 & \cdots\\ \mu_1 & -(\lambda_1+\mu_1) & \lambda_1 & 0 & 0 & \cdots\\ 0 & \mu_2 & -(\lambda_2+\mu_2) & \lambda_2 & 0 & \cdots\\ 0 & 0 & \mu_3 & -(\lambda_3+\mu_3) & \lambda_3 & \cdots\\ 0 & 0 & 0 & \mu_4 & -(\lambda_4+\mu_4) & \cdots\\ \vdots & \vdots & \vdots & \vdots & \vdots & \vdots\end{pmatrix} \tag{5.2.17}$$

易见，当 $\mu_i\equiv 0\ (i\geqslant 0)$ 时，上式变成纯生过程的转移率矩阵式 (5.2.15). 此时 $\{X(t),t\geqslant 0\}$ 为一纯生过程. 若 $\lambda_i\equiv 0\ (i\geqslant 0)$，则过程称为纯灭过程，易见其转

移率矩阵为

$$Q=\begin{pmatrix} 0 & 0 & 0 & 0 & 0 & \cdots \\ \mu_1 & -\mu_1 & 0 & 0 & 0 & \cdots \\ 0 & \mu_2 & -\mu_2 & 0 & 0 & \cdots \\ 0 & 0 & \mu_3 & -\mu_3 & 0 & \cdots \\ 0 & 0 & 0 & \mu_4 & -\mu_4 & \cdots \\ \vdots & \vdots & \vdots & \vdots & \vdots & \vdots \end{pmatrix} \tag{5.2.18}$$

由式 (5.2.18) 可知，在纯灭过程中，状态 0 为一吸收态 ($\nu_0=0$).

对于连续时间马氏链，我们常常根据它在无穷小时段上的转移机制（或转移率矩阵 Q）去探求它在任意长时段上的转移规律（即转移概率函数 $p_{ij}(t)$），其方法为无穷小分析（与第 2 章 2.1 节中由定义 2.1.2 推出定义 2.1.1 的方法类似）.

例 5.2.4 设 $\{X(t),t\geqslant 0\}$ 为一纯生过程（见例 5.2.2），我们现在求其转移概率函数 $p_{ij}(t)$ 所满足的微分方程.

因为是纯生过程，故当 $j<i$ 时，$p_{ij}(t)\equiv 0\ (t\geqslant 0)$. 从而我们只考虑 $j\geqslant i$ 的情形. 当 $j=i$ 时，按 C-K 方程式 (5.1.5) 及式 (5.2.14)，有

$$P_{ii}(t+h)=\sum_{k\in S}p_{ik}(t)p_{ki}(h)=p_{ii}(t)p_{ii}(h)=p_{ii}(t)(1-\lambda_i h+o(h))$$

亦即

$$P_{ii}(t+h)-p_{ii}(t)=-\lambda_i h p_{ii}(t)+o(h)p_{ii}(t)$$

上式两边除以 h 并令 $h\to 0$，得到

$$p'_{ii}(t)=-\lambda_i p_{ii}(t)\quad (\forall i\geqslant 0) \tag{5.2.19}$$

当 $j>i$ 时，有

$$\begin{aligned} p_{ij}(t+h)&=\sum_{k\in S}p_{ik}(t)p_{kj}(h)=p_{ij}(t)p_{jj}(h)+p_{i,j-1}(t)p_{j-1,j}(h)+o(h) \\ &=p_{ij}(t)(1-\lambda_j h+o(h))+p_{i,j-1}(t)(\lambda_{j-1}h+o(h))+o(h) \end{aligned}$$

经过类似于上述的整理后得到

$$p'_{i,j}(t)=-\lambda_j p_{ij}(t)+\lambda_{j-1}p_{i,j-1}(t)\quad (\forall j>i\geqslant 0) \tag{5.2.20}$$

很容易求得式 (5.2.19) 的通解（类似于式 (2.1.4) 的解法）

$$p_{ii}(t)=C\mathrm{e}^{-\lambda_i t}$$

令上式两边 $t\to 0^+$，按转移概率函数的标准性条件式 (5.1.8) 可得

$$C=\lim_{t\to 0^+}p_{ii}(t)=1$$

从而得到式 (5.2.19) 的通解：

$$p_{ii}(t)=\mathrm{e}^{-\lambda_i t}\quad (\forall i\geqslant 0) \tag{5.2.21}$$

当 $j>i$ 时，在式 (5.2.20) 两边乘上 $\mathrm{e}^{\lambda_j t}$ 并移项得到

$$(p_{ij}(t)\mathrm{e}^{\lambda_j t})'_t=\lambda_{j-1}\mathrm{e}^{\lambda_j t}p_{i,j-1}(t)$$

将上式两边从 0 到 t 积分并利用标准性条件式 (5.1.7) 得到递推公式

$$p_{ij}(t)=\lambda_{j-1}\mathrm{e}^{-\lambda_j t}\int_0^t \mathrm{e}^{\lambda_j x}p_{i,j-1}(x)\mathrm{d}x\quad (j>i\geqslant 0) \tag{5.2.22}$$

一般来讲，利用 (5.2.21) 与 (5.2.22) 两式便可求得转移概率函数 $p_{ij}(t)$ $(j\geqslant i\geqslant 0)$ 的显表达式. 例如，若 $\lambda_i\equiv\lambda>0$ $(i\geqslant 0)$，则由式 (5.2.21) 立即得到

$$p_{ii}(t)=\mathrm{e}^{-\lambda t}\quad (i\geqslant 0)$$

当 $j>i$ 时，用式 (5.2.22) 递推（并用归纳法证明），最终可得

$$p_{ij}(t)=\frac{(\lambda t)^{j-i}}{(j-i)!}\mathrm{e}^{-\lambda t}\quad (j\geqslant i\geqslant 0,t\geqslant 0)$$

显然，这正是泊松过程的转移概率函数式 (5.1.10).

例 5.2.5 （尤尔（Yule）过程）尤尔过程是一类特殊的纯生过程，其特点是不能“无中生有”. 假定在长为 h 的小时段中群体的每一成员产生一个新个体的概率都是 $\beta h+o(h)$ $(\beta>0)$，而不产生新个体的概率则为 $1-\beta h+o(h)$，并假定成员的行为（是否产生新个体）是相互独立的. 若设 $X(t)$ 为时刻 t 该群体所拥有的个体（成员）数，我们现在来求尤尔过程 $\{X(t),t\geqslant 0\}$ 的转移机制（过程的状态空间为 $S=\{1,2,3,\cdots\}$）：

$$p_{i,i+1}(h)=P\{X(t+h)=i+1|X(t)=i\}$$

$$=\binom{i}{1}[\beta h+o(h)][1-\beta h+o(h)]^{i-1}$$

$$=i\beta h+o(h)\quad (i\geqslant 1)\tag{5.2.23}$$

$$p_{i,i}(h)=p\{X(t+h)=i|X(t)=i\}=[1-\beta h+o(h)]^{i}$$

$$=1-i\beta h+o(h)\quad (i\geqslant 1)\tag{5.2.24}$$

易见这相当于在纯生过程的转移机制 (5.2.14) 中取 $\lambda_i=i\beta$ $(i\geqslant 1)$. 我们下面来求 $p_{ij}(t)$ $(j\geqslant i\geqslant 1)$ 的表达式，先求 $p_{1,j}(t)$.

此时用类似上例中的无穷小分析法可推得下列诸式：

$$p'_{11}(t)=-\beta P_{11}(t),\quad p'_{1,j}(t)=-j\beta p_{1j}(t)+(j-1)\beta p_{1,j-1}(t)\quad (j>1)$$

及递推公式

$$p_{1j}(t)=(j-1)\beta \mathrm{e}^{-j\beta t}\int_0^t \mathrm{e}^{j\beta x}p_{1,j-1}(x)\mathrm{d}x\quad (j>1)$$

由此式可求得

$$p_{1j}(t)=\mathrm{e}^{-\beta t}(1-\mathrm{e}^{-\beta t})^{j-1}\quad (j\geqslant 1)\tag{5.2.25}$$

这说明，在时刻 0 仅有一个个体的条件下，到时刻 t 为止群体所拥有的总的个体数服从参数为 $\mathrm{e}^{-\beta t}$ 的几何分布. 由于各成员的行为相互独立，因此在 $X(0)=i$ 的条件下，到时刻 t 为止群体所拥有的总的个体数应为 i 个独立且同分布的几何分布随机变量之和，服从参数为 i 和 $\mathrm{e}^{-\beta t}$ 的负二项分布，即有

$$p_{ij}(t)=\binom{j-1}{i-1}\mathrm{e}^{-i\beta t}(1-\mathrm{e}^{-\beta t})^{j-i}\quad (j\geqslant i\geqslant 1)\tag{5.2.26}$$

在下一节，我们将更为系统地探讨无穷小分析法，并将它与转移概率矩阵 Q 联系起来.

5.3 柯尔莫哥洛夫微分方程

先从有限状态的马氏链开始：

定理 5.3.1　设 $\{X(t),t \geqslant 0\}$ 为有限状态马氏链，其 $P(t)=(p_{ij}(t)), Q=(q_{ij})=P'(0)$（$Q$ 为保守的）. 则有

$$P'(t)=P(t)Q \quad (t \geqslant 0) \tag{5.3.1}$$

$$P'(t)=QP(t) \quad (t \geqslant 0) \tag{5.3.2}$$

证明　由 C-K 方程（矩阵形式）式 (5.1.6) 可知有 $P(t+h)=P(t)P(h)=P(h)P(t)$，从而得到

$$\frac{P(t+h)-P(t)}{h}=P(t)\Big(\frac{P(h)-I}{h}\Big)=\Big(\frac{P(h)-I}{h}\Big)P(t)$$

（其中 I 为单位矩阵.）令上式中 $h \to 0$ 取极限，注意到状态空间 S 为有限集且 $\lim\limits_{h\to 0}(P(h)-I)/h=P'(0)=Q$，使立刻得到式 (5.3.1) 与式 (5.3.2).

式 (5.3.1) 和式 (5.3.2) 分别称为柯尔莫哥洛夫（Kolmogorov）向前微分方程和向后微分方程，其分量形式为

$$p'_{ij}(t)=\sum_{k\in S}p_{ik}(t)q_{kj}=\sum_{k\neq j}p_{ik}(t)q_{kj}-p_{ij}(t)\nu_j \tag{5.3.3}$$

和

$$p'_{ij}(t)=\sum_{k\in S}q_{ik}p_{kj}(t)=\sum_{k\neq i}q_{ik}p_{kj}(t)-\nu_i p_{ij}(t) \tag{5.3.4}$$

所谓向前与向后是指在使用 C-K 方程时，对于时间区段 $[0,t+h]$ 的两种不同的划分（或分解）方式，略见图 5.3.1.

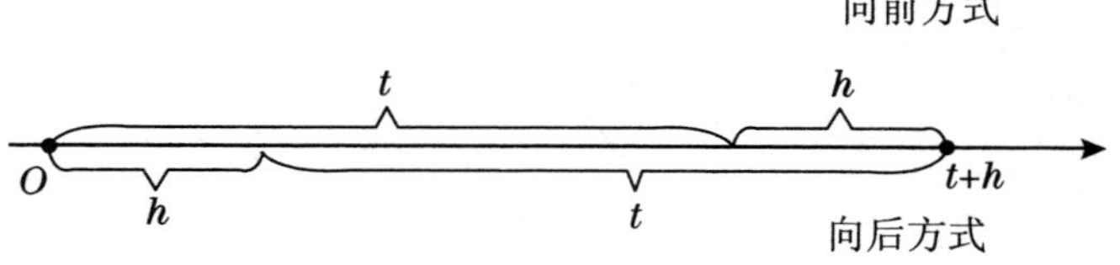

图 5.3.1　向前方式与向后方式

当 $\{X(t),t \geqslant 0\}$ 为有限状态马氏链时，可以验证上述微分方程组存在满足条件式 (5.1.3)~(5.1.8) 的唯一解：

$$P(t)=\mathrm{e}^{Qt}=\sum_{n=0}^{+\infty}\frac{(Qt)^n}{n!} \quad (t \geqslant 0) \tag{5.3.5}$$

由此可见，在有限状态马氏链场合，其转移概率函数矩阵 $P(t)$ 由其密度矩阵 $Q=(q_{ij})$ 唯一确定. 而当状态空间为可列无穷集时，情况则比较复杂. 我们先来看下面的定理:

定理 5.3.2 设马氏链 $\{X(t),t\geqslant 0\}$ 的空间 S 为可列无穷集， $Q=(q_{ij})$ 为保守的，则柯尔莫哥洛夫向后微分方程 $P'(t)=QP(t)$ 成立.

为证明此定理，需要引进下面的引理:

引理 5.3.1 设 $f(x)$ 为 (a,b) 上的连续函数，且在 (a,b) 中有连续的右导数，则 $f(x)$ 在 (a,b) 上可导.

（证明见参考文献 [5] 的 3.2 节.）

定理 5.3.2 的证明 对于任意 $i,j\in S$，由 C-K 方程，当 $h>0$ 时有

$$\frac{p_{ij}(t+h)-p_{ij}(t)}{h}=\frac{p_{ii}(h)-1}{h}p_{ij}(t)+\sum_{k\neq i}\frac{p_{ik}(h)}{h}p_{kj}(t) \tag{5.3.6}$$

首先可以证明

$$\varliminf_{h\to 0^+}\sum_{k\neq i}\frac{p_{ik}(h)}{h}p_{kj}(t)\geqslant\sum_{k\neq i}q_{ik}p_{kj}(t) \tag{5.3.7}$$

事实上，有

$$\sum_{k\neq i}\frac{p_{ik}(h)}{h}p_{kj}(t)\geqslant\sum_{\substack{k=0\\k\neq i}}^{N}\frac{p_{ik}(h)}{h}p_{kj}(t)$$

两边取下极限

$$\varliminf_{h\to 0^+}\sum_{k\neq i}\frac{p_{ik}(h)}{h}p_{kj}(t)\geqslant\sum_{\substack{k=0\\k\neq i}}^{N}q_{ik}p_{kj}(t)\quad（由定理 5.2.1）$$

再令 $N\to+\infty$ 便得到式 (5.3.7). 另一方面，对 $N>i$，有

$$\begin{aligned}\varlimsup_{h\to 0^+}\sum_{k\neq i}\frac{p_{ik}(h)}{h}p_{kj}(t)&\leqslant\varlimsup_{h\to 0^+}\left[\sum_{k\neq i,k<N}\frac{p_{ik}(h)}{h}p_{kj}(t)+\sum_{k\geqslant N}\frac{p_{ik}(h)}{h}\right]\\&=\varlimsup_{h\to 0^+}\left[\sum_{k\neq i,k<N}\frac{p_{ik}(h)}{h}p_{kj}(t)+\frac{1-p_{ii}(h)}{h}-\sum_{k\neq i,k<N}\frac{p_{ik}(h)}{h}\right]\\&=\sum_{k\neq i,k<N}q_{ik}p_{kj}(t)+\nu_i-\sum_{k\neq i,k<N}q_{ik}\end{aligned}$$

令 $N \to +\infty$，由保守性便得

$$\overline{\lim_{h\to 0^+}} \sum_{k\neq i} \frac{p_{ik}(h)}{h} p_{kj}(t) \leqslant \sum_{k\neq i} q_{ik} p_{kj}(t) \tag{5.3.8}$$

故由式 (5.3.7) 及式 (5.3.8) 得到

$$\lim_{h\to 0^+} \sum_{k\neq i} \frac{p_{ik}(h)}{h} p_{kj}(t) = \sum_{k\neq i} q_{ik} p_{kj}(t)$$

再由式 (5.3.6) 得

$$\lim_{h\to 0^+} \frac{p_{ij}(t+h) - p_{ij}(t)}{h} = \sum_{k\in S} q_{ik} p_{kj}(t)$$

仍由保守性可知，上式右边的级数关于 t 一致收敛，因此是 t 的连续函数. 从而由引理 5.3.1 可知有

$$\lim_{h\to 0^+} \frac{p_{ij}(t+h) - p_{ij}(t)}{h} = p'_{ij}(t) = \sum_{k\in S} q_{ik} p_{kj}(t) \quad (\forall i, j \in S)$$

经与式 (5.3.4) 对照可知，这正是向后方程.

至于向前方程何时成立以及更多的问题，我们不加证明地给出一个定理.

定理 5.3.3　规则马氏链的转移概率函数 $p_{ij}(t)$ 满足柯尔莫哥洛夫向前微分方程与向后微分方程，且是方程的唯一解.

注　(1) 所谓“规则的马氏链”是一个新的概念，由于其定义比较复杂，故不便在本书中加以叙述. 但它的直观意义却很好理解：一个规则的马氏链（它必然是保守的）在任何有限的时间区间内至多只发生有限次的状态转移.

(2) 可以证明：有限状态的马氏链是规则的. 生灭过程（见例 5.2.3）为规则的充要条件是：

$$\sum_{n=1}^{+\infty} \left(\frac{1}{\lambda_n} + \frac{\mu_n}{\lambda_n \lambda_{n-1}} + \cdots + \frac{\mu_n \mu_{n-1} \cdots \mu_1}{\lambda_n \lambda_{n-1} \cdots \lambda_0} \right) = +\infty \tag{5.3.9}$$

纯灭过程是规则的（这相当于所有的 $\lambda_n = 0$，$1/\lambda_n = +\infty$，故式 (5.3.9) 自然满足）.

纯生过程是规则的充要条件是

$$\sum_{n=0}^{+\infty} \frac{1}{\lambda_n} = +\infty \tag{5.3.10}$$

易见这是从式 (5.3.9) 变化而来的，又由式 (5.3.10) 可知泊松过程是规则的. 这样，我们所熟知的一些连续时间马氏链它们在什么条件下为规则链（因而成立柯尔莫哥洛夫微分方程）的大致情形，我们已经基本清楚了.

(3) 生灭过程的柯尔莫哥洛夫微分方程:

向前方程（$P'(t)=P(t)Q$）

$$\begin{cases} p'_{ij}(t)=\lambda_{j-1}p_{i,j-1}(t)-(\lambda_j+\mu_j)p_{ij}(t)+\mu_{j+1}p_{i,j+1}(t) \quad (j\geqslant 1) \\ p'_{i0}(t)=-\lambda_0 p_{i0}(t)+\mu_1 p_{i1}(t) \end{cases} \tag{5.3.11}$$

向后方程（$P'(t)=QP(t)$）

$$\begin{cases} p'_{ij}(t)=\mu_i p_{i-1,j}(t)-(\lambda_i+\mu_i)p_{ij}(t)+\lambda_i p_{i+1,j}(t) \quad (i\geqslant 1) \\ p'_{0j}(t)=-\lambda_0 p_{0j}(t)+\lambda_0 p_{1j}(t) \end{cases} \tag{5.3.12}$$

纯生过程的柯氏微分方程:

向前方程

$$\begin{cases} p'_{ii}(t)=-\lambda_i p_{ii}(t) \quad (i\geqslant 0) \\ p'_{ij}(t)=-\lambda_j p_{ij}(t)+\lambda_{j-1}p_{i,j-1}(t) \quad (j>i\geqslant 0) \end{cases} \tag{5.3.13}$$

（易见我们在例 5.2.3 中求出的正是纯生过程所满足的向前方程. 第 2 章中的式 (2.1.4) 与式 (2.1.7) 亦然.）

向后方程

$$\begin{cases} p'_{ii}(t)=-\lambda_i p_{ii}(t) \quad (i\geqslant 0) \\ p'_{ij}(t)=-\lambda_i p_{ij}(t)+\lambda_i p_{i+1,j}(t) \quad (j>i\geqslant 0) \end{cases} \tag{5.3.14}$$

纯灭过程的柯氏微分方程:

向前方程

$$\begin{cases} p'_{ij}(t)=-\mu_j p_{ij}(t)+\mu_{j+1}p_{i,j+1}(t) \quad (i\geqslant j\geqslant 1) \\ p'_{i0}(t)=\mu_1 p_{i1}(t) \quad (i\geqslant 1) \end{cases} \tag{5.3.15}$$

向后方程

$$p'_{ij}(t)=-\mu_i p_{ij}(t)+\mu_i p_{i-1,j}(t) \quad (i\geqslant 1\text{且}i\geqslant j) \tag{5.3.16}$$

下面我们来看两个例子.

例 5.3.1　一连续时间马氏链仅有 0 和 1 两个状态，过程在 0 和 1 逗留的时间分别服从参数为 λ 和 μ 的指数分布，试求该马氏链的转移概率函数 $p_{ij}(t)$.

解　由题容易写出该马氏链的转移率矩阵 Q

$$Q=\begin{pmatrix} -\lambda & \lambda \\ \mu & -\mu \end{pmatrix}$$

由式 (5.3.5) 可知

$$P(t)=\mathrm{e}^{Qt}=\sum_{n=0}^{+\infty}\frac{(Qt)^n}{n!}=\sum_{n=0}^{+\infty}\frac{Q^nt^n}{n!} \tag{5.3.17}$$

为了借此式求出 $P(t)$，我们需要将矩阵 Q 对角化， $Q=PDP^{-1}$，其中

$$D=\begin{pmatrix} 0 & 0 \\ 0 & -(\lambda+\mu) \end{pmatrix},\quad P=\begin{pmatrix} 1 & -\lambda \\ 1 & \mu \end{pmatrix},\quad P^{-1}=\begin{pmatrix} \dfrac{\mu}{\lambda+\mu} & \dfrac{\lambda}{\lambda+\mu} \\ \dfrac{-1}{\lambda+\mu} & \dfrac{1}{\lambda+\mu} \end{pmatrix}$$

代入式 (5.3.17) 便得到

$$\begin{aligned} P(t)&=P\sum_{n=0}^{+\infty}\frac{(Dt)^n}{n!}P^{-1}=P\begin{pmatrix} 1 & 0 \\ 0 & \mathrm{e}^{-(\lambda+\mu)t} \end{pmatrix}P^{-1} \\ &=\begin{pmatrix} \dfrac{\mu}{\lambda+\mu}+\dfrac{\lambda}{\lambda+\mu}\mathrm{e}^{-(\lambda+\mu)t} & \dfrac{\lambda}{\lambda+\mu}-\dfrac{\lambda}{\lambda+\mu}\mathrm{e}^{-(\lambda+\mu)t} \\ \dfrac{\mu}{\lambda+\mu}-\dfrac{\mu}{\lambda+\mu}\mathrm{e}^{-(\lambda+\mu)t} & \dfrac{\lambda}{\lambda+\mu}+\dfrac{\mu}{\lambda+\mu}\mathrm{e}^{-(\lambda+\mu)t} \end{pmatrix}. \end{aligned}$$

例 5.3.2　(带移民 a 的线性增长与线性死亡模型) 我们在生灭过程模型 (5.2.16) 中取 $\lambda_n=n\lambda+a\ (n\geqslant 0),\mu_n=n\mu\ (n\geqslant 1)$（其中 $\lambda,\mu,a>0$）便得到带移民 a，并具有线性出生率和死亡率的生灭过程 $\{X(t),t\geqslant 0\}$. 经考察式 (5.3.9) 可知，该马氏链为规则的. 记 $m_i(t)=E(X(t)|X(0)=i)$，试求其表达式.

解

$$m_i(t)=E(X(t)|X(0)=i)=\sum_{j=1}^{+\infty}jp_{ij}(t) \tag{5.3.18}$$

故而

$$m_i'(t)=\sum_{j=1}^{+\infty}jp_{ij}'(t) \tag{5.3.19}$$

利用生灭过程的柯氏向前方程式 (5.3.11) ，在本题中变为

$$p_{ij}'(t)=[\lambda(j-1)+a]p_{i,j-1}(t)-(\lambda j+a+\mu j)p_{ij}(t)+\mu(j+1)p_{i,j+1}(t)\quad (j\geqslant 1)$$

将它代入式 (5.3.18) 并经过整理，可以得到

$$m_i'(t)=a+(\lambda-\mu)m_i(t)$$

在 $m_i(0)=i$ 的条件下，解此微分方程，得到

$$m_i(t)=\begin{cases}\dfrac{a}{\lambda-\mu}(\mathrm{e}^{(\lambda-\mu)t}-1)+i\mathrm{e}^{(\lambda-\mu)t} & (\lambda\neq\mu)\\ at+i & (\lambda=\mu)\end{cases}$$

由此可知

$$\lim_{t\to+\infty}m_i(t)=\begin{cases}\dfrac{a}{\mu-\lambda} & (\lambda<\mu)\\ +\infty & (\lambda\geqslant\mu)\end{cases}$$

5.4 极限分布与平稳分布

作为本章的最后一节，我们将讨论连续时间马氏链的状态空间的分解、状态分类、极限分布与平稳分布等方面的问题. 这其中，马氏链的 h 离散骨架（见定义 5.1.2）是一个重要的工具. 我们先来看下面的定义：

定义 5.4.1 设 $\{X(t),t\geqslant 0\}$ 为连续时间马氏链，对任意状态 $i,j\in S$，若存在 $t>0$，使得 $p_{ij}(t)>0$，则称从 i 可到达 j，记为 $i\to j$. 若 $i\to j$ 与 $j\to i$ 同时成立，则称 i 与 j 为互达（或互通）的，并记为：$i\leftrightarrow j$. 由定理 5.1.1 可知，对 $\forall i\in S$，$t>0$，有 $p_{ii}(t)>0$，因此对任意状态 i，总有 $i\leftrightarrow i$. 这点与离散时间马氏链有所不同（在离散时间马氏链，$i\leftrightarrow i$ 仅仅是人为的约定）. 容易验证互达关系为一等价关系，且按这种关系可将马氏链的状态空间 S 划分为互不相交的等价类. 若整个 S 就是一个等价类，则该马氏链称为不可约的.

显然，上述定义的内容与离散时间马氏链的相应定义差不多是完全相同的. 而且，建立在可达和互达关系上的一些其他概念（如本质状态，闭集等）也都可以直接搬过来使用. 但是，若想探讨更深层次的问题如常返与非常返、正常返与零常返、极限分布与平稳分布等，则必须借助于马氏链的离散骨架.

定理 5.4.1　设 $\{X(t),t\geqslant 0\}$ 为一连续时间马氏链，$i,j\in S$ 为其任意状态，则下列命题等价:

(1) 由 i 可到达 j;

(2) 对 X 的任意 h 骨架 $\{X_n(h),n\geqslant 0\}=\{X(nh),n\geqslant 0\}$，由 i 可到达 j;

(3) 对 X 的某一 h 骨架 $\{X_n(h),n\geqslant 0\}$，由 i 可到达 j（记为 $i\xrightarrow{h}j$）.

证明　(2) $\Rightarrow$ (3) $\Rightarrow$ (1) 是显然的，只要证明 (1) $\Rightarrow$ (2). 事实上，设有 $t>0$，使得 $p_{ij}(t)>0$. 对任意的 $h>0$，取 n 充分大使 $nh>t$，则由定理 5.1.1 的 (3) 可知有 $p_{ij}(nh)>0$，亦即 $i\xrightarrow{h}j$，再由 h 的任意性即知 (2) 成立. □

上述定理说明：从状态 i 是否可以到达状态 j 以及 i 与 j 是否可以互通，对于连续时间马氏链与其全部离散骨架来说，两者的结论是完全一致的. 因而两者的状态划分（即等价类的划分）也是一致的. 这就启发我们可以用其离散骨架的状态分类，来引导出连续时间马氏链自身的状态分类. 例如我们可以证明下面的定理:

定理 5.4.2　设 $X=\{X(t),t\geqslant 0\}$ 为一连续时间马氏链，$i\in S$ 为其任一状态，若

$$\int_0^{+\infty}p_{ii}(t)\mathrm{d}t=+\infty \tag{5.4.1}$$

则对一切 $h>0$，有

$$\sum_{n=0}^{+\infty}p_{ii}(nh)=+\infty \tag{5.4.2}$$

反之，若对某一个 $h>0$，式 (5.4.2) 成立，则式 (5.4.1) 必成立.

（证明见参考文献 [5] 的 3.4 节.）

由定理 4.3.2 可知：式 (5.4.2) 成立是离散时间马氏链 $\{X(nh),n\geqslant 0\}$ 的状态 i 为常返的充要条件. 由此，我们可以给出下面的定义:

定义 5.4.2　设 $\{X(t),t\geqslant 0\}$ 为一连续时间马氏链，$i\in S$ 为其任一状态，若有 $\int_0^{+\infty}p_{ii}(t)\mathrm{d}t=+\infty$，则称 i 为常返状态；否则，称 i 为非常返状态.

再考虑连续时间马氏链的极限. 由定理 5.1.1 可知，对于所有的 $h>0$，$n\in\mathbf{N}$ 以及任意状态 $i\in S$，都有 $p_{ii}(nh)>0$，这说明对于马氏链的每一个离散

h 骨架，任何状态 i 都是非周期的. 从而由第 4 章中的定理 4.5.2 及推论 4.5.4 可知，对于 $\forall i,j\in S$，$\forall h>0$，极限 $\lim\limits_{n\to+\infty}p_{ij}(nh)=\pi_{ij}$ 总存在. 因此，对于连续时间马氏链，就无需引入周期的概念（或者说，其每个状态都可以视为非周期的），而且同时因周期性存在而造成的一些影响收敛性的麻烦（见第 4 章）也消除了，我们可以证明下面的定理：

定理 5.4.3 对于连续时间马氏链 $\{X(t),t\geqslant 0\}$ 及任意状态 $i,j\in S$，下述极限总存在：

$$\lim_{t\to+\infty}p_{ij}(t)=\pi_{ij}\quad(\forall i,j\in S)\tag{5.4.3}$$

且

$$\pi_{ij}=\lim_{n\to+\infty}p_{ij}(nh)\quad(\forall h>0,\forall i,j\in S)\tag{5.4.4}$$

（证明见参考文献 [5] 的 3.4 节.）

若 i 为常返状态，由上述定理知有

$$\lim_{t\to+\infty}p_{ii}(t)=\pi_{ii}=\lim_{n\to+\infty}p_{ii}(nh)\quad(\forall h>0)\tag{5.4.5}$$

因此，当 $\pi_{ii}>0$ 时，i 为 h 骨架 $\{X(nh),n\geqslant 0\}$（离散时间马氏链）的正常返状态，当 $\pi_{ii}=0$ 时，i 为 $\{X(nh),n\geqslant 0\}$ 的零常返状态. 由此可给出下面的定义：

定义 5.4.3 设 i 为连续时间马氏链的常返状态，若 $\lim\limits_{t\to+\infty}p_{ii}(t)=\pi_{ii}>0$，则 i 称为正常返状态；若 $\pi_{ii}=0$，则 i 称为零常返状态.

下面给出平稳分布的定义：

定义 5.4.4 概率分布 $\pi=\{\pi_j,j\in S\}=(\pi_0,\pi_1,\pi_2,\cdots,\pi_j,\cdots)$ 称为连续时间马氏链 $\{X(t),t\geqslant 0\}$ 的平稳分布，若对一切 $t>0$，它满足

$$\pi_j=\sum_{i\in S}\pi_i p_{ij}(t)\quad(\forall j\in S,t>0)\tag{5.4.6}$$

或用矩阵符号表为

$$\pi=\pi P(t)\quad(t>0)\tag{5.4.7}$$

注 (1) 上述定义表明：π 为 X 的平稳分布，相当于 π 为 X 的所有 h 骨架 $\{X(nh),n\geqslant 0\}(\forall h>0)$ 的平稳分布.

(2) 至此，我们可以将离散时间马氏链的许多结论都照搬到连续时间马氏链的场合中来，诸如：有限状态的（连续时间）马氏链必然存在常返状态，且所有常返状态必为正常返；有限不可约马氏链的状态空间为一正常返等价类（而且还是遍历的）；一个不可约马氏链为正常返的充要条件是它存在平稳分布 $\pi=\{\pi_j,j\in S\}$（即满足式 (5.4.6)），且此时 π 即为该马氏链的极限分布，即有

$$\pi_j=\lim_{t\to+\infty}p_{ij}(t)\quad(\forall i,j\in S)$$

等等. 这些结论，我们均可仿照离散时间马氏链的相应方法加以证明.

需要注意的是，在连续时间马氏链中，虽然对于任何状态 $i,j\in S$，极限 $\lim\limits_{t\to+\infty}p_{ij}(t)=\pi_{ij}$ 必然存在，但一般而言，极限 $\pi_{ij}(j\in S)$ 未必能构成一个概率分布，试看下例：

例 5.4.1　设 $\{N(t),t\geqslant 0\}$ 是强度为 λ 的泊松过程，我们在例 5.1.1 中已经证明它是一个连续时间马氏链，且已求出其转移概率函数为

$$p_{ij}(t)=\begin{cases}\dfrac{(\lambda t)^{j-i}}{(j-i)!}\mathrm{e}^{-\lambda t} & (j\geqslant i)\\ 0 & (j<i)\end{cases}\qquad(t\geqslant 0)$$

易见对 $\forall i,j\in S$，有

$$\pi_{ij}=\lim_{t\to+\infty}p_{ij}(t)=0\quad(\forall i,j\in S)$$

我们来分析一下泊松过程的状态分类，首先，它不是不可约的. 因为，对于任何 $j<i$，恒有 $p_{ij}(t)=0\ (t\geqslant 0)$. 事实上，其每一个状态自成一个等价类. 而且，由 $\int_0^{+\infty}p_{ii}(t)\mathrm{d}t=\int_0^{+\infty}\mathrm{e}^{-\lambda t}\mathrm{d}t=\dfrac{1}{\lambda}<+\infty$ 可知，其任何状态皆是非常返的. 显然，这与前面定义 5.4.4 的注 (2) 中提到的（极限分布存在的）充分条件“不可约，正常返”相差太远了. 纯生过程亦与此相类（例如可以考察例 5.2.4 的尤尔过程）.

满足该充分条件的例子可考虑例 5.3.1，两状态的马氏链，最简单的生灭过程. 我们已求出其转移概率矩阵 $P(t)$（见该例），显然它是不可约、正常返的 ($\int_0^{+\infty}p_{ii}(t)\mathrm{d}t=+\infty$)，而且容易求出其极限分布

$$\pi_0=\frac{\mu}{\lambda+\mu},\quad \pi_1=\frac{\lambda}{\lambda+\mu}\tag{5.4.8}$$

并且，$\pi=(\pi_0,\pi_1)$ 也正好是该马氏链的平稳分布（容易验证）.

这也是我们在本章考虑极限分布与平稳分布的主要场合. 因此，有必要将前述注 (2) 中的结论写成一条定理：

定理 5.4.4 一个不可约的（连续时间）马氏链为正常返的充要条件，是它存在平稳分布 $\pi=\{\pi_j, j\in S\}$（即满足式 (5.4.6)），且此时 π 即为该马氏链的极限分布：

$$\pi_j=\lim_{t\to+\infty}p_{ij}(t)\quad(\forall i,j\in S)\tag{5.4.9}$$

为求平稳分布与极限分布，我们再给出一条更实用的定理：

定理 5.4.5 规则不可约马氏链为正常返的充要条件是方程组

$$\sum_{i\in S}z_i q_{ij}=0\quad(\forall j\in S)\tag{5.4.10}$$

有非零非负收敛解：$\{z_j, j\in S\}$. 此时，若记 $\pi_j=z_j\Big/\sum\limits_{i\in S}z_i\ (\forall j\in S)$，则 $\pi=\{\pi_j, j\in S\}$ 即为该马氏链的平稳分布（亦是极限分布）.

(证明见参考文献 [5] 的 3.4 节）.

注 若记 $\pi=\{\pi_j, j\in S\}=(\pi_0,\pi_1,\pi_2,\cdots,\pi_j,\cdots)$，则上述定理中的充要条件可写为

$$\pi Q=0\ (\text{行向量}),\quad \pi_j\geqslant 0\ (j\in S),\quad \sum_{j\in S}\pi_j=1\tag{5.4.11}$$

在此，我们又一次见证了转移率矩阵 Q 所起的重要作用（第一次是在柯尔莫哥洛夫微分方程的矩阵表达式中）.

最后我们来看两个例子：

例 5.4.2 (生灭过程) 我们继续考虑例 5.2.3 的生灭过程，并假定它是规则的，即满足式 (5.3.9).

由生灭过程的转移机制式 (5.2.16) 可知，因所有 $\lambda_i>0\ (i\geqslant 0)$ 及所有 $\mu_i>0\ (i\geqslant 1)$，故有

$$i\to i+1\ (i\geqslant 0)\quad \text{及}\quad i\to i-1\ (i\geqslant 1)$$

从而由互达关系“$\leftrightarrow$”的传递性可知，对任二状态 $i,j\in S$，有 $i\leftrightarrow j$，即生灭过程是不可约的. 为了考察它何时为正常返以及其平稳分布为何，我们利用定理

5.4.5，考虑线性方程组

$$\pi Q=0,\quad \sum_{j\in S}\pi_j=1$$

得到

$$\begin{cases}-\lambda_0\pi_0+\mu_1\pi_1=0\\ \lambda_{n-1}\pi_{n-1}-(\lambda_n+\mu_n)\pi_n+\mu_{n+1}\pi_{n+1}=0\quad(n\geqslant 1)\end{cases}\tag{5.4.12}$$

$$\sum_{n=0}^{+\infty}\pi_n=1\tag{5.4.13}$$

由式 (5.4.12) 解得

$$\mu_n\pi_n-\lambda_{n-1}\pi_{n-1}=0\quad(n\geqslant 1)$$

从而有

$$\pi_n=\frac{\lambda_{n-1}}{\mu_n}\pi_{n-1}=\frac{\lambda_{n-1}\lambda_{n-2}}{\mu_n\mu_{n-1}}\pi_{n-2}=\cdots=\frac{\lambda_{n-1}\cdots\lambda_0}{\mu_n\cdots\mu_1}\pi_0\quad(n\geqslant 1)\tag{5.4.14}$$

将它们代入式 (5.4.13) 解得

$$\pi_0\left(1+\sum_{n=1}^{+\infty}\frac{\lambda_0\cdots\lambda_{n-1}}{\mu_1\cdots\mu_n}\right)=1$$

由此得到生灭过程为不可约正常返的充要条件是

$$\sum_{n=1}^{+\infty}\frac{\lambda_0\cdots\lambda_{n-1}}{\mu_1\cdots\mu_n}<+\infty\tag{5.4.15}$$

而此时平稳分布（也是极限分布）即为

$$\pi_0=\frac{1}{\left(1+\sum_{n=1}^{+\infty}\frac{\lambda_0\cdots\lambda_{n-1}}{\mu_1\cdots\mu_n}\right)},\quad \pi_n=\frac{\lambda_0\cdots\lambda_{n-1}}{\mu_1\cdots\mu_n}\pi_0\quad(n\geqslant 1)\tag{5.4.16}$$

例 5.4.3　(M/M/s 排队系统) 在 M/M/s 排队系统中，顾客到来的时间间隔服从相同的指数分布（泊松流），参数设为 λ. 单个顾客的服务时间也服从指数分布，参数设为 μ. 共有 s 个服务员，按先来先服务的原则接待顾客. 我们现以 $X(t)$ 表示时刻 t 系统中总的顾客数，包括正在接受服务的顾客数 $(\leqslant s)$ 与正在

排队的顾客数（若有的话）. $\{X(t),t\geqslant 0\}$ 为一连续时间马氏链，现在我们来求其转移机制. 先考虑概率 $p_{01}(h)=P\{X(t+h)=1|X(t)=0\}$（$h>0$，充分小）这种情况说明在小时段 $(t,t+h]$ 中恰有一位顾客到达，或者说这位顾客的到达间隔 $\tau\leqslant h$. 由于 $\tau\sim Exp(\lambda)$，故由第 1 章式 (1.5.5) 可知有

$$
\begin{aligned}
&p_{01}(h)=P\{X(t+h)=1|X(t)=0\}=P\{\tau\leqslant h\}=\lambda h+o(h)\\
&p_{00}(h)=P\{\tau>h\}=1-\lambda h+o(h)
\end{aligned}
$$

当 $1\leqslant i\leqslant s$ 时，有

$$p_{i,i+1}(h)=\lambda h+o(h)$$

$$p_{i,i-1}(h)=i\mu h+o(h)$$ （在小时段中减少的那位顾客，必是 i 个正在接受服务的顾客中服务时间最短的，因此其服务时间服从指数分布 $Exp(i\mu)$，参见式 (1.5.6) .）

$$p_{ii}(h)=1-(\lambda+i\mu)h+o(h)$$ （理由类上）

当 $i\geqslant s+1$ 时，恒有

$$
\begin{aligned}
&p_{i,i+1}(h)=\lambda h+o(h)\\
&p_{i,i-1}(h)=s\mu h+o(h)\\
&p_{i,i}(h)=1-(\lambda+s\mu)h+o(h)
\end{aligned}
$$ （因为至多只有 s 个顾客接受服务）

由此可以写出转移率矩阵

$$
Q=\begin{array}{c}0\\1\\2\\\vdots\\s\\s+1\\\vdots\end{array}
\begin{pmatrix}
-\lambda & \lambda & 0 & 0 & \cdots & 0 & 0 & 0 & \cdots\\
\mu & -(\lambda+\mu) & \lambda & 0 & \cdots & 0 & 0 & 0 & \cdots\\
0 & 2\mu & -(\lambda+2\mu) & \lambda & \cdots & 0 & 0 & 0 & \cdots\\
\vdots & \vdots & \vdots & \vdots & \vdots & \vdots & \vdots & \vdots & \vdots\\
0 & 0 & 0 & 0 & \cdots & s\mu & -(\lambda+s\mu) & \lambda & \cdots\\
0 & 0 & 0 & 0 & \cdots & 0 & s\mu & -(\lambda+s\mu) & \cdots\\
\vdots & \vdots & \vdots & \vdots & \vdots & \vdots & \vdots & \vdots & \vdots
\end{pmatrix}
\tag{5.4.17}
$$

显然这是一个生灭过程，相当于在式 (5.2.16) 中取 $\lambda_i\equiv\lambda$ $(i\geqslant 0)$， $\mu_i=i\mu$ $(1\leqslant i\leqslant s)$， $\mu_i\equiv s\mu$ $(i>s)$. 考察式 (5.3.9) 可知，它是规则的.

又由例 5.4.2 知它也是不可约的，并且利用式 (5.4.15) 与式 (5.4.16) 可以推知它为正常返的充要条件为：$\lambda < s\mu$ 或 $\dfrac{\lambda}{\mu} < s$. 而其平稳分布（亦为其极限分布）为

$$\pi_i = \begin{cases} \dfrac{1}{i!}\Big(\dfrac{\lambda}{\mu}\Big)^i \pi_0 & (i = 1, 2, \cdots, s) \\ \dfrac{s^s}{s!}\Big(\dfrac{\lambda}{s\mu}\Big)^i \pi_0 & (i = s+1, s+2, \cdots) \end{cases} \tag{5.4.18}$$

而

$$\pi_0 = \Big[\sum_{i=0}^{s} \frac{1}{i!}\Big(\frac{\lambda}{\mu}\Big)^i + \sum_{i=s+1}^{+\infty} \frac{s^s}{s!}\Big(\frac{\lambda}{s\mu}\Big)^i\Big]^{-1} \tag{5.4.19}$$

最后我们给出更为一般的马氏过程的一个定义，作为本章的结束：

定义 5.4.5　设随机过程 $\{X(t), t \geqslant 0\}$ 的参数集合 $T = [0, +\infty)$，状态空间为 $S \subseteq R$，若对任何一列时间 $0 \leqslant t_0 < t_i < \cdots < t_n < t$，状态 $x_0, x_1, \cdots, x_n \in S$ 及任意实数 $x \in R$，都有：

$$P\{X(t) \leqslant x | X(t_0) = x_0, \cdots, X(t_n) = x_n\} = P\{X(t) \leqslant x | X(t_n) = x_n\} \tag{5.4.20}$$

则称 $\{X(t), t \geqslant 0\}$ 为一马氏过程. 若上式右端的条件概率仅与 $t - t_n$ 有关而与 t_n 无关，则该马氏过程称为时齐的（或齐次的）.

习　题　5

5.1　设顾客按速率为 λ 的泊松过程来到一理发店，且设在初始时刻 $t = 0$ 已有一位顾客. 每个顾客相互独立地以概率 p 为男性，以概率 $q = 1 - p$ 为女性，令：

$$X(t) = \begin{cases} 0, & \text{到时刻 } t \text{ 为止最后来到的顾客为男性} \\ 1, & \text{到时刻 } t \text{ 为止最后来到的顾客为女性} \end{cases}$$

则 $\{X(t), t \geqslant 0\}$ 为马氏链，试写出其转移率矩阵 Q.

5.2 无穷多个服务员的排队系统. 假定顾客按强度为 λ 的泊松过程到达，服务员数量巨大，可理想化为无穷多个人. 顾客一到就与其他顾客相互独立地接受服务，并设在时间 h 内完成服务的概率近似为 αh. 现以 $X(t)$ 表示时刻时 t 正在接受服务的顾客总数，试建立此过程的转移机制模型.

5.3 设某生物群体中每个个体的寿命均服从参数为 λ 的指数分布. 一个个体死亡时有 k 个个体接续的概率为 $p_k(k=0,1,2,\cdots)$ 且各个个体后代的状况互相独立. 现以 $X(t)$ 表示时刻 t 群体中个体的总数，则 $\{X(t),t\geqslant 0\}$ 是马氏链，试写出其密度矩阵 Q.

5.4 设 $\{X(t),t\geqslant 0\}$ 为纯生过程，且有

$$P\{X(t+h)-X(t)=1|X(t)\text{为奇数}\}=\alpha h+o(h)$$
$$P\{X(t+h)-X(t)=1|X(t)\text{为偶数}\}=\beta h+o(h)$$

及 $X(0)=0$，试分别求事件“$X(t)$ 为偶数”与“$X(t)$ 为奇数”的概率.

5.5 考虑有限状态（$S=\{0,1,2,\cdots,N\}$）的纯生过程 $\{X(t),t\geqslant 0\}$，假定 $X(0)=0$ 及（对充分小的 $h>0$）有

$$P\{X(t+h)-X(t)=1|X(t)=k\}=\lambda_k h+o(h)$$

其中 $\lambda_k=(N-k)\lambda$ $(\lambda>0,k=0,1,2,\cdots,N)$. 试求 $P_k(t)=P\{X(t)=k\}$ $(k=1,2,3,\cdots,N)$.

5.6 设状态空间为 $S=\{0,1,2,\cdots,N\}$ 的生灭过程 $\{X(t),t\geqslant 0\}$ 的出生率与死亡率分别为

$$\lambda_k=(N-k)\lambda,\quad \mu_k=k\mu\quad (\lambda,\mu>0,k=0,1,2,\cdots,N)$$

设 $X(0)=0$，证明：

$$P_k(t)=P\{X(t)=k\}=\binom{N}{k}p_t^k(1-p_t)^{N-k}\quad (k=0,1,2,\cdots,N)$$

其中 $p_t=\dfrac{\lambda}{\lambda+\mu}-\dfrac{\lambda}{\lambda+\mu}\mathrm{e}^{-(\lambda+\mu)t}$.

5.7 在某化学反应中，分子 A 与 B 发生反应生成分子 C. 假定在充分小时段 h 内一个分子 A 与 B 接近到能发生反应的概率与 h 及 A、B 当前的分子数成正比，并假定在反应开始时 A，B 的分子数相同. 若记 $X(t)$ 为时刻 t A 分子的数目，试建立 $\{X(t),t\geqslant 0\}$ 的转移机制模型.

5.8 证明：在纯灭过程中，从状态 $i>0$ 出发到被状态 0 吸收（灭种）的平均时间为 $\dfrac{1}{\mu_1}+\dfrac{1}{\mu_2}+\cdots+\dfrac{1}{\mu_i}$.

5.9 一个由 N 个部件组成的循环装置，从 $C_1,C_2,\cdots$ 到 C_N 顺时针方向排列. 第 k 个部件持续工作的时间服从参数为 λ_k 的指数分布，一旦它停止工作，顺时针方向的下一个部件就立即接替它开始运行. 假定各部件及同一部件的不同次运行之间都相互独立，记 $X(t)$ 为时刻 t 正在运行的部件的序号，试写出转移机制模型及转移概率所满足的微分方程. 当 $N=2,\lambda_1=\lambda_2=1$ 且初始状态为 1 时，试求解 $p_{11}(t)$ 及 $p_{12}(t)$.

5.10 两个通信卫星放入轨道，每个卫星的寿命均服从参数为 μ 的指数分布. 一旦某卫星失效就再放入一颗新卫星替换它，其所需的准备及发射时间服从参数为 λ 的指数分布. 记 $X(t)$ 为时刻 t 在轨道中工作的卫星数，则 $\{X(t),t\geqslant 0\}$ 为一连续时间马氏链（状态空间 $S=\{0,1,2\}$），试建立其柯尔莫哥洛夫向前、向后微分方程.

5.11 一个加油站每次仅给一辆汽车加油，加油的时间服从参数为 μ 的指数分布，且各辆汽车的加油时间相互独立. 加油汽车按速率为 λ 的泊松过程来到加油站，但当一辆汽车来到加油站发现站里已有 n 辆汽车时，它以概率 $\dfrac{n}{n+1}$ 立即离去，而以概率 $\dfrac{1}{n+1}$ 留下来排队. 记 $X(t)$ 为时刻 t 加油站中的汽车数，证明：$\{X(t),t\geqslant 0\}$ 为不可约正常返的马氏链，并求出其平稳分布（亦为极限分布）.

5.12 设在生灭过程 $\{X(t),t\geqslant 0\}$ 模型中，$\lambda_n=n\lambda+a(n\geqslant 0,\lambda,a>0)$，$\mu_n=n\mu(n\geqslant 1,\mu>0)$（见例 5.3.2）. 证明：当 $\lambda<\mu$ 时，该马氏链为不可约正常返的，且此时平稳分布为

$$\begin{cases}\pi_0=\left(1-\dfrac{\lambda}{\mu}\right)^{\frac{a}{\lambda}}\\ \pi_n=\dfrac{1}{n!}\dfrac{a}{\lambda}\left(\dfrac{a}{\lambda}+1\right)\cdots\left(\dfrac{a}{\lambda}+n-1\right)\left(\dfrac{\lambda}{\mu}\right)\left(1-\dfrac{\lambda}{\mu}\right)^{\frac{a}{\lambda}}\quad(n\geqslant 1).\end{cases}$$

5.13 设 $\delta_t=t-W_{N(t)}$ 为更新过程的现龄. 证明：$\{\delta_t,t\geqslant 0\}$ 为一马氏过程，并求其转移分布函数：$F(y;t,x)=P\{\delta_{s+t}\leqslant y|\delta_s=x\}$ 及 $\lim\limits_{t\to+\infty}P\{\delta_t>z\}$.

第 6 章　平稳过程

平稳过程的两个基本概念"严格平稳"与"宽平稳"(又称"二阶矩平稳")我们在第 1 章中就已作了介绍(见 1.7 节). 所谓的"平稳"性可以理解为过程的概率规律不随时间起点的改变而改变(或者说关于时间是齐次的). 这个概念描述了无固定时间起点(或空间原点)的随机系统的特性, 对于诸如通信理论、天文学、生物学以及经济学中出现的大量过程, 这种模型是适当的. "平稳"的概念亦广泛渗透到随机过程的其他分支, 例如: 泊松过程具有平稳增量性、时齐的马氏过程具有平稳的转移概率等等.

本章我们将主要探讨宽平稳过程, 除了介绍有关的概念与例子外, 将重点讨论平稳过程的遍历性定理、谱表示理论和预报理论等内容.

6.1　定义与例子

本章中假定时间参数集合 T 关于加法是封闭的, 即对于任何 $t_1, t_2 \in T$, 必有 $t_1 + t_2 \in T$. T 通常可取全体非负整数 $\mathbf{N}_0 = \{0, 1, 2, \cdots\}$ 或者全体整数 $\mathbf{Z} = \{\cdots, -2, -1, 0, 1, 2, \cdots\}$, 在连续数集的场合 T 通常取 $[0, +\infty)$ 或 $\mathbf{R} = (-\infty, +\infty)$.

下面两条定义在第 1 章的 1.7 节中已经出现过了:

定义 6.1.1　(严平稳) 设 $X = \{X(t), t \in T\}$ 为一随机过程, 若对任意

$t_1,t_2,\cdots,t_n\in T$及$h\in\mathbf{R}$ $(t_i+h\in T,i=1,2,\cdots,n)$ 都有:

$$(X(t_1+h),X(t_2+h),\cdots,X(t_n+h))\overset{\mathrm{d}}{=}(X(t_1),X(t_2),\cdots,X(t_n))\quad(\forall n\geqslant 1)\tag{6.1.1}$$

则称 $X=\{X(t),t\in T\}$ 为一严格平稳（严平稳）的过程.

注 符号“$\overset{\mathrm{d}}{=}$”的含义为“同分布”.

定义 6.1.2 （宽平稳）设有随机过程 $X=\{X(t),t\in T\}$，若 $X(t)$ 的二阶矩存在并满足: X 的均值 $\mu_X(t)=E(X(t))$ 等于一常数 m，而其协方差函数 $C_X(s,t)=\mathrm{Cov}(X(s),X(t))=E(X(s)-m)(X(t)-m)$ 仅与时间差 $s-t\triangleq\tau$ 有关，则称 X 为一宽平稳或二阶矩平稳的过程（也有称之为“弱平稳”和“广义平稳”的）.

注 我们在 1.7 节中曾经提到过: 宽平稳过程的协方差函数可以表为时间差的函数，即有

$$C_X(s,t)=C_X(s-t,0)\triangleq R_X(s-t)=R_X(\tau)=R(\tau)\tag{6.1.2}$$

且 $R(\tau)$ 为关于 τ 的偶函数. 又

$$\sigma_X^2(t)=C_X(t,t)=R_X(0)\triangleq\sigma^2\tag{6.1.3}$$

即宽平稳过程的方差也是一个常数. 这些都是宽平稳过程的很重要的特征.

严平稳的条件是比较苛刻的，它要求过程的全部有限维分布都不会随着时间的平移而改变，而宽平稳的要求则要宽松得多. 容易推知，一个严平稳过程如果其二阶矩有限的话，则它必为宽平稳的. 因此简单地说，宽平稳的概念相当于抽取了严平稳过程的一、二阶矩（若存在的话）的特征而形成. 然而这两种平稳也有等价的时候，试看下面的命题:

命题 6.1.1 设 $G(t)=\{G(t),t\in\mathbf{R}\}$ 为一高斯过程（见第 1 章例 1.6.3），则 G 为严平稳的充分必要条件是它为宽平稳的.

证明 （必要性）对于 $\forall t\in\mathbf{R}$，由于 $G(t)\sim N(\mu_G(t),\sigma_G^2(t))$，故 $G(t)$ 的二阶矩有限，即 G 为一二阶矩过程（见 1.7 节）. 加上它是严平稳的，从而容易推知它是宽平稳的.

（充分性）对于任意 n 个时点 $t_1<t_2<\cdots<t_n$及 $h\in\mathbf{R}$，则 $(G(t_1),G(t_2),\cdots,G(t_n))$与$(G(t_1+h),G(t_2+h),\cdots,G(t_n+h))$ 均服从 n 维正态分布. 由

于 n 维正态分布由其均值向量与协方差矩阵唯一确定（见 1.5 节），故下面我们来考虑二者的均值向量与协方差矩阵是否对应相等.

因为 G 为宽平稳的，故有

$$\begin{aligned}\boldsymbol{\mu_2} &= (\mu_G(t_1+h),\mu_G(t_2+h),\cdots,\mu_G(t_n+h)) = (m,m,\cdots,m)\\ &= (\mu_G(t_1),\mu_G(t_2),\cdots,\mu_G(t_n)) = \boldsymbol{\mu_1}\end{aligned}$$

而

$$C_2 = (C_G(t_i+h,t_j+h))_{n\times n} = (R_G(t_i-t_j))_{n\times n} = (C_G(t_i,t_j))_{n\times n} = C_1$$

故而有

$$(G(t_1+h),G(t_2+h),\cdots,G(t_n+h)) \overset{\mathrm{d}}{=} (G(t_1),G(t_2),\cdots,G(t_n)) \quad (\forall n\in\mathbf{N})$$

即 G 为严平稳的. □

今后我们提到平稳过程，若不作特别说明，一般即是指宽平稳过程. 下面来看一些例子.

例 6.1.1 设 $X=\{X_n,n\geqslant 0\}$ 为一离散时间马氏链，若其初始分布 $\pi(0)=\{\pi_j,j\in S\}$（其中 $\pi_j=P\{X_0=j\},j\in S$）为一平稳分布，即满足

$$\pi_j=\sum_{i\in S}\pi_i p_{ij} \quad (\forall j\in S)$$

则可以证明 X 为一严格平稳的随机过程（随机序列），其证明可参见第 4 章定义 4.5.1 的注 (3).

例 6.1.2 设 $X=\{X_n,n\in\mathbf{Z}\}$ 为一随机序列，满足条件：$EX_n=0$ $(n\in\mathbf{Z})$, $EX_mX_n=\delta_{mn}\sigma^2$，其中 $\sigma^2>0$，而 $\delta_{mn}=\begin{cases}1 & (m=n)\\ 0 & (m\neq n)\end{cases}$. 即 $\{X_n,n\in\mathbf{Z}\}$ 为两两不相关的. 容易写出其协方差函数为

$$C_X(m,n)=\begin{cases}\sigma^2 & (m=n)\\ 0 & (m\neq n)\end{cases}=R(\tau)=\begin{cases}\sigma^2 & (\tau=0)\\ 0 & (\tau\neq 0)\end{cases} \quad (\tau\in\mathbf{Z}) \tag{6.1.4}$$

显然，$X=\{X_n,n\in\mathbf{Z}\}$ 为（宽）平稳的. X 常被称为白噪声序列.

例 6.1.3 （随机简谐振动的叠加）设 ξ,η 的二阶矩有限，$E\xi=E\eta=0$, $E\xi^2=E\eta^2=\sigma^2$, ξ与η 不相关，即 $E\xi\eta=0$. 又设 $\omega\in[0,\pi]$ 为角频率，定义

$$X(t)=\xi\cos\omega t+\eta\sin\omega t\quad(t\in\mathbf{R})$$

$X=\{X(t),t\in\mathbf{R}\}$ 称为随机简谐振动，可以证明 X 为平稳的. 事实上

$$EX(t)=\cos\omega tE\xi+\sin\omega tE\eta\equiv 0\quad(t\in\mathbf{R})$$

而

$$\begin{aligned}C_X(t+\tau,t)&=EX(t+\tau)X(t)=E[\xi\cos\omega(t+\tau)+\eta\sin\omega(t+\tau)][\xi\cos\omega t+\eta\sin\omega t]\\&=(E\xi^2)\cos\omega(t+\tau)\cos\omega t+(E\eta^2)\sin\omega(t+\tau)\sin\omega t\\&=\sigma^2\cos\omega\tau=R(\tau)\end{aligned}\tag{6.1.5}$$

故 X 为平稳的.

更一般地，设 $\xi_0,\xi_1,\cdots,\xi_m;\eta_0,\eta_1,\cdots,\eta_m$ 为两两不相关的二阶矩变量（即其二阶矩有限），且满足 $E\xi_i=E\eta_i=0$, $E\xi_i^2=E\eta_i^2=\sigma_i^2$ $(i=0,1,2,\cdots,m)$，又设 $\omega_0,\omega_1,\cdots,\omega_m\in[0,\pi]$ 为两两不同的角频率，定义

$$X(t)=\sum_{i=0}^{m}(\xi_i\cos\omega_i t+\eta_i\sin\omega_i t)\quad(t\in\mathbf{R})$$

则易见：$EX(t)\equiv 0(t\in\mathbf{R})$，且类似于式 (6.1.5) 可推得

$$C_X(t+\tau,t)=EX(t+\tau)X(t)=\sum_{i=0}^{m}\sigma_i^2\cos\omega_i\tau=R_X(\tau)$$

从而可知 $X=\{X(t),t\in\mathbf{R}\}$ 亦为平稳.

例 6.1.4 （滑动平均序列）设 $\varepsilon_n,(n\in\mathbf{Z})$ 为一列两两不相关且有相同均值 m 与方差 σ^2 的随机变量，$a_1,a_2,\cdots,a_k\in\mathbf{R}$ 为 k 个实数，定义

$$X_n=a_1\varepsilon_n+a_2\varepsilon_{n-1}+\cdots+a_k\varepsilon_{n-k+1}\quad(n\in\mathbf{Z},k\text{为一固定的自然数})$$

$X=\{X_n,n\in\mathbf{Z}\}$ 称为滑动平均序列，试考虑 X 的平稳性.

易见：$EX_n\equiv m(a_1+a_2+\cdots+a_k)(n\in\mathbf{Z})$. 又对于 $\tau=0,1,2,\cdots$ 有

$$C_X(n+\tau,n)=E(X_{n+\tau}-EX_{n+\tau})(X_n-EX_n)$$

$$
\begin{aligned}
&= E[a_1(\varepsilon_{n+\tau}-m)+\cdots+a_k(\varepsilon_{n+\tau-k+1}-m)] \\
&\qquad [a_1(\varepsilon_n-m)+\cdots+a_k(\varepsilon_{n-k+1}-m)] \\
&= E[a_1\xi_{n+\tau}+\cdots+a_k\xi_{n+\tau-k+1}][a_1\xi_n+\cdots+a_k\xi_{n-k+1}] \qquad (6.1.6)
\end{aligned}
$$

（其中 $\xi_i=\varepsilon_i-m.$）注意到

$$
E\xi_i\xi_j=\begin{cases}\sigma^2 & (i=j)\\ 0 & (i\neq j)\end{cases}
$$

可推得

$$
\text{式}(6.16)=\begin{cases}\sigma^2(a_1a_{\tau+1}+a_2a_{\tau+2}+\cdots+a_{k-\tau}a_k) & (0\leqslant\tau\leqslant k-1)\\ 0 & (\tau\geqslant k)\end{cases}
$$

更一般地，若 $\tau\in\mathbf{Z}$，则有

$$
C_X(n+\tau,n)=\begin{cases}\sigma^2(a_1a_{|\tau|+1}+a_2a_{|\tau|+2}+\cdots+a_{k-|\tau|}a_k) & (|\tau|\leqslant k-1)\\ 0 & (|\tau|\geqslant k)\end{cases} \qquad (6.1.7)
$$

易见 $C_X(n+\tau,n)$ 仅与时间差 τ 有关而与 n 无关，故 X 为一平稳序列.

例 6.1.5 （随机电报信号）设电报信号流 $X=\{X(t),t\geqslant 0\}$ 为一随机过程，其中 $P\{X(t)=1\}=P\{X(t)=-1\}=\dfrac{1}{2}$ $(t\geqslant 0)$ 且在时段 $(t,t+\tau]$ 内正负信号变号的次数 $N(\tau)$ 服从参数为 $\lambda\tau$ 的泊松分布 $(\lambda,\tau>0)$，试讨论 X 的平稳性.

显然 $EX(t)\equiv 0$ $(t\geqslant 0)$, 又当 $\tau\geqslant 0$ 时，有

$$
\begin{aligned}
C_X(t,t+\tau)&=EX(t)X(t+\tau)\\
&=P\{\text{信号在}(t,t+\tau]\text{内变号偶数次}\}-P\{\text{信号在}(t,t+\tau]\text{内变号奇数次}\}\\
&=P(A_0)-P(A_1)
\end{aligned}
$$

其中

$$
P(A_0)=\sum_{k=0}^{+\infty}\frac{(\lambda\tau)^{2k}}{(2k)!}\mathrm{e}^{-\lambda\tau},\quad P(A_1)=\sum_{k=0}^{+\infty}\frac{(\lambda\tau)^{2k+1}}{(2k+1)!}\mathrm{e}^{-\lambda\tau}
$$

从而

$$
P(A_0)-P(A_1)=\mathrm{e}^{-\lambda\tau}\sum_{k=0}^{+\infty}\frac{(-\lambda\tau)^k}{k!}=\mathrm{e}^{-2\lambda\tau}\quad(\tau\geqslant 0)
$$

更一般地，当 $\tau\in\mathbf{R}$ 时，可以推得

$$C_X(t,t+\tau)=\mathrm{e}^{-2\lambda|\tau|}=R(\tau)\quad(\forall\tau\in\mathbf{R})$$

故 $X=\{X(t),t\geqslant 0\}$ 为平稳过程.

例 6.1.6　（ARMA 时间序列模型）设随机序列 $X=\{X_n,n\in\mathbf{Z}\}$ 满足

$$X_n=\alpha_1X_{n-1}+\alpha_2X_{n-2}+\cdots+\alpha_pX_{n-p}+\varepsilon_n\quad(n\in\mathbf{Z})$$

其中 $\{\varepsilon_n,n\in\mathbf{Z}\}$ 为一白噪声序列（见例 6.1.2），$\alpha_1,\alpha_2,\cdots,\alpha_p\in\mathbf{R}$，则 X 称为 p 阶自回归（autoregressive）时间序列模型，简记为 AR(p).

利用所谓后移算子 B（B 为线性算子，且满足：$BX_n=X_{n-1},B^2X_n=B(BX_n)=BX_{n-1}=X_{n-2}$，以及更一般地，对于任意自然数 k 有：$B^kX_n=X_{n-k}$，并约定：$B^0=1$），可将上式表为

$$(1-\alpha_1B-\alpha_2B^2-\cdots-\alpha_pB^p)X_n\triangleq\phi(B)X_n=\varepsilon_n\quad(n\in\mathbf{Z})\tag{6.1.8}$$

可以证明（如见参考文献 [11]）：当方程 $\phi(B)=0$ 的根都在单位圆以外（即 $|B|>1$）时，$X=\{X_n,n\in\mathbf{Z}\}$ 为平稳序列，且 X_n 可表为

$$X_n=\phi(B)^{-1}\varepsilon_n=\frac{1}{\phi(B)}\varepsilon_n\quad(n\in\mathbf{Z})$$

另一个重要的时间序列是滑动平均（moving average）模型. 称 $X=\{X_n,n\in\mathbf{Z}\}$ 为一 q 阶滑动平均时间序列模型（记为 MA(q)），若它满足

$$X_n=\varepsilon_n-\beta_1\varepsilon_{n-1}-\beta_2\varepsilon_{n-2}-\cdots-\beta_q\varepsilon_{n-q}\quad(n\in\mathbf{Z})$$

（其中 $\{\varepsilon_n,n\in\mathbf{Z}\}$ 仍为白噪声.）易见这就是前面例 6.1.4 中的滑动平均序列，因而它是平稳的. 利用后移算子 B 可将上式表为

$$X_n=(1-\beta_1B-\beta_2B^2-\cdots-\beta_qB^q)\varepsilon_n\triangleq\theta(B)\varepsilon_n\quad(n\in\mathbf{Z})\tag{6.1.9}$$

当 $\theta(B)=0$ 的根都在单位圆以外时，上式可表为

$$\varepsilon_n=\theta^{-1}(B)X_n=X_n/\theta(B)\quad(n\in\mathbf{Z})$$

进一步，还可以引入综合上述两种模型特点的更一般的时间序列，即著名的自回归–滑动平均混合模型（记为 ARMA(p,q)），利用后移算子可将它表示为

$$\phi(B)X_n=\theta(B)\varepsilon_n\quad(n\in\mathbf{Z})\tag{6.1.10}$$

当 $\phi(B)=0$ 与 $\theta(B)=0$ 的根均在单位圆以外时，相应的 $\{X_n,n\in\mathbf{Z}\}$ 为平稳序列，且上式可分别表示为

$$X_n=\phi(B)^{-1}\theta(B)\varepsilon_n=\frac{\theta(B)}{\phi(B)}\varepsilon_n\quad(n\in\mathbf{Z})$$

与

$$\frac{\phi(B)}{\theta(B)}X_n=\varepsilon_n\quad(n\in\mathbf{Z})$$

ARMA(p,q) 是经济预测中非常有用的时间序列模型.

下面我们把（宽）平稳的概念推广到复值随机过程：

定义 6.1.3 （复平稳）设 $X=\{X(t),t\in T\}$ 为一复值随机过程，即 $X(t)=X_1(t)+iX_2(t)$，其中 $X_1(t)$ 与 $X_2(t)$ 均为实过程，$i=\sqrt{-1},T\subseteq\mathbf{R}$. 若 $X(t)$ 的二阶矩有限（即 $E|X(t)|^2=E(X(t)\overline{X(t)})<+\infty$），并且满足：$EX(t)=m$ (复常数)，及 $C_X(s,t)\triangleq E(X(s)-m)\overline{(X(t)-m)}=R(s-t)=R(\tau)$，则称 X 为一复（值）平稳过程.

注 对于一个复平稳过程，其协方差函数可以表为时间差 τ 的（复）函数 $R(\tau)$，且有：$R(-\tau)=\overline{R(\tau)}$，这一点与实平稳过程明显不同.

例 6.1.7 设 $X=\{X(t),t\in\mathbf{R}\}$ 为一复值随机过程

$$X(t)=\sum_k \mathrm{e}^{it\lambda_k}\xi_k\quad(t\in\mathbf{R})\tag{6.1.11}$$

其中 λ_k $(k=1,2,3,\cdots)$ 为实数，随机变量 ξ_k 满足条件 $E\xi_k=0$ $(k=1,2,3,\cdots)$ 以及

$$\mathrm{Cov}(\xi_i,\xi_j)=E\xi_i\bar{\xi_j}=\begin{cases}\sigma_i^2 & (j=i)\\ 0 & (j\neq i)\end{cases}\quad\left(\sum_k\sigma_k^2<+\infty\right)\tag{6.1.12}$$

（即 $\xi_1,\xi_2,\cdots,\xi_k,\cdots$ 为两两互不相关的.）我们有

$$EX(t)=\sum_k \mathrm{e}^{it\lambda_k}E(\xi_k)=0$$

$$\begin{aligned}C_X(t+\tau,t)&=EX(t+\tau)\overline{X(t)}=E\left(\sum_k \mathrm{e}^{i(t+\tau)\lambda_k}\xi_k\right)\left(\sum_k \mathrm{e}^{-it\lambda_k}\overline{\xi_k}\right)\\&=\sum_k \mathrm{e}^{i\tau\lambda_k}\sigma_k^2=R(\tau)=\overline{R(-\tau)}\end{aligned}$$

故 $X=\{X(t),t\in\mathbf{R}\}$ 为复平稳的.

读者可能注意到了，当式 (6.1.11) 中的级数包含无限多个加项时，我们在上例中所用的方法（即随意交换求和与求期望两种运算的先后次序等）就显得不那么严格了. 这实际上牵涉到随机序列（及随机过程）的收敛与极限以及与此相关的一系列的分析（微积分）方面的问题. 为此，我们将在下一节简单介绍均方收敛与均方分析的初步知识，不仅为本章的内容服务，也为后面的章节（如第 8 章）作一些铺垫.

6.2　均方分析初步

（宽）平稳过程首先是个二阶矩过程，所以我们本节主要在二阶矩变量（二阶矩有限的随机变量）的范围内来讨论问题. 我们将定义二阶矩变量的范数、两个二阶矩变量之间的距离，并给出二阶矩过程的收敛（极限）、连续、导数、积分等一系列分析概念，这些概念可直接服务于接下来几节的内容，如平稳过程的遍历性理论和预报理论等，也可为后面第 8 章进一步的随机分析做一些准备. 本节的另一个主题是介绍高斯过程（也是二阶矩过程）的一些重要性质.

6.2.1　均方极限与均方分析初步

我们称随机变量 ξ 为一个二阶矩变量，若 $E\xi^2 < +\infty$. 虽然本章主要考虑实值随机过程，但将二阶矩变量的概念推广到复值场合并不会带来多少麻烦（有时反而会更方便）. 设 $\xi = \xi_1 + \mathrm{i}\xi_2$ 为一复值随机变量（其中 ξ_1 与 ξ_2 皆为实的），若有 $E|\xi|^2 = E(\xi\bar{\xi}) = E(\xi_1^2 + \xi_2^2) < +\infty$，则称 ξ 为一二阶矩变量. 显然，若 ξ 为实的，则 $E|\xi|^2 = E\xi^2$，这与实二阶矩变量的定义是一致的. 若 ξ 为一个二阶矩变量，则利用施瓦茨不等式 (1.2.20) 可以证明 ξ 的期望 $E\xi$ 亦存在（参见第 1 章命题 1.7.1）.

二阶矩变量的全体（包括复值的）记为 $\mathscr{L}$，利用下面的式 (6.2.5) 与式 (6.2.7) 可以证明 $\mathscr{L}$ 中的元素关于普通的加法与数乘是封闭的，即 $\mathscr{L}$ 构成一个线性空间. 下面我们先在 $\mathscr{L}$ 中引入内积，使之成为一个内积空间.

定义 6.2.1 对于任意两个二阶矩变量 ξ 与 η，我们定义它们的内积为

$$\langle\xi,\eta\rangle = E\xi\bar{\eta} \tag{6.2.1}$$

若 ξ 与 η 皆为实的，则

$$\langle\xi,\eta\rangle = E\xi\eta \tag{6.2.2}$$

易见内积具有下列性质：

(1) $\langle\xi,\eta\rangle = \overline{\langle\eta,\xi\rangle}$

（若 ξ,η 皆为实的，则有：$\langle\xi,\eta\rangle = \langle\eta,\xi\rangle$.）

(2) $\langle a\xi+b\eta,\zeta\rangle = a\langle\xi,\zeta\rangle + b\langle\eta,\zeta\rangle$

（$\langle\xi,a\eta+b\zeta\rangle = \bar{a}\langle\xi,\eta\rangle + \bar{b}\langle\xi,\zeta\rangle$，若 a,b 皆为实数，则有：$\langle\xi,a\eta+b\zeta\rangle = a\langle\xi,\eta\rangle + b\langle\xi,\zeta\rangle$.）

(3) $\langle\xi,\xi\rangle = E\xi\bar{\xi} = E|\xi|^2 \geqslant 0$ 且 $\langle\xi,\xi\rangle = 0$ 的充要条件是 $P\{\xi=0\}=1$.

定义 6.2.2 定义 $\xi\in\mathscr{L}$ 的范数为

$$\|\xi\| = \sqrt{\langle\xi,\xi\rangle} = \sqrt{E|\xi|^2} \tag{6.2.3}$$

当 ξ 为实变量时，有

$$\|\xi\| = \sqrt{\langle\xi,\xi\rangle} = \sqrt{E\xi^2} \tag{6.2.4}$$

由上述内积的性质（3）可知，$\|\xi\|=0$ 等价于以概率 1 有 $\xi=0$. 而 $\|\xi-\eta\|=0$ 则等价于以概率 1 有 $\xi=\eta$，因此 $\|\xi-\eta\|$ 则代表了 ξ 与 η 之间的距离，称为均方距离.

又，易知对任意（复）常数 a，有

$$\|a\xi\| = |a|\|\xi\| \tag{6.2.5}$$

下面我们用内积和范数的语言重新叙述一下施瓦茨不等式，且是在复的二阶矩变量的范围之内：

定理 6.2.1 对任意 $\xi,\eta\in\mathscr{L}$，有：

(1) 施瓦茨不等式：

$$|\langle\xi,\eta\rangle| \leqslant \|\xi\|\|\eta\| \tag{6.2.6}$$

其中等号成立的充要条件是 ξ 与 η 为线性相关的（指存在不全为零的（复）常数 c_1,c_2，使得：$P\{c_1\xi+c_2\eta=0\}=1$）.

(2) 闵可夫斯基不等式

$$\|\xi+\eta\| \leqslant \|\xi\|+\|\eta\| \tag{6.2.7}$$

证明　(1) 当 $\eta=0$ 时，式 (6.2.6) 显然成立等号，且此时 ξ 与 η 线性相关. 故下面设 $\eta\neq 0$，则对任意常数 c，有

$$0\leqslant \|\xi+c\eta\|^2=\langle \xi+c\eta,\xi+c\eta\rangle=\|\xi\|^2+c\langle \eta,\xi\rangle+\bar{c}\langle \xi,\eta\rangle+|c|^2\|\eta\|^2$$

取 $c=-\langle \xi,\eta\rangle/\|\eta\|^2$，则上式化为

$$0\leqslant \|\xi\|^2-\frac{|\langle \xi,\eta\rangle|^2}{\|\eta\|^2}$$

由此即得式 (6.2.6)，且等号成立时充要条件亦满足.

(2) 若 $\|\xi+\eta\|=0$，则式 (6.2.7) 显然成立. 否则，设 $\|\xi+\eta\|>0$，则按施瓦茨不等式 (6.2.6) 有

$$\begin{aligned}\|\xi+\eta\|^2&=\langle \xi+\eta,\xi+\eta\rangle=\langle \xi+\eta,\xi\rangle+\langle \xi+\eta,\eta\rangle\\&\leqslant \|\xi+\eta\|\|\xi\|+\|\xi+\eta\|\|\eta\|=\|\xi+\eta\|(\|\xi\|+\|\eta\|)\end{aligned}$$

两边消去 $\|\xi+\eta\|$ 便得到式 (6.2.7).

上面式 (6.2.7) 又叫做三角形不等式. 另外，经直接计算可证明下面的平行四边形公式：

$$\|\xi+\eta\|^2+\|\xi-\eta\|^2=2(\|\xi\|^2+\|\eta\|^2) \tag{6.2.8}$$

它们都有简单的几何直观.

下面我们引进均方收敛的概念：

定义 6.2.3　设有二阶矩变量序列 $\{\xi_n,n\geqslant 1\}\in\mathscr{L}$，若存在 $\xi\in\mathscr{L}$，使得

$$\lim_{n\to+\infty}\|\xi_n-\xi\|=\lim_{n\to+\infty}\sqrt{E|\xi_n-\xi|^2}=0 \tag{6.2.9}$$

（在实变量的场合为

$$\lim_{n\to+\infty}\|\xi_n-\xi\|=\lim_{n\to+\infty}\sqrt{E(\xi_n-\xi)^2}=0 \tag{6.2.10}$$

）

则称 $\{\xi_n,n\geqslant 1\}$ 均方收敛于 ξ，称 ξ 为 $\{\xi_n,n\geqslant 1\}$ 的均方极限. 并记为

$$\lim_{n\to+\infty}\xi_n=\xi \quad (\text{m.s.})$$

或者简单地就记为

$$\lim_{n\to+\infty}\xi_n=\xi$$

注 (1) 在 $\mathscr{L}$ 中均方收敛极限是唯一确定的. 事实上, 若又有 $\xi'\in\mathscr{L}$, 使得 $\lim\limits_{n\to+\infty}\xi_n=\xi'$, 则由三角形不等式可知有

$$\|\xi-\xi'\|=\|\xi-\xi_n+\xi_n-\xi'\|\leqslant\|\xi_n-\xi\|+\|\xi_n-\xi'\|\to 0\quad(n\to+\infty)$$

从而有 $\|\xi-\xi'\|=0$, 因而以概率 1 有 $\xi=\xi'$.

(2) 二阶矩变量序列 $\{\xi_n,n\geqslant 1\}$ 称为基本序列或柯西 (Cauchy) 序列, 若有

$$\lim_{m,n\to+\infty}\|\xi_m-\xi_n\|=0\tag{6.2.11}$$

与微积分中数列的收敛原则相类似, 我们直接给出下面的结论: 序列 $\{\xi_n,n\geqslant 1\}$ 均方收敛的充要条件是 $\{\xi_n,n\geqslant 1\}$ 为基本序列或柯西序列.

(3) 由均方收敛可推出依概率收敛 (均方收敛为强收敛). 事实上, 若 $\{\xi_n,n\geqslant 1\}$ 为实的二阶矩变量序列, 且 $\lim\limits_{n\to+\infty}\|\xi_n-\xi\|=0$, 则由切比雪夫不等式 (见式 (1.2.22)) 可知, 对 $\forall\varepsilon>0$, 有

$$P\{|\xi_n-\xi|\geqslant\varepsilon\}\leqslant\frac{1}{\varepsilon^2}E(\xi_n-\xi)^2=\frac{1}{\varepsilon^2}\|\xi_n-\xi\|^2\to 0\quad(n\to+\infty)$$

故 ξ_n 依概率收敛于 ξ (当 $n\to+\infty$ 时). 在复变量序列的情形, 上述结论亦成立.

容易知道, 通常的极限 (包括数列极限与函数极限) 所具有的基本性质, 均方极限也同样具有. 故对于后者我们不再逐条加以叙述, 而是选择介绍一些独特和重要的性质. 我们给出下面的定理:

定理 6.2.2 若 $\lim\limits_{n\to+\infty}\xi_n=\xi(\text{m.s.})$, $\lim\limits_{n\to+\infty}\eta_n=\eta(\text{m.s.})$, 则有

$$\lim_{n\to+\infty}\|\xi_n\|=\|\xi\|=\|\lim_{n\to+\infty}\xi_n\|\tag{6.2.12}$$

$$\lim_{n\to+\infty}\langle\xi_n,\eta_n\rangle=\langle\xi,\eta\rangle=\left\langle\lim_{n\to+\infty}\xi_n,\lim_{n\to+\infty}\eta_n\right\rangle\tag{6.2.13}$$

$$\lim_{n\to+\infty}E\xi_n=E\xi=E\lim_{n\to+\infty}\xi_n\tag{6.2.14}$$

证明 由闵可夫斯基不等式知, 有

$$\|\xi_n\|=\|\xi_n-\xi+\xi\|\leqslant\|\xi_n-\xi\|+\|\xi\|$$

即有

$$\|\xi_n\| - \|\xi\| \leqslant \|\xi_n - \xi\|$$

又由 $\|\xi\| \leqslant \|\xi_n\| + \|\xi_n - \xi\|$ 知，有

$$\|\xi_n\| - \|\xi\| \geqslant -\|\xi_n - \xi\|$$

合起来便有

$$\big|\|\xi_n\| - \|\xi\|\big| \leqslant \|\xi_n - \xi\| \to 0 \quad (n \to +\infty)$$

因此式 (6.2.12) 成立.

再看式 (6.2.13). 由式 (6.2.12) 可知 $\{\|\xi_n\|, n \in \mathbf{N}\}$ 为有界数列，故有

$$\begin{aligned}
|\langle \xi_n, \eta_n\rangle - \langle \xi, \eta\rangle| &\leqslant |\langle \xi_n, \eta_n\rangle - \langle \xi_n, \eta\rangle| + |\langle \xi_n, \eta\rangle - \langle \xi, \eta\rangle| \\
&= |\langle \xi_n, \eta_n - \eta\rangle| + |\langle \xi_n - \xi, \eta\rangle| \\
&\leqslant \|\xi_n\|\|\eta_n - \eta\| + \|\xi_n - \xi\|\|\eta\| \to 0
\end{aligned}$$

（最后一个不等号用到了施瓦茨不等式.）故式 (6.2.13) 成立. 且由证明过程易知，还可以证明下面更一般的结论（在相同条件下）也成立：

$$\lim_{m,n\to+\infty} \langle \xi_m, \eta_n\rangle = \langle \xi, \eta\rangle \tag{6.2.15}$$

最后，由式 (6.2.13) 可知有

$$\lim_{n\to+\infty} E\xi_n = \lim_{n\to+\infty} \langle \xi_n, 1\rangle = \left\langle \lim_{n\to+\infty} \xi_n, 1 \right\rangle = \langle \xi, 1\rangle = E\xi$$

从而式 (6.2.14) 亦成立.

定理 6.2.3　$\{\xi_n, n \geqslant 1\}$ 是均方收敛序列的充要条件是极限 $\lim\limits_{m,n\to+\infty} \langle \xi_m, \xi_n\rangle$ 存在（有限）.

证明　（必要性）若 $\lim\limits_{n\to+\infty} \xi_n = \xi(\text{m.s.})$ 则按式 (6.2.15) 知有

$$\lim_{m,n\to+\infty} \langle \xi_m, \xi_n\rangle = \langle \xi, \xi\rangle = \|\xi\|^2 > 0$$

（充分性）反之，若 $\lim\limits_{m,n\to+\infty} \langle \xi_m, \xi_n\rangle = a$ 存在（有限），则有

$$\lim_{m,n\to+\infty} \|\xi_m - \xi_n\|^2 = \lim_{m,n\to+\infty} (\langle \xi_m, \xi_m\rangle - \langle \xi_m, \xi_n\rangle - \langle \xi_n, \xi_m\rangle + \langle \xi_n, \xi_n\rangle)$$

$$=a-a-a+a=0$$

即 $\{\xi_n, n\geqslant 1\}$ 为柯西序列（见式 (6.2.11)），从而 $\{\xi_n, n\geqslant 1\}$ 均方收敛. □

至此，我们完全可以解决上一节例 6.1.6 中存在的那些问题了.

对于二阶矩过程 $X=\{X(t), t\in T\}$，其中 T 为连续实数集合（区间），我们也可以类似地定义当 $t\to t_0$（或 $\pm\infty$）时 $X(t)$ 的均方极限. 由于 $\lim\limits_{t\to t_0} X(t)=a$ 的充要条件是对于任何 $\{t_n, n\geqslant 1\}$，且 $t_n\to t_0$ $(n\to+\infty)$ 都有：$\lim\limits_{n\to+\infty} X(t_n)=a$，故上述定理 6.2.2 与 6.2.3 中那些关于随机序列的结论都可平行推广到随机过程 $X(t)$ 的场合. 进一步，我们还可以给出下面的定义（为简单计，假定所涉过程 $X(t)$ 皆为实过程）：

定义 6.2.4 称二阶矩过程 $X(t)(t\in T)$ 在 $t_0\in T$ 是（均方）连续的，若存在极限

$$\lim_{t\to t_0} X(t)=X(t_0) \quad \text{(m.s.)} \tag{6.2.16}$$

若 $X(t)$ 在 T 的每一点都连续，则称 $X(t)$ 在 T 上是（均方）连续的.

定义 6.2.5 称二阶矩过程 $X(t)$ $(t\in T)$ 在点 $t_0\in T$（均方）可导，若存在极限

$$\lim_{t\to t_0}\frac{X(t)-X(t_0)}{t-t_0}\triangleq X'(t_0) \quad \text{(m.s.)} \tag{6.2.17}$$

若 $X(t)$ 在 T 的每一点都可导，则称 $X(t)$ 在 T 上是（均方）可导的，并称 $X'(t)(t\in T)$ 为 $X(t)$ 的导数过程. 此时，$X'=\{X'(t)(t\in T)\}$ 也是二阶矩过程（因为 $X'(t)$ 为二阶矩过程的极限，故 $X'(t)\in\mathscr{L}$）.

定理 6.2.4 二阶矩过程 $X(t)(t\in T)$ 在 $t_0\in T$ 可导的充要条件是二元函数 $\Gamma(s,t)=\langle X(s),X(t)\rangle=EX(s)X(t)$ 在 (t_0,t_0) 点存在广义二阶导数

$$\lim_{s,t\to t_0}\frac{\Gamma(s,t)-\Gamma(s,t_0)-\Gamma(t_0,t)+\Gamma(t_0,t_0)}{(s-t_0)(t-t_0)} \tag{6.2.18}$$

$X(t)$ 在 T 上可导的充要条件是 $\Gamma(s,t)$ 在任意点 (t_0,t_0) $(\forall t_0\in T)$ 都存在广义二阶导数，且此时 $\dfrac{\partial\Gamma(s,t)}{\partial s},\dfrac{\partial\Gamma(s,t)}{\partial t},\dfrac{\partial^2\Gamma(s,t)}{\partial s\partial t},\dfrac{\partial^2\Gamma(s,t)}{\partial t\partial s}$ 都存在，并有

$$\langle X'(s),X(t)\rangle=\frac{\partial\Gamma(s,t)}{\partial s} \tag{6.2.19}$$

$$\langle X(s),X'(t)\rangle=\frac{\partial\Gamma(s,t)}{\partial t} \tag{6.2.20}$$

$$\langle X'(s),X'(t)\rangle=\frac{\partial^2\Gamma(s,t)}{\partial s\partial t}=\frac{\partial^2\Gamma(s,t)}{\partial t\partial s} \tag{6.2.21}$$

注　若 $\{X(t),t\in T\}$ 为实平稳过程，且 $EX(t)=m$（常数），则有

$$\Gamma(s,t)=\Gamma_X(s,t)=C_X(s,t)+m^2=R_X(s-t)+m^2 \tag{6.2.22}$$

定理 6.2.4 的证明　式 (6.2.18) 可以写为

$$\lim_{s,t\to t_0}\left\langle\frac{X(s)-X(t_0)}{s-t_0},\frac{X(t)-X(t_0)}{t-t_0}\right\rangle$$

利用类似于定理 6.2.3 的充要条件容易证明，$X(t)$ 在某一点 $t_0\in T$ 可导以及在 T 上可导的充要条件分别是式 (6.2.18) 的极限在某一点 (t_0,t_0) 存在和在任何一点 (t_0,t_0) $(\forall t_0\in T)$ 都存在.

又若 $X(t)$ 在 T 上可导，则对任意点 $(s,t)\in T\times T$，有

$$\begin{aligned}\langle X'(s),X(t)\rangle&=\left\langle\lim_{\Delta s\to 0}\frac{X(s+\Delta s)-X(s)}{\Delta s},X(t)\right\rangle\\&=\lim_{\Delta s\to 0}\left\langle\frac{X(s+\Delta s)-X(s)}{\Delta s},X(t)\right\rangle\\&=\lim_{\Delta s\to 0}\frac{\Gamma(s+\Delta s,t)-\Gamma(s,t)}{\Delta s}=\frac{\partial\Gamma(s,t)}{\partial s}\end{aligned}$$

此即式 (6.2.19).（其中第二个等号利用了类似式 (6.2.13) 的结论.）

类似地，可以证明式 (6.2.20) 与式 (6.2.21).

定义 6.2.6　设 $X=\{X(t),t\in[a,b]\}$ 为二阶矩过程，取 $[a,b]$ 的分割：

$$a=t_0<t_1<\cdots<t_n=b,\quad 并记\varDelta=\max_{1\leqslant i\leqslant n}(t_i-t_{i-1})$$

任取 $u_i\in[t_{i-1},t_i]$ $(i=1,2,\cdots,n)$ 作和：$\displaystyle\sum_{i=1}^n X(u_i)(t_i-t_{i-1})$，若存在不依赖于 u_i 及分割的取法的 $\xi\in\mathscr{L}$，使得下面的极限存在：

$$\lim_{\varDelta\to 0}\sum_{i=1}^n X(u_i)(t_i-t_{i-1})=\xi\in\mathscr{L}\quad(\text{m.s.}) \tag{6.2.23}$$

则称 $X(t)$ 在 $[a,b]$ 上（均方）黎曼可积，称 ξ 为 $X(t)$ 在 $[a,b]$ 上的（黎曼）积分，并记为

$$\xi=\int_a^b X(t)\mathrm{d}t \tag{6.2.24}$$

以上关于 $X(t)$ 的连续、导数、积分等概念和性质，与我们以往所熟知的关于普通（确定性）函数的相应概念和性质是非常相似的（例如，若二阶矩过程 $X(t)$ 在 $[a,b]$ 上均方连续，则它必在 $[a,b]$ 上均方可积）. 这为我们运用均方分析的概念与方法来处理二阶矩过程（包括平稳过程）带来了很大的方便，有时我们甚至不提均方两个字，也不写 m.s. 的字样. 但须知我们在处理二阶矩过程的极限与分析问题时，一定是用均方分析的方法.

例 6.2.1 设 $\{X(t),t\in T\}$ 为一（实）平稳过程，若 $X(t)$ 在 T 上可导，则有： $EX'(t)=0,\langle X(t),X'(t)\rangle=0$ 以及

$$\langle X'(t),X'(t+\tau)\rangle=EX'(t)X'(t+\tau)=\mathrm{Cov}(X'(t),X'(t+\tau))=-R_X^{(2)}(\tau) \tag{6.2.25}$$

解 我们还可以有更一般的结论，设 $X(t)(t\in T)$ 为一二阶矩过程，若它在 T 上可导，则利用类似于式 (6.2.14) 的结论，我们有

$$EX'(t)=E\lim_{\Delta t\to 0}\frac{X(t+\Delta t)-X(t)}{\Delta t}=\lim_{\Delta t\to 0}\frac{EX(t+\Delta t)-EX(t)}{\Delta t}=(EX(t))'$$

即有

$$EX'(t)=(EX(t))' \tag{6.2.26}$$

因此，若 $X(t)(t\in T)$ 为平稳过程，则 $EX(t)\equiv m$，且 $E^2X(t)$ 亦为常数，故立即有

$$EX'(t)=(EX(t))'=(m)'=0$$

及

$$\langle X(t),X'(t)\rangle=EX(t)X'(t)=\frac{1}{2}E(X^2(t))'=\frac{1}{2}(EX^2(t))'=0$$

又因为 $X(t)(t\in T)$ 为平稳过程，故由式 (6.2.22) 可知， $\Gamma_X(s,t)=R_X(s-t)+m^2$，从而由式 (6.2.21) 可得

$$\langle X'(s),X'(t)\rangle=\frac{\partial^2\Gamma_X(s,t)}{\partial s\partial t}=-R_X^{(2)}(s-t)=-R_X^{(2)}(t-s)$$

而这便证得了式 (6.2.25).

由式 (6.2.25) 及 $EX'(t)\equiv 0$ 可知，$X'=\{X'(t),t\in T\}$ 亦为平稳过程. 而 $EX(t)X'(t)=0$ 则意味着 $X(t)$ 与 $X'(t)$ 是不相关的.

6.2.2　高斯过程（正态过程）

高斯（Gauss）过程又叫正态过程，其定义详见第 1 章例 1.6.3. 简单地说，$G=\{G(t),t\in\mathbf{R}\}$ 称为一高斯过程，如果它的任一有限维分布都是多维正态分布（n 维正态分布的概念见第 1 章的 1.5 节）. 因此，容易知道高斯过程是一个二阶矩过程. 高斯过程具有一些优良的性质，比如由本章 6.1 节命题 6.1.1 我们知道，对于高斯过程来说，严平稳和宽平稳是等价的. 还有其他一些性质，我们先来看一个定理：

定理 6.2.5　设 $\mathbf{X^{(n)}}=(X_1^{(n)},X_2^{(n)},\cdots,X_d^{(n)})(n\in\mathbf{N})$ 为由 d 维正态随机向量所构成的序列，若 $\{\mathbf{X^{(n)}},n\geqslant 1\}$ 均方收敛于随机向量 $\mathbf{X}=(X_1,X_2,\cdots,X_d)$（即对每一 $k\in\{1,2,\cdots,d\}$，$\{X_k^{(n)},n\geqslant 1\}$ 均方收敛于 X_k），则 $\mathbf{X}=(X_1,X_2,\cdots,X_d)$ 亦为 d 维正态随机向量.

（证明见参考文献 [4] 的 8.2 节.）

这一定理说明，多元正态性在均方收敛下是封闭的. 借此，我们可以证明下面的定理：

定理 6.2.6　设 $G=\{G(t),t\in T\}$ 为 T 上（均方）可导的高斯过程，则其导数过程 $G'=\{G'(t),t\in T\}$ 仍为高斯过程.

证明　考虑 $G'=\{G'(t),t\in T\}$ 的有限维分布. 设 $t_1,t_2,\cdots,t_d\in T$，我们来考虑 $(G'(t_1),G'(t_2),\cdots,G'(t_d))$ 的分布. 由于

$$G'(t_i)=\lim_{\Delta t\to 0}\frac{G(t_i+\Delta t)-G(t_i)}{\Delta t}\quad (\text{m.s.})(i=1,2,\cdots,d)$$

故

$$(G'(t_1),\cdots,G'(t_d))=\lim_{\Delta t\to 0}\frac{1}{\Delta t}(G(t_1+\Delta t)-G(t_1),\cdots,G(t_d+\Delta t)-G(t_d))$$

其中 $\dfrac{1}{\Delta t}(G(t_1+\Delta t)-G(t_1),\cdots,G(t_d+\Delta t)-G(t_d))$ 是多维正态随机向量 $(G(t_1),\cdots,G(t_d),G(t_1+\Delta t),\cdots,G(t_d+\Delta t))$ 的线性变换，故仍为多元正态随机变量（见本书第 1 章 1.5 节），再取均方极限，故由定理 6.2.5 可知，$(G'(t_1),G'(t_2),\cdots,G'(t_d))$ 亦为（d 维）正态随机变量. 从而 $G'=\{G'(t),t\in T\}$ 亦为高斯过程. 特别，对任意 $t\in T$，可知 $G'(t)$ 服从一维正态分布.

定理 6.2.7　设 $G=\{G(t),t\in T=[a,b]\}$ 为在 T 上均方可积的高斯过程，令 $X(t)=\int_a^t G(u)\mathrm{d}u\ (t\in[a,b])$，则 $X=\{X(t),t\in[a,b]\}$ 亦为高斯过程.

证明 考虑 $(X(t_1),X(t_2),\cdots,X(t_d))$ 的分布，其中 $t_1,t_2,\cdots,t_d\in[a,b]$, 且 $a\leqslant t_1<t_2<\cdots<t_d\leqslant b$，由定义 6.2.6 可知，二阶矩过程的积分相当于式 (6.2.23) 所表示的一个黎曼和当最大分割的长度 Δ 趋于 0 时的均方极限. 以 $X(t_d)=\int_a^{t_d}G(u)\mathrm{d}u$ 为例，先对区间 $[a,t_d]$ 作一分割：

$$a=s_0<s_1<\cdots<s_n=t_d,\quad 并记\Delta=\max_{1\leqslant i\leqslant n}(s_i-s_{i-1}) \tag{6.2.27}$$

任取 $u_i\in[s_{i-1},s_i](i=1,2,\cdots,n)$ 作黎曼和：$\displaystyle\sum_{i=1}^{n}G(u_i)(s_i-s_{i-1})$，则

$$X(t_d)=\int_a^{t_d}G(u)\mathrm{d}u=\lim_{\Delta\to0}\sum_{i=1}^{n}G(u_i)(s_i-s_{i-1})$$

将式 (6.2.27) 的分割限制在区间 $[a,t_i]$ 上 $(1\leqslant i<d)$ 又可得到一个新的分割，在此基础上可以构造一个新的黎曼和（仍是关于 $G(u)$ 的）. 当原分割的最大长度 Δ 趋于 0 时，新分割的最大长度自然也是趋于 0 的. 从而当 $\Delta\to0$ 时，这个新的黎曼和的（均方）极限就是 $\int_a^{t_i}G(u)\mathrm{d}u=X(t_i)(i=1,2,\cdots,d-1)$. 因此，$(X(t_1),X(t_2),\cdots,X(t_d))$ 可看成是对 G 的一个有限维随机变量（多维正态变量）作线性变换，然后再取均方极限 $(\Delta\to0)$ 所得到的结果. 从而根据与定理 6.2.6 证明中相同的理由可知，$(X(t_1),X(t_2),\cdots,X(t_d))$ 仍为多维正态变量，即 $X=\{X(t),t\in[a,b]\}$ 亦为高斯过程. □

6.3 遍历性（各态历经性）

平稳过程的遍历性又叫各态历经性，是指其任何一条样本路径（在一定条件下）可以经历该过程的所有状态，这与我们在第 4 章（马氏链）中所介绍的遍历性概念是不一样的. 这是平稳过程的一条重要性质，下面我们先引进一些记号：

设 $X=\{X(t),t\in\mathbf{R}\}$ 为一平稳过程（或 $X=\{X_n,n\in\mathbf{Z}\}$ 为一平稳序列），其均值为 m，协方差函数为 $R(\tau)$. 引进记号

$$\overline{X}_T=\frac{1}{2T}\int_{-T}^{T}X(t)\mathrm{d}t\quad(T>0) \tag{6.3.1}$$

对于平稳序列，则有记号

$$\overline{X}_N = \frac{1}{2N+1}\sum_{k=-N}^{N} X_k \quad (N\text{为自然数}) \tag{6.3.2}$$

及

$$\overline{R}(\tau)_T = \frac{1}{2T}\int_{-T}^{T}(X(t)-m)(X(t+\tau)-m)\mathrm{d}t \quad (\tau\in\mathbf{R}) \tag{6.3.3}$$

和

$$\overline{R}(\tau)_N = \frac{1}{2N+1}\sum_{k=-N}^{N}(X_k-m)(X_{k+\tau}-m)\mathrm{d}t \quad (\tau\in\mathbf{Z}) \tag{6.3.4}$$

注 (1) $\overline{X}_T = \frac{1}{2T}\int_{-T}^{T}X(t)\mathrm{d}t$ 相当于过程 $X(t)$ 在时间区间 $[-T,T]$ 上的平均. 由于 $X(t)$ 为二阶矩过程，故按照上一节定义 6.2.6 可知 $\overline{X}_T$ 亦为二阶矩变量. 因此，我们后面可以讨论当 $T\to+\infty$ 时，$\overline{X}_T$ 的（均方）极限. 易见 $\overline{X}_N$ 是平稳序列 $\{X_n,n\in\mathbf{Z}\}$ 按时间的平均，且 $\overline{X}_N\in\mathscr{L}$.

若要使式 (6.3.3) 的积分有意义，则须加上 $(X(t)-m)(X(t+\tau)-m)$ 的二阶矩存在这一条件，即要求 $X(t)$ 的四阶矩存在. 这样才能使得 $\overline{R}(\tau)_T$ 为一二阶矩变量，并能讨论其均方极限（当 $T\to+\infty$ 时）. 对于式 (6.3.4) 也是这样.

(2) 由于求积分也是求极限，故利用类似于上一节式 (6.2.14) 的结论可知

$$E\overline{X}_T = \frac{1}{2T}\int_{-T}^{T}EX(t)\mathrm{d}t = \frac{1}{2T}\int_{-T}^{T}m\mathrm{d}t = m \tag{6.3.5}$$

$$E\overline{R}(\tau)_T = \frac{1}{2T}\int_{-T}^{T}E(X(t)-m)(X(t+\tau)-m)\mathrm{d}t = R(\tau) \tag{6.3.6}$$

对于 $\overline{X}_N$ 与 $\overline{R}(\tau)_N$，显然也有相应的结论成立.

下面我们给出本节的主要定义：

定义 6.3.1 （平稳过程的遍历性）设有平稳过程 $X=\{X(t),t\in\mathbf{R}\}$ （或平稳序列 $X=\{X_n,n\in\mathbf{Z}\}$），若有

$$\lim_{T\to+\infty}\overline{X}_T = \lim_{T\to+\infty}\frac{1}{2T}\int_{-T}^{T}X(t)\mathrm{d}t = m \quad (\text{m.s.}) \tag{6.3.7}$$

$$\left(\text{或}\quad \lim_{N\to+\infty}\overline{X}_N = \lim_{N\to+\infty}\frac{1}{2N+1}\sum_{k=-N}^{N}X_k = m \quad (\text{m.s.})\right) \tag{6.3.8}$$

则称 X 的均值有遍历性. 若有

$$\lim_{T\to+\infty}\overline{R}(\tau)_T = \lim_{T\to+\infty}\frac{1}{2T}\int_{-T}^{T}(X(t)-m)(X(t+\tau)-m)\mathrm{d}t$$

$$= R(\tau) \quad (\forall \tau \in \mathbf{R}) \quad (\text{m.s.}) \tag{6.3.9}$$

$$\text{（或} \lim_{N\to+\infty} \overline{R}(\tau)_N = \lim_{N\to+\infty} \frac{1}{2N+1} \sum_{k=-N}^{N} (X_k - m)(X_{k+\tau} - m)$$

$$= R(\tau) \quad (\forall \tau \in \mathbf{Z}) \quad (\text{m.s.})\text{）} \tag{6.3.10}$$

则称 X 的协方差函数具有遍历性. 若 X 的均值与协方差函数均具有遍历性，则称 X 具有遍历性.

注 (1) 遍历性的意义：以均值遍历性为例. 若式 (6.3.7) 成立，则因均方收敛为强收敛，故这意味着几乎对于 $X(t)$ 的每条样本路径 $X(t,\omega)(\omega \in \Omega)$，当 T 充分大时，$X(t,\omega)$ 在 $[-T,T]$ 上（关于时间）的平均值充分靠近平稳过程的平均值 m. 亦即当 T 充分大后，$X(t,\omega)$ 在 $[-T,T]$ 上历经 X 的所有状态（否则其平均值 $\dfrac{1}{2T}\displaystyle\int_{-T}^{T} X(t,\omega)\mathrm{d}t$ 不会无限靠近 X 的均值 m）. 从而可望通过对 $X(t)$ 的一次观察（一条样本路径）来对 m 值作出较好的估计. 此事在平稳过程的研究中是很重要的，因为对随机过程作多次观察很难做到.

(2) 由于均方收敛可以推出依概率收敛（见定义 6.2.3 的注），故如果上述 (6.3.7)~(6.3.10) 诸式成立，则相应的依概率极限亦存在，且与均方极限相等.

定理 6.3.1 （均值遍历性充要条件）

(1) 设 $X = \{X_n, n \in \mathbf{Z}\}$ 为一平稳序列，则 X 的均值有遍历性的充要条件为

$$\lim_{N\to+\infty} \frac{1}{N} \sum_{\tau=0}^{N-1} R(\tau) = 0 \tag{6.3.11}$$

(2) 若 $X = \{X(t), t \in \mathbf{R}\}$ 为一平稳过程，则 X 的均值有遍历性的充要条件为

$$\lim_{T\to+\infty} \frac{1}{T} \int_0^{2T} \left(1 - \frac{\tau}{2T}\right) R(\tau)\mathrm{d}\tau = 0 \tag{6.3.12}$$

注 本定理中的两个极限都不是均方极限，而是普通的数列极限与函数极限.

证明 (1) （必要性）为简单起见，不妨取 $\overline{X}_N = \sum\limits_{k=1}^{N} X_k/N$，并记 $Y_k = X_k - m \ (k = 1,2,\cdots,N)$，且 $\overline{Y}_N = \sum\limits_{k=1}^{N} Y_k/N = \overline{X}_N - m$. 则利用施瓦茨不等式

(6.2.6) 有

$$\left(\frac{1}{N}\sum_{\tau=0}^{N-1}R(\tau)\right)^2 = \left[E(Y_1\overline{Y}_N)\right]^2 \leqslant E(Y_1^2)E(\overline{Y}_N^2)$$
$$= R(0)E(\overline{X}_N - m)^2 \tag{6.3.13}$$

因此，若 $\overline{X}_N$ 均方收敛于 m（当 $N\to+\infty$ 时），则由此不等式易知式 (6.3.11) 成立.

（充分性）因 $\overline{X}_N - m = \overline{Y}_N$，故而有

$$\begin{aligned} E(\overline{X}_N - m)^2 &= E(\overline{Y}_N^2) = \frac{1}{N^2}E\left(\sum_{k=1}^{N}Y_k\right)^2 = \frac{1}{N^2}E\left(\sum_{i,j=1}^{N}Y_iY_j\right) \\ &= \frac{1}{N^2}E\left(\sum_{i=1}^{N}Y_i^2 + 2\sum_{i<j}Y_iY_j\right) = \frac{1}{N^2}\left[NR(0) + 2\sum_{j=2}^{N}\sum_{i=1}^{j-1}R(j-i)\right] \\ &= \frac{1}{N^2}\left[2\sum_{k=1}^{N}\sum_{\tau=0}^{k-1}R(\tau) - NR(0)\right] \end{aligned} \tag{6.3.14}$$

上式中的第二项 $R(0)/N$ 易见是趋于 0 的（当 $N\to+\infty$ 时），故我们下面主要考虑第一项. 对于任意自然数 $M<N$，我们有

$$\frac{2}{N^2}\sum_{k=1}^{N}\sum_{\tau=0}^{k-1}R(\tau) = \frac{2}{N^2}\left[\sum_{k=1}^{M}\sum_{\tau=0}^{k-1}R(\tau) + \sum_{k=M+1}^{N}\sum_{\tau=0}^{k-1}R(\tau)\right] \tag{6.3.15}$$

对于任给的 $\varepsilon>0$，利用式 (6.3.11) 可知，存在自然数 M，使得当 $k>M$ 时有

$$\left|\frac{1}{k}\sum_{\tau=0}^{k-1}R(\tau)\right| \leqslant \varepsilon \tag{6.3.16}$$

从而对于式 (6.3.15) 中的第二部分有（取 $N>M$）

$$\left|\frac{2}{N^2}\sum_{k=M+1}^{N}k\times\frac{1}{k}\sum_{\tau=0}^{k-1}R(\tau)\right| \leqslant \frac{2}{N^2}\sum_{k=M+1}^{N}k\varepsilon < 2\varepsilon$$

至于式 (6.3.15) 中的第一部分，则因 M 为固定的自然数，故当 N 充分大时该部分可以任意小，从而再由式 (6.3.14) 便可得到

$$\lim_{N\to+\infty}E(\overline{X}_N - m)^2 = 0$$

故 (1) 证毕.

(2) 我们用一个双箭头符号“⇔”来表示充分必要条件，则按照定义 6.3.1，有

$$\begin{aligned}
&X=\{X(t),t\in\mathbf{R}\}\text{的均值具有遍历性}\Leftrightarrow\\
&0=\lim_{T\to+\infty}E\left(\frac{1}{2T}\int_{-T}^{T}X(t)\mathrm{d}t-m\right)^2=\lim_{T\to+\infty}\frac{1}{4T^2}E\left(\int_{-T}^{T}(X(t)-m)\mathrm{d}t\right)^2\\
&=\lim_{T\to+\infty}\frac{1}{4T^2}E\left[\int_{-T}^{T}\int_{-T}^{T}(X(t)-m)(X(s)-m)\mathrm{d}t\mathrm{d}s\right]\\
&=\lim_{T\to+\infty}\frac{1}{4T^2}\int_{-T}^{T}\int_{-T}^{T}R(t-s)\mathrm{d}t\mathrm{d}s=(\text{令 } t-s=\tau,t+s=v)\\
&=\lim_{T\to+\infty}\frac{1}{8T^2}\iint\limits_{-2T\leqslant v\pm\tau\leqslant 2T}R(\tau)\mathrm{d}\tau\mathrm{d}v=\lim_{T\to+\infty}\frac{1}{8T^2}\int_{-2T}^{2T}R(\tau)\mathrm{d}\tau\int_{-(2T-|\tau|)}^{2T-|\tau|}\mathrm{d}v\\
&=\lim_{T\to+\infty}\frac{1}{8T^2}\int_{-2T}^{2T}(4T-2|\tau|)R(\tau)\mathrm{d}\tau=\lim_{T\to+\infty}\frac{1}{T}\int_{0}^{2T}(1-\frac{\tau}{2T})R(\tau)\mathrm{d}\tau
\end{aligned}$$

（上述证明中假定求期望与求积分可交换，理由类似于前面的式 (6.3.5) 与式 (6.3.6).）定理证毕.

推论 6.3.1 设 $X=\{X_n,n\in\mathbf{Z}\}$ 为平稳序列，若其协方差函数 $R(\tau)(\tau\in\mathbf{Z})$ 满足

$$\lim_{\tau\to+\infty}R(\tau)=0 \tag{6.3.17}$$

则 X 具有均值遍历性.

证明 根据 Cesáro 定理（见定理 4.5.1 的证明）易知，若式 (6.3.17) 成立，则式 (6.3.11) 必然成立，从而根据定理 6.3.1 的 (1) 可知 X 的均值遍历性成立.

推论 6.3.2 设 $X=\{X(t),t\in\mathbf{R}\}$ 为平稳过程，若其协方差函数 $R(\tau)(\tau\in\mathbf{R})$ 在 $\mathbf{R}$ 上绝对可积，即有

$$\int_{-\infty}^{+\infty}|R(\tau)|\mathrm{d}\tau<+\infty \tag{6.3.18}$$

则 X 的均值遍历性成立.

证明 若式 (6.3.18) 成立，则有

$$\begin{aligned}
\left|\frac{1}{T}\int_{0}^{2T}\left(1-\frac{\tau}{2T}\right)R(\tau)\mathrm{d}\tau\right|&\leqslant\frac{1}{T}\int_{0}^{2T}|R(\tau)|\mathrm{d}\tau\\
&\leqslant\frac{1}{T}\int_{0}^{+\infty}|R(\tau)|\mathrm{d}\tau\to 0\quad(\text{当 } T\to+\infty\text{ 时})
\end{aligned}$$

从而根据定理 6.3.1 的 (2) 可知 X 的均值遍历性成立. □

下面我们考虑协方差函数的遍历性. 设 $X=\{X(t),t\in\mathbf{R}\}$ 为一平稳过程，不妨设其均值为零（否则可令 $X(t)-m=Z(t)$，则 $EZ(t)\equiv 0$ 且 $Z(t)$ 与 $X(t)$ 具有相同的协方差函数）. 对于任意固定的 $\tau\in\mathbf{R}$，引进过程 $Y(t)=X(t+\tau)X(t)$ $(t\in\mathbf{R})$，则 $EY(t)=EX(t+\tau)X(t)=R_X(\tau)$. 因此，如果 $Y=\{Y(t),t\in\mathbf{R}\}$ 为平稳过程，则 X 的协方差函数具有遍历性的充要条件即为 Y 的均值具有遍历性. 而根据定理 6.3.1 的 (2) 我们知道 $Y=\{Y(t),t\in\mathbf{R}\}$ 的均值具有遍历性的充要条件是

$$\lim_{T\to+\infty}\frac{1}{T}\int_0^{2T}\left(1-\frac{\tau_1}{2T}\right)R_Y(\tau_1)\mathrm{d}\tau_1=0 \qquad (6.3.19)$$

其中 $R_Y(\tau_1)=EY(t+\tau_1)Y(t)-EY(t+\tau_1)EY(t)=EX(t+\tau_1+\tau)X(t+\tau_1)X(t+\tau)X(t)-R_X^2(\tau)$，这便证明了如下的定理：

定理 6.3.2　（协方差函数遍历性充要条件）设 $X=\{X(t),t\in\mathbf{R}\}$ 为平稳过程，其均值恒为零. 又对于任意固定的 $\tau\in\mathbf{R}$，设过程 $Y(t)=X(t+\tau)X(t)(t\in\mathbf{R})$ 为平稳过程. 则 X 的协方差函数 $R_X(\tau)$ 具有遍历性的充要条件是

$$\lim_{T\to+\infty}\frac{1}{T}\int_0^{2T}\left(1-\frac{\tau_1}{2T}\right)(B(\tau_1)-R_X^2(\tau))\mathrm{d}\tau_1=0 \quad (\tau\in\mathbf{R}) \qquad (6.3.20)$$

其中 $B(\tau_1)=EX(t+\tau_1+\tau)X(t+\tau_1)X(t+\tau)X(t)$.

正像我们在本节一开始时提到的那样，当讨论平稳过程协方差函数的遍历性时，必须要求 $X(t)$ 的四阶矩存在，这因此也给协方差函数遍历性的验证带来了一定的困难. 但对于高斯（Gauss）过程来说，其有限维分布可由其均值与协方差函数所确定，故结果会变得简单一些. 例如，借鉴定理 6.3.2 的证明方法，我们可以证明下面的定理：

定理 6.3.3　设 $X=\{X_n,n\in\mathbf{Z}\}$ 是均值为零的平稳高斯过程（序列），若

$$\lim_{N\to+\infty}\frac{1}{N}\sum_{\tau=0}^{N-1}R_X^2(\tau)=0 \qquad (6.3.21)$$

则 X 的协方差函数 $R_X(\tau)(\tau\in\mathbf{Z})$ 具有遍历性.

（证明见参考文献 [8] 的 9.5 节.）

例 6.3.1　设 $X(t)=a\cos(\omega t+\Theta)$，其中 a,ω 为非零常数，而随机变量 Θ 服从均匀分布 $U(0,2\pi)$，求证过程 $X=\{X(t),t\in\mathbf{R}\}$ 的均值具有遍历性.

证明　先证 X 为平稳过程.

易知 $EX(t)=\dfrac{1}{2\pi}\displaystyle\int_0^{2\pi}a\cos(\omega t+\theta)\mathrm{d}\theta=0$，而

$$\begin{aligned}C_X(t+\tau,t)=EX(t+\tau)X(t)&=\frac{a^2}{2\pi}\int_0^{2\pi}\cos(\omega(t+\tau)+\theta)\cos(\omega t+\theta)\mathrm{d}\theta\\&=\frac{a^2}{4\pi}\int_0^{2\pi}[\cos(\omega(2t+\tau)+2\theta)+\cos\omega\tau]\,\mathrm{d}\theta=\frac{a^2}{4\pi}\int_0^{2\pi}\cos\omega\tau\mathrm{d}\theta\\&=\frac{a^2}{2}\cos\omega\tau\triangleq R(\tau)\end{aligned}$$

故 X 为平稳过程. 为了研究 X 的均值遍历性，我们利用定理 6.3.1 的 (2)，计算积分

$$\begin{aligned}\frac{1}{T}\int_0^{2T}\left(1-\frac{\tau}{2T}\right)R(\tau)\mathrm{d}\tau&=\frac{a^2}{2T}\int_0^{2T}\left(1-\frac{\tau}{2T}\right)\cos\omega\tau\mathrm{d}\tau\\&=\frac{a^2\sin2\omega T}{2\omega T}-\frac{a^2}{4T^2}\int_0^{2T}\tau\cos\omega\tau\mathrm{d}\tau\end{aligned}$$

上面最后一个等式右边的第一项显然是一个无穷小（当 $T\to+\infty$ 时），而第二项经过简单的分部积分后也容易看出是趋于零的，故综合起来便得到

$$\lim_{T\to+\infty}\frac{1}{T}\int_0^{2T}\left(1-\frac{\tau}{2T}\right)R(\tau)\mathrm{d}\tau=0$$

从而由定理 6.3.1 可知，X 的均值具有遍历性.

例 6.3.2　设有随机序列

$$X_n=\sum_{k=0}^{m}(A_k\cos n\omega_k+B_k\sin n\omega_k)\quad(n\in\mathbf{Z})$$

其中随机变量 $A_0,A_1,\cdots,A_m,B_0,B_1,\cdots,B_m$ 两两无关且均值为零，且 $EA_k^2=EB_k^2=\sigma_k^2,0<\omega_k<2\pi\ (k=0,1,\cdots,m)$，试考虑 $X=\{X_n,n\in\mathbf{Z}\}$ 的均值遍历性是否成立.

解　此例与本章第 6.1 节的例 6.1.3 类似，用类似的方法可以证明 $\{X_n,n\in\mathbf{Z}\}$ 为平稳序列，且 $EX_n\equiv0,R_X(\tau)=\displaystyle\sum_{k=0}^{m}\sigma_k^2\cos\tau\omega_k\ (\tau\in\mathbf{Z})$. 为考虑其均值遍历性，我们来考查 $\displaystyle\sum_{\tau=0}^{N-1}R_X(\tau)/N$ 当 $N\to+\infty$ 时的极限. 利用一个三角恒等式

$$\sum_{k=0}^{n}\cos kx=\frac{1}{2}+\frac{\sin\left(n+\dfrac{1}{2}\right)x}{2\sin\dfrac{x}{2}}\quad(x\neq2k\pi,k\in\mathbf{Z})\tag{6.3.22}$$

我们有

$$\begin{aligned}\frac{1}{N}\sum_{\tau=0}^{N-1}R_X(\tau)&=\frac{1}{N}\sum_{\tau=0}^{N-1}\sum_{k=0}^{m}\sigma_k^2\cos\tau\omega_k=\frac{1}{N}\sum_{k=0}^{m}\sigma_k^2\sum_{\tau=0}^{N-1}\cos\tau\omega_k\\&=\frac{1}{N}\sum_{k=0}^{m}\frac{\sigma_k^2\left(\sin\dfrac{\omega_k}{2}+\sin\left(N-\dfrac{1}{2}\right)\omega_k\right)}{2\sin\dfrac{\omega_k}{2}}\end{aligned}$$

故

$$\left|\frac{1}{N}\sum_{\tau=0}^{N-1}R_X(\tau)\right|\leqslant\frac{1}{N}\sum_{k=0}^{m}\frac{\sigma_k^2}{\left|\sin\dfrac{\omega_k}{2}\right|}\to 0\quad(N\to+\infty)$$

亦即有

$$\lim_{N\to+\infty}\frac{1}{N}\sum_{\tau=0}^{N-1}R_X(\tau)=0$$

从而根据定理 6.3.1 的 (1) 可知 X 的均值遍历性成立.

例 6.3.3 （例 6.1.4 续）证明滑动平均序列的均值遍历性成立.

证明 在例 6.1.4 中我们已经证明滑动平均序列 $X=\{X_n,n\in\mathbf{Z}\}$ 为一平稳序列，且其协方差函数为

$$R(\tau)=\begin{cases}\sigma^2(a_1a_{|\tau|+1}+a_2a_{|\tau|+2}+\cdots+a_{k-|\tau|}a_k) & (|\tau|\leqslant k-1)\\0 & (|\tau|\geqslant k)\end{cases}\qquad(\tau\in\mathbf{Z})$$

上式中 k 为一固定的自然数，故易见当 $|\tau|$ 充分大后，有 $R(\tau)\equiv 0$. 亦即有

$$\lim_{\tau\to+\infty}R(\tau)=0$$

从而由推论 6.3.1 可知 $X=\{X_n,n\in\mathbf{Z}\}$ 的均值遍历性成立.

例 6.3.4 （例 6.1.5 之续）随机电报信号的均值遍历性成立.

解 在例 6.1.5 中我们已经证明随机电报信号 $X=\{X(t),t\in\mathbf{R}\}$ 为平稳的，并已求出其协方差函数为： $R(\tau)=\mathrm{e}^{-2\lambda|\tau|}(\tau\in\mathbf{R})$. 显然， $R(\tau)$ 在 $\mathbf{R}$ 上是绝对可积的，即

$$\int_{-\infty}^{+\infty}|R(\tau)|\mathrm{d}\tau=\int_{-\infty}^{+\infty}R(\tau)\mathrm{d}\tau<+\infty$$

从而据推论 6.3.2 可知 X 的均值具有遍历性.

6.4 平稳过程的协方差函数与功率谱密度函数

6.4.1 平稳过程的协方差函数

命题 6.4.1 设 $X=\{X(t),t\in T\}$ 为一实平稳过程（或平稳序列），其均值为 m，协方差函数为 $R(\tau)(\tau\in\mathbf{R}或\tau\in\mathbf{Z})$，则有

(1) $R(-\tau)=R(\tau)$;

(2) $|R(\tau)|\leqslant R(0)\triangleq\sigma^2$; (6.4.1)

(3) 协方差函数的半正定（或非负定）性：对任意 $t_1,t_2,\cdots,t_n\in T$ 及 $a_1,a_2,\cdots,a_n\in\mathbf{R}$ 有

$$\sum_{i,j=1}^{n}a_ia_jR(t_i-t_j)\geqslant 0 \tag{6.4.2}$$

(4) 若 $X(t)$ 的 n 阶（均方）导数 $X^{(n)}(t)$ 存在，则有

$$EX^{(n)}(t)=0 \quad 且 \quad \mathrm{Cov}(X^{(n)}(t+\tau),\quad X^{(n)}(t))=(-1)^nR_X^{(2n)}(\tau) \quad (n\in\mathbf{N}) \tag{6.4.3}$$

即 $\{X^{(n)}(t),t\in T\}$ 亦为平稳过程.

证明 关于 (1) 我们在第 1 章的最后一节就已证明过了.

关于 (2) 即式 (6.4.1) 用施瓦茨不等式 (6.2.6) 容易加以证明. 此式表明 $R(\tau)$ 为一有界函数，且在 0 点取到其最大值 $R(0)$.

(3) 中平稳过程协方差函数的非负定性是一般协方差函数的非负定性（即第 1 章式 (1.6.4)）的一个特例，故自然成立.

至于 (4) 中的结论，则当 $n=1$ 时，按本章 6.2 节例 6.2.1 中的结果有：$EX'(t)=0$且$\mathrm{Cov}(X'(t+\tau),X'(t))=-R_X^2(\tau)$，显然 $\{X'(t),t\in T\}$ 为平稳过程.

一般地用归纳法，设 $n=k$ 时式 (6.4.3) 成立，则 $\{X^{(k)}(t),t\in T\}$ 为平稳过程. 若进一步假定 $X^{(k+1)}(t)$ 存在，则根据归纳假设，再利用例 6.2.1 中类似的方法便容易证明，当 $n=k+1$ 时式 (6.4.3) 依然成立. 从而该式对任意 $n\in\mathbf{N}$ 皆成立，且 $\{X^{(n)}(t),t\in T\}$ 为平稳过程. □

一些常见的协方差函数见附表 2.

协方差函数的非负定性即式 (6.4.2) 是一条很重要的性质，由此可以推得协方差函数的谱表示理论（见参考文献 [6] 第 2.1 节）. 下面我们将从另一角度出发来讨论这个问题.

6.4.2 平均功率的谱表示与维纳–辛钦公式

本小节主要讨论平稳过程平均功率的谱表示（谱分解）及协方差函数的谱表示，先从确定性函数 $x(t)(t\in\mathbf{R})$ 入手.

设 $x(t)$ 为定义在 $\mathbf{R}$ 上的一个确定性（非随机）函数，满足条件

$$\int_{-\infty}^{+\infty} x^2(t)\mathrm{d}t < +\infty \tag{6.4.4}$$

（称为总能量有限.）则 $x(t)$ 的傅里叶（Fourier）变换存在

$$F(\omega)=\int_{-\infty}^{+\infty} x(t)\mathrm{e}^{-\mathrm{i}\omega t}\mathrm{d}t \quad (\mathrm{i}=\sqrt{-1}) \tag{6.4.5}$$

而 $F(\omega)$ 的傅里叶反变换为

$$x(t)=\frac{1}{2\pi}\int_{-\infty}^{+\infty} F(\omega)\mathrm{e}^{\mathrm{i}\omega t}\mathrm{d}\omega \tag{6.4.6}$$

此时成立帕塞瓦尔（Parseval）等式

$$\int_{-\infty}^{+\infty} x^2(t)\mathrm{d}t=\frac{1}{2\pi}\int_{-\infty}^{+\infty}|F(\omega)|^2\mathrm{d}\omega \tag{6.4.7}$$

（其中 $|F(\omega)|^2=F(\omega)\overline{F(\omega)}$）此式称为总能量的谱表示.

更一般的情形是总能量未必有限（如对于某些平稳过程的轨道），但平均功率有限，即 $x(t)$ 满足

$$\lim_{T\to+\infty}\frac{1}{2T}\int_{-T}^{T} x^2(t)\mathrm{d}t < +\infty \tag{6.4.8}$$

对于这样的 $x(t)$，我们先引进一个截尾函数

$$x_T(t)=\begin{cases} x(t) & (|t|\leqslant T) \\ 0 & (|t|>T) \end{cases} \quad (T>0) \tag{6.4.9}$$

易见 $x_T(t)$ 满足式 (6.4.4)，故其傅里叶变换存在，记为

$$F(\omega,T)=\int_{-\infty}^{+\infty} x_T(t)\mathrm{e}^{-\mathrm{i}\omega t}\mathrm{d}t=\int_{-T}^{T} x(t)\mathrm{e}^{-\mathrm{i}\omega t}\mathrm{d}t \tag{6.4.10}$$

且帕塞瓦尔等式依然成立

$$\int_{-\infty}^{+\infty} x_T^2(t)\mathrm{d}t = \int_{-T}^{T} x^2(t)\mathrm{d}t = \frac{1}{2\pi}\int_{-\infty}^{+\infty} |F(\omega,T)|^2\mathrm{d}\omega$$

令上式两边同除以 $2T$，并令 $T\to+\infty$，则有

$$\lim_{T\to+\infty}\frac{1}{2T}\int_{-T}^{T} x^2(t)\mathrm{d}t = \frac{1}{2\pi}\int_{-\infty}^{+\infty}\lim_{T\to+\infty}\frac{1}{2T}|F(\omega,T)|^2\mathrm{d}\omega \tag{6.4.11}$$

（假定求极限与求积分可交换）如果极限：

$$\lim_{T\to+\infty}\frac{1}{2T}|F(\omega,T)|^2 \triangleq S(\omega) \tag{6.4.12}$$

存在，则式 (6.4.11) 可写为

$$\lim_{T\to+\infty}\frac{1}{2T}\int_{-T}^{T} x^2(t)\mathrm{d}t = \frac{1}{2\pi}\int_{-\infty}^{+\infty} S(\omega)\mathrm{d}\omega \tag{6.4.13}$$

此式称为 $x(t)$ 的平均功率的谱分解（谱表示），其中 $S(\omega)(\omega\in\mathbf{R})$ 称为功率谱密度函数.

下面将上述结果推广到一个平稳过程上：$X=\{X(t),(t\in\mathbf{R})\}$. 设 $X(t)$ 在 $\mathbf{R}$ 上是均方连续的，则下面的（均方）积分（相当于 $X(t)$ 的截尾 $X_T(t)$ 的傅里叶变换）存在

$$F(\omega,T) = \int_{-T}^{T} X(t)\mathrm{e}^{-\mathrm{i}\omega t}\mathrm{d}t \tag{6.4.14}$$

及帕塞瓦尔等式成立

$$\frac{1}{2T}\int_{-T}^{T} X^2(t)\mathrm{d}t = \frac{1}{2\pi}\int_{-\infty}^{+\infty}\frac{1}{2T}|F(\omega,T)|^2\mathrm{d}\omega$$

对上式两端先取期望再取极限，假定所涉的几种运算可互相交换，则有

$$\lim_{T\to+\infty} E\left(\frac{1}{2T}\int_{-T}^{T} X^2(t)\mathrm{d}t\right) = m + R(0) = \frac{1}{2\pi}\int_{-\infty}^{+\infty}\lim_{T\to+\infty} E\left(\frac{1}{2T}|F(\omega,T)|^2\right)\mathrm{d}\omega$$

若极限

$$\lim_{T\to+\infty} E\left(\frac{1}{2T}|F(\omega,T)|^2\right) \triangleq S(\omega) \quad (\omega\in\mathbf{R}) \tag{6.4.15}$$

存在，则上式可写为

$$m + R(0) = \frac{1}{2\pi}\int_{-\infty}^{+\infty} S(\omega)\mathrm{d}\omega \tag{6.4.16}$$

若进一步假定 $m=0$，则有

$$R(0)=\frac{1}{2\pi}\int_{-\infty}^{+\infty}S(\omega)\mathrm{d}\omega \tag{6.4.17}$$

此二式皆称为平稳过程平均功率的谱分解（谱表示），其中 $S(\omega)$ 称为平稳过程的功率谱密度函数.

对于由式 (6.4.15) 定义的谱密度函数 $S(\omega)$（注意它与式 (6.4.12) 中的 $S(\omega)$ 是不一样的），我们由式 (6.4.15) 及式 (6.4.14) 容易推知它是一个定义在 $\mathbf{R}$ 上的实的、非负的、偶的函数，而且由式 (6.4.17) 还可以知道 $S(\omega)$ 在 $\mathbf{R}$ 上还是一个可积的函数.

在工程上还有所谓半谱密度函数 $G(\omega)$，其定义如下：

$$G(\omega)=\begin{cases}2S(\omega) & (\omega\geqslant 0)\\ 0 & (\omega<0)\end{cases} \tag{6.4.18}$$

式 (6.4.17) 初步揭示了平稳过程的协方差函数 $R(\tau)$ 与其功率谱密度函数 $S(\omega)$ 之间的一些关系，但更密切的关系还有待于下面的定理来加以揭示：

定理 6.4.1　（维纳–辛钦（Wiener-Khintchine）公式）设 $\{X(t)(t\in\mathbf{R})\}$ 为一均方连续的平稳过程，其均值 $EX(t)\equiv 0$，协方差函数 $R(\tau)=EX(t+\tau)X(t)$ 满足条件 $\int_{-\infty}^{+\infty}|R(\tau)|\mathrm{d}\tau<+\infty$，则有

$$S(\omega)=\int_{-\infty}^{+\infty}R(\tau)\mathrm{e}^{-\mathrm{i}\omega\tau}\mathrm{d}\tau \tag{6.4.19}$$

及

$$R(\tau)=\frac{1}{2\pi}\int_{-\infty}^{+\infty}S(\omega)\mathrm{e}^{\mathrm{i}\omega\tau}\mathrm{d}\omega\quad(\tau\in\mathbf{R}) \tag{6.4.20}$$

即该平稳过程的协方差函数 $R(\tau)$ 与功率谱密度函数 $S(\omega)$ 构成一对傅里叶变换. 又，易见当 $\tau=0$ 时，式 (6.4.20) 就变成了式 (6.4.17).

证明　只需证明式 (6.4.19) 成立即可. 事实上，按式 (6.4.15) 及式 (6.4.14) 有

$$\begin{aligned}S(\omega)&=\lim_{T\to+\infty}E\left(\frac{1}{2T}|F(\omega,T)|^2\right)=\lim_{T\to+\infty}\frac{1}{2T}E\left[\int_{-T}^{T}X(t)\mathrm{e}^{-\mathrm{i}\omega t}\mathrm{d}t\int_{-T}^{T}X(s)\mathrm{e}^{\mathrm{i}\omega s}\mathrm{d}s\right]\\&=\lim_{T\to+\infty}\frac{1}{2T}\iint\limits_{\substack{-T\leqslant t\leqslant T\\-T\leqslant s\leqslant T}}EX(t)X(s)\mathrm{e}^{-\mathrm{i}\omega(t-s)}\mathrm{d}t\mathrm{d}s\end{aligned}$$

$$= \lim_{T\to+\infty}\frac{1}{2T}\iint\limits_{\substack{-T\leqslant t\leqslant T\\ -T\leqslant s\leqslant T}} R(t-s)\mathrm{e}^{-\mathrm{i}\omega(t-s)}\mathrm{d}t\mathrm{d}s = (\text{令}t-s=\tau, t+s=v)$$

$$= \lim_{T\to+\infty}\frac{1}{4T}\iint\limits_{-2T\leqslant v\pm\tau\leqslant 2T} R(\tau)\mathrm{e}^{-\mathrm{i}\omega\tau}\mathrm{d}\tau\mathrm{d}v\left(\begin{matrix}\text{注意此积分区域与定理}\\ \text{6.3.1(2) 证明中的区域相同}\end{matrix}\right)$$

$$= \lim_{T\to+\infty}\int_{-2T}^{2T}\left(1-\frac{|\tau|}{2T}\right)R(\tau)\mathrm{e}^{-\mathrm{i}\omega\tau}\mathrm{d}\tau = \lim_{T\to+\infty}\int_{-\infty}^{+\infty}R^T(\tau)\mathrm{e}^{-\mathrm{i}\omega\tau}\mathrm{d}\tau \qquad (*)$$

其中

$$R^T(\tau) = \begin{cases}(1-\dfrac{|\tau|}{2T})R(\tau) & (|\tau|\leqslant 2T)\\ 0 & (|\tau|>2T)\end{cases}$$

易见当 $T\to+\infty$ 时, $R^T(\tau)\to R(\tau)$，从而有

$$(*) = \int_{-\infty}^{+\infty}\lim_{T\to+\infty}R^T(\tau)\mathrm{e}^{-\mathrm{i}\omega\tau}\mathrm{d}\tau = \int_{-\infty}^{+\infty}R(\tau)\mathrm{e}^{-\mathrm{i}\omega\tau}\mathrm{d}\tau$$

即式 (6.4.19) 得证，这同时也证明了反变换式 (6.4.20) 成立. □

注 (1) 由于我们现在主要讨论实平稳过程，故其 $R(\tau)$ 及 $S(\omega)$ 皆为实的且偶的函数，故式 (6.4.19) 及式 (6.4.20) 还可写为下面的偶变换形式:

$$S(\omega) = 2\int_0^{+\infty}R(\tau)\cos\omega\tau\mathrm{d}\tau \tag{6.4.21}$$

及

$$R(\tau) = \frac{1}{\pi}\int_0^{+\infty}S(\omega)\cos\omega\tau\mathrm{d}\omega \tag{6.4.22}$$

(2) 对于平稳序列 $\{X_n, n\in\mathbf{Z}\}$，设 $EX_n\equiv 0$，而其 $R(\tau)$ $(\tau\in\mathbf{Z})$ 满足: $\sum\limits_{\tau\in\mathbf{Z}}|R(\tau)|<+\infty$. 又设 $S(\omega)$ 为其谱密度函数，其中 $S(\omega) = \lim\limits_{N\to+\infty}E\left[\dfrac{1}{2N+1}|F(\omega,N)|^2\right]$，而 $F(\omega,N) = \sum\limits_{n=-N}^{N}X_n\mathrm{e}^{-\mathrm{i}\omega n}$. 则相应的维纳–辛钦公式为

$$S(\omega) = \sum_{\tau=-\infty}^{+\infty}R(\tau)\mathrm{e}^{-\mathrm{i}\omega\tau}\quad(\omega\in[-\pi,\pi]) \tag{6.4.23}$$

及

$$R(\tau) = \frac{1}{2\pi}\int_{-\pi}^{\pi}S(\omega)\mathrm{e}^{\mathrm{i}\omega\tau}\mathrm{d}\omega\quad(\tau\in\mathbf{Z}) \tag{6.4.24}$$

由式 (6.4.23) 可知，若将 $S(\omega)$ 视为 $\mathbf{R}$ 上的函数，则它是周期为 2π 的函数. 且在式 (6.4.24) 中令 $\tau=0$ 可知，$S(\omega)$ 在 $[-\pi,\pi]$ 上可积，但在 $\mathbf{R}$ 上的积分为无穷.

(3) 注意式 (6.4.20) 与式 (6.4.24) 还可写成

$$R(\tau)=\int_{-\infty}^{+\infty}\mathrm{e}^{\mathrm{i}\omega\tau}\mathrm{d}F_X(\omega)\quad(\tau\in\mathbf{R})\tag{6.4.25}$$

及

$$R(\tau)=\int_{-\pi}^{+\pi}\mathrm{e}^{\mathrm{i}\omega\tau}\mathrm{d}F_X(\omega)\quad(\tau\in\mathbf{Z})\tag{6.4.26}$$

（其中 $F_X(\omega)$ 称为该平稳过程或平稳序列的谱函数）这是 $R(\tau)$ 的谱表示式的更一般形式，见参考文献 [6] 的 2.1 节.

对于平稳过程 $\{X(t),t\in\mathbf{R}\}$，最常见的功率谱密度函数为有理函数形式

$$S(\omega)=P(\omega)/Q(\omega)\quad(\omega\in\mathbf{R})$$

其中 $P(\omega)$ 与 $Q(\omega)$ 都是关于 ω 的多项式，且全为偶次项. $P(\omega)$ 与 $Q(\omega)$ 无公因式，且 $P(\omega)$ 至少比 $Q(\omega)$ 低两次. $Q(\omega)$ 无实根，$P(\omega)/Q(\omega)$ 非负. 这些都是由 $S(\omega)$ 的性质决定的.

下面我们来看一些例子：

例 6.4.1　已知平稳过程 $X=\{X(t),t\in\mathbf{R}\}$ 的功率谱密度函数为

$$S(\omega)=\frac{\omega^2+2}{\omega^4+5\omega^2+4}=\frac{\omega^2+2}{(\omega^2+1)(\omega^2+4)}$$

试求 X 的协方差函数 $R(\tau)$ 及方差函数 $R(0)$.

解　设 $EX(t)\equiv 0$（凡应用维纳–辛钦公式皆须作此假定），则据式 (6.4.20) 可知

$$R(\tau)=\frac{1}{2\pi}\int_{-\infty}^{+\infty}\frac{(\omega^2+2)}{(\omega^2+1)(\omega^2+4)}\mathrm{e}^{\mathrm{i}\omega\tau}\mathrm{d}\omega\tag{*}$$

为求出此积分，须利用复变函数论中的残数（或留数）定理：

$$\int_{\partial U}f(z)\mathrm{d}z=2\pi\mathrm{i}\sum_{k=1}^{n}\mathrm{Res}(f,z_k)$$

即复变量函数 $f(z)$ 在闭围道 ∂U 上的积分等于 $f(z)$ 在闭围道内的所有奇点 $z_1,z_2,\cdots,z_n$ 上的 n 个残数之和乘以 $2\pi\mathrm{i}$. 本题中取复函数为

$$f(z)=\frac{(z^2+2)\mathrm{e}^{\mathrm{i}z|\tau|}}{(z^2+1)(z^2+4)}$$

∂U 取复平面上圆心在原点半径为 R 的上半圆周加上圆的直径，其中圆的直径位于实轴上. 当 R 充分大后，∂U 内含有 $f(z)$ 的两个一阶奇点：i 与 2i，算得 $f(z)$ 在此二奇点上的残数之和为 $(\mathrm{e}^{-|\tau|}+\mathrm{e}^{-2|\tau|})/(6\mathrm{i})$. 另外可证明

$$\lim_{R\to+\infty}\int_{\partial U} f(z)\mathrm{d}z=\int_{-\infty}^{+\infty} f(\omega)\mathrm{d}\omega=\int_{-\infty}^{+\infty}\frac{(\omega^2+2)\mathrm{e}^{\mathrm{i}\omega\tau}}{(\omega^2+1)(\omega^2+4)}\mathrm{d}\omega$$

从而由 $(*)$ 及残数定理可得

$$R(\tau)=\frac{1}{2\pi}\times 2\pi\mathrm{i}(\mathrm{e}^{-|\tau|}+\mathrm{e}^{-2|\tau|})/(6\mathrm{i})=(\mathrm{e}^{-|\tau|}+\mathrm{e}^{-2|\tau|})/6$$

而 $R(0)=\dfrac{1}{3}$.

例 6.4.2 设平稳过程 $\{X(t),t\in\mathbf{R}\}$ 的协方差函数为

$$R(\tau)=\begin{cases}1-\dfrac{|\tau|}{T} & (|\tau|\leqslant T)\\ 0 & (|\tau|>T)\end{cases}$$

试求其对应的功率谱密度函数 $S(\omega)$.

解 由式 (6.4.21) 知

$$\begin{aligned}S(\omega)&=2\int_0^{+\infty}R(\tau)\cos\omega\tau\mathrm{d}\tau=2\int_0^{T}(1-\tau/T)\cos\omega\tau\mathrm{d}\tau\\&=\frac{2(1-\cos\omega T)}{\omega^2 T}=\frac{4\sin^2(\omega T/2)}{\omega^2 T}\end{aligned}$$

例 6.4.3 已知平稳序列 $\{X_n,n\in\mathbf{Z}\}$ 的协方差函数为

$$R(\tau)=\frac{1}{2\pi}\rho^{|\tau|}\quad(\tau\in\mathbf{Z},|\rho|<1)$$

试求其对应的功率谱密度函数 $S(\omega)$.

解 由式 (6.4.23) 可知

$$\begin{aligned}S(\omega)&=\sum_{\tau=-\infty}^{+\infty}R(\tau)\mathrm{e}^{-\mathrm{i}\omega\tau}=\frac{1}{2\pi}\sum_{\tau=-\infty}^{+\infty}\rho^{|\tau|}\mathrm{e}^{-\mathrm{i}\omega\tau}\\&=\frac{1}{2\pi}\left(\sum_{\tau=0}^{+\infty}(\rho\mathrm{e}^{-\mathrm{i}\omega})^{\tau}+\sum_{\tau=0}^{+\infty}(\rho\mathrm{e}^{\mathrm{i}\omega})^{\tau}-1\right)\\&=\frac{1}{2\pi}\left(\frac{1}{1-\rho\mathrm{e}^{-\mathrm{i}\omega}}+\frac{1}{1-\rho\mathrm{e}^{\mathrm{i}\omega}}-1\right)=\frac{1-\rho^2}{2\pi(1-2\rho\cos\omega+\rho^2)}\end{aligned}$$

显然 $S(\omega)$ 为 $\mathbf{R}$ 上的周期 2π 的函数.

当平稳过程的协方差函数或谱密度函数为常值函数时，其在常义下的傅里叶变换不存在，但在实际应用中我们却需要考虑这样的过程（如白噪声过程）．为克服这一困难，我们引进狄拉克（Dirac）$-\delta$ 函数（单位脉冲函数）$\delta(x)(x\in\mathbf{R})$，它是这样的一个广义函数：当 $x\neq 0$ 时，$\delta(x)=0$；而 $\delta(0)=+\infty$. 且对于 $\mathbf{R}$ 上的任一连续函数 $f(x)$ 成立下面的

$$\int_{-\infty}^{+\infty}\delta(x)f(x)\mathrm{d}x=f(0) \tag{6.4.27}$$

或更一般的

$$\int_{-\infty}^{+\infty}\delta(x-x_0)f(x)\mathrm{d}x=f(x_0) \tag{6.4.28}$$

由此性质我们可导出常值的谱密度函数（或协方差函数）在广义傅里叶变换下，仍满足维纳–辛钦公式.

因为

$$\int_{-\infty}^{+\infty}\delta(\tau)\mathrm{e}^{-\mathrm{i}\omega\tau}\mathrm{d}\tau=1 \tag{6.4.29}$$

即 $\delta(\tau)$ 的傅里叶变换为 1，从而其反变换式为

$$\delta(\tau)=\frac{1}{2\pi}\int_{-\infty}^{+\infty}\mathrm{e}^{\mathrm{i}\omega\tau}\mathrm{d}\omega \tag{6.4.30}$$

这说明当谱密度函数为常数 1（或 C）时，其相应的协方差函数为 $\delta(\tau)$（或 $C\delta(\tau)$）.

又因为有

$$1=\int_{-\infty}^{+\infty}\delta(\omega)\mathrm{e}^{\mathrm{i}\omega\tau}\mathrm{d}\omega=\frac{1}{2\pi}\int_{-\infty}^{+\infty}2\pi\delta(\omega)\mathrm{e}^{\mathrm{i}\omega\tau}\mathrm{d}\omega \tag{6.4.31}$$

故由此可知当协方差函数为常数 C 时，其相应的谱密度函数为 $2\pi C\delta(\omega)$.

由此我们还可求出当协方差函数为余弦函数 $\cos\omega_0\tau$ 时，其相应的谱密度函数

$$\begin{aligned}S(\omega)&=\int_{-\infty}^{+\infty}\cos\omega_0\tau\mathrm{e}^{-\mathrm{i}\omega\tau}\mathrm{d}\tau=\frac{1}{2}\int_{-\infty}^{+\infty}\left(\mathrm{e}^{-\mathrm{i}\omega_0\tau}+\mathrm{e}^{\mathrm{i}\omega_0\tau}\right)\mathrm{e}^{-\mathrm{i}\omega\tau}\mathrm{d}\tau\\&=\frac{1}{2}\left[\int_{-\infty}^{+\infty}\mathrm{e}^{-\mathrm{i}(\omega+\omega_0)\tau}\mathrm{d}\tau+\int_{-\infty}^{+\infty}\mathrm{e}^{-\mathrm{i}(\omega-\omega_0)\tau}\mathrm{d}\tau\right]\\&=\frac{1}{2}\left[2\pi\delta(\omega+\omega_0)+2\pi\delta(\omega-\omega_0)\right]=\pi(\delta(\omega+\omega_0)+\delta(\omega-\omega_0))\end{aligned}$$

上述几个广义傅里叶变换的结果的图示可参见书末附表 2.

δ 函数可用于刻画白噪声过程.

例 6.4.4 谱密度函数为常数 s_0 的平稳过程 $\{X(t),t\geqslant 0\}$ 称为白噪声过程，按式 (6.4.30) 可知其协方差函数为

$$R(\tau)=\frac{1}{2\pi}\int_{-\infty}^{+\infty}s_0\mathrm{e}^{\mathrm{i}\omega\tau}\mathrm{d}\omega=s_0\delta(\tau)=\begin{cases}+\infty & (\tau=0)\\ 0 & (\tau\neq 0)\end{cases}\quad(\tau\in\mathbf{R})$$

由上式可见其平均功率为无穷大且不同时刻的状态之间是互不相关的. 白噪声是物理不可实现的或者说不可观测的过程，它是一种理论的抽象. 在理论与应用研究的多个领域，它都起着重要的作用. 再由

$$\int_{-\infty}^{+\infty}R(\tau)\mathrm{d}\tau=\int_{-\infty}^{+\infty}s_0\delta(\tau)\mathrm{d}\tau=s_0<+\infty$$

可知，$\{X(t),t\geqslant 0\}$ 的均值遍历性成立（据推论 6.3.2）.

对于平稳序列 $\{X_n,n\in\mathbf{Z}\}$，若其谱密度函数为常数 s_0，则称之为白噪声序列. 按照平稳序列的维纳– 辛钦公式 (6.4.24) 可求得其协方差函数为

$$R(\tau)=\frac{1}{2\pi}\int_{-\pi}^{\pi}s_0\mathrm{e}^{\mathrm{i}\omega\tau}\mathrm{d}\omega=\frac{1}{2\pi}\int_{-\pi}^{\pi}s_0\cos\tau\omega\mathrm{d}\omega=\begin{cases}s_0 & (\tau=0)\\ 0 & (\tau=\pm 1,\pm 2,\cdots)\end{cases}$$

这与我们在例 6.1.2 中介绍的白噪声序列的协方差函数是完全一致的.

6.5 平稳过程的预报（预测）

6.5.1 均方最佳预报与线性均方最佳预报

设 X 为一随机变量，是不可预测的. 另有一随机变量 $\hat{X}$，是可观测的. 我们用 $\hat{X}$ 来估计 X，称 $\hat{X}$ 为对 X 的预报（或预测）. 为便于衡量预报误差 $(X-\hat{X})$ 的大小，我们假定 X 与 $\hat{X}$ 均为二阶矩（随机）变量，即有（沿用 6.2.1 节的符号）：$X,\hat{X}\in\mathscr{L}$.

为简单起见，不妨假定此处 $\mathscr{L}$ 为全体实二阶矩变量构成的集合，其中的元素关于普通的加法与（实数的）数乘是封闭的，由此 $\mathscr{L}$ 构成一个线性空间. 又

在 $\mathscr{L}$ 中定义内积 $\langle X,Y\rangle = E(XY)$ 与范数 $\|X\| = \sqrt{\langle X,X\rangle} = \sqrt{EX^2}$，则 $\mathscr{L}$ 成为一内积空间，其有关性质一如既往在 6.2.1 节中所介绍者.

设 X 的允许的预报 $\hat{X}$ 的全体构成的集合为 $\mathscr{H}$，则 $\mathscr{H}$ 称为对 X 的允许的预报类或预报空间. 易见 $\mathscr{H} \subseteq \mathscr{L}$，且往往还假定 $\mathscr{H}$ 本身也构成一个线性空间，即 $\mathscr{H}$ 为 $\mathscr{L}$ 的一个线性子空间.

若有 $\hat{X}^* \in \mathscr{H}$，使得对一切预报 $\hat{X} \in \mathscr{H}, \hat{X}^*$ 与 X 的均方误差 $E(X-\hat{X}^*)^2 = \|X-\hat{X}^*\|^2$ 达到最小，即 $\hat{X}^*$ 满足

$$\|X-\hat{X}^*\| = \min_{\hat{X}\in\mathscr{H}} \|X-\hat{X}\| \tag{6.5.1}$$

则称 $\hat{X}^*$ 为 X 的最佳预报或均方最佳预报.

设 $X \in \mathscr{L}$，$\mathscr{H}$ 为 X 的允许的预报类（线性子空间）. 则由图 6.5.1 易见，$\hat{X}^* \in \mathscr{H}$ 为 X 的最佳预报的充要条件是 $\hat{X}^*$ 为 X 在 $\mathscr{H}$ 上的正投影.

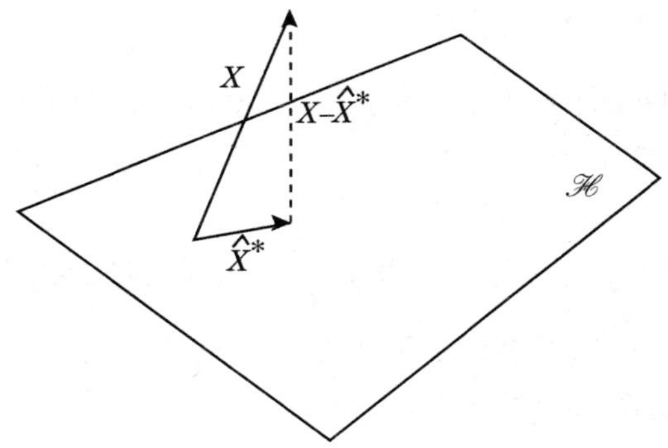

图 6.5.1　投影定理

由此我们给出下面的定理:

定理 6.5.1　（投影定理）设 $X \in \mathscr{L}$，$\mathscr{H} \subseteq \mathscr{L}$ 为 X 的允许的预报类且为线性子空间. 则 $\hat{X}^* \in \mathscr{H}$ 为 X 的均方最佳预报的充要条件是对每个 $U \in \mathscr{H}$ 有

$$E[(X-\hat{X}^*)U] = \left\langle X-\hat{X}^*, U\right\rangle = 0 \tag{6.5.2}$$

证明　（充分性）设 $\hat{X}^* \in \mathscr{H}$，且对任何 $U \in \mathscr{H}$ 满足

$$\left\langle X-\hat{X}^*, U\right\rangle = E[(X-\hat{X}^*)U] = 0$$

则对任何 $\hat{X}\in\mathscr{H}$，有

$$\begin{aligned}\|X-\hat{X}\|^2&=\|(X-\hat{X}^*)-(\hat{X}-\hat{X}^*)\|^2\\&=\|X-\hat{X}^*\|^2+\|\hat{X}-\hat{X}^*\|^2-2E[(X-\hat{X}^*)(\hat{X}-\hat{X}^*)]\\&=\|X-\hat{X}^*\|^2+\|\hat{X}-\hat{X}^*\|^2\geqslant\|X-\hat{X}^*\|^2\end{aligned}$$

显然，$\hat{X}^*$ 为 X 的最小均方误差预报.

（必要性）设 $\hat{X}^*$ 为 X 的均方最佳预报，今往证对任何 $U\in\mathscr{H}$，必有：$E[(X-\hat{X}^*)U]=0$. 否则（用反证法），设有某 $U\in\mathscr{H}$，使得 $E[(X-\hat{X}^*)U]=\alpha\neq 0$，构造 $\hat{X}=\hat{X}^*+(\alpha/EU^2)U$，则易见 $\hat{X}\in\mathscr{H}$，且

$$\begin{aligned}\|X-\hat{X}\|^2&=\|(X-\hat{X}^*)-(\hat{X}-\hat{X}^*)\|^2=\|(X-\hat{X}^*)-(\alpha/EU^2)U\|^2\\&=\|X-\hat{X}^*\|^2-2(\alpha/EU^2)E[(X-\hat{X}^*)U]+(\alpha/EU^2)^2EU^2\\&=\|X-\hat{X}^*\|^2-(\alpha^2/EU^2)<\|X-\hat{X}^*\|^2\end{aligned}$$

这说明 $\hat{X}^*$ 并非 X 的最小均方误差预报，与假设矛盾. 从而必要性得证. □

例 6.5.1 设 $X,Y\in\mathscr{L}$，其中 Y 是可观察的. 现据 Y 来预报 X，X 的预报类提为

$$\mathscr{H}=\{\hat{X}=f(Y),f\text{为任一函数，且}f(Y)\in\mathscr{L}\}$$

则可证明 $\hat{X}^*=\mu_{X|Y}=E(X|Y)$ 为 X 的最佳预报.

事实上，对任意 $\hat{X}=f(Y)\in\mathscr{H}$，有

$$\begin{aligned}\|X-\hat{X}\|^2&=E(X-\hat{X})^2=E(X-\mu_{X|Y}+\mu_{X|Y}-\hat{X})^2\\&=E(X-\mu_{X|Y})^2+E(\hat{X}-\mu_{X|Y})^2+2E(X-\mu_{X|Y})(\mu_{X|Y}-\hat{X})\end{aligned}\tag{6.5.3}$$

其中，由全期望公式可算得上式中的交叉项：

$$\begin{aligned}E(X-\mu_{X|Y})(\mu_{X|Y}-\hat{X})&=E\left\{E[(X-\mu_{X|Y})(\mu_{X|Y}-\hat{X})|Y]\right\}\\&=E\left\{(\mu_{X|Y}-\hat{X})E[(X-\mu_{X|Y})|Y]\right\}=E(0)=0\end{aligned}$$

从而由式 (6.5.3) 可知

$$\|X-\hat{X}\|^2=\|X-\mu_{X|Y}\|^2+\|\hat{X}-\mu_{X|Y}\|^2\geqslant\|X-\mu_{X|Y}\|^2$$

且当 $\hat{X}=\mu_{X|Y}$ 时取到最小值，故知 $\hat{X}^*=\mu_{X|Y}$ 为最佳预报.

更一般地，若 X 的预报类提为

$$\mathscr{H}=\{\hat{X}=f(Y_1,Y_2,\cdots,Y_n),f\text{为任意函数，且}\hat{X}\in\mathscr{L}\}$$

则类似地可以证明条件期望 $E(X|Y_1,Y_2,\cdots,Y_n)=\hat{X}^*$ 为 X 的最佳预报.

对于条件期望 $E(X|Y_1,Y_2,\cdots,Y_n)=f(Y_1,Y_2,\cdots,Y_n)$ 来说，虽然它作为 X 的均方最佳预报其理论上的性质是优越的，但其具体的函数形式 $f(y_1,y_2,\cdots,y_n)$ 一般却难以求出. 因此，人们往往对 $f(y_1,y_2,\cdots,y_n)$ 的形式加以更具体的限制. 最常用的，是规定 X 的预报类由所有 $Y_1,Y_2,\cdots,Y_n$ 的线性组合而构成，由此得到的最佳预报被称为线性（均方）最佳预报. 我们在下一小节将要讨论的平稳序列的预报即属于此类.

6.5.2　平稳序列的预报

设 $\{X_n,n\in\mathbf{Z}\}$ 为一平稳序列，并假定在时刻 n 已知 $X_n,X_{n-1},X_{n-2},\cdots$ 的全部值，据此来预报 $X_{n+\ell}$ 的值 $(\ell\in\mathbf{N})$. 此时的预报类 $\mathscr{H}_n$ 可提为由 $\{X_k,k\leqslant n\}$ 所生成的线性空间（包括 $X_k(k\leqslant n)$ 的所有可能的线性组合及其均方极限，以下 $\mathscr{H}_n{}'$ 亦类同），此种（均方）最佳预报可记为 $\hat{X}_{n+\ell}|_{n,-\infty}$ 或 $\hat{X}_{n+\ell}|_n$. 下面主要讨论自回归时间序列模型 $AR(p)$ 的预报.

以下总假定 $\{\varepsilon_n,n\in\mathbf{Z}\}$ 是均值为 0、方差为 σ^2 的平稳白噪声序列，并记由 $\{\varepsilon_k,k\leqslant n\}$ 所生成的线性空间为 $\mathscr{H}_n{}'$. 先考虑一阶自回归模型 $AR(1)$ ，即随机序列 $\{X_n,n\in\mathbf{Z}\}$ 满足

$$X_n=\alpha X_{n-1}+\varepsilon_n\quad(|\alpha|<1,n\in\mathbf{Z})\tag{6.5.4}$$

用后移算子 B 可将上式写成

$$(1-\alpha B)X_n=\varepsilon_n\quad(n\in\mathbf{Z})$$

由于 $|\alpha|<1$，故方程 $\phi(B)=(1-\alpha B)=0$ 的根在单位圆之外. 此时上式可表为

$$X_n=(1-\alpha B)^{-1}\varepsilon_n=\sum_{k=0}^{+\infty}\alpha^kB^k\varepsilon_n=\sum_{k=0}^{+\infty}\alpha^k\varepsilon_{n-k}\tag{6.5.5}$$

由式 (6.5.5) 易求得

$$EX_n=0,\quad \mathrm{Var}(X_n)=EX_n^2=\sum_{k=0}^{+\infty}\alpha^{2k}\sigma^2=\frac{\sigma^2}{1-\alpha^2}\triangleq\sigma_X^2$$

当 $\tau\in\mathbf{N}$ 时，有

$$\begin{aligned}C_X(n,n+\tau)&=\mathrm{Cov}(X_n,X_{n+\tau})=EX_nX_{n+\tau}\\&=E(\varepsilon_n+\alpha\varepsilon_{n-1}+\alpha^2\varepsilon_{n-2}+\cdots)(\varepsilon_{n+\tau}+\alpha\varepsilon_{n+\tau-1}+\cdots+\alpha^\tau\varepsilon_n+\cdots)\\&=\alpha^\tau E(\varepsilon_n+\alpha\varepsilon_{n-1}+\alpha^2\varepsilon_{n-2}+\cdots)^2=\alpha^\tau EX_n^2=\alpha^\tau\sigma_X^2\end{aligned}$$

故对一般的 $\tau\in\mathbf{Z}$，有

$$C_X(n,n+\tau)=\alpha^{|\tau|}\sigma_X^2=\frac{\sigma^2}{1-\alpha^2}\alpha^{|\tau|}\triangleq R(\tau)$$

故 $\{X_n,n\in\mathbf{Z}\}$ 为平稳序列.

还可求出其所谓“相关函数”

$$\rho(\tau)=\frac{R(\tau)}{R(0)}=\alpha^{|\tau|}\quad(\tau\in\mathbf{Z})\tag{6.5.6}$$

仿例 6.4.3 可求得 $AR(1)$ 的功率谱密度为

$$S(\omega)=\frac{\sigma^2}{1-2\alpha\cos\omega+\alpha^2}\quad(\omega\in[-\pi,\pi])$$

下面讨论 $AR(1)$ 的 ℓ 步线性最佳预报 $\hat{X}_{n+\ell}|_n$，由式 (6.5.5) 可知

$$\begin{aligned}X_{n+\ell}&=\sum_{k=0}^{+\infty}\alpha^k\varepsilon_{n+\ell-k}=\varepsilon_{n+\ell}+\alpha\varepsilon_{n+\ell-1}+\cdots+\alpha^{\ell-1}\varepsilon_{n+1}+\alpha^\ell\sum_{k=0}^{+\infty}\alpha^k\varepsilon_{n-k}\\&=(\,\mathrm{I}\,)+(\,\mathrm{II}\,)\end{aligned}\tag{6.5.7}$$

其中 $(\,\mathrm{I}\,)=\varepsilon_{n+\ell}+\alpha\varepsilon_{n+\ell-1}+\cdots+\alpha^{\ell-1}\varepsilon_{n+1}$ 与 $\{\varepsilon_k,k\leqslant n\}$ 正交（垂直），从而与 $\mathscr{H}_n{}'$ 亦正交；而 $(\,\mathrm{II}\,)=\alpha^\ell\sum\limits_{k=0}^{+\infty}\alpha^k\varepsilon_{n-k}=\alpha^\ell X_n\in\mathscr{H}_n$.

另一方面由式 (6.5.4) 与式 (6.5.5) 易知有：$\mathscr{H}_n{}'=\mathscr{H}_n$，故由式 (6.5.7) 得到

$$X_{n+\ell}-(\,\mathrm{II}\,)=X_{n+\ell}-\alpha^\ell X_n\perp\mathscr{H}_n$$

从而由定理 6.5.1（投影定理）便知道有

$$\hat{X}_{n+\ell}|_n = (\,\text{Ⅱ}\,) = \alpha^\ell X_n \tag{6.5.8}$$

复由式 (6.5.7) 可知预报误差为

$$X_{n+\ell} - \hat{X}_{n+\ell}|_n = (\,\text{Ⅰ}\,) = \varepsilon_{n+\ell} + \alpha\varepsilon_{n+\ell-1} + \cdots + \alpha^{\ell-1}\varepsilon_{n+1}$$

均方误差为

$$E(X_{n+\ell} - \hat{X}_{n+\ell}|_n)^2 = \sum_{k=0}^{\ell-1}\sigma^2\alpha^{2k} = \frac{1-\alpha^{2\ell}}{1-\alpha^2}\sigma^2 = (1-\alpha^{2\ell})\sigma_X^2 \tag{6.5.9}$$

再考虑 $AR(p)$ 模型，即 $\{X_n, n\in\mathbf{Z}\}$ 满足

$$X_n = \alpha_1 X_{n-1} + \alpha_2 X_{n-2} + \cdots + \alpha_p X_{n-p} + \varepsilon_n \quad (n\in\mathbf{Z}) \tag{6.5.10}$$

利用后移算子 B 将上式表为

$$(1-\alpha_1 B - \alpha_2 B^2 - \cdots - \alpha_p B^p)X_n = \phi(B)X_n = \varepsilon_n \quad (n\in\mathbf{Z}) \tag{6.5.11}$$

或者

$$X_n = (1-\alpha_1 B - \alpha_2 B^2 - \cdots - \alpha_p B^p)^{-1}\varepsilon_n = \phi^{-1}(B)\varepsilon_n \tag{6.5.12}$$

若方程 $\phi(B)=0$ 的根都在单位圆以外，则 $\phi^{-1}(B)$ 可以展为幂级数

$$(1-\alpha_1 B - \alpha_2 B^2 - \cdots - \alpha_p B^p)^{-1} = \sum_{k=0}^{+\infty}\beta_k B^k \triangleq \psi(B) \quad (\beta_0 = 1, |B|<1)$$

从而式 (6.5.12) 可写为

$$X_n = \psi(B)\varepsilon_n = \sum_{k=0}^{+\infty}\beta_k\varepsilon_{n-k} = \varepsilon_n + \sum_{k=1}^{+\infty}\beta_k\varepsilon_{n-k} \quad (n\in\mathbf{Z}) \tag{6.5.13}$$

此时 $\{X_n, n\in\mathbf{Z}\}$ 亦为平稳序列，见参考文献 [11]. 事实上由式 (6.5.13) 可推得

$$EX_n = 0, \quad \mathrm{Var}(X_n) = EX_n^2 = \sum_{k=0}^{+\infty}\beta_k^2\sigma^2 \triangleq \sigma_X^2 \quad (n\in\mathbf{Z})$$

$$C_X(n, n+\tau) = EX_nX_{n+\tau} = \sigma^2\sum_{k=0}^{+\infty}\beta_k\beta_{k+|\tau|} = R(\tau) \quad (\tau\in\mathbf{Z}) \tag{6.5.14}$$

还可以计算其（自）相关函数

$$\rho(\tau)=\frac{R(\tau)}{R(0)}=\frac{\sum_{k=0}^{+\infty}\beta_k\beta_{k+|\tau|}}{\sum_{k=0}^{+\infty}\beta_k^2}\quad(\tau\in\mathbf{Z})$$

下面考虑 $AR(p)$ 模型的 ℓ 步最佳预报 $\hat{X}_{n+\ell}|_n$，先求 $\hat{X}_{n+1}|_n$. 由式 (6.5.10) 可知

$$X_{n+1}=\alpha_1X_n+\alpha_2X_{n-1}+\cdots+\alpha_pX_{n+1-p}+\varepsilon_{n+1}=(\text{I})+(\text{II})$$

类似于对 $AR(1)$ 模型的讨论可知，$(\text{I})=\alpha_1X_n+\alpha_2X_{n-1}+\cdots+\alpha_pX_{n+1-p}\in\mathscr{H}_n$，而 $(\text{II})=\varepsilon_{n+1}\perp\mathscr{H}_n$. 故由投影定理（定理 6.5.1）得到

$$\hat{X}_{n+1}|_n=(\text{I})=\alpha_1X_n+\alpha_2X_{n-1}+\cdots+\alpha_pX_{n+1-p}\tag{6.5.15}$$

而预报的均方误差为

$$E(X_{n+1}-\hat{X}_{n+1}|_n)^2=E\varepsilon_{n+1}^2=\sigma^2\tag{6.5.16}$$

对于一般地 $\ell\geqslant 1$，仍由式 (6.5.10) 可知有

$$X_{n+\ell}=\alpha_1X_{n+\ell-1}+\alpha_2X_{n+\ell-2}+\cdots+\alpha_pX_{n+\ell-p}+\varepsilon_{n+\ell}$$

再根据最佳预报的几何意义（即为 $\mathscr{H}_n$ 上的正投影）可知，有

$$\hat{X}_{n+\ell}|_n=\alpha_1\hat{X}_{n+\ell-1}|_n+\alpha_2\hat{X}_{n+\ell-2}|_n+\cdots+\alpha_p\hat{X}_{n+\ell-p}|_n\tag{6.5.17}$$

这是一个重要的递推公式，借此不断往下递推，直到等号右边出现的都是一步预报，则利用方才的式 (6.5.15) 可知 $\hat{X}_{n+\ell}|_n$ 可写为 $X_n,X_{n-1},\cdots,X_{n+1-p}$ 的线性组合（在递推的过程中，若式 (6.5.17) 右边出现某项 $\hat{X}_{n+\ell-k}|_n$，其中 $\ell\leqslant k$，则 $\hat{X}_{n+\ell-k}|_n$ 即等于 $X_{n+\ell-k}$，因为此时已有 $X_{n+\ell-k}\in\mathscr{H}_n$）. 由此可见，在时刻 n 无论作多少步预报，所用的只有 $X_n,X_{n-1},\cdots,X_{n+1-p}$ 这 p 个数据.（在 $AR(1)$ 的情形，则只需用一个数据 X_n，见式 (6.5.8).）

另一方面，类似于 $AR(1)$ 模型中式 (6.5.7) 与式 (6.5.8) 所用的方法（并利用式（6.5.13））可以推得

$$\hat{X}_{n+\ell}|_n=\sum_{k=0}^{+\infty}\beta_{\ell+k}\varepsilon_{n-k}$$

由此式易推出预报的均方误差为

$$\begin{aligned}E(X_{n+\ell}-\hat{X}_{n+\ell}|_n)^2&=E(\beta_0\varepsilon_{n+\ell}+\beta_1\varepsilon_{n+\ell-1}+\cdots+\beta_{\ell-1}\varepsilon_{n+1})^2\\&=\sigma^2(\beta_0^2+\beta_1^2+\cdots+\beta_{\ell-1}^2)\quad(\text{其中}\beta_0=1)\end{aligned}\tag{6.5.18}$$

而式 (6.5.17) 则便于推解 $\hat{X}_{n+\ell}|_n$ 的具体表达式（即 $X_n,X_{n-1},\cdots,X_{n+1-p}$ 的线性组合）.

我们来看一个求解 $AR(2)$ 最佳预报的例子.

例 6.5.2　设 $X=\{X_n,n\in\mathbf{Z}\}$ 满足 $AR(2)$ 模型：

$$X_n=X_{n-1}-\frac{1}{2}X_{n-2}+\varepsilon_n\quad(n\in\mathbf{Z})$$

（其中 ε_n 的方差 $\sigma^2=1.$）试求其 ℓ 步最佳预报 $\hat{X}_{n+\ell}|_n$ 及预报的均方误差.

解　将原模型写为

$$\left(1-B+\frac{1}{2}B^2\right)X_n=\phi(B)X_n=\varepsilon_n$$

先求 $\phi(B)=\left(1-B+\frac{1}{2}B^2\right)=0$ 的两个根

$$(1\pm\mathrm{i})=\sqrt{2}\mathrm{e}^{\pm\frac{\pi}{4}\mathrm{i}}\quad(\text{在单位圆外})$$

故 $\phi^{-1}(B)$ 可展为幂级数. 事实上，令 $b=\dfrac{1}{1-\mathrm{i}}=\dfrac{1}{\sqrt{2}}\mathrm{e}^{\frac{\pi}{4}\mathrm{i}}$，则 $\left(1-B+\frac{1}{2}B^2\right)=(1-bB)(1-\bar{b}B)$，从而有

$$\begin{aligned}\phi^{-1}(B)&=\frac{1}{(1-bB)(1-\bar{b}B)}=\frac{1}{iB}\left(\frac{1}{1-bB}-\frac{1}{1-\bar{b}B}\right)=\frac{1}{\mathrm{i}B}\sum_{k=0}^{+\infty}(b^k-\bar{b}^k)B^k\\&=\frac{1}{\mathrm{i}}\sum_{k=0}^{+\infty}(b^{k+1}-\bar{b}^{k+1})B^k\quad\left(\text{将 } b=\frac{1}{\sqrt{2}}\mathrm{e}^{\frac{\pi}{4}\mathrm{i}}\text{ 代入并整理}\right)\\&=\sum_{k=0}^{+\infty}2^{\frac{1-k}{2}}\left(\sin\frac{(k+1)\pi}{4}\right)B^k\triangleq\sum_{k=0}^{+\infty}\beta_kB^k\end{aligned}$$

即有

$$\beta_k=2^{\frac{1-k}{2}}\sin\frac{(k+1)\pi}{4}\qquad(k=0,1,2,\cdots,\text{其中}\beta_0=1)\tag{6.5.19}$$

另由式 (6.5.17) 可得一般 $AR(2)$ 模型 $\hat{X}_{n+\ell}|_n$ 的递推公式

$$\hat{X}_{n+\ell}|_n=\alpha_1\hat{X}_{n+\ell-1}|_n+\alpha_2\hat{X}_{n+\ell-2}|_n$$

或写为

$$\hat{X}_{n+\ell}|_n-\alpha_1\hat{X}_{n+\ell-1}|_n-\alpha_2\hat{X}_{n+\ell-2}|_n=\phi(B)\hat{X}_{n+\ell}|_n=0 \tag{6.5.20}$$

这是一个线性齐次差分方程，其相应的特征方程为

$$\lambda^2-\alpha_1\lambda-\alpha_2=0 \tag{6.5.21}$$

设特征方程的两个根为 λ_1 与 λ_2，若 λ_1 与 λ_2 为二相异的实根，则式 (6.5.20) 的通解可表为

$$\hat{X}_{n+\ell}|_n=c_1\lambda_1^\ell+c_2\lambda_2^\ell \tag{6.5.22}$$

其中 c_1 与 c_2 满足方程组

$$c_1+c_2=X_n,\quad c_1\lambda_1^{-1}+c_2\lambda_2^{-1}=X_{n-1} \tag{6.5.23}$$

（相当于在式 (6.5.22) 中分别令 $\ell=0$ 与 -1.）

若 $\lambda_1=\lambda_2$，则式 (6.5.20) 的通解为

$$\hat{X}_{n+\ell}|_n=(\ell+1)\lambda_1^\ell X_n-\ell\lambda_1^{\ell+1}X_{n-1} \tag{6.5.24}$$

若 λ_1 与 λ_2 为一对共轭复数：$\lambda_1=\rho\mathrm{e}^{\mathrm{i}\theta},\lambda_2=\overline{\lambda_1}$，则有

$$\hat{X}_{n+\ell}|_n=X_n\rho^\ell\frac{\sin(\ell+1)\theta}{\sin\theta}-X_{n-1}\rho^{\ell+1}\frac{\sin\ell\theta}{\sin\theta} \tag{6.5.25}$$

（上述结果见参考文献 [2] 的 31.2 节.）

本例中，解特征方程 $\lambda^2-\lambda+\dfrac{1}{2}=0$ 得二根为共轭复数：$\lambda_1=\dfrac{1}{\sqrt{2}}\mathrm{e}^{\frac{\pi}{4}\mathrm{i}},\lambda_2=\overline{\lambda_1}$，从而据式 (6.5.25) 得

$$\hat{X}_{n+\ell}|_n=X_n2^{\frac{1-\ell}{2}}\sin\frac{(\ell+1)\pi}{4}-X_{n-1}2^{\frac{-\ell}{2}}\sin\frac{\ell\pi}{4} \tag{6.5.26}$$

再根据式 (6.5.18) 及式 (6.5.19) 可算得 ℓ 步预报的均方误差为

$$E(X_{n+\ell}-\hat{X}_{n+\ell}|_n)^2=\sum_{k=0}^{\ell-1}2^{1-k}\sin^2\left(\frac{(k+1)\pi}{4}\right) \tag{6.5.27}$$

关于 $MA(q)$ 模型及 $ARMA(p,q)$ 模型的线性最佳预报，有兴趣的读者可参阅参考文献 [2] 与 [7] 中的有关内容.

习　题　6

6.1　设 $\{X_n, n \geqslant 0\}$ 为平稳序列，定义：

$$\begin{aligned} X_n^{(1)} &= X_n - X_{n-1} \qquad (n \geqslant 1) \\ X_n^{(2)} &= X_n^{(1)} - X_{n-1}^{(1)} \qquad (n \geqslant 1) \\ &\vdots \qquad\qquad\qquad\qquad \vdots \\ X_n^{(i)} &= X_n^{(i-1)} - X_{n-1}^{(i-1)} \quad (n \geqslant 1) \end{aligned}$$

证明：对任意 $i \geqslant 1, \{X_n^{(i)}, n \geqslant 1\}$ 仍为平稳序列.

6.2　设 $X_n = \sum\limits_{k=1}^{N} \sigma_k \sqrt{2} \cos(\alpha_k n - U_k)$，其中 $\sigma_k, \alpha_k > 0\ (k = 1, 2, \cdots, N), U_1, U_2, \cdots, U_N$ 为独立同分布且都服从均匀分布 $U(0, 2\pi)$. 证明：$\{X_n, n \in \mathbf{Z}\}$ 为平稳序列.

6.3　设 $\{X(t), t \in \mathbf{R}\}$ 是一个严平稳过程，ε 为仅取有限个值的随机变量. 证明：$Y(t) = X(t - \varepsilon)(t \in \mathbf{R})$ 仍为严平稳过程.

6.4　设 Z_1 与 Z_2 独立，都服从均匀分布 $U(-1, 1)$，定义

$$X(t) = Z_1 \cos \lambda t + Z_2 \sin \lambda t \quad (t \in \mathbf{R}, \lambda \neq 0)$$

(1) 证明：$\{X(t)\}$ 为宽平稳的；

(2) $\{X(t)\}$ 是严平稳的吗？为什么？

(3) 证明：$\{X(t)\}$ 的均值遍历性成立.

6.5　设有过程 $X(t) = A \cos(\omega t + \Theta)$，其中

$$A \sim f(x) = \begin{cases} \dfrac{x}{\sigma^2} \mathrm{e}^{-\frac{x^2}{2\sigma^2}} & (x > 0) \\ 0 & (x \leqslant 0) \end{cases} \qquad \text{（瑞利分布）}$$

$$\Theta \sim U(0, 2\pi) \quad \text{（均匀分布）}$$

A 与 Θ 独立，ω 为非零常数. 证明：

(1) $\{X(t), t \in \mathbf{R}\}$ 为平稳过程；

(2) $\{X(t), t \in \mathbf{R}\}$ 的均值具有遍历性.

6.6 设有随机序列 $\{X_n, n \geqslant 0\}$，其中

$$X_0 \sim f(x) = 2x \quad (0 \leqslant x \leqslant 1)$$

而在给定 $X_0, X_1, \cdots, X_n$ 的条件下，X_{n+1} 服从 $(1 - X_n, 1]$ 上的均匀分布 $(n \geqslant 0)$. 证明：$\{X_n, n \geqslant 0\}$ 为平稳序列，且具有均值遍历性.

6.7 若 (X_1, X_2, X_3, X_4) 是均值为零的多元正态随机变量，则有

$$\begin{aligned} E(X_1X_2X_3X_4) = &\operatorname{Cov}(X_1, X_2)\operatorname{Cov}(X_3, X_4) + \operatorname{Cov}(X_1, X_3)\operatorname{Cov}(X_2, X_4) \\ &+ \operatorname{Cov}(X_1, X_4)\operatorname{Cov}(X_2, X_3) \end{aligned}$$

试利用这一结果证明定理 6.3.3.

6.8 设 $\{X(t)\}$ 为高斯平稳过程，均值为零，功率谱密度函数 $S(\omega) = 1/(1+\omega^2)$，试求 $X(t)$ 落入区间 $[0.5, 1]$ 的概率.

6.9 设 $\{X(t)\}$ 为平稳高斯过程，其协方差函数为 $R(\tau)$. 证明：

$$P\left\{X'(t) \leqslant a\right\} = \Phi\left(\frac{a}{\sqrt{-R^{(2)}\ (0)}}\right)$$

6.10 设 $\{X(t)\}$ 为平稳过程，令 $Y(t) = X(t+a) - X(t-a)$. 证明：$\{Y(t)\}$ 亦为平稳过程，且有

$$\begin{aligned} R_Y(\tau) &= 2R_X(\tau) - R_X(\tau + 2a) - R_X(\tau - 2a) \\ S_Y(\omega) &= 4S_X(\omega)\sin^2 a\omega \end{aligned}$$

6.11 设平稳过程 $\{X(t)\}$ 的协方差函数 $R(\tau) = \sigma^2 \mathrm{e}^{-\tau^2}$，试求其谱密度函数 $S_X(\omega)$.

6.12 设平稳过程 $\{X(t)\}$ 的协方差函数 $R(\tau) = \dfrac{a^2}{2}\cos\omega_0\tau + b^2\mathrm{e}^{-a|\tau|}$，试求其功率谱密度函数 $S(\omega)$.

6.13 设 $\{X(t), t \in \mathbf{R}\}$ 为零均值的高斯平稳过程，令 $Y(t) = X^2(t)$（平方检波）. 证明：$\{Y(t), t \in \mathbf{R}\}$ 亦为平稳过程，且 $R_Y(\tau) = 2R_X^2(\tau)$. 特别，若 $R_X(\tau) = A\mathrm{e}^{-a|\tau|}\cos\beta\tau$，试求 $R_Y(\tau)$ 及 $S_Y(\omega)$.

6.14 若 $S(\omega)$ 是平稳过程的功率谱密度函数. 证明：$S''(\omega) = \dfrac{\mathrm{d}^2 S(\omega)}{\mathrm{d}\omega^2}$ 不可能是谱密度函数.

6.15 求下列协方差函数对应的谱密度函数：

(1) $R(\tau) = \sigma^2\mathrm{e}^{-a|\tau|}\cos b\tau$;

(2) $R(\tau) = \sigma^2\mathrm{e}^{-a|\tau|}(\cos b\tau - ab^{-1}\sin b|\tau|)$;

(3) $R(\tau) = \sigma^2\mathrm{e}^{-a|\tau|}(\cos b\tau + ab^{-1}\sin b|\tau|)$;

(4) $R(\tau) = \sigma^2\mathrm{e}^{-a|\tau|}(1 + a|\tau| - 2a^2\tau^2 + a^3|\tau|^3\varepsilon^{-1})$.

6.16　求下列谱密度函数对应的协方差函数：

(1) $S(\omega)=(\omega^2+64)/(\omega^4+29\omega^2+100)$;

(2) $S(\omega)=1/(1+\omega^2)^2$;

(3) $S(\omega)=\sum\limits_{k=1}^{N}\dfrac{a_k}{\omega^2+b_k^2}$;

(4) $S(\omega)=\begin{cases}a & (|\omega|\leqslant b)\\ 0 & (|\omega|>b)\end{cases}$

(5) $S(\omega)=\begin{cases}0 & (|\omega|<a\text{或}|\omega|>2a)\\ b^2 & (a\leqslant|\omega|\leqslant 2a)\end{cases}$

6.17　设平稳过程 $\{X(t)\}$ 的功率谱密度函数为

$$S(\omega)=\frac{\omega^6+7\omega^4+10\omega^2+3}{\omega^8+6\omega^6+13\omega^4+12\omega^2+4}$$

(1) 试求 $S(\omega)$ 所对应的协方差函数 $R(\tau)$；

(2) 该过程是否具有均值遍历性？为什么？

6.18　设二阶矩过程 $\{X(t),t\in\mathbf{R}\}$ 的均值函数为 $\mu_X(t)=\alpha+\beta t$，协方差函数为 $C_X(s,t)=\mathrm{e}^{-\lambda|s-t|}$ $(\lambda>0)$. 现令 $Y(t)=X(t+1)-X(t)-\beta$ $(t\in\mathbf{R})$.

(1) 证明：$Y=\{Y(t),t\in\mathbf{R}\}$ 为平稳过程；

(2) 试求 Y 的功率谱密度函数 $S_Y(\omega)$；

(3) Y 是否具有均值遍历性？为什么？

6.19　设 $\{X_n,n\geqslant 0\}$ 为独立同分布，且 $E(X_0)=0,\mathrm{Var}(X_0)=\sigma^2$. 又设 $\{N(t),t\geqslant 0\}$ 为强度是 λ 的泊松过程，且与 $\{X_n,n\geqslant 0\}$ 独立. 记 $Y(t)=X_{N(t)}$,

(1) 证明：$\{Y(t),t\geqslant 0\}$ 为平稳过程；

(2) 试求 $\{Y(t),t\geqslant 0\}$ 的功率谱密度 $S(\omega)$；

(3) $\{Y(t),t\geqslant 0\}$ 的均值是否具有遍历性？为什么？

6.20　设 $X(t)=\cos(t\xi+\eta)$ $(t\in\mathbf{R})$ 其中 ξ 与 η 独立，η 服从均匀分布 $U(0,2\pi)$，ξ 服从柯西分布，即

$$\xi\sim f(x)=\frac{1}{\pi(1+x^2)}\quad(x\in\mathbf{R})$$

(1) 证明：$\{X(t),t\in\mathbf{R}\}$ 为平稳过程；

(2) 试求 $\{X(t),t\in\mathbf{R}\}$ 的功率谱密度函数；

(3) 证明：该过程的均值有遍历性.

6.21 证明：下面两个滑动平均序列 ($MA(1)$)：

$$X_n = \varepsilon_n + \alpha\varepsilon_{n-1} \quad (n \in \mathbf{Z})$$

$$Y_n = \varepsilon_n + \frac{1}{\alpha}\varepsilon_{n-1} \quad (n \in \mathbf{Z})$$

具有相同的相关函数（$\rho(\tau) = \dfrac{R(\tau)}{R(0)}$）.

6.22 设 $\{X_n, n \in \mathbf{Z}\}$ 为 $AR(p)$ 模型：

$$X_n = \alpha_1 X_{n-1} + \alpha_2 X_{n-2} + \cdots + \alpha_p X_{n-p} + \varepsilon_n \quad (n \in \mathbf{Z})$$

试由此导出 Yule-Walker 方程：

$$R(\tau) = \alpha_1 R(\tau-1) + \alpha_2 R(\tau-2) + \cdots + \alpha_p R(\tau-p) \quad (\tau \in \mathbf{N})$$

6.23 考虑如下的 $AR(2)$ 模型（设 $E\varepsilon_n^2 = 1$）：

(1) $X_n = 0.5X_{n-1} + 0.3X_{n-2} + \varepsilon_n$;

(2) $X_n = 0.5X_{n-1} - 0.3X_{n-2} + \varepsilon_n$.

试利用 Yule-Walker 方程求其协方差函数，并进而求其谱密度函数.

6.24 设 $\{X_n, n \in \mathbf{Z}\}$ 为平稳序列，协方差函数为 $R(\tau)$.

(1) 求 X_{n+1} 的形如 $\hat{X}_{n+1}^{(1)} = aX_n$ 的最小均方误差预报， a 为待定常数；

(2) 求 X_{n+1} 的形如 $\hat{X}_{n+1}^{(2)} = aX_n + bX_{n-1}$ 的最小均方误差预报， a,b 为待定常数. 将 $\hat{X}_{n+1}^{(2)}$ 与 (1) 中的 $\hat{X}_{n+1}^{(1)}$ 相比哪个均方误差更小，并用 $R(\tau)$ 表示二者（两个均方误差）之差.

(3) 求 X_{n+k} 的形如 $\hat{X}_{n+k}^{(2)} = aX_n + bX_{n+N} (1 \leqslant k \leqslant N)$ 的最小均方误差内插；

(4) 设 $Z_n = \sum\limits_{k=0}^{N} X_{n+k}$，求 Z_n 的形如 $\hat{Z}_n = aX_n + bX_{n+N}$ 的最小均方误差预报.

6.25 设 $\{\varepsilon_n, n \in \mathbf{Z}\}$ 为白噪声

$$X_n = \varepsilon_n + \beta(\varepsilon_{n-1} + \gamma\varepsilon_{n-2} + \gamma^2\varepsilon_{n-3} + \cdots)$$

其中 β 与 γ 为常数， $|\gamma| < 1$，记 $\alpha = \gamma - \beta, |\alpha| < 1$，试求 X_{n+1} 的基于 $\{X_k, k \leqslant n\}$ 的线性最佳预报.

6.26 考虑 $AR(2)$ 模型：

$$X_n = 1.8X_{n-1} + 0.8X_{n-2} + \varepsilon_n$$

求一步及 ℓ 步预报 $\hat{X}_{n+1}|_n, \hat{X}_{n+\ell}|_n$.

6.27 考虑 $AR(2)$ 模型（设 $E\varepsilon_n^2 = 1$）：

$$X_n = X_{n-1} - 0.25X_{n-2} + \varepsilon_n \quad (n \in \mathbf{Z})$$

试求 $\hat{X}_{n+\ell}|_n$ 及 $E(X_{n+\ell} - \hat{X}_{n+\ell}|_n)^2$.

第 7 章 鞅论初步

鞅 (martingale) 的概念最早产生于 20 世纪 30 年代，但首先对鞅的理论进行了系统研究并使之成为随机过程的一个重要分支的，则主要应归功于美国数学家杜布 (J. L. Doob) 在四五十年代所做的工作. 自那以后现代鞅论有了开创性的发展，并在纯粹数学与应用数学的很多领域中得到广泛的应用. 1979 年鞅方法被有效地应用于金融衍生产品的定价研究. 如今，鞅已经成为现代金融理论的核心工具.

正如我们即将看到的，鞅的理论需要大量使用条件期望的工具，故建议读者重温这部分内容 (如见本书第 1 章的 1.3 节).

7.1 (离散) 鞅的定义及例

鞅的最早的定义（即作为“公平赌博”的模型）已见于本书第 1 章的 1.7 节，下面给出现今更常用的定义：

定义 7.1.1 设 $\{X_n, n \geqslant 0\}$ 与 $\{Y_n, n \geqslant 0\}$ 为两个随机过程（序列），若满足下面两个条件:

(1)

$$E\{|X_n|\} < +\infty \quad (\forall n \geqslant 0) \tag{7.1.1}$$

(2)

$$E\{X_{n+1}|Y_0, Y_1, \cdots, Y_n\} = X_n \quad (\forall n \geqslant 0) \tag{7.1.2}$$

则称 $\{X_n\}$ 是关于 $\{Y_n\}$ 的一个鞅 (有时也简单地说成"$\{X_n\}$ 是一个鞅").

在上述定义中，若取 $\{Y_n\}=\{X_n\}$，易见这就是我们在 1.7 节中所给出的鞅的原始定义. 因此，后者比前者更为一般.

由条件期望的性质可知，上面的式 (7.1.2) 意味着 X_n 可表为 $Y_0,Y_1,\cdots,Y_n$ 的函数，或者说 X_n 可由到时刻 n 为止的信息 (或历史) 完全确定 (这种观点很重要)，故由条件期望的性质 (见式 (1.3.17)) 我们可以推得

$$E(X_n|Y_0,Y_1,\cdots,Y_n)=X_n \quad (\forall n\geqslant 0) \tag{7.1.3}$$

这个等式在下面证明鞅的一些实例中是非常有用的.

对式 (7.1.2) 两边求期望，由全期望公式我们可以得到一个递推公式

$$E(X_{n+1})=E[E(X_{n+1}|Y_0,Y_1,\cdots,Y_n)]=E(X_n) \quad (\forall n\geqslant 0) \tag{7.1.4}$$

因此对于一个鞅 $\{X_n\}$，由简单的归纳法我们容易推得下面的恒等式：

$$E(X_n)=E(X_0) \quad (\forall n\geqslant 1) \tag{7.1.5}$$

另外，上述定义中的式 (7.1.2) 还可以进一步推广，我们把它归纳为下面的命题：

命题 7.1.1 设 $\{X_n,n\geqslant 0\}$ 与 $\{Y_n,n\geqslant 0\}$ 为两个随机序列，且 $E(|X_n|)<+\infty$ $(\forall n\geqslant 0)$. 则 $\{X_n\}$ 关于 $\{Y_n\}$ 是鞅的充分必要条件，是对任意非负整数 $m,n(m>n)$ 有

$$E\{X_m|Y_0,Y_1,\cdots,Y_n\}=X_n \quad (\forall m>n\geqslant 0) \tag{7.1.6}$$

证明 充分性是显然的，故仅证明必要性.

用归纳法，当 $m=n+1$ 时，由式 (7.1.2) 知结论显然成立. 设当 $m=n+k(k\geqslant 1)$ 时结论成立，即有

$$E\{X_{n+k}|Y_0,Y_1,\cdots,Y_n\}=X_n$$

则当 $m=n+k+1$ 时，根据第 1 章 1.3 节中的式 (1.3.18)(推广的全期望公式)，我们有

$$E\{X_{n+k+1}|Y_0,Y_1,\cdots,Y_n\}=E\left\{E\left[X_{n+k+1}|Y_0,\cdots,Y_n,\cdots,Y_{n+k}\right]\middle|Y_1,\cdots,Y_n\right\}$$

$$
\begin{aligned}
&= E\{X_{n+k}|Y_0,Y_1,\cdots,Y_n\} \quad (\text{据式 } (7.1.2)) \\
&= X_n \quad (\text{据归纳假设})
\end{aligned}
$$

这便证明了式 (7.1.6) 对任意 $m>n\geqslant 0$ 成立.

显然，此命题实际上给出了鞅的另一个 (等价) 定义. 此外，式 (7.1.6) 的直观意义可以解释为：在已知直到时刻 n 为止的全部信息的条件下，若要估计（或预测）过程在未来（时刻 m）状态的平均水平，则与它在时刻 n 的状态 (即 X_n) 无差异. 或者说，**它在未来的变化趋势是无法预测的**. 这是鞅过程的一个非常重要的特征.

我们来看几个鞅的例子：

例 7.1.1　(独立和) 设 $Y_0=0,\{Y_n,n\geqslant 1\}$ 为独立随机变量序列且 $E(Y_n)=0(\forall n\geqslant 1)$. 若记 $X_0=0,X_n=\sum\limits_{i=1}^{n}Y_i\ (n\geqslant 1)$，则 $\{X_n,n\geqslant 0\}$ 关于 $\{Y_n,n\geqslant 0\}$ 是一个鞅.

证明　因为对于 $\forall n\geqslant 1$，有

$$
E(|X_n|)\leqslant E(|Y_1|)+\cdots+E(|Y_n|)<+\infty
$$

且

$$
\begin{aligned}
E(X_{n+1}|Y_0,\cdots,Y_n) &= E(X_n+Y_{n+1}|Y_0,\cdots,Y_n) \\
&= E(X_n|Y_0,\cdots,Y_n)+E(Y_{n+1}|Y_0,\cdots,Y_n) \\
&= X_n+E(Y_{n+1}) \quad (\text{由式 } (1.3.17) \text{ 及 } \{Y_n\} \text{ 的独立性}) \\
&= X_n \quad (\forall n\geqslant 0)
\end{aligned}
$$

故按定义 7.1.1 可知 $\{X_n,n\geqslant 0\}$ 为鞅.

例 7.1.2　(和的方差) 设 $Y_0=0,\{Y_n,n\geqslant 1\}$ 为独立同分布 (i.i.d) 的随机序列，且 $E(Y_n)=0,E(Y_n^2)=\sigma^2(n\geqslant 1)$ 若命 $X_0=0$, 且

$$
X_n=\left(\sum_{i=1}^{n}Y_i\right)^2-n\sigma^2 \quad (n\geqslant 1)
$$

则 $\{X_n\}$ 关于 $\{Y_n\}$ 构成一个鞅.

事实上，易知 $E(|X_n|) \leqslant 2n\sigma^2 < +\infty$ $(\forall n \geqslant 0)$ 且

$$\begin{aligned}
E(X_{n+1}|Y_0,\cdots,Y_n) &= E\left[\left(Y_{n+1}+\sum_{i=1}^{n}Y_i\right)^2-(n+1)\sigma^2\Bigg|Y_0,\cdots,Y_n\right]\\
&= E\left[Y_{n+1}^2+2Y_{n+1}\sum_{i=1}^{n}Y_i+(\sum_{i=1}^{n}Y_i)^2-(n+1)\sigma^2\Bigg|Y_0,\cdots,Y_n\right]\\
&= E\left[X_n+Y_{n+1}^2+2Y_{n+1}\sum_{i=1}^{n}Y_i-\sigma^2\Bigg|Y_0,\cdots,Y_n\right]\\
&= X_n+E\left[Y_{n+1}^2|Y_0,\cdots,Y_n\right]+2\left(\sum_{i=1}^{n}Y_i\right)E\left[Y_{n+1}|Y_0,\cdots,Y_n\right]-\sigma^2\\
&\quad (\text{由式 (1.3.16)、式 (1.3.17)})\\
&= X_n+\sigma^2-\sigma^2 = X_n \quad (\forall n \geqslant 0)
\end{aligned}$$

故 $\{X_n\}$ 是一个鞅.

例 7.1.3 （由马氏链转移概率矩阵的特征向量导出的鞅）设 $\{Y_n, n \geqslant 0\}$ 为一（时齐）马氏链， $P=(p_{ij})$ 为其转移概率矩阵. 设 $\mathbf{f}=(f(0),f(1),\cdots)^\tau$ 为 P 的关于特征值 $\lambda(\neq 0)$ 的特征向量，即满足 $P\mathbf{f}=\lambda\mathbf{f}$ 或者

$$\lambda f(i)=\sum_{j\geqslant 0}p_{ij}f(j) \quad (\forall i \geqslant 0) \tag{7.1.7}$$

(例如在第 4 章的例 4.4.1 中，由吸收概率所构成的向量 $(f_{00},f_{10},f_{20},f_{30})^\tau$ 便是这样的一个特征向量，其相应的特征值 $\lambda=1$.)

若对所有的 $n \geqslant 0$，满足 $E(|f(Y_n)|)<+\infty$ ，则

$$X_n=\lambda^{-n}f(Y_n) \quad (n \geqslant 0)$$

关于 $\{Y_n\}$ 是一个鞅.

事实上，因 $E(|X_n|)<+\infty$ ，且

$$\begin{aligned}
E\left(X_{n+1}|Y_0,\cdots,Y_n\right) &= E(\lambda^{-n-1}f(Y_{n+1})|Y_0,\cdots,Y_n)\\
&= \lambda^{-n-1}E[f(Y_{n+1})|Y_n] \quad (\text{由马氏性})\\
&= \lambda^{-n}\lambda^{-1}\sum_{j}P_{Y_n,j}f(j)=\lambda^{-n}f(Y_n)=X_n \quad (\text{由式 (7.1.7)})
\end{aligned}$$

故结论成立.

由于鞅的性质与马氏性颇有相似之处 (这从 1.7 节鞅的原始定义尤其可见)，故由马氏性而导出鞅亦是十分自然的. 利用此例的结果我们还可以考察一个具体的马氏链，分支过程：

设 $\{Y_n, n \geqslant 0\}$ 为一分支过程 (见第 4 章例 4.4.4)，假定每个个体所产生的下一代个体数 Z 的均值 $E(Z) = m \in (0, +\infty)$. 现我们用 $Z^n(j)$ 表示第 n 代中第 j 个个体所产生的下一代的个数，则

$$Y_{n+1} = Z^n(1) + \cdots + Z^n(Y_n)$$

其中 $Z^n(1), \cdots, Z^n(Y_n)$ 为独立同分布，故易知有

$$E(Y_{n+1}|Y_n) = Y_n E(Z^{(n)}(1)) = Y_n E(Z) = mY_n$$

而这正好满足式 (7.1.7)(相当于 $f(j) = j, \forall j \geqslant 0$，而 $\lambda = m$)，故若记

$$X_n = m^{-n} Y_n \quad (n \geqslant 0)$$

则 $\{X_n\}$ 关于 $\{Y_n\}$ 是一个鞅.

例 7.1.4　(似然比序列) 设 $Y_0, Y_1, \cdots$ 为独立同分布的随机序列， f_0 与 f_1 为概率密度函数，在统计的假设检验理论中一个很重要的随机过程是似然比序列：

$$X_n = \frac{f_1(Y_0) f_1(Y_1) \cdots f_1(Y_n)}{f_0(Y_0) f_0(Y_1) \cdots f_0(Y_n)} \quad (n \geqslant 0)$$

假设 $Y_0, Y_1, \cdots$ 共同的概率密度为 f_0 且对任意 y 有 $f_0(y) > 0$ ，则可以证明 $\{X_n\}$ 关于 $\{Y_n\}$ 是一个鞅.

事实上对任意 $n \geqslant 0$ 有

$$E(X_{n+1}|Y_0, \cdots, Y_n) = E\left[X_n \frac{f_1(Y_{n+1})}{f_0(Y_{n+1})} \middle| Y_0, \cdots, Y_n\right] = X_n E\left[\frac{f_1(Y_{n+1})}{f_0(Y_{n+1})}\right] \tag{7.1.8}$$

其中

$$E\left[\frac{f_1(Y_{n+1})}{f_0(Y_{n+1})}\right] = \int_{\mathbf{R}} \frac{f_1(y)}{f_0(y)} f_0(y) \mathrm{d}y = \int_{\mathbf{R}} f_1(y) \mathrm{d}y = 1$$

故由式 (7.1.8) 立即得出

$$E(X_{n+1}|Y_0, \cdots, Y_n) = X_n \quad (n \geqslant 0)$$

同时，由类似的方法亦可算出

$$E(|X_n|) = E\left[\frac{f_1(Y_0)f_1(Y_1)\cdots f_1(Y_n)}{f_0(Y_0)f_0(Y_1)\cdots f_0(Y_n)}\right] = 1 < +\infty$$

故 $\{X_n\}$ 关于 $\{Y_n\}$ 是鞅.

例 7.1.5 (Doob 鞅) 设 $Y_0, Y_1, \cdots$ 为任意的随机序列，而 X 满足 $E(|X|) < +\infty$，则

$$X_n = E(X|Y_0, \cdots, Y_n) \quad (n \geqslant 0) \tag{7.1.9}$$

构成一个关于 $\{Y_n\}$ 的鞅，称为 Doob 鞅过程.

事实上

$$E(|X_n|) = E\{|E(X|Y_0, \cdots, Y_n)|\} \leqslant E\left\{E\left(|X| \middle| Y_0, \cdots, Y_n\right)\right\} = E(|X|) < +\infty$$

且由推广的全期望公式 (1.3.18) 有

$$\begin{aligned} E(X_{n+1}|Y_0, \cdots, Y_n) &= E\left\{E(X|Y_0, \cdots, Y_{n+1}) \middle| Y_0, \cdots, Y_n\right\} \\ &= E(X|Y_0, \cdots, Y_n) \\ &= X_n \end{aligned}$$

故 $\{X_n\}$ 构成一个鞅.

7.2 上鞅、下鞅及其分解

在上一节中我们提到鞅的一个重要特征，即在已知现有全部信息的条件下，它在未来的变化趋势无法预测或无法识别（与其目前的状态无差异），即

$$E[X_{n+k} - X_n|Y_0, \cdots, Y_n] = E(X_{n+k}|Y_0, \cdots, Y_n) - X_n = X_n - X_n = 0 \tag{7.2.1}$$

但在现实生活中的过程却并非尽如此类. 例如在经济和金融领域中的时间序列，它们往往会呈现出明显的（可识别的）长期或短期发展趋势. 例如债券的价格会

随时间而增加，股票价格亦与此类似. 人们买入股票，是因为预测股价在未来会上涨，而欧氏期权的价格则会随时间的流逝而下降等等. 显然，这些过程都不是鞅，或者说不适宜直接用鞅来进行描述.

为此，我们需要引进更一般的上鞅与下鞅的概念，定义如下：

定义 7.2.1　（上鞅）设 $\{X_n, n \geqslant 0\}$ 与 $\{Y_n, n \geqslant 0\}$ 为两个随机序列，若对任意 $n \geqslant 0$ 满足:

(1) $E(X_n^-) > -\infty$，其中 $x^- = \min(x, 0)$;

(2) $E(X_{n+1}|Y_0, \cdots, Y_n) \leqslant X_n$;

(3) X_n 是 $Y_0, \cdots, Y_n$ 的函数;

则称 $\{X_n\}$ 关于 $\{Y_n\}$ 是一个上鞅.

定义 7.2.2　（下鞅）设 $\{X_n, n \geqslant 0\}$ 与 $\{Y_n, n \geqslant 0\}$ 为两个随机序列，若对任意 $n \geqslant 0$ 满足:

(1) $E(X_n^+) < +\infty$ ，其中 $x^+ = \max(x, 0)$;

(2) $E(X_{n+1}|Y_0, \cdots, Y_n) \geqslant X_n$;

(3) X_n 是 $Y_0, \cdots, Y_n$ 的函数;

则称 $\{X_n\}$ 关于 $\{Y_n\}$ 是一个下鞅.

注　(1) 直观来看，上鞅、下鞅有着与鞅明显不同的特征，即在已知现有全部信息的条件下，其在未来的发展趋势是可以预测的. 其中，上鞅在未来的趋势是下降的，而下鞅在未来的趋势则是上升的. 这一点我们在后面的命题中会看得更清楚.

(2) 容易证明: $\{X_n\}$ 是一个（关于 $\{Y_n\}$ 的）上鞅当且仅当 $\{-X_n\}$ 是一个下鞅. 而 $\{X_n\}$ 是一个鞅当且仅当它既是上鞅又是下鞅.

例 7.2.1　（随机游动）设 $\{X_n, n \geqslant 0\}$ 为直线上的 (p, q) 随机游动（马氏链），即其转移概率为

$$p_{ij} = P\{X_{n+1} = j \mid X_n = i\} = \begin{cases} p & (j = i+1) \\ 1-p \triangleq q & (j = i-1) \end{cases} \quad (i, j \in \mathbf{Z})$$

我们来考虑 $\{X_n, n \geqslant 0\}$（关于其自身）的鞅性.

将 X_n 表为: $X_n = X_0 + \xi_1 + \xi_2 + \cdots + \xi_n (n \geqslant 1)$ 其中 X_0 为初始状态，而 $\{\xi_n, n \geqslant 1\}$ 独立同分布，且与 X_0 独立. 又 ξ_n 服从两点分布

$$P\{\xi_n = 1\} = p, \quad P\{\xi_n = -1\} = 1 - p = q \quad (n \geqslant 1)$$

从而有

$$
\begin{aligned}
E(X_{n+1}|X_0,\cdots,X_n) &= E(X_n+\xi_{n+1}|X_0,\cdots,X_n) \\
&= X_n + E(\xi_{n+1}|X_0,\cdots,X_n) \\
&= X_n + E(\xi_{n+1}) = X_n + (p-q) \quad (n \geqslant 0)
\end{aligned}
$$

由此式并假定 $E|X_0|<+\infty$ (从而 $E|X_n|<+\infty, \forall n \geqslant 0$)，我们容易得到以下结论：

(1) $\{X_n\}$ （关于其自身）为鞅的充要条件是 $p=q$；

(2) $\{X_n\}$ 为上鞅当且仅当 $p \leqslant q$；

(3) $\{X_n\}$ 为下鞅当且仅当 $p \geqslant q$.

虽然一般来讲 $\{X_n\}$ 未必是鞅，但我们可以令它减去一个单调过程而化为鞅. 事实上，令

$$
Y_n = X_n - (p-q)n \quad (n \geqslant 0)
$$

则可以证明 $\{Y_n, n \geqslant 0\}$ 关于 $\{X_n, n \geqslant 0\}$ 构成一个鞅（读者试自证之），从而有

$$
X_n = Y_n + (p-q)n \quad (n \geqslant 0)
$$

即 $\{X_n\}$ 可以分解为一个鞅和一个单调过程之和，而这便是我们后面将要介绍的上鞅（下鞅）分解定理的一个实例.

下面我们进一步来看上鞅与下鞅（亦统称为半鞅）的一些性质，先来看一个有用的 Jensen 不等式.

设 $\phi(x)$ 是定义在区间 I 上的凸函数，即对任意 $x_1,x_2 \in I$ 及 $0<\alpha<1$ ，满足下列不等式者：

$$
\phi(\alpha x_1 + (1-\alpha)x_2) \leqslant \alpha\phi(x_1) + (1-\alpha)\phi(x_2) \tag{7.2.2}
$$

由上式出发，用归纳法容易得到凸函数 $\phi(x)$ 的一个等价定义，即对任意 $x_1,x_2,\cdots,x_m \in I$ 及诸 $\alpha_i \geqslant 0$ ，且 $\sum\limits_{i=1}^{m}\alpha_i = 1$ 满足下列不等式：

$$
\phi\left(\sum_{i=1}^{m}\alpha_i x_i\right) \leqslant \sum_{i=1}^{m}\alpha_i\phi(x_i) \tag{7.2.3}
$$

凸函数的概念与直观图应是大家比较熟悉的，诸如 $x^2, |x|$ 与 x^4 等皆为凸函数的例子. 且若 $\phi(x)$ 二次可微，则 $\phi(x)$ 为凸函数当且仅当对所有 $x \in I$ 有 $\phi''(x) \geqslant 0$.

更进一步，若 X 为随机变量且分别以概率 α_i 取值 $x_i(i=1,2,\cdots,m)$, ϕ 为凸函数，则由式 (7.2.3) 立即得到

$$\phi(E(X)) \leqslant E\phi(X) \tag{7.2.4}$$

这便是 Jensen 不等式. 可以证明，当 $\phi(x)$ 为 R 上的凸函数时，上式对所有实随机变量 X（假定 X 与 $\phi(X)$ 的期望存在）都成立（可用 1.2.2 节有关数学期望的 R-S 积分形式加以证明）. 更一般地，对于条件期望（若 $\phi(x)$ 为凸的）Jensen 不等式依然成立：

$$\phi(E[X|Y_0,\cdots,Y_n]) \leqslant E[\phi(X)|Y_0,\cdots,Y_n] \tag{7.2.5}$$

利用 Jensen 不等式，我们可以用鞅来构造下鞅.

引理 7.2.1 设 $\{X_n\}$ 是一个关于 $\{Y_n\}$ 的鞅，ϕ 是一个凸函数，且对任意 $n \geqslant 0$ 有：$E\left(\phi(X_n)^+\right) < +\infty$，则 $\{\phi(X_n)\}$ 是一个关于 $\{Y_n\}$ 的下鞅.

证明 对照下鞅定义 7.2.2 易知，我们只要验证其中的条件 (2) 即可. 而根据 Jensen 不等式 (7.2.5)，我们有 (对 $\forall n \geqslant 0$)

$$E[\phi(X_{n+1})|Y_0,\cdots,Y_n] \geqslant \phi(E[X_{n+1}|Y_0,\cdots,Y_n]) = \phi(X_n)$$

故 $\{\phi(X_n)\}$ 为下鞅.

注 特别地，若 $\{X_n\}$ 为鞅，则 $\{|X_n|\}$ 是一个下鞅. 又若对任意 $\forall n \geqslant 0$ 有 $E(X_n^2) < +\infty$，则 $\{X_n^2\}$ 亦为一下鞅. 这是两个常见的例子.

若 ϕ 不仅是凸的，而且还是增函数，则由下鞅亦可构造下鞅. 我们有：

引理 7.2.2 设 $\{X_n\}$ 是一个关于 $\{Y_n\}$ 的下鞅，而 ϕ 是一个凸的增函数，若 $E\left[\phi(X_n)^+\right] < +\infty$，则 $\{\phi(X_n)\}$ 是一个下鞅.

证明 与上一引理的证明类似，只要验证下鞅不等式成立即可，而

$$\begin{aligned}E[\phi(X_{n+1})|Y_0,\cdots,Y_n] &\geqslant \phi(E[X_{n+1}|Y_0,\cdots,Y_n]) \quad (\text{因 } \phi \text{ 为凸的})\\ &\geqslant \phi(X_n) \quad (\text{因 } \phi \text{ 为增函数且 } \{X_n\} \text{ 为下鞅})\end{aligned}$$

从而 $\{\phi(X_n)\}$ 为下鞅.

注 (1) 由于函数 $\phi(x)=\max(x,c)$ (其中 c 为任一固定常数)为凸的增函数，且当 $\{X_n\}$ 为下鞅时 $E(|\phi(X_n)|)\leqslant EX_n^+ + |c| < +\infty(\forall n\geqslant 0)$, 故 $\{\phi(X_n)\}$ 为下鞅. 特别取 $c=0$，我们得到：当 $\{X_n\}$ 为下鞅时，$\{X_n^+\}$ 亦为下鞅.

(2) 对称地，我们还可以证明：若 $\{X_n\}$ 为上鞅，则 $\{X_n^-\}$ 亦为上鞅. 事实上，若 $\{X_n\}$ 为上鞅，则 $\{-X_n\}$ 为下鞅，按注 (1)，$\{(-X_n)^+\}$ 亦为下鞅. 但由于 $(-X_n)^+ = -X_n^-$, 亦即 $\{-X_n^-\}$ 为下鞅，从而 $\{X_n^-\}$ 为上鞅.

我们把上鞅与鞅相类似的一些性质写在下面同一个命题中：

命题 7.2.1 (1) 若 $\{X_n\}$ 关于 $\{Y_n\}$ 是一个鞅（上鞅），则对任意 $k\geqslant 1$ 有

$$E(X_{n+k}|Y_0,\cdots,Y_n) = (\leqslant) X_n \tag{7.2.6}$$

(2) 若 $\{X_n\}$ 是鞅（上鞅），则对任何 $0\leqslant k\leqslant n$ 有

$$E(X_n) = (\leqslant) E(X_k) = (\leqslant) E(X_0) \tag{7.2.7}$$

(3) 设 $\{X_n\}$ 是一个关于 $\{Y_n\}$ 的鞅（上鞅），g 为 $Y_0,\cdots,Y_n$ 的函数（非负函数），假定有关的期望存在，则对任意 $k\geqslant 1$ 有

$$E[g(Y_0,\cdots,Y_n)X_{n+k}|Y_0,\cdots,Y_n] = (\leqslant) g(Y_0,\cdots,Y_n)X_n \tag{7.2.8}$$

注 若 $\{X_n\}$ 是一个鞅，则我们在 7.1 节就已经证明了式 (7.2.6) 与式 (7.2.7) 成立. 至于式 (7.2.8)，直接利用条件期望的性质便可得到. 因而关于上鞅的上述结论，亦可以类似地加以证明. 另外上述命题还可推广到下鞅的场合，这些工作均希望读者能够自行加以完善.

下面我们来看上鞅的分解定理：

定理 7.2.1 (杜布 (Doob) 分解定理) 设 $\{X_n, n\geqslant 0\}$ 关于 $\{Y_n, n\geqslant 0\}$ 为一上鞅，$E|X_n| < +\infty(\forall n\geqslant 0)$，则必存在过程 $\{M_n, n\geqslant 0\}$ 与 $\{Z_n, n\geqslant 0\}$，使得：

(1) $\{M_n\}$ 关于 $\{Y_n\}$ 是鞅；

(2) Z_n 是 $Y_0,\cdots,Y_{n-1}$ 的函数（$\forall n\geqslant 1, Z_0=0$），且对 $\forall n\geqslant 0$ 有：$Z_n\leqslant Z_{n+1}, E|Z_n| < +\infty$；

(3) $X_n = M_n - Z_n(\forall n\geqslant 0)$；

且上述分解是唯一的.

证明 令 $Z_0=0, Z_n=\displaystyle\sum_{k=0}^{n-1} E(X_k - X_{k+1}|Y_0,\cdots,Y_k)\ (n\geqslant 1)$, 又令 $M_n = X_n + Z_n\ (n\geqslant 0)$.

因为 $\{X_n\}$ 为上鞅，故

$$E(X_k-X_{k+1}|Y_0,\cdots,Y_k)=X_k-E(X_{k+1}|Y_0,\cdots,Y_k)\geqslant X_k-X_k=0$$

即 Z_n 为非负且单调上升. 又对 Z_n 的表达式两边求期望得到

$$E|Z_n|=EZ_n=\sum_{k=0}^{n-1}E(X_k-X_{k+1})=E(X_0)-E(X_n)\leqslant E|X_0|+E|X_n|<+\infty$$

即 $\{Z_n\}$ 满足 (2) 中的结论. 下面证明 $\{M_n\}$ 是鞅：

$$\begin{aligned}
&E(M_{n+1}|Y_0,\cdots,Y_n)\\
&=E\left\{\left[X_{n+1}+\sum_{k=0}^{n}E(X_k-X_{k+1}|Y_0,\cdots,Y_k)\right]\Big|Y_0,\cdots,Y_n\right\}\\
&=E(X_{n+1}|Y_0,\cdots,Y_n)+\sum_{k=0}^{n}E\left[E(X_k-X_{k+1}|Y_0,\cdots,Y_k)\big|Y_0,\cdots,Y_n\right]\\
&=E(X_{n+1}|Y_0,\cdots,Y_n)+\sum_{k=0}^{n}E(X_k-X_{k+1}|Y_0,\cdots,Y_k)\\
&=E(X_{n+1}|Y_0,\cdots,Y_n)+\sum_{k=0}^{n-1}E(X_k-X_{k+1}|Y_0,\cdots,Y_k)\\
&\quad+E(X_n-X_{n+1}|Y_0,\cdots,Y_n)\\
&=X_n+\sum_{k=0}^{n-1}E(X_k-X_{k+1}|Y_0,\cdots,Y_k)\\
&=X_n+Z_n=M_n
\end{aligned}$$

又

$$E|M_n|=E|X_n+Z_n|\leqslant E|X_n|+E|Z_n|<+\infty$$

故 $\{M_n\}$ 关于 $\{Y_n\}$ 是鞅，且 $X_n=M_n-Z_n$ $(\forall n\geqslant 0)$.

最后证明唯一性：

设有另一分解 M'_n,Z'_n 亦满足上述定理结论，即有

$$X_n=M'_n-Z'_n\quad(n\geqslant 0),\quad Z'_0=0$$

则

$$M_n-Z_n=M'_n-Z'_n=X_n\quad(n\geqslant 0)$$

令 $\Delta_n = M_n - M'_n = Z_n - Z'_n$，则因为 $\{M_n\}$ 与 $\{M'_n\}$ 均是关于 $\{Y_n\}$ 的鞅，故容易证明 $\{\Delta_n, n \geqslant 0\}$ 亦是关于 $\{Y_n\}$ 的鞅. 从而有

$$E(\Delta_n | Y_0, \cdots, Y_{n-1}) = \Delta_{n-1} \quad (n \geqslant 1)$$

但又因为 Z_n 与 Z'_n 均为 $Y_0, \cdots, Y_{n-1}$ 的函数，故 Δ_n 亦为 $Y_0, \cdots, Y_{n-1}$ 的函数，从而又有

$$E(\Delta_n | Y_0, \cdots, Y_{n-1}) = \Delta_n \quad (n \geqslant 1)$$

由此得到 $\Delta_n = \Delta_{n-1}$，并逐步递推得到

$$\Delta_n = \Delta_{n-1} = \Delta_{n-2} = \cdots = \Delta_1 = \Delta_0 = Z_0 - Z'_0 = 0$$

故最终得到

$$M_n = M'_n, \quad Z_n = Z'_n \quad (\forall n \geqslant 0)$$

即分解是唯一的. □

上述定理通常被称为上鞅的杜布分解定理. 另外，若 $\{X_n\}$ 为一个下鞅，则 $\{-X_n\}$ 为上鞅，故对 $\{-X_n\}$ 运用定理 7.2.1，我们立刻可得下面的下鞅分解定理：

定理 7.2.2 设 $\{X_n, n \geqslant 0\}$ 关于 $\{Y_n, n \geqslant 0\}$ 为一下鞅，$E|X_n| < +\infty$ ($\forall n \geqslant 0$) 则必存在过程 $\{M_n, n \geqslant 0\}$ 与 $\{Z_n, n \geqslant 0\}$，使得:

(1) $\{M_n\}$ 关于 $\{Y_n\}$ 是鞅;

(2) Z_n 是 $Y_0, \cdots, Y_{n-1}$ 的函数 ($\forall n \geqslant 1, Z_0 = 0$)，且对 $\forall n \geqslant 0$ 有: $Z_n \leqslant Z_{n+1}, E|Z_n| < +\infty$;

(3) $X_n = M_n + Z_n (\forall n \geqslant 0)$，且上述分解是唯一的.

上鞅（下鞅）的分解定理在金融资产定价理论中是非常有用的.

例 7.2.2 我们继续考虑例 7.2.1 中的 (p, q) 随机游动 $\{X_n, n \geqslant 0\}$. 我们已经证明了 $\{X_n\}$（关于它自身）为鞅的充要条件为 $p = q = \dfrac{1}{2}, \{X_n\}$ 为上鞅的充要条件是 $p \leqslant q$. 并且当 $\{X_n\}$ 为上鞅时，令它加上一个单调增过程 $(q-p)n$ $(n \geqslant 0)$，便可以使之成为鞅. 事实上这个单调增过程就是定理 7.2.1 中的 $\{Z_n, n \geqslant 0\}$（按照该定理证明中对 Z_n 的构造），读者不妨自行验证一下这个结果.

7.3　停时与停时定理

在本书第 3 章更新过程中我们就已经介绍过停时的概念（见定义 3.2.1）、几个简单的例子及有关的 Wald 等式（定理 3.2.2），并指出停时是一个非常重要的概念. 在本节中，为了介绍著名的停时定理我们需要进一步了解停时的性质，并且在本章最后一节我们将把它推广到更一般的形式. 先给出下面的定义：

定义 7.3.1　设 $\{Y_n, n \geqslant 0\}$ 为一随机序列，而 T 为一取非负整数值及 $+\infty$ 的随机变量，即 T 的可能值域为 $\{0,1,2,\cdots,+\infty\}$. 若对于 $\forall n \geqslant 0$，事件 $\{T=n\}$ 是否发生可由 $Y_0,\cdots,Y_n$ 完全确定而与 $Y_{n+1},Y_{n+2},\cdots$ 无关，或者说 $\{T=n\}$ 的示性函数（见 1.3 节）可表为 $Y_0,\cdots,Y_n$ 的函数

$$I_{\{T=n\}} = I_{\{T=n\}}(Y_0,\cdots,Y_n) \quad (\forall n \geqslant 0) \tag{7.3.1}$$

则称 T 为一个关于 $\{Y_n\}$ 的停时（或马尔可夫时间）.

注　(1) 若 T 是一个关于 $\{Y_n\}$ 的停时，则对于每个 $n \geqslant 0$，事件 $\{T \leqslant n\},\{T>n\},\{T \geqslant n\}$ 和 $\{T<n\}$ 亦可由 $Y_0,\cdots,Y_n$ 完全确定. 事实上我们有

$$\begin{aligned}
I_{\{T\leqslant n\}} &= \sum_{k=0}^{n} I_{\{T=k\}}(Y_0,\cdots,Y_k) = I_{\{T\leqslant n\}}(Y_0,\cdots,Y_n) \\
I_{\{T>n\}} &= 1 - I_{\{T\leqslant n\}}(Y_0,\cdots,Y_n)
\end{aligned}$$

而

$$\begin{aligned}
I_{\{T\geqslant n\}} &= I_{\{T=n\}} + I_{\{T>n\}} = I_{\{T\geqslant n\}}(Y_0,\cdots,Y_n) \\
I_{\{T<n\}} &= 1 - I_{\{T\geqslant n\}} = I_{\{T<n\}}(Y_0,\cdots,Y_n)
\end{aligned}$$

反之容易证明，若对 $\forall n \geqslant 0, \{T \leqslant n\}$（或 $\{T>n\}$）可由 $Y_0,\cdots,Y_n$ 确定，则 T 也是一个停时.

(2) 设 $\{X_n\}$ 是一个关于 $\{Y_n\}$ 的鞅，则由鞅的定义可知对于任何 $n \geqslant 0, X_n$ 是 $Y_0,\cdots,Y_n$ 的函数. 因此，若 T 是一个关于 $\{X_n\}$ 的停时，则 T 也是关于 $\{Y_n\}$ 的停时. 显然这一结论对于上鞅和下鞅也是成立的.

例 7.3.1 我们来看更多停时的例子：

(1) 常数时间 k（即 $T=k$ 或 $P\{T=k\}=1$）关于任何序列 $\{Y_n\}$ 为停时. 事实上，对于任何 $n\geqslant 0$, 我们有

$$I_{\{T=n\}}=\begin{cases}1 & (\text{若 } n=k)\\ 0 & (\text{若 } n\neq k)\end{cases}=I_{\{T=n\}}(Y_0,\cdots,Y_n)$$

(2) 首达时. 过程 $\{Y_n,n\geqslant 0\}$ 首达其状态空间任一子集 A 的时间 $T(A)$ 为（关于 $\{Y_n\}$ 的）停时，其中：$T(A)=\min\{n:n\geqslant 0\text{且}Y_n\in A\}$ (若对所有 $n\geqslant 0$, 有 $Y_n\notin A$，则 $T(A)=+\infty$).

事实上 $I_{\{T(A)=n\}}$ 可表为

$$I_{\{T(A)=n\}}(Y_0,\cdots,Y_n)=\begin{cases}1 & (\text{若 } Y_j\notin A, j\leqslant n-1, \text{但 } Y_n\in A)\\ 0 & (\text{其他})\end{cases}$$

特别地，我们在第 4 章曾提到对于一个马氏链 $\{X_n,n\geqslant 0\}$ 的任一状态 j，其首达时

$$T_j=\min\{n:X_n=j,n\geqslant 0\}$$

为关于 $\{X_n,n\geqslant 0\}$ 的停时（见 4.3 节）.

(3) 更一般地，对于任何 $k\geqslant 1$，过程 $\{Y_n,n\geqslant 0\}$ 第 k 次到达子集 A 的时间 $T_k(A)$ 亦为一停时. 但是，过程最后一次到达 A 的时间却不是停时，因为要确定某一个 n 是否为最后的到达时刻，我们必须知道整个将来的情况. 也就是说，它不可能由 $Y_0,Y_1,\cdots,Y_n$ 所确定.

命题 7.3.1 设 S 与 T 均为关于 $\{Y_n,n\geqslant 0\}$ 的停时，则：

(1) $S+T$ 亦为停时，这是因为

$$I_{\{S+T=n\}}=\sum_{k=0}^{n}I_{\{S=k\}}I_{\{T=n-k\}}$$

(2) $S\wedge T=\min\{S,T\}$ 亦为停时. 这是因为

$$I_{\{S\wedge T>n\}}=I_{\{S>n\}}I_{\{T>n\}}$$

即 $\{S\wedge T>n\}$ 可由 $Y_0,Y_1,\cdots,Y_n$ 确定（$\forall n\geqslant 0$），从而由定义 7.3.1 的注 (1) 可知 $S\wedge T$ 为停时. 特别，对任一固定的 $n\in\{0,1,2,\cdots\},T\wedge n=\min\{T,n\}$ 也是停时. 显然，这一停时是有界的：$0\leqslant T\wedge n\leqslant n$.

(3) $S \vee T = \max\{S, T\}$ 亦为停时. 这是因为

$$I_{\{S \vee T \leqslant n\}} = I_{\{S \leqslant n\}} I_{\{T \leqslant n\}}$$

故由定义 7.3.1 的注 (1) 可知 $S \vee T$ 亦为停时.

下面我们介绍停时定理（又称作可选停止定理）. 若 $\{X_n, n \geqslant 0\}$ 是一个鞅，则由前述的式 (7.1.5) 可知有

$$E(X_n) = E(X_0) \quad (\forall n \geqslant 1)$$

以公平赌博为例：某赌徒参与赌博，每赌一次输赢一元且输与赢的概率均为 1/2. 设 X_n 为该赌徒在时刻 n 所拥有的赌资，则由例 7.2.1 可知 $\{X_n, n \geqslant 0\}$ 是一个（关于其自身的）鞅，而式 (7.1.5) 可解释为：赌徒在任何时刻 n 所拥有的赌资与其初始时刻的赌本相比（平均来说）是相同的. 所谓停时定理（可选停止定理）则可以这样来解释：即该赌徒可以选择一个时间 T 来终止赌博，只要 T 是一个停时（或马尔可夫时间），则依然有

$$E(X_T) = E(X_0) \tag{7.3.2}$$

（当然，这要对 T 加上一些限制.）因而，此式无疑是式 (7.1.5) 的推广.

这件事还有点类似于我们在第 3 章所介绍的 Wald 不等式（见定理 3.2.2），它将有限独立和的期望公式推广为随机和的期望公式. 然而停时定理的价值和意义远比上述结果要广泛和深刻得多. 式 (7.3.2) 异常重要，后面的讨论可以说几乎都是围绕着它的.

先来看几个引理：

引理 7.3.1　设 $\{X_n\}$ 关于 $\{Y_n\}$ 是鞅（上鞅），T 是关于 $\{Y_n\}$ 的停时，则对任意 $n \geqslant k \geqslant 0$，有

$$E[X_n I_{\{T=k\}}] = (\leqslant) E[X_k I_{\{T=k\}}] \tag{7.3.3}$$

证明　由全期望公式可得

$$\begin{aligned} E[X_n I_{\{T=k\}}] &= E\left\{E[X_n I_{\{T=k\}} | Y_0, \cdots, Y_k]\right\} \\ &= E\left\{I_{\{T=k\}} E(X_n | Y_0, \cdots, Y_k)\right\} \quad （由条件期望的性质） \\ &= (\leqslant) E[I_{\{T=k\}} X_k] \quad （由式 (7.2.6)） \end{aligned}$$

□

引理 7.3.2 设 $\{X_n\}$ 是鞅（上鞅），T 为停时. 则对任意的 $n \geqslant 1$，有

$$E(X_n) = (\leqslant) E\{X_{T\wedge n}\} = (\leqslant) E(X_0) \tag{7.3.4}$$

证明 先设 $\{X_n\}$ 为鞅，故据式 (7.2.7) 知：对任意的 $n \geqslant 1$，有 $E(X_n) = E(X_0)$. 从而我们仅需证明：$E\{X_{T\wedge n}\} = E(X_n)$. 事实上：

因 $I_{\{T\leqslant n-1\}} + I_{\{T\geqslant n\}} = 1$，故

$$\begin{aligned}
E[X_{T\wedge n}] &= E[X_{T\wedge n} I_{\{T\leqslant n-1\}}] + E[X_{T\wedge n} I_{\{T\geqslant n\}}] \\
&= \sum_{k=0}^{n-1} E[X_k I_{\{T=k\}}] + E[X_n I_{\{T\geqslant n\}}] \\
&= \sum_{k=0}^{n-1} E[X_n I_{\{T=k\}}] + E[X_n I_{\{T\geqslant n\}}] \quad \text{（据式 (7.3.3)）} \\
&= E[X_n I_{\{T\leqslant n-1\}}] + E[X_n I_{\{T\geqslant n\}}] = E(X_n)
\end{aligned}$$

若 $\{X_n\}$ 为上鞅，类似于上述方法容易证明：$E[X_{T\wedge n}] \geqslant E[X_n]$，而为了证明 $E\{X_{T\wedge n}\} \leqslant E(X_0)$，我们构造

$$\widetilde{X}_0 = 0, \quad \widetilde{X}_n = \sum_{k=1}^{n} \{X_k - E[X_k | Y_0, \cdots, Y_{k-1}]\} \quad (n \geqslant 1)$$

可以证明：$\{\widetilde{X}_n, n \geqslant 0\}$ 关于 $\{Y_n, n \geqslant 0\}$ 是一个鞅（不妨假设对所有 $n \geqslant 0$，有 $E[|X_n|] < +\infty$，更一般情形见参考文献 [8] 的 6.3 节）. 事实上：

$$\begin{aligned}
E|\widetilde{X}_n| &\leqslant \sum_{k=1}^{n} E\big|X_k - E[X_k | Y_0, \cdots, Y_{k-1}]\big| \\
&\leqslant 2\sum_{k=1}^{n} E|X_k| < +\infty
\end{aligned}$$

而

$$\begin{aligned}
E[\widetilde{X}_{n+1} | Y_0, \cdots, Y_n] &= E\left\{\widetilde{X}_n + X_{n+1} - E[X_{n+1} | Y_0, \cdots, Y_n] \big| Y_0, \cdots, Y_n\right\} \\
&= \widetilde{X}_n + E\left\{X_{n+1} - E[X_{n+1} | Y_0, \cdots, Y_n] \big| Y_0, \cdots, Y_n\right\} \\
&= \widetilde{X}_n + E[X_{n+1} | Y_0, \cdots, Y_n] - E[X_{n+1} | Y_0, \cdots, Y_n] \\
&= \widetilde{X}_n \quad (\forall n \geqslant 0)
\end{aligned}$$

故 $\{\widetilde{X}_n, n \geqslant 0\}$ 为鞅.

从而由我们刚刚证明过的关于鞅的式 (7.3.4)，有

$$0 = E[\widetilde{X}_0] = E[\widetilde{X}_{T\wedge n}] = E\left[\sum_{k=1}^{T\wedge n}\{X_k - E[X_k|Y_0,\cdots,Y_{k-1}]\}\right]$$

$$\geqslant E\left[\sum_{k=1}^{T\wedge n}\{X_k - X_{k-1}\}\right] = E[X_{T\wedge n}] - E[X_0] \quad （因 \{X_n\} 为上鞅）$$

因而得到

$$E[X_{T\wedge n}] \leqslant E[X_0]$$

这便对上鞅证明了式 (7.3.4). □

引理 7.3.3 设 W 为任意随机变量且满足 $E[|W|] < +\infty$，设 T 为停时且满足 $P\{T < +\infty\} = 1$，则有

$$\lim_{n\to+\infty} E[WI_{\{T>n\}}] = 0 \tag{7.3.5}$$

和

$$\lim_{n\to+\infty} E[WI_{\{T\leqslant n\}}] = E[W] \tag{7.3.6}$$

证明 先考虑 $|W|$ 的期望

$$E[|W|] \geqslant E[|W|\,I_{\{T\leqslant n\}}] = E\left\{E\left[|W|I_{\{T\leqslant n\}}\middle|T\right]\right\}$$

$$= \sum_{k=0}^{n} E\left[|W|\middle|T=k\right]P\{T=k\} \quad （全期望公式）$$

在上式两端令 $n\to+\infty$，得到

$$E[|W|] \geqslant \lim_{n\to+\infty} E[|W|\,I_{\{T\leqslant n\}}] = \sum_{k=0}^{+\infty} E\left[|W|\middle|T=k\right]P\{T=k\} = E[|W|]$$

由此得到

$$\lim_{n\to+\infty} E[|W|\,I_{\{T\leqslant n\}}] = E[|W|]$$

亦即

$$\lim_{n\to+\infty} E[|W|I_{\{T>n\}}] = 0 \tag{7.3.7}$$

再考虑 $E[WI_{\{T\leqslant n\}}]$ 的极限，注意到

$$0\leqslant \left|E[W]-E[WI_{\{T\leqslant n\}}]\right| = \left|E[W]I_{\{T>n\}}\right| \\ \leqslant E\left[|W|I_{\{T>n\}}\right]\to 0 \quad (n\to+\infty) \quad （由式 (7.3.7)）$$

故得到

$$\lim_{n\to+\infty} E[WI_{\{T\leqslant n\}}]=E[W]$$

这便是式 (7.3.6)，从而式 (7.3.5) 亦成立，证毕.

下面的定理又被称为受控鞅的停时定理：

定理 7.3.1 设 $\{X_n\}$ 是鞅，T 为停时. 若满足 $P\{T<+\infty\}=1$ 和 $E[\sup_{n\geqslant 0}|X_{T\wedge n}|]<+\infty$，则有

$$E[X_T]=E[X_0]$$

证明 记 $W=\sup_{n\geqslant 0}|X_{T\wedge n}|$. 由于 $P\{T<+\infty\}=1$，即 $\sum\limits_{k=0}^{+\infty} I_{\{T=k\}}=1$，故 X_T 可分解为

$$X_T=\sum_{k=0}^{+\infty} X_k I_{\{T=k\}}=\sum_{k=0}^{+\infty} X_{T\wedge k} I_{\{T=k\}}$$

由此推知 $|X_T|\leqslant W$，从而 $E|X_T|\leqslant EW<+\infty$，即 X_T 的期望存在且有限. 接下来我们证明 $\lim\limits_{n\to+\infty} E[X_{T\wedge n}]=E(X_T)$，事实上

$$|E[X_{T\wedge n}]-E[X_T]|\leqslant E[|X_{T\wedge n}-X_T|I_{\{T>n\}}] \\ \leqslant 2E[WI_{\{T>n\}}]$$

但由引理 7.3.3 可知 $\lim\limits_{n\to+\infty} E[WI_{\{T>n\}}]=0$，从而得到

$$\lim_{n\to+\infty} E[X_{T\wedge n}]=E[X_T] \tag{7.3.8}$$

复由引理 7.3.2 可知有：$E[X_T]=E[X_0]$，证毕.

下面是本节的基本定理：

定理 7.3.2 （停时定理）设 $\{X_n\}$ 是鞅且 T 为停时，若满足:

(1) $P\{T<+\infty\}=1$;

(2) $E(|X_T|)<+\infty$;

(3) $\lim\limits_{n\to+\infty} E(X_n I_{\{T>n\}})=0$;

则有

$$E[X_T]=E[X_0]$$

证明　对任意 $n\geqslant 0$，我们有

$$\begin{aligned}E(X_T)&=E[X_T I_{\{T\leqslant n\}}]+E[X_T I_{\{T>n\}}]\\&=E[X_{T\wedge n}]-E[X_n I_{\{T>n\}}]+E[X_T I_{\{T>n\}}]\end{aligned}\tag{7.3.9}$$

(因为 $E[X_{T\wedge n}]=E[X_{T\wedge n}I_{\{T\leqslant n\}}]+E[X_{T\wedge n}I_{\{T>n\}}]=E[X_T I_{\{T\leqslant n\}}]+E[X_n I_{\{T>n\}}]$.)

在式 (7.3.9) 中，等号右边第一项 $E[X_{T\wedge n}]=E[X_0]$（按引理 7.3.2）；当令 $n\to+\infty$ 时，由条件 (3) 可知第二项 $E[X_n I_{\{T>n\}}]$ 的极限为 0；又记 $W=X_T$，则由条件 (1)，(2) 及引理 7.3.3 可知第三项 $E[X_T I_{\{T>n\}}]$ 的极限（当 $n\to+\infty$ 时）也为 0. 从而在式 (7.3.9) 两端令 $n\to+\infty$，便得到：$E[X_T]=E[X_0]$，证毕.

下面是本定理的两个推论：

推论 7.3.1　设 $\{X_n\}$ 是鞅，T 是停时，如果

(1) $P\{T<+\infty\}=1$;

(2) 存在某个常数 K，使得对任意的 $n\geqslant 0$，满足：$E(X_{T\wedge n}^2)\leqslant K$，则有

$$E(X_T)=E(X_0)$$

证明　由条件 (2) 可知：

$$\begin{aligned}K&\geqslant E[X_{T\wedge n}^2]\geqslant E[X_{T\wedge n}^2 I_{\{T\leqslant n\}}]\\&=\sum_{k=0}^{n}E[X_T^2|T=k]P\{T=k\}\quad（全期望公式）\end{aligned}$$

当 $n\to+\infty$ 时，上式右端的极限为

$$\sum_{k=0}^{+\infty}E[X_T^2|T=k]P\{T=k\}=E[X_T^2]$$

由此得到：$E(X_T^2)\leqslant K$. 复由施瓦茨不等式（见第 1 章式 (1.2.20)）可得：$E[|X_T|]\leqslant(E[X_T^2])^{\frac{1}{2}}<+\infty$，这便验证了定理 7.3.2 的条件 (2). 对于其条件 (3)，我们再次利用施瓦茨不等式可得

$$\left\{E\left[X_n I_{\{T>n\}}\right]\right\}^2=\left\{E\left[X_{T\wedge n}I_{\{T>n\}}\right]\right\}^2$$

$$\leqslant E[X_{T\wedge n}^2]E[I_{\{T>n\}}]$$
$$\leqslant KP\{T>n\}\to 0 \quad (n\to+\infty) \quad (\text{因 } P\{T<+\infty\}=1)$$

从而定理 7.3.2 的条件全部满足，故最终得到：$E[X_T]=E[X_0]$，证毕.

推论 7.3.2 设 $Y_0=0$，而 $\{Y_n,n\geqslant 1\}$ 为独立同分布，且 $E(Y_n)=\mu$，$\mathrm{Var}(Y_n)=\sigma^2$ $(\forall n\geqslant 1)$，令 $X_n=S_n-n\mu$ $(n\geqslant 0)$，其中 $S_n=Y_0+Y_1+\cdots+Y_n$ 为独立和. 若 T 是关于 $\{Y_n,n\geqslant 0\}$ 的停时，且 $E[T]<+\infty$，则有：$E[|X_T|]<+\infty$ 而且 $E[X_T]=E[S_T]-\mu E[T]=0$.（此推论差不多就是 3.2 节的 Wald 等式.）

证明 由例 7.1.1 可知独立和 $X_n=S_n-n\mu(n\geqslant 0)$ 是一个关于 $\{Y_n\}$ 的鞅，我们将验证它满足定理 7.3.2 的三个条件.

首先因 $E(T)$ 存在且有限，故可知有 $P\{T<+\infty\}=1$.

其次令 $Y_0'=0,Y_n'=Y_n-\mu$ $(n\geqslant 1)$，则有

$$\begin{aligned}
E[|X_T|]&=E\left[\left|\sum_{k=1}^{T}Y_k'\right|\right]\leqslant E\left[\sum_{k=1}^{T}|Y_k'|\right]\\
&=E\left[\sum_{n=1}^{+\infty}\sum_{k=1}^{T}|Y_k'|I_{\{T=n\}}\right]=E\left[\sum_{n=1}^{+\infty}\sum_{k=1}^{n}|Y_k'|I_{\{T=n\}}\right]\\
&=E\left[\sum_{k=1}^{+\infty}\sum_{n=k}^{+\infty}|Y_k'|I_{\{T=n\}}\right]=E\left[\sum_{k=1}^{+\infty}|Y_k'|I_{\{T\geqslant k\}}\right]
\end{aligned}$$

由于 $I_{\{T\geqslant k\}}=1-I_{\{T\leqslant k-1\}}$，故 $I_{\{T\geqslant k\}}$ 仅依赖于 $Y_0,\cdots,Y_{k-1}$ 而与 $Y_k'=Y_k-\mu$ 独立，从而上式中

$$E\left[\sum_{k=1}^{+\infty}|Y_k'|I_{\{T\geqslant k\}}\right]=E|Y_1'|\sum_{k=1}^{+\infty}P\{T\geqslant k\}=E|Y_1'|E[T]<+\infty$$

从而得到：$E[|X_T|]<+\infty$.

为验证定理 7.3.2 的条件 (3)，我们再次利用施瓦茨不等式，有

$$(E[X_nI_{\{T>n\}}])^2\leqslant E[X_n^2]EI_{\{T>n\}}=n\sigma^2P\{T\geqslant n\} \tag{7.3.10}$$

但由于 $\sum\limits_{k=1}^{+\infty}kP\{T=k\}=E[T]<+\infty$，故

$$0=\lim_{n\to+\infty}\sum_{k\geqslant n}kP\{T=k\}\geqslant\lim_{n\to+\infty}nP\{T\geqslant n\}\geqslant 0$$

于是可知式 (7.3.10) 最右边项的极限（当 $n\to+\infty$ 时）为 0，由此得到：$\lim\limits_{n\to+\infty}E[X_nI_{\{T>n\}}]=0$.

因此，由定理 7.3.2 我们最终得到：$E(X_T)=E(X_0)=0$，亦即：$E[S_T]=\mu E[T]$. □

下面我们来看两个应用停时定理的例子，均是关于随机游动的.

例 7.3.2　设 $\{X_n,n\geqslant 0\}$ 为直线上的简单对称随机游动，即例 7.2.1 中 $p=q=\dfrac{1}{2}$ 的情形. 为简化起见，令 $X_0=0$. 若以公平赌博为例，则 X_n 可解释为该赌徒在时刻 n 所赢的钱（若 X_n 为负则代表他所输的钱），由例 7.2.1 可知 $\{X_n,n\geqslant 0\}$ 是一个（关于它自身的）鞅，且 X_n 为独立和. 若定义 $T=\min\{n:X_n=1\}$，即该赌徒一旦赢钱便停止赌博，则易见 T 为一停时. 而且，由于 $\{X_n,n\geqslant 0\}$ 为一不可约常返的马氏链，故有：$P\{T<+\infty\}=P\{T<+\infty|X_0=0\}=\sum\limits_{n=1}^{+\infty}P\{T=n|X_0=0\}=\sum\limits_{n=1}^{+\infty}f_{01}^{(n)}=f_{01}=1$（见第 4 章式 (4.3.31)）. 但显然 $X_T=1$，即 $E(X_T)=1\neq E(X_0)=0$，故推论 7.3.2 的结论并不成立. 究其原因，是由于条件 $E[T]<+\infty$ 未能满足，事实上在本例中 $E[T]=+\infty$（因为 $\{X_n,n\geqslant 0\}$ 为零常返）. 这说明，为使停时定理成立，需对 T 加上一些限制.

同样在上述模型中，若定义

$$T=\min\{n:X_n=-a\text{或}b\}\quad(a,b\text{均为正整数})$$

则情况会有所变化. 若 a和b 分别为该赌徒（甲）与另一赌徒（乙，即甲的对手）的赌本，这意味着甲一旦赢光了对手的钱或自己输光了老本，则赌博自然终止. 易见此时 T 亦为一停时，且可以证明 $P\{T<+\infty\}=1$（设 $T_{-a}=\min\{n:X_n=-a\},T_b=\min\{n:X_n=b\}$则$T=T_{-a}\wedge T_b$）. 又 $|X_{T\wedge n}|\leqslant\max(a,b)(\forall n\geqslant 0)$，从而

$$E\left(\sup_{n\geqslant 0}|X_{T\wedge n}|\right)<+\infty$$

从而由定理 7.3.1 可知有

$$E[X_T]=E[X_0]=0$$

另一方面，设 ν_a 为 X_n 到达 b 之前到达 $-a$ 的概率（亦即甲输光的概率），则 $\nu_a=P\{X_T=-a|X_0=0\}$. 而 $1-\nu_a\triangleq\nu_b=P\{X_T=b|X_0=0\}$ 则为乙输光的

概率，于是

$$0 = E(X_T) = E(X_T|X_0 = 0) = (-a)\nu_a + b\nu_b = -a\nu_a + b(1-\nu_a)$$

由此解得

$$\nu_a = \frac{b}{a+b}, \quad \nu_b = \frac{a}{a+b}$$

这正是我们在第 4 章中讲过的赌徒输光问题（见例 4.4.2）的结果之一.

再设 $Z_n = X_n^2 - n \ (n \geqslant 0)$,则$\{Z_n, n \geqslant 0\}$ 关于 $\{X_n, n \geqslant 0\}$ 亦为鞅（读者可自行验证）.

设 T 同上（即 $T = T_{-a} \wedge T_b$），则 $ET < +\infty$，且满足相应的停时定理的条件（详见参考文献 [4]4.3 节的例 2），从而有

$$E[Z_T] = E[Z_0] = 0$$

但

$$E[Z_T] = E[X_T^2 - T] = E[X_T^2] - E[T]$$

故有

$$E[T] = E[X_T^2] = a^2\nu_a + b^2\nu_b = \frac{a^2 b}{a+b} + \frac{ab^2}{a+b} = ab$$

例 7.3.3 下面我们继续讨论赌徒输光问题. 如上例一样，$\{X_n, n \geqslant 0\}$ 仍为直线上的随机游动，但现在我们假定 $p \neq q$，即为非对称的随机游动. 此外 T 的定义仍为 $T = \min\{n : X_n = -a \text{ 或 } b\}$,$\nu_a$ 与 ν_b 的定义及意义亦均同于上例.

但由例 7.2.1 可知现在 $\{X_n, n \geqslant 0\}$ 已不再是鞅，要想利用停时定理来解决问题必须再构造一个鞅. 为此，命

$$U_n = \left(\frac{q}{p}\right)^{X_n} \quad (n \geqslant 0)$$

下面证明 $\{U_n, n \geqslant 0\}$ 关于 $\{X_n, n \geqslant 0\}$ 为一个鞅：

首先

$$E|U_n| = E\left|\left(\frac{q}{p}\right)^{X_n}\right| = E\left[\left(\frac{q}{p}\right)^{\sum\limits_{i=1}^{n}\xi_i}\right] = E\left[\prod_{i=1}^{n}\left(\frac{q}{p}\right)^{\xi_i}\right] \tag{7.3.11}$$

其中 $\xi_1,\xi_2,\cdots,\xi_n,\cdots$ 为独立同分布且 $P\{\xi_i=1\}=p,P\{\xi_i=-1\}=q$，且 $E\left(\dfrac{q}{p}\right)^{\xi_i}=\left(\dfrac{q}{p}\right)\times p+\left(\dfrac{q}{p}\right)^{-1}q=1$. 故由式 (7.3.11) 可得

$$E|U_n|=1<+\infty$$

又对于 $\forall n\geqslant 0$，有

$$\begin{aligned}E[U_{n+1}|X_0,X_1,\cdots,X_n]&=E\left[\left(\frac{q}{p}\right)^{X_{n+1}}\Big|X_0,\cdots,X_n\right]\\&=E\left[\left(\frac{q}{p}\right)^{X_n+\xi_{n+1}}\Big|X_0,\cdots,X_n\right]\\&=\left(\frac{q}{p}\right)^{X_n}E\left[\left(\frac{q}{p}\right)^{\xi_{n+1}}\right]=\left(\frac{q}{p}\right)^{X_n}=U_n\end{aligned}$$

从而 $\{U_n,n\geqslant 0\}$ 关于 $\{X_n,n\geqslant 0\}$ 为鞅.

由于此时马氏链 $\{X_n,n\geqslant 0\}$ 为一不可约瞬过（非常返）链，故过程转移到 $[-a,b]$ 中状态至多为有限次. 故有 $P\{T<+\infty\}=1$（注意过程是由 0 出发的）.

又当 $-a\leqslant X_n\leqslant b$ 且 $0<q<p$ 时，有

$$\left(\frac{q}{p}\right)^{b}\leqslant U_n\leqslant\left(\frac{q}{p}\right)^{-a}\tag{7.3.12}$$

（当 $p<q$ 时则为

$$\left(\frac{q}{p}\right)^{-a}\leqslant U_n\leqslant\left(\frac{q}{p}\right)^{b}\tag{7.3.13}$$

）

因此

$$E|U_T|=E[U_T]\leqslant\left(\frac{q}{p}\right)^{-a}<+\infty$$

（当 $p<q$ 时，$E|U_T|\leqslant\left(\dfrac{q}{p}\right)^{b}<+\infty$.）

利用式 (7.3.12)（或式 (7.3.13)）还可得到

$$\lim_{n\to+\infty}E|U_nI_{\{T>n\}}|=\lim_{n\to+\infty}E(U_nI_{\{T>n\}})$$

$$\leqslant \left(\frac{q}{p}\right)^{-a} \lim_{n\to+\infty} P\{T > n\}\left(\text{或}\left(\frac{q}{p}\right)^{b} \lim_{n\to+\infty} P\{T > n\}\right) = 0$$

（其中 $\lim\limits_{n\to+\infty} P\{T > n\} = 0$ 是因为 $P\{T < +\infty\} = 1$.）

由此可知停时定理 7.3.2 的三个条件全部满足，从而应有

$$E[U_T] = E[U_0] = 1$$

但另一方面

$$E[U_T] = E\left[\left(\frac{q}{p}\right)^{X_T}\right] = \left(\frac{q}{p}\right)^{-a}\nu_a + \left(\frac{q}{p}\right)^{b}\nu_b = \left(\frac{q}{p}\right)^{-a}\nu_a + \left(\frac{q}{p}\right)^{b}(1-\nu_a)$$

从而得到

$$\left[\left(\frac{q}{p}\right)^{-a} - \left(\frac{q}{p}\right)^{b}\right]\nu_a + \left(\frac{q}{p}\right)^{b} = 1$$

解得

$$\nu_a = \frac{1-\left(\dfrac{q}{p}\right)^{b}}{\left(\dfrac{q}{p}\right)^{-a} - \left(\dfrac{q}{p}\right)^{b}} \quad \text{及} \quad \nu_b = \frac{\left(\dfrac{q}{p}\right)^{-a} - 1}{\left(\dfrac{q}{p}\right)^{-a} - \left(\dfrac{q}{p}\right)^{b}}$$

这也与第 4 章例 4.4.2 中的相应结果完全一致.

由上述例题可以看出，用鞅的理论和方法来解决具体问题往往是非常有效的，且给人一种独辟蹊径的感觉. 但关键在于如何才能构造出合适的鞅来，这不仅需要技巧而且还要靠经验的积累.

7.4　鞅收敛定理

在本节中我们将介绍重要的上穿不等式、最大值不等式及鞅收敛定理. 先看下面的引理：

引理 7.4.1　设 $\{X_n\}$ 是关于 $\{Y_n\}$ 的下鞅，S 与 T 均为关于 $\{Y_n\}$ 的停时. 假设 $0 \leqslant S \leqslant T \leqslant N$（$N$ 为一固定的正整数），则有

$$E[X_S] \leqslant E[X_T] \tag{7.4.1}$$

证明　设 $k \leqslant n \leqslant N$，则由全期望公式及下鞅的性质我们有

$$\begin{aligned} E\left\{X_{n+1}I_{\{T>n\}}I_{\{S=k\}}\right\} &= E\left\{E[X_{n+1}I_{\{T>n\}}I_{\{S=k\}}|Y_0,\cdots,Y_n]\right\} \\ &= E\left\{I_{\{T>n\}}I_{\{S=k\}}E[X_{n+1}|Y_0,\cdots,Y_n]\right\} \\ &\geqslant E\left\{X_nI_{\{T>n\}}I_{\{S=k\}}\right\} \end{aligned}$$

因此

$$\begin{aligned} E[X_{T\wedge n}I_{\{S=k\}}] &= E[X_TI_{\{T\leqslant n\}}I_{\{S=k\}}] + E[X_nI_{\{T>n\}}I_{\{S=k\}}] \\ &\leqslant E[X_TI_{\{T\leqslant n\}}I_{\{S=k\}}] + E[X_{n+1}I_{\{T>n\}}I_{\{S=k\}} \\ &= E[X_{T\wedge(n+1)}I_{\{S=k\}}] \end{aligned}$$

即 $E[X_{T\wedge n}I_{\{S=k\}}]$ 关于 n 是单调增加的. 故分别令 n 等于 k 与 $N(k \leqslant N)$ 并利用 $S \leqslant T \leqslant N$ 便得到

$$E[X_kI_{\{S=k\}}] \leqslant E[X_TI_{\{S=k\}}]$$

由此便可推出

$$\begin{aligned} E[X_S] &= \sum_{k=0}^{N} E[X_SI_{\{S=k\}}] = \sum_{k=0}^{N} E[X_kI_{\{S=k\}}] \\ &\leqslant \sum_{k=0}^{N} E[X_TI_{\{S=k\}}] = E[X_T] \end{aligned}$$

故引理证毕.

本引理可视为上一节引理 7.3.2 在下鞅场合的进一步推广，而且它包含两个停时（更一般的形式是含多个停时）. 由此我们可以证明下面著名的定理:

定理 7.4.1　（上穿不等式）设 $\{X_n\}$ 为关于 $\{Y_n\}$ 的下鞅，$a < b$ 为二任意实数，N 为正整数. 定义 $V_N(a,b)$ 为满足下列条件的数对 (i,j) 的个数: $0 \leqslant i < j \leqslant N, X_i \leqslant a, X_j \geqslant b$; 且若有某 k 介于 i 与 j 之间（即: $i < k < j$），

则必有： $a < X_k < b$. 因此， $V_N(a,b)$ 表示序列 $X_n : n = 0,1,2\cdots,N$ 上穿区间 (a,b) 的次数（如图 7.4.1 所示）. 我们有

$$E[V_N(a,b)] \leqslant \frac{E[(X_N - a)^+] - E[(X_0 - a)^+]}{b-a} \tag{7.4.2}$$

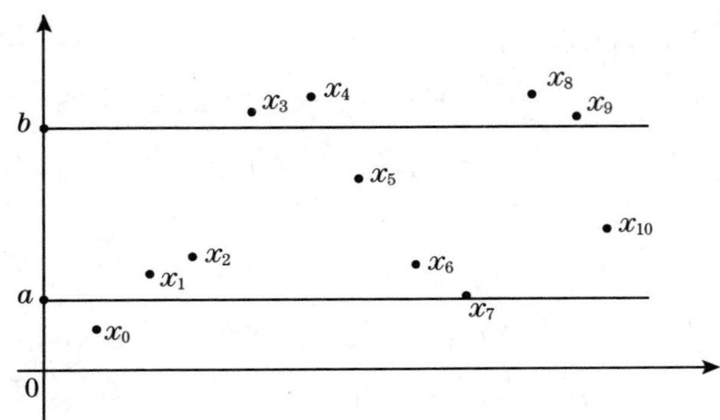

图 7.4.1 $V_{10}(a,b)(\omega) = 2$

证明 定义

$$\widetilde{X}_n = (X_n - a)^+ = \max\{X_n - a, 0\} \quad (n \geqslant 0)$$

由于 $(x-a)$ 是 x 的凸的增函数，故由引理 7.2.2 可知 $\{\widetilde{X}_n, n \geqslant 0\}$ 亦是关于 $\{Y_n\}$ 的下鞅，且 $X_n : n = 0,1,\cdots,N$ 上穿区间 (a,b) 的次数等于 $\widetilde{X}_n : n = 0,1,\cdots,N$ 上穿 $(0,b-a)$ 的次数.

现设 $T_1 \equiv 0$，且对于 $k = 2,3,\cdots,N$，若 k 为偶数，定义

$$T_k = \begin{cases} N & (\text{若对任何 } j \geqslant T_{k-1} \text{ 都有 } \widetilde{X}_j \neq 0) \\ \min\{j; j \geqslant T_{k-1} \text{且} \widetilde{X}_j = 0\} & (\text{否则}) \end{cases}$$

若 k 为奇数，则定义

$$T_k = \begin{cases} N & (\text{若对任何 } j \geqslant T_{k-1} \text{ 都有 } \widetilde{X}_j < b-a) \\ \min\{j; j \geqslant T_{k-1} \text{且} \widetilde{X}_j \geqslant b-a\} & (\text{否则}) \end{cases}$$

并设 $T_{N+1}=N$，则可以证明每个 T_k 都是停时（归纳地，并利用停时的性质），并且显然 $T_k\leqslant T_{k+1}\leqslant N$. 由刚刚证明的引理 7.4.1 可知

$$E[\widetilde{X}_{T_k}]\leqslant E[\widetilde{X}_{T_{k+1}}]\quad(1\leqslant k\leqslant N)\tag{7.4.3}$$

因此

$$\begin{aligned}\widetilde{X}_N-\widetilde{X}_0&=\sum_{k=1}^{N}(\widetilde{X}_{T_{k+1}}-\widetilde{X}_{T_k})\\&=\sum_{k=2,4,\cdots}(\widetilde{X}_{T_{k+1}}-\widetilde{X}_{T_k})+\sum_{k=1,3,\cdots}(\widetilde{X}_{T_{k+1}}-\widetilde{X}_{T_k})\end{aligned}$$

由上面 T_k 的构造可知，如果有上穿发生，则只可能发生在当 k 为偶数时由 $\widetilde{X}_{T_k}$ 到 $\widetilde{X}_{T_{k+1}}$ 的上穿，且此时 $(\widetilde{X}_{T_{k+1}}-\widetilde{X}_{T_k})\geqslant b-a$. 故对上式的两端求期望并利用式 (7.4.3) 或便得到

$$E[\widetilde{X}_N-\widetilde{X}_0]\geqslant(b-a)E[V_N(a,b)]$$

亦即

$$E[V_N(a,b)]\leqslant\frac{E[(X_N-a)^+]-E[(X_0-a)^+]}{b-a}$$

证毕.

利用上穿不等式，可以证明下鞅的收敛定理：

定理 7.4.2　设 $\{X_n\}$ 是一个下鞅，且 $\sup_{n\geqslant0}E|X_n|<+\infty$，则存在一个随机变量 X_∞，使 $\{X_n\}$ 以概率 1 收敛于 X_∞，即

$$P\{\lim_{n\to+\infty}X_n=X_\infty\}=1\tag{7.4.4}$$

且 $E|X_\infty|<+\infty$.

证明（见参考文献 [4] 的 4.4 节）.

下面我们介绍最大值不等式及另一个鞅收敛定理：

引理 7.4.2　设 $\{X_n\}$ 是下鞅，且对所有的 n 有 $X_n\geqslant0$. 则对任意正数 $\lambda>0$，我们有

$$\lambda P\{\max_{0\leqslant k\leqslant n}X_k>\lambda\}\leqslant E[X_n]\tag{7.4.5}$$

证明　定义：

$$T=\begin{cases}\min\{k\geqslant0,\text{且}X_k>\lambda\} & (\text{若对某些}k=0,1,\cdots,n\text{有}X_k>\lambda)\\ n & (\text{若对任何}k=0,1,\cdots,n\text{都有}X_k\leqslant\lambda)\end{cases}$$

则易见 T 为停时且 $T\leqslant n$. 由于 n（常数）也是停时，故由引理 7.4.1 可知有

$$E[X_n]\geqslant E[X_T]\geqslant E\left[X_T I_{\{\max\limits_{0\leqslant k\leqslant n} X_k>\lambda\}}\right]$$
$$\geqslant \lambda P\{\max_{0\leqslant k\leqslant n} X_k>\lambda\}\quad（因为在集合 \{\max_{0\leqslant k\leqslant n} X_k>\lambda\} 上 X_T>\lambda）$$

这便证明了式 (7.4.5).

推论 7.4.1 设 $\{X_n\}$ 为鞅，则对任意正数 $\lambda>0$，有

$$\lambda P\{\max_{0\leqslant k\leqslant n}|X_k|>\lambda\}\leqslant E[|X_n|] \tag{7.4.6}$$

证明 因 $\{X_n\}$ 是鞅，故由引理 7.2.1 的注可知 $\{|X_n|\}$ 为非负下鞅，从而由刚证明的引理 7.4.2 便推得结论成立.

例 7.4.1 设 $X_0=0, X_n=\sum\limits_{i=1}^{n}Y_i\ (n\geqslant 1)$ 为独立和（见例 7.1.1），则 $\{X_n\}$ 关于 $\{Y_n\}$ 为鞅. 现进一步假定：$E(Y_n)=0, E(Y_n^2)=\sigma^2<+\infty$,则$E[X_n^2]=n\sigma^2<+\infty\ (\forall n\geqslant 1)$ 复由引理 7.2.1 的注可知 $\{X_n^2, n\geqslant 0\}$ 亦为非负下鞅，从而由式 (7.4.5)，取 $\lambda=\varepsilon^2\ (\varepsilon>0)$ 便得到

$$n\sigma^2=E[X_n^2]\geqslant \varepsilon^2 P\{\max_{0\leqslant k\leqslant n}X_k^2>\varepsilon^2\}=\varepsilon^2 P\{\max_{0\leqslant k\leqslant n}|X_k|>\varepsilon\}$$

亦即

$$P\{\max_{0\leqslant k\leqslant n}|X_k|>\varepsilon\}\leqslant n\frac{\sigma^2}{\varepsilon^2} \tag{7.4.7}$$

此式又被称为柯尔莫哥洛夫 (Kolmogorov) 不等式.

用类似于证明引理 7.4.2 的方法我们还可以证明上鞅的最大值不等式（读者试自证之）：

引理 7.4.3 若 $\{X_n\}$ 为非负上鞅，λ 为任意正数，则有

$$\lambda P\{\max_{0\leqslant k\leqslant n}X_k>\lambda\}\leqslant E[X_0] \tag{7.4.8}$$

利用最大值不等式 (7.4.5) 等方法我们还可以证明下面的鞅收敛定理：

定理 7.4.3 设 $\{X_n\}$ 是鞅，且其二阶矩一致有界，即存在常数 $K>0$，使得

$$E[X_n^2]\leqslant K<+\infty\quad (\forall n\geqslant 0)$$

则当 $n\to+\infty$ 时，$\{X_n\}$ 以概率 1 收敛于某随机变量 X_∞，而且 $\{X_n\}$ 还均方收敛于 X_∞. 即

$$P\{\lim_{n\to+\infty} X_n = X_\infty\} = 1 \tag{7.4.9}$$

与

$$\lim_{n\to+\infty} E[|X_n - X_\infty|^2] = 0 \tag{7.4.10}$$

都成立. 并且对所有的 $n\geqslant 0$ 有

$$E[X_0] = E[X_n] = E[X_\infty] \tag{7.4.11}$$

（证明见参考文献 [8] 的 6.5 节）.

鞅收敛定理同样也具有重要的应用价值，这里我们仅举一个简单的例子：

设 $\{X_n, n\geqslant 0\}$ 为 Doob 鞅序列（见例 7.1.5），其中 $X_n = E[X|Y_0,\cdots,Y_n](n\geqslant 0)$. 我们已经证明了 $\{X_n\}$ 关于 $\{Y_n\}$ 构成一个鞅，而且对于任意 $\forall n\geqslant 0$ 有：$E[|X_n|]\leqslant E[|X|]<+\infty$. 因此，由定理 7.4.2 可知，存在某随机变量 X_∞，使得

$$P\{\lim_{n\to+\infty} X_n = X_\infty\} = 1$$

而且 $E[|X_\infty|]<+\infty$. 事实上还可进一步证明（见参考文献 [8]）；当 $n\to+\infty$ 时 $\{X_n\}$ 平均收敛于 X_∞，即有

$$\lim_{n\to+\infty} E[|X_n - X_\infty|] = 0 \tag{7.4.12}$$

而且对于任何 $n\geqslant 0$，都有

$$E[X_n] = E[X_\infty] \quad (\forall n\geqslant 0) \tag{7.4.13}$$

成立.

对于本例中的极限随机变量 X_∞，人们自然会猜想，它能否表示为下面的形式：

$$X_\infty = E[X|Y_0, Y_1, \cdots] \tag{7.4.14}$$

然而，这用我们以往对于条件期望的理解，即将 $E[X|Y_0,Y_1\cdots,Y_n]$ 视为 $Y_0,Y_1\cdots,Y_n$ 的函数 $g(Y_0,Y_1,\cdots,Y_n)$ 的观点似乎是难以解释清楚的（因为这涉及一个无穷序列：$Y_0,Y_1,\cdots,Y_n,\cdots$）. 这意味着，对于条件期望的定义必须作进一步的推广. 这也是我们在下一节首先要解决的一个问题.

7.5 连续参数鞅

为将离散参数（或时间）鞅推广到连续参数鞅，我们固然可以采用简单地将参数离散化的做法（例如像本书第 1 章的式 (1.7.6)，它将离散时间与连续时间鞅的定义统一在同一个表达式中）. 但是为了将鞅的理论推广到更加一般的场合，使之具有更加概括、一般的理论意义和更加广泛、重要的应用价值，我们必须对鞅的概念本身加以进一步的提炼. 这里，关键是要将我们以往对条件期望的认识加以进一步的推广和提升. 否则我们将无法解释上一节末所出现的 $E[X|Y_0,Y_1\cdots]$ 乃至更一般的 $E[X|Y(u),0\leqslant u\leqslant t]$ 等表达式的确切含义，也无法使随之而建立的鞅的理论有效地应用到金融、经济领域中各种实际过程的场合.

本节的内容主要有：关于 σ-域的条件期望、关于 σ-域族的鞅和连续参数鞅.

7.5.1 关于 σ-域的条件期望

我们先给出关于 σ-域的条件期望的定义，然后再解释它与我们以前所熟知的条件期望的概念是一致的，而且是前者的进一步推广.

定义 7.5.1 （关于子 σ-域的条件期望）设 X 为概率空间 $(\Omega,\mathscr{F},P)$ 上的一个随机变量（或称 X 关于$\mathscr{F}$ 是可测的，意即 X 是由 $(\Omega,\mathscr{F})$ 到 $(\mathbf{R},\mathscr{B}(\mathbf{R}))$ 的可测映射或可测函数，详见定义 1.2.1 及其注），且 $E[|X|]<+\infty$. 又设 $\mathscr{F}'\subseteq\mathscr{F}$ 为 $\mathscr{F}$ 的一个子 σ-域（有关 σ-域与可测空间可参见 1.1 节的有关内容），则定义 X 关于 $\mathscr{F}'$ 的条件期望为满足下列条件的随机变量 $E[X|\mathscr{F}']$:

(1) $E[X|\mathscr{F}']$ 是关于 $\mathscr{F}'$ 可测的（即 $E[X|\mathscr{F}']$ 是由 $(\Omega,\mathscr{F}')$ 到 $(\mathbf{R},\mathscr{B}(\mathbf{R}))$ 的可测函数）;

(2) 对于每个有界的 $\mathscr{F}'$ 可测随机变量 Z，有： $E[XZ]=E\{ZE[X|\mathscr{F}']\}$.

注 (1) 条件期望 $E[X|\mathscr{F}']$ 是一个 $\mathscr{F}'$ 可测随机变量（自然也是$\mathscr{F}$ 可测的），而 $\mathscr{F}'\subseteq\mathscr{F}$ 为 $\mathscr{F}$ 的一个子 σ-域，故 $E[X|\mathscr{F}']$ 可以直观的理解为：限制在 $\mathscr{F}'$ 发生的条件下的（条件）数学期望.

(2) 如果有两个条件期望： $E^{(1)}\,[X|\mathscr{F}']$ 和 $E^{(2)}\,[X|\mathscr{F}']$，都满足上述定义中

的两个条件，则可以证明 $P\{E^{(1)}[X|\mathscr{F}']=E^{(2)}[X|\mathscr{F}']\}=1$（见参考文献 [8] 的 6.7 节），这说明上述定义是自洽的.

(3) 设 Y 为另一随机变量（$\mathscr{F}$ 可测的），$\sigma(Y)$ 为由 Y 产生的 σ-域（见定义 1.2.1 的注），取 $\mathscr{F}'=\sigma(Y)$，则 $E(X|\mathscr{F}')$ 是 $\mathscr{F}'$ 可测的. 我们下面说明 $E(X|\mathscr{F}')$ 与我们以往所熟知的条件期望 $E(X|Y)$ 实质上是相同的. 事实上可以证明（见参考文献 [8]）：一个随机变量 Z 关于 $\mathscr{F}'=\sigma(Y)$ 可测的充要条件是它可以表为：$Z=g(Y)$，其中 $g(\cdot)$ 是某个 Borel 可测函数（由 $(\mathbf{R},\mathscr{B}(\mathbf{R}))$ 到 $(\mathbf{R},\mathscr{B}(\mathbf{R}))$ 的可测映射）. 因此当 $\mathscr{F}'=\sigma(Y)$ 时，$E(X|\mathscr{F}')$ 可表为 $E(X|\mathscr{F}')=g(Y)$，这与我们在第 1 章对于 $E[X|Y]$ 的解释是完全一致的. 更一般地，设 $Y_0,\cdots,Y_n$ 均为（$(\Omega,\mathscr{F},P)$ 上的）随机变量，$\sigma(Y_0,\cdots,Y_n)$ 为由 $Y_0,\cdots,Y_n$ 所产生的 σ-域（亦是使每个 Y_i $(i=0,1,\cdots,n)$ 都可测的最小 σ-域）. 若取 $\mathscr{F}'=\sigma(Y_0,\cdots,Y_n)$，则 $E(X|\mathscr{F}')$ 可表为：$E(X|\mathscr{F}')=g(Y_0,\cdots,Y_n)$，其中 g 为一多元 Borel 可测函数（由 $(\mathbf{R}^{n+1},\mathscr{B}^{n+1}(\mathbf{R}))$ 到 $(\mathbf{R},\mathscr{B}(\mathbf{R}))$ 的可测映射），这与我们以往对于 $E[X|Y_0,\cdots,Y_n]$ 的解释也是完全一致的. 对于这一类条件期望，甚至可以继续使用原先的记号如 $E[X|Y]$，$E[X|Y_0,\cdots,Y_n]$ 等，但不同的是它们现在都有了新的含义，即都是关于 σ-域的条件期望. 条件期望的新概念无疑可以适用（时间参数的）更广的范围. 例如，若记 $\mathscr{F}_\infty=\sigma(Y_0,Y_1,\cdots,Y_i,\cdots)$，即 $\mathscr{F}_\infty$ 是由所有 Y_i $(i=0,1,2,\cdots)$ 所产生的 σ-域（亦是使得每个 Y_i $(i=0,1,2,\cdots)$ 都可测的最小 σ-域），则 $E(X|\mathscr{F}_\infty)$ 就是我们在上一节感到难以解释的 $E[X|Y_0,Y_1\cdots]$. 而 $E[X|Y(u),0\leqslant u\leqslant t]$ 亦可表示为 $E[X|\mathscr{F}_t]$，其中 $\mathscr{F}_t=\sigma\{Y(u),0\leqslant u\leqslant t\}$.

条件期望的新概念为我们在后面将离散参数鞅推广到连续参数鞅打下了关键的基础，而且在第 8 章中（有关布朗运动的积分部分）也是非常重要的. 它是现代概率论理论和应用研究文献中常用的概念和工具，具有广泛的价值和重要的意义.

关于 σ-域的条件期望与我们以往所熟知的（或称传统的）条件期望概念相比具有差不多完全类似的性质，特将它们罗列如下：

设 X_1，X_2 和 X 均为概率空间 $(\Omega,\mathscr{F},P)$ 上的随机变量（即关于$\mathscr{F}$ 是可测的），且具有有限的期望值. 又设 $\mathscr{F}'$ 与 $\mathscr{F}''$ 为$\mathscr{F}$ 的子 σ-域，$a_1,a_2,b\in\mathbf{R}$ 为任意实数，则有：

(1)

$$E[a_1X_1+a_2X_2+b|\mathscr{F}']=a_1E[X_1|\mathscr{F}']+a_2E[X_2|\mathscr{F}']+b \tag{7.5.1}$$

此条蕴含着

$$E[b|\mathscr{F}'] = b \tag{7.5.2}$$

(2) 若 $X \geqslant 0$，则有

$$E[X|\mathscr{F}'] \geqslant 0 \tag{7.5.3}$$

(3) 对于每个有界 $\mathscr{F}'$ 可测随机变量 Z，有

$$E[XZ|\mathscr{F}'] = ZE[X|\mathscr{F}'] \tag{7.5.4}$$

和

$$E[XZ] = E\{ZE[X|\mathscr{F}']\} \tag{7.5.5}$$

其中式 (7.5.4) 可以视为对于第 1 章中的式 (1.3.16) 的进一步推广. 而式 (7.5.5) 则可通过对 XZ 运用全期望公式，再利用式 (7.5.4) 便可推得. 另一方面，易见式 (7.5.5) 就是定义 7.5.1 中的第 (2) 条，特别取 $Z = I_B$，其中 $B \in \mathscr{F}', I_B$ 为 B 的示性函数（I_B 显然是 $\mathscr{F}'$ 可测的），则有

$$E[XI_B] = E\{I_B E[X|\mathscr{F}']\} \tag{7.5.6}$$

此式亦可取代定义 7.5.1 中的第 (2) 条（即式 (7.5.5)）而形成 $E[X|\mathscr{F}']$ 的一个等价定义（见参考文献 [8]）.

另外：由于 $E(I_B) = P(B)$，故这启发我们甚至还可以考虑关于 σ-域的条件概率： $P\{B|\mathscr{F}'\} = E(I_B|\mathscr{F}')$.

(4) 若 Z 是 $\mathscr{F}'$ 可测的且满足 $E[|Z|] < +\infty$，则有

$$E[Z|\mathscr{F}'] = Z \tag{7.5.7}$$

此式则是式 (1.3.17) 的推广.

(5) 全期望公式

$$E[X] = E\{E[X|\mathscr{F}']\} \tag{7.5.8}$$

及更一般的

$$E[X|\mathscr{F}'] = E\left\{E[X|\mathscr{F}'']\middle|\mathscr{F}'\right\} \quad \text{（设}\mathscr{F}' \subseteq \mathscr{F}''\text{）} \tag{7.5.9}$$

上述公式差不多全是我们在 1.3 节所介绍的那些有关条件期望的公式的平行推广，通过定义 7.5.1 我们可以验证它们的成立（见参考文献 [8] 的 6.7 节）. 有了这些性质，我们有关条件期望的新概念就不仅仅停留在定义的层面，而将成为有效的工具.

7.5.2 关于递增的 σ-域族的鞅

在这一部分我们仍然介绍离散参数鞅的内容，但却是在条件期望的新概念下加以论述. 它不仅是对我们在前面几节所讨论的鞅的理论的概括和提升，而且也很容易推广到连续参数（以及更一般的参数集合上的）鞅的情形. 先来看一个基本的术语：

设 $\{X_n, n \geqslant 0\}$ 为概率空间 $(\Omega, \mathscr{F}, P)$ 上的一随机变量序列，又设 $\{\mathscr{F}_n, n \geqslant 0\}$ 是$\mathscr{F}$ 的一列递增的子 σ-域，即满足

$$\mathscr{F}_0 \subseteq \mathscr{F}_1 \subseteq \cdots \subseteq \mathscr{F}_n \subseteq \cdots \subseteq \mathscr{F} \tag{7.5.10}$$

如果对每个 $n \geqslant 0, X_n$ 都是 $\mathscr{F}_n$ 可测的，则称 $\{X_n\}$ **适应于** $\{\mathscr{F}_n\}$（当参数连续时，亦可类似定义 $\{X(t)\}$ 适应于 $\{\mathscr{F}_t\}$）.

我们可以把 $\mathscr{F}_n$ 理解为到时刻 n 为止所掌握的全部信息（σ-域族 $\{\mathscr{F}_n\}$ 递增表明随着 n 的增加信息量也不断增加），而 X_n 关于 $\mathscr{F}_n$ 可测则意味着 X_n 可由到时刻 n 所掌握的全部信息所确定，这就是上面所说的“适应”的直观意义. 例如，设 $\{Y_n, n \geqslant 0\}$ 亦为 $(\Omega, \mathscr{F}, P)$ 上的随机变量序列，而 $\mathscr{F}_n$ 为由 $Y_0, \cdots, Y_n$ 所产生的 σ-域：$\mathscr{F}_n = \sigma(Y_0, \cdots, Y_n)$，则对每个 $n \geqslant 0, X_n$ 是 $\mathscr{F}_n$ 可测的（即 $\{X_n\}$ 适应于 $\{Y_n\}$）的充要条件是 X_n 可表为 $Y_0, \cdots, Y_n$ 的函数：$X_n = g(Y_0, \cdots, Y_n)$，或者说 X_n 可由 $Y_0, \cdots, Y_n$ 完全确定. 而且，这一说法与我们以前对鞅的等式（即式 (7.1.2)）的解释也是相一致的.

下面我们给出鞅与下鞅的定义：

定义 7.5.2　设 $\{X_n, n \geqslant 0\}$ 为概率空间 $(\Omega, \mathscr{F}, P)$ 上的随机变量序列，$\{\mathscr{F}_n, n \geqslant 0\}$ 为 $\mathscr{F}$ 的一列递增的子 σ-域，即对 $\forall n \geqslant 0$ 有

$$\mathscr{F}_n \subseteq \mathscr{F}_{n+1} \subseteq \mathscr{F} \quad (\forall n \geqslant 0)$$

（$\{\mathscr{F}_n, n \geqslant 0\}$ 又称为 $\mathscr{F}$ 的一个“过滤”（filtration）.）如果满足下列条件:

(1) $\{X_n\}$ 适应于 $\{\mathscr{F}_n\}$（即每个 X_n 是 $\mathscr{F}_n$ 可测的，$\forall n \geqslant 0$）;

(2) 对于所有的 $n \geqslant 0, E[|X_n|] < +\infty$;

(3) 对于所有的 $n \geqslant 0, E[X_{n+1}|\mathscr{F}_n] = X_n$,

则称 $\{X_n\}$ 为关于 $\{\mathscr{F}_n\}$ 的鞅.

定义 7.5.3　设 $\{X_n, n \geqslant 0\}$ 为概率空间 $(\Omega, \mathscr{F}, P)$ 上的随机变量序列，$\{\mathscr{F}_n, n \geqslant 0\}$ 为 $\mathscr{F}$ 的递增的子 σ-域列，若满足下列条件:

(1) $\{X_n\}$ 适应于 $\{\mathscr{F}_n\}$;

(2) 对于 $\forall n \geqslant 0$，有 $E[X_n^+] < +\infty$;

(3) 对于 $\forall n \geqslant 0$，有 $E[X_{n+1}|\mathscr{F}_n] \geqslant X_n$,

则称 $\{X_n\}$ 是一个关于 $\{\mathscr{F}_n\}$ 的下鞅.

注 类似可以给出上鞅的定义且容易证明: $\{X_n\}$ 是一个（关于 $\{\mathscr{F}_n\}$ 的）上鞅当且仅当 $\{-X_n\}$ 是一个下鞅. 而 $\{X_n\}$ 是一个鞅当且仅当它既是下鞅又是上鞅.

上述关于鞅和半鞅的定义在现今的理论和应用研究中更为常用. 例如在金融时间序列研究中的离散鞅与半鞅的模型，便是采用上述定义. 其时间参数集合有时还取为有限集，即 $T = \{0, 1, 2 \cdots, N\}$（针对一些有到期日的债券或金融衍生产品）. 显然，上述定义也容易推广到连续参数乃至更一般参数集合 $T \subseteq \mathbf{R}$ 的场合.

下面我们将平行地引进停时的概念，它是对我们以前所熟知的停时概念的进一步推广，而且，与前者有着非常相似的性质.

定义 7.5.4 设 T 为概率空间 $(\Omega, \mathscr{F}, P)$ 上取值于 $\{0, 1, 2, \cdots, +\infty\}$ 的随机变量，而 $\{\mathscr{F}_n\}$ 为 $\mathscr{F}$ 的递增的子 σ-域族，如果对于任何 $n \in \{0, 1, 2, \cdots\}$ 都有

$$\{T = n\} \in \mathscr{F}_n \quad (\forall n \geqslant 0) \tag{7.5.11}$$

则称 T 为关于 $\{\mathscr{F}_n\}$ 的停时（或马尔可夫时间）.

类似地，式 (7.5.11) 亦可等价地换为

$$\{T \leqslant n\} \in \mathscr{F}_n \quad (\forall n \geqslant 0) \tag{7.5.12}$$

或

$$\{T > n\} \in \mathscr{F}_n \quad (\forall n \geqslant 0) \tag{7.5.13}$$

利用 $\{T = n\}$ 的示性函数 $I_{\{T=n\}}$，停时的定义还可等价地叙述为:

称 T 为关于 $\{\mathscr{F}_n\}$ 的停时，若对 $\forall n \geqslant 0, I_{\{T=n\}}$ 是 $\mathscr{F}_n$ 可测的.（易证: I_B 关于 $\mathscr{F}_n$ 可测 $\Leftrightarrow B \in \mathscr{F}_n$.）

特别，若 $\{Y_n, n \geqslant 0\}$ 亦为 $(\Omega, \mathscr{F}, P)$ 上的随机变量并取 $\mathscr{F}_n = \sigma(Y_0, \cdots, Y_n)$(由 $Y_0, \cdots, Y_n$ 所产生的 σ-域)，则 $I_{\{T=n\}}$ 关于 $\mathscr{F}_n$ 可测当且仅当它可以表为

$$I_{\{T=n\}} = g_n(Y_0, \cdots, Y_n) \quad (\forall n \geqslant 0) \tag{7.5.14}$$

其中 g_n 为 Borel 可测函数. 显然，此时的停时 T 与我们以前在定义 7.3.1 中所介绍的概念是完全相同的.

和以往类似，我们有：常数 n （即 $T \equiv n$ 或 $P\{T=n\}=1$ ）关于$\mathscr{F}$ 的任一递增的子 σ-域列 $\{\mathscr{F}_n\}$ 为停时；若 S 与 T 皆为停时，则 $S+T, S\wedge T = \min\{S,T\}$, 和$S\vee T=\max\{S,T\}$ 亦皆为停时等等结论.

有了这些定义并利用新的条件期望的概念和性质，我们可以将前面 7.1~7.4 节的内容完全平行地推广到关于递增 σ-域族（列）的鞅的场合. 例如，类似于前面的式 (7.1.5)，我们有下面的：

命题 7.5.1　设 $\{X_n\}$ 是关于 $\{\mathscr{F}_n\}$ 的鞅，则对于 $\forall n\geqslant 0$，有

$$E[X_n]=E[X_0]\quad (\forall n\geqslant 0) \tag{7.5.15}$$

证明　对于 $\forall n\geqslant 0$，在定义 7.5.2 中的鞅等式 $E[X_{n+1}|\mathscr{F}_n]=X_n$ 两边取期望并利用全期望公式 (7.5.8)，便得到

$$E[X_n]=E\{E[X_{n+1}|\mathscr{F}_n]\}=E[X_{n+1}]\quad (\forall n\geqslant 0)$$

利用此式递推并用归纳法立刻可得结论.

下面的命题则是对式 (7.1.6) 及式 (7.2.8) 式的进一步推广：

命题 7.5.2　设 $\{X_n\}$ 是关于 $\{\mathscr{F}_n\}$ 的鞅，若 Z 是有界 $\mathscr{F}_n$ 可测随机变量 $(\forall n\geqslant 0)$，则有

$$E[ZX_{n+k}|\mathscr{F}_n]=ZX_n\quad (n\geqslant 0, k\geqslant 1) \tag{7.5.16}$$

证明　由性质式 (7.5.4) 可得

$$E[ZX_{n+k}|\mathscr{F}_n]=ZE[X_{n+k}|\mathscr{F}_n] \tag{7.5.17}$$

再根据推广的全期望公式 (7.5.9)，有

$$\begin{aligned} E[X_{n+k}|\mathscr{F}_n] &= E\Big\{E[X_{n+k}|\mathscr{F}_{n+k-1}]\Big|\mathscr{F}_n\Big\} \\ &= E\{X_{n+k-1}|\mathscr{F}_n\}\quad \text{（利用鞅等式）} \end{aligned}$$

由此用归纳法容易证得

$$E[X_{n+k}|\mathscr{F}_n]=E[X_{n+1}|\mathscr{F}_n]=X_n \tag{7.5.18}$$

（此式可视为式 (7.1.6) 的直接推广.）再结合式 (7.5.17) 便得到结论.

再比如，类似于 7.3 节的引理 7.3.1 与引理 7.3.2，我们有下面的引理：

引理 7.5.1 设 $\{X_n\}$ 是关于 $\{\mathscr{F}_n\}$ 的鞅，T 为关于 $\{\mathscr{F}_n\}$ 的停时，则对任意 $n \geqslant k \geqslant 0$，有

$$E[X_n I_{\{T=k\}}] = E[X_k I_{\{T=k\}}] \tag{7.5.19}$$

证明 由于 $\{T=k\} \in \mathscr{F}_k$，故

$$\begin{aligned} E[X_n I_{\{T=k\}}] &= E\left\{I_{\{T=k\}} E[X_n|\mathscr{F}_k]\right\} \quad \text{（由式 (7.5.6)）} \\ &= E[X_k I_{\{T=k\}}] \quad \text{（由式 (7.5.18)）} \end{aligned}$$

证毕.

引理 7.5.2 设 $\{X_n\}$ 是关于 $\{\mathscr{F}_n\}$ 的鞅，T 为关于 $\{\mathscr{F}_n\}$ 的停时，则对任意 $n \geqslant 0$，有

$$E[X_n] = E[X_{T\wedge n}] = E[X_0] \tag{7.5.20}$$

证明的方法也与引理 7.3.2 的证明类似.

由以上结果可见，从其命题的叙述到证明的方法都与我们以前在 7.1~7.4 节中所做的类似（有些则可能要稍作修改）. 进一步，我们还可以对关于 σ-域列的鞅证明诸如上鞅的分解定理、停时定理、上穿不等式、最大值不等式以及鞅收敛定理等一系列结果，其方法也都与以前的方法相类似. 对此，我们不再一一叙述，有兴趣的读者可自行加以推广，并给出适当的证明.

7.5.3 连续参数鞅

现在我们自然过渡到连续参数鞅，先给出定义：

定义 7.5.5 设 $\{X(t), t \geqslant 0\}$ 是定义在概率空间 $(\Omega, \mathscr{F}, P)$ 上的随机过程，$\{\mathscr{F}_t, t \geqslant 0\}$ 为 $\mathscr{F}$ 的递增的子 σ-域族，即对任何 $0 \leqslant s < t$，满足

$$\mathscr{F}_s \subseteq \mathscr{F}_t \subseteq \mathscr{F} \quad (\forall t > s \geqslant 0) \tag{7.5.21}$$

若满足下列条件:

(1) $E[|X(t)|] < +\infty$ $(\forall t \geqslant 0)$;

(2) $X(t)$ 是 $\mathscr{F}_t$ 可测的 $(\forall t \geqslant 0)$（即 $\{X(t), t \geqslant 0\}$ 适应于 $\{\mathscr{F}_t, t \geqslant 0\}$）;

(3) $E[X(t+u)|\mathscr{F}_t] = X(t)$ $(\forall t \geqslant 0, u > 0)$,

则称 $\{X(t), t \geqslant 0\}$ 为关于 $\{\mathscr{F}_t, t \geqslant 0\}$ 的鞅.

定义 7.5.6　（上鞅）设 $\{X(t),t\geqslant 0\}$ 为 $(\Omega,\mathscr{F},P)$ 上的随机过程，$\{\mathscr{F}_t,t\geqslant 0\}$ 为 $\mathscr{F}$ 的递增子 σ-域族，若满足下列条件：

(1) $E[X(t)^-]>-\infty\ (\forall t\geqslant 0)$;

(2) $\{X(t),t\geqslant 0\}$ 适应于 $\{\mathscr{F}_t,t\geqslant 0\}$；

(3) $E[X(t+u)|\mathscr{F}_t]\leqslant X(t)(\forall t\geqslant 0,u>0)$,

则称 $\{X(t),t\geqslant 0\}$ 为关于 $\{\mathscr{F}_t,t\geqslant 0\}$ 的上鞅.

注　(1) 这里，我们仍可以把 $\mathscr{F}_t$ 理解为到时刻 t 为止所掌握的全部信息，有的书上直接称 $\{\mathscr{F}_t,t\geqslant 0\}$ 为信息集.

(2) 类似地，我们有：$\{X(t),t\geqslant 0\}$ 为下鞅的充要条件是 $\{-X(t),t\geqslant 0\}$ 为上鞅. $\{X(t),t\geqslant 0\}$ 为鞅的充要条件是它既为上鞅，又为下鞅.

在考虑关于 $\{\mathscr{F}_t,t\geqslant 0\}$ 的停时的概念时，会和以往的概念有一点不同. 因为对于连续参数过程来说，仅仅要求对每个 $t\geqslant 0,\{T=t\}\in\mathscr{F}_t$（或者 $I_{\{T=t\}}$ 是 $\mathscr{F}_t$ 可测的）是不够的. 我们现在对停时的定义是：

定义 7.5.7　设 T 为概率空间 $(\Omega,\mathscr{F},P)$ 上取值于区间 $[0,+\infty]$ 的随机变量，$\{\mathscr{F}_t,t\geqslant 0\}$ 为 $\mathscr{F}$ 的递增的子 σ-域族. 若对任何 $t\geqslant 0$，有

$$\{T\leqslant t\}\in\mathscr{F}_t\quad(\forall t\geqslant 0)\tag{7.5.22}$$

（或等价地：$I_{\{T\leqslant t\}}$ 为 $\mathscr{F}_t$ 可测的，$\forall t\geqslant 0$.）则称 T 为关于 $\{\mathscr{F}_t,t\geqslant 0\}$ 的一个停时（马尔可夫时间）.

易见，式 (7.5.22) 亦可等价地换为

$$\{T>t\}\in\mathscr{F}_t,\ (\forall t\geqslant 0)\tag{7.5.23}$$

类似地，我们也有：常数 τ（即 $T\equiv\tau$）为停时. 若 S 与 T 皆为停时，则 $S+T,S\wedge T,$ 与 $S\vee T$ 等亦皆为停时.

鞅的一些基本性质，半鞅的分解定理，停时定理和鞅收敛定理在连续时间情况下仍然是正确的. 这里我们仅举两个简单的结果：

命题 7.5.3　设随机过程 $\{X(t),t\geqslant 0\}$ 是关于 $\{\mathscr{F}_t,t\geqslant 0\}$ 的鞅（上鞅），T 为关于 $\{\mathscr{F}_t,t\geqslant 0\}$ 的停时，则有

$$E[X(t)]=(\leqslant)E[X(T\wedge t)]=(\leqslant)E[X(0)]\quad(t\geqslant 0)\tag{7.5.24}$$

易见这是引理 7.3.2 的推广，当 $\{X(t),t\geqslant 0\}$ 为下鞅时，上式中的不等号全部反过来.

下面的定理则为（连续时间鞅的）停时定理之一：

定理 7.5.1 设 $\{X(t),t\geqslant 0\}$ 是关于 $\{\mathscr{F}_t,t\geqslant 0\}$ 的鞅，T 为关于 $\{\mathscr{F}_t,t\geqslant 0\}$ 的停时，若 $P\{T<+\infty\}=1$，且 $E[\sup_{t\geqslant 0}|X(t)|]<+\infty$，则有

$$E[X(T)]=E[X(0)] \tag{7.5.25}$$

再来看一个例子：

例 7.5.1 设 $\{X(t),t\geqslant 0\}$ 为强度 λ 的泊松过程，$\mathscr{F}_t=\sigma\{X(u),0\leqslant u\leqslant t\}$（即由 $\{X(u),0\leqslant u\leqslant t\}$ 所产生的 σ-域），则 $\{X(t),t\geqslant 0\}$ 为关于 $\{\mathscr{F}_t,t\geqslant 0\}$ 的下鞅.

事实上，由定义 7.5.6 及其注可知我们仅需验证下鞅不等式成立即可，而对于 $\forall t\geqslant 0,u>0$，有

$$\begin{aligned}E[X(t+u)|\mathscr{F}_t]&=E[X(t+u)-X(t)+X(t)|\mathscr{F}_t]\\&=E[X(t+u)-X(t)]+E[X(t)|\mathscr{F}_t]\quad（由独立增量性）\\&=\lambda u+X(t)\quad（因为 X(t) 是 \mathscr{F}_t 可测的）\\&\geqslant X(t)\end{aligned}$$

故 $\{X(t),t\geqslant 0\}$ 为下鞅.

若命 $Y(t)=X(t)-\lambda t\ (t\geqslant 0)$ 则容易证明 $\{Y(t),t\geqslant 0\}$ 关于 $\{\mathscr{F}_t,t\geqslant 0\}$ 为鞅. 由于 $X(t)=Y(t)+\lambda t$，故这意味着下鞅 $\{X(t)\}$ 可以分解为鞅 $\{Y(t)\}$ 与增过程 $\{\lambda t\}$ 之和. 因此，这恰好是体现（连续时间）下鞅分解定理之例. 至于该分解定理本身的严格表述及证明，则已不属于本教材的范围.

设 $\{X(t),t\geqslant 0\}$ 与 $\{Y(t),t\geqslant 0\}$ 同上，还可以证明

$$U(t)=Y^2(t)-\lambda t\quad (t\geqslant 0) \tag{7.5.26}$$

与

$$V(t)=\exp[-\theta X(t)+\lambda t(1-\mathrm{e}^{-\theta})]\quad (t\geqslant 0,\theta\in\mathbf{R}) \tag{7.5.27}$$

均为关于 $\{\mathscr{F}_t,t\geqslant 0\}$ 的鞅. 其证明留作习题.

习　题　7

7.1 设 $\{Y_n, n \geqslant 1\}$ 为独立同分布，且 $P\{Y_n = 1\} = p, P\{Y_n = -1\} = 1 - p \triangleq q$, 又$Y_0 = 0$. 命 $X_n = \sum_{k=0}^{n} Y_k \ (n \geqslant 0)$，并记 $U_n = X_n - n(p-q), V_n = U_n^2 - n[1-(p-q)^2]$. 证明：$\{U_n, n \geqslant 0\}$ 与 $\{V_n, n \geqslant 0\}$ 均为（关于 $\{Y_n, n \geqslant 0\}$ 的）鞅.

7.2 考虑离散时间马氏过程 $\{X_n, n \geqslant 0\}$，其状态空间为开区间 (0,1). 若过程此刻位于 $p \in (0,1)$，则下一刻它将以概率 p 跳到 $\alpha + \beta p$，以概率 $1-p$ 跳到 βp，其中 $\alpha, \beta > 0$, 且$\alpha + \beta = 1$. 用公式来表达即为

$$X_{n+1} = \begin{cases} \alpha + \beta X_n & (\text{以概率} X_n) \\ \beta X_n & (\text{以概率} 1 - X_n) \end{cases}$$

证明：$\{X_n, n \geqslant 0\}$ 是一个鞅.

7.3 设 $\{X_n, n \geqslant 0\}$ 为马氏链，其转移概率为：$p_{ij} = \dfrac{1}{[e(j-i)!]}$ $(i = 0, 1, 2\cdots, j = i, i+1, i+2, \cdots)$. 证明：$Y_n = X_n - n \ (n \geqslant 0), U_n = Y_n^2 - n \ (n \geqslant 0)$与$V_n = \exp\{X_n - n(e-1)\} \ (n \geqslant 0)$ 均为鞅.

7.4 设 $\{Y_n, n \geqslant 0\}$ 为成功游程马氏链，其转移概率：$p_{0,0} = 1$（0 为吸收态），$p_{i,i+1} = p, p_{i,0} = 1 - p \triangleq q \ (i \geqslant 1)$.$a$ 与 b 为任意常数，试证明：

$$X_n = \begin{cases} b & (\text{若} Y_n = 0) \\ a\left(\dfrac{1}{p}\right)^{Y_n - 1} + b\left[1 - \left(\dfrac{1}{p}\right)^{Y_n - 1}\right] & (\text{若} Y_n > 0) \end{cases}$$

是一个鞅.

7.5 设 $\{X_n, n \geqslant 0\}$ 满足 $E|X_n| < +\infty$, 且$E[X_{n+1}|X_0, \cdots, X_n] = \alpha X_n + \beta X_{n-1} \ (n > 0)$. 其中 $\alpha, \beta > 0$, 且$\alpha + \beta = 1$. 令 $Y_n = aX_n + X_{n-1} \ (n \geqslant 1), Y_0 = X_0$，试选择合适的常数 a，使得 $\{Y_n, n \geqslant 0\}$ 关于 $\{X_n, n \geqslant 0\}$ 构成一个鞅.

7.6 设 Y_0 服从均匀分布 $U(0,1)$，且给定 Y_n 时，Y_{n+1} 服从均匀分布 $U(1-Y_n, 1)$，令 $X_0 = Y_0$,

$$X_n = 2^n \prod_{i=1}^{n} \left[\frac{1 - Y_i}{Y_{i-1}}\right] \quad (n \geqslant 1)$$

证明：$\{X_n, n \geqslant 0\}$ 关于 $\{Y_n, n \geqslant 0\}$ 是一个鞅.

7.7 设 $Y_0=0,\{Y_n,n\geqslant 1\}$ 独立同分布，且 $Y_n\sim N(0,\sigma^2)$. 命 $X_0=0$,

$$X_n=\exp\left\{\frac{\mu}{\sigma^2}\sum_{k=1}^{n}Y_k-\frac{n\mu^2}{2\sigma^2}\right\}\quad(n\geqslant 1)$$

证明：$\{X_n,n\geqslant 0\}$ 关于 $\{Y_n,n\geqslant 0\}$ 是鞅.

7.8 设 $W(n)$ 是带有迁入的分支过程：

$$W(n+1)=Y_n+X_{n,1}+X_{n,2}+\cdots+X_{n,W(n)}$$

其中 Y_n 表示第 n 代的迁入，$X_{n,j}$ 表示第 n 代的第 j 个个体的后代数目，它们都相互独立. 假设 $E(Y_n)=\lambda,E(X_{n,j})=m\neq 1$，证明：

$$Z_n=m^{-n}\left[W(n)-\frac{\lambda(1-m^n)}{(1-m)}\right]$$

是一个鞅.

7.9 设 $\{X_n,n\geqslant 0\}$ 为从 0 点出发的非对称随机游动（见习题 7.1，其中 $p\neq q$）且 a,b 为正整数，记 $T=\min\{n:X_n=-a\text{或}b\}$，则 T 关于 $\{X_n,n\geqslant 0\}$ 为停时，且 $E(T)<+\infty$（见参考文献 [4]4.3 节的例 2）. 证明：

$$E(T)=\frac{b}{p-q}+\frac{(a-b)\left[1-\left(\frac{p}{q}\right)^b\right]}{(p-q)\left[1-\left(\frac{p}{q}\right)^{a+b}\right]}$$

7.10 设 $\{X_n,n\geqslant 0\}$ 关于 $\{Y_n,n\geqslant 0\}$ 是鞅，c 为任意常数. 证明：

(1) 若 $E[|X_n\vee c|]<+\infty$，则 $\{X_n\vee c,n\geqslant 0\}$ 是下鞅；

(2) 若 $EX_n^+<+\infty$，则 $\{X_n^+,n\geqslant 0\}$ 是下鞅.

7.11 设 $\{X_n,n\geqslant 0\}$ 关于 $\{Y_n,n\geqslant 0\}$ 是上鞅，c 为任意常数. 证明：

(1) 若 $E[|X_n\wedge c|]<+\infty$，则 $\{X_n\wedge c,n\geqslant 0\}$ 是上鞅；

(2) 若 $EX_n^->-\infty$，则 $\{X_n^-,n\geqslant 0\}$ 是上鞅.

7.12 证明上鞅最大值不等式：若 $\{X_n,n\geqslant 0\}$ 为非负上鞅，则对任意正数 $\lambda>0$，有

$$\lambda P\left\{\max_{0\leqslant k\leqslant n}X_k>\lambda\right\}\leqslant E[X_0]$$

7.13 设 $\{X_n,n\geqslant 0\}$ 关于 $\{Y_n,n\geqslant 0\}$ 是鞅. 证明：对任何正整数 $k\leqslant l<m$，有 $E[(X_m-X_l)X_k]=0$.

7.14　设 $\{X_n, n \geqslant 0\}$ 是鞅，而 $\{\xi_i, i \geqslant 0\}$ 由下式确定：

$$X_n = \sum_{i=0}^{n} \xi_i \quad (n \geqslant 0)$$

证明：对任何 $i \neq j$，有 $E(\xi_i \xi_j) = 0$.

7.15　设 $EX_n^2 \leqslant k < +\infty (n \geqslant 1)$，令 $S_n = \sum\limits_{i=1}^{n} X_i$，若 $\{S_n, n \geqslant 1\}$ 是鞅. 证明：对于 $\forall \varepsilon > 0$，有

$$\lim_{n \to +\infty} P\left\{\left|\frac{S_n}{n}\right| > \varepsilon\right\} = 0$$

（利用最大值不等式及习题 7.14 的结果.）

7.16　设 $\{X_n, n \geqslant 0\}$ 是鞅，且对某一 $\alpha > 1$ 满足 $E[|X_n|^\alpha] < +\infty \ (\forall n \geqslant 0)$. 证明：

$$E\left[\max_{0 \leqslant k \leqslant n} |X_k|\right] \leqslant \frac{\alpha}{\alpha - 1}[E|X_n|^\alpha]^{\frac{1}{\alpha}}$$

（提示：$E\left[\max\limits_{0 \leqslant k \leqslant n} |X_k|\right] = \int_0^{+\infty} P\left\{\max\limits_{0 \leqslant k \leqslant n} |X_k| > t\right\} \mathrm{d}t$，并应用最大值不等式于下鞅 $\{|X_n|^\alpha, n \geqslant 0\}$.）

7.17　设 $\{X_n, n \geqslant 0\}$ 是鞅，且 $EX_n = 0, E(X_n^2) < +\infty (\forall n \geqslant 0)$. 证明：对 $\forall \lambda > 0$，有

$$P\left\{\max_{0 \leqslant k \leqslant n} X_k > \lambda\right\} \leqslant \frac{EX_n^2}{EX_n^2 + \lambda^2}$$

（提示：对 $\forall c > 0, \{(X_n + c)^2\}$ 是下鞅，利用最大值不等式，对 $\forall \lambda > 0$，有

$$P\left\{\max_{0 \leqslant k \leqslant n} X_k > \lambda\right\} \leqslant P\left\{\max_{0 \leqslant k \leqslant n} (X_k + c)^2 > (\lambda + c)^2\right\} \leqslant \frac{E[(X_n + c)^2]}{(\lambda + c)^2} \quad (\forall c > 0)$$

再选合适的 c 使上式右端项达最小值.）

7.18　设 $\{X_n, n \geqslant 1\}$ 对固定的 $\lambda > 0$ 满足

$$E[\exp(\lambda X_{n+1}) | X_1, \cdots X_n] \leqslant 1 \quad (n \geqslant 1)$$

令 $S_0 = 0, S_n = \sum\limits_{k=1}^{n} X_k$，证明：

$$P\left\{\sup_{n \geqslant 0}(x + S_n) > l\right\} \leqslant \mathrm{e}^{-\lambda(l - x)} \quad (x \leqslant l)$$

（提示：$\exp\{-\lambda(l - x - S_n)\} (n \geqslant 0)$ 为非负上鞅.）

7.19 设 $\{X(t),t\geqslant 0\}$ 为强度 λ 的泊松过程，$Y(t)=X(t)-\lambda t$，又 $\mathscr{F}_t=\sigma\{X(u),0\leqslant u\leqslant t\}$. 证明：$U(t)=Y^2(t)-\lambda t(t\geqslant 0)$ 与 $V(t)=\exp\{-\theta X(t)+\lambda t(1-\mathrm{e}^{-\theta})\}(t\geqslant 0,\theta\in\mathbf{R})$ 均为关于 $\{\mathscr{F}_t,t\geqslant 0\}$ 的鞅.

7.20 考虑一有限状态的生灭过程 $\{X(t),t\geqslant 0\}$，其转移率矩阵为

$$Q=\begin{array}{c}0\\1\\2\\\vdots\\N-1\\N\end{array}\begin{pmatrix}-\lambda_0 & \lambda_0 & 0 & \cdots & 0 & 0\\ \mu_1 & -(\lambda_1+\mu_1) & \lambda_1 & \cdots & 0 & 0\\ 0 & \mu_2 & -(\lambda_2+\mu_2) & \cdots & 0 & 0\\ \vdots & \vdots & \vdots & \vdots & \vdots & \vdots\\ 0 & 0 & 0 & \cdots & -(\lambda_{N-1}+\mu_{N-1}) & \lambda_{N-1}\\ 0 & 0 & 0 & \cdots & \mu_N & -\mu_N\end{pmatrix}$$

考虑线性方程组 $Q\mathbf{y}=\mathbf{0}$ 的任意一个解：$\mathbf{y}=(y_0,y_1,\cdots,y_N)^{\tau}$. 证明：$Y(t)=y_{X(t)}$ $(t\geqslant 0)$ 关于 $\{\mathscr{F}_t,t\geqslant 0\}$ 是鞅，其中 $\mathscr{F}_t=\sigma\{X(u),0\leqslant u\leqslant t\}$. （提示：若 $Q\mathbf{y}=\mathbf{0}$，则 $P(t)\mathbf{y}=\mathbf{y}$，其中 $P(t)$ 为 $\{X(t),t\geqslant 0\}$ 的转移概率矩阵.）

第 8 章　布朗运动

正如我们在第 1 章所简单介绍过的，布朗运动（Brownian motion）是一个最为“古老”而又在近现代迸发出无限研究活力的随机过程. 自从 20 世纪初维纳（Wiener）给出了布朗运动的严格数学定义并研究了其轨道性质之后，其丰富多彩的性质特征被不断揭示出来. 它是一个平稳独立增量过程（这是一个非常重要的性质），又是一个高斯（Gauss）过程（正态分布赋予了它不少奇特的性质），它还是一个马氏过程. 它的几乎每一条样本轨道 $B(t,\omega)(t \geqslant 0)$ 都是关于 t 的连续函数，但同时又是处处不可导的函数（这是其令人感到最不可思议的性质之一）. 布朗运动还是一个（连续参数的）鞅过程，它的一些变形与推广也是鞅或者半鞅，这意味着鞅的理论与方法也可应用于布朗运动的研究. 20 世纪 $40 \sim 50$ 年代中，日本数学家伊藤清（Itô Kiyoshi）率先引入并研究了关于布朗运动的（随机）积分、随机微分方程等新课题，提出了著名的“伊藤公式”，由此创立了被誉为“随机王国中的牛顿定律”的随机分析的全新分支，为概率论研究注入了具有强大生命力的新鲜血液，成为现代概率论发展的主流方向之一. 有关布朗运动及其推广以及随机微分方程的研究成果现已广泛应用于统计、物理、生物、通信、经济与金融等众多领域，成为一片名副其实的研究热土.

本章主要介绍一维布朗运动及其变形与推广方面的知识，同时简单介绍伊藤随机积分与随机微分方程的概念.

8.1 随机游动与布朗运动

我们在第一章就曾经提到过，用简单对称随机游动可以逼近布朗运动. 下面我们就简单（直观地）叙述一下这件事，并由此引入布朗运动的定义.

考虑直线上的简单、对称随机游动（从原点 0 出发），设质点每经过 Δt 时间，随机地（等概率地）向左或向右移动 Δx 步长，且各次移动相互独立. 若记

$$X_i=\begin{cases}1, & \text{第 } i \text{ 次质点右移一步}\\ -1, & \text{第 } i \text{ 次质点左移一步}\end{cases} \quad (i\geqslant 1)$$

易知 $\{X_i,i\geqslant 1\}$ 为独立同分布，且 $P\{X_i=-1\}=P\{X_i=1\}=\dfrac{1}{2}$.

若以 $X(t)$ 表示时刻 t 质点所处位置，则有

$$X(t)=\Delta x(X_1+X_2+\cdots+X_{[\frac{t}{\Delta t}]}),$$

（$t\geqslant\Delta t$；当 $0\leqslant t<\Delta t$ 时，$X(t)\equiv 0$.）其中 $[x]$ 表示不超过 x 的最大整数.

由于 $EX_i=0,\mathrm{Var}(X_i)=1$，故容易算得

$$E[X(t)]=0,\quad \mathrm{Var}(X(t))=(\Delta x)^2\left[\frac{t}{\Delta t}\right]$$

以上模型可作为布朗运动中微粒做不规则运动的（一维）近似. 实际上微粒的不规则运动是连续进行的. 为此我们需考虑当时间间隔 Δt 趋于零时的极限情形. 由有关的物理实验可知，当 Δt 越小时，步长 Δx 也越小，且通常可假定：$\Delta x=c\sqrt{\Delta t}$（其中 $c>0$ 为常数），在此假定之下，我们可以求出当 $\Delta t\to 0$ 时 $X(t)$ 的极限分布.

首先，易知 $\lim\limits_{\Delta t\to 0}E[X(t)]=0$，而

$$\lim_{\Delta t\to 0}\mathrm{Var}[X(t)]=\lim_{\Delta t\to 0}(\Delta x)^2[t/\Delta t]=\lim_{\Delta t\to 0}c^2\Delta t[t/\Delta t]=c^2t$$

另一方面，$X(t)=\sum\limits_{i=1}^{[t/\Delta t]}\Delta xX_i$ 为独立同分布的随机变量之和，且当 $\Delta t\to 0$ 时，

其求和项数趋于无穷. 故根据中心极限定理可知，对 $\forall x\in\mathbf{R}$，有

$$\lim_{\Delta t\to 0}P\left\{\frac{\sum\limits_{i=1}^{[t/\Delta t]}\Delta x X_i-0}{\sqrt{c^2t}}\leqslant x\right\}=\int_{-\infty}^{x}\frac{1}{\sqrt{2\pi}}\mathrm{e}^{-\frac{u^2}{2}}\mathrm{d}u=\varPhi(x)$$

亦即

$$\lim_{\Delta t\to 0}P\left\{\frac{X(t)}{\sqrt{c^2t}}\leqslant x\right\}=\varPhi(x)$$

因此，当 $\Delta t\to 0$ 时，我们有： $X(t)\sim N(0,c^2t)$.

根据以上结果以及随机游动的性质特征（即平稳独立增量性），我们可以引入以下的定义：

定义 8.1.1　设随机过程 $\{X(t),t\geqslant 0\}$ 满足:

(1) $X(t)$ 为独立增量过程;

(2) 对于 $\forall s\geqslant 0,t>0$，有

$$X(s+t)-X(s)\sim N(0,c^2t)\quad (c>0)$$

(3) $X(0)=0$，且 $X(t)$ 在 $t=0$（右）连续，

则称 $\{X(t),t\geqslant 0\}$ 为布朗运动或维纳过程.

事实上，若满足上述定义中 (1)、(2) 两条，我们还可以推出更强的结果：$X(t)$ 在任何点 $t(\geqslant 0)$ 连续. 或者说，几乎每一条样本轨道 $X(t,\omega)$ 都是 t 的连续函数（见参考文献 [8] 的 7.7 节）. 故为方便起见，我们亦常常使用下面的定义：

定义 8.1.2　设 $\{X(t),t\geqslant 0\}$ 满足:

(1) $X(t)$ 为独立增量过程;

(2) 对于 $\forall s\geqslant 0,t>0$，有

$$X(s+t)-X(s)\sim N(0,c^2t)\quad (c>0)$$

(3) $X(t)$ 关于 t 连续（以概率 1），

则称 $\{X(t),t\geqslant 0\}$ 为布朗运动或维纳过程.

注　(1) 注意上面第二条定义并未指定布朗运动的初值（$X(t)$ 因而具有所谓平移不变性：对任意常数 a， $X(t)+a$ 仍为布朗运动）. 尽管今后我们几乎总假定 $X(0)=0$，但更一般地，若假定 $X(0)=x\in\mathbf{R}$，则有 $X(t)\sim N(x,c^2t)$. 其背景则可以从由 x 点出发的随机游动的极限来考虑.

(2) 由于显然 $X(t)$ 为二阶矩过程，故我们以往所介绍的均方分析的方法（见本书 6.2 节）也都适用于布朗运动.

当参数 $c=1$ 时，$\{X(t),t\geqslant 0\}$ 称为标准布朗运动，并记为 $\{B(t),t\geqslant 0\}$. 若进一步假定 $B(0)=0$，则有：$B(t)\sim N(0,t)$，其一维分布密度特记为

$$p(x;t)=\frac{1}{\sqrt{2\pi t}}\mathrm{e}^{-\frac{x^2}{2t}}\quad (x\in\mathbf{R},t>0)\tag{8.1.1}$$

今后我们主要讨论标准布朗运动. 先讨论 $B(t)$ 的有限维分布：

定理 8.1.1 设 $\{B(t),t\geqslant 0\}$ 为标准布朗运动，$B(0)=0$，对于 $\forall 0<t_1<t_2<\cdots<t_n$，$(B(t_1),B(t_2),\cdots,B(t_n))$ 的联合概率密度为

$$g(x_1,x_2,\cdots,x_n;t_1,t_2,\cdots t_n)=\prod_{i=1}^{n}p(x_i-x_{i-1};t_i-t_{i-1})\tag{8.1.2}$$

其中 $x_0=0,t_0=0$，而 $p(x;t)$ 即如式 (8.1.1) 所示.

证明 记

$$Y_i=B(t_i)-B(t_{i-1})\quad (i=1,2,\cdots,n)\tag{8.1.3}$$

则由布朗运动的独立增量性可知：$Y_1,Y_2,\cdots,Y_n$ 相互独立，且 $Y_i\sim N(0,t_i-t_{i-1})$ $(i=1,2,\cdots,n)$，由此可知 $(Y_1,Y_2,\cdots,Y_n)$ 服从 n 元正态分布，且其联合概率密度函数为

$$f(y_1,y_2,\cdots,y_n)=\prod_{i=1}^{n}\frac{1}{\sqrt{2\pi(t_i-t_{i-1})}}\exp\left\{-\frac{y_i^2}{2(t_i-t_{i-1})}\right\}$$

由于

$$B(t_i)=\sum_{k=1}^{i}Y_k\quad (i=1,2,\cdots,n)\tag{8.1.4}$$

而其逆变换即如式 (8.1.3) 所示，故据本书第 1 章的式 (1.5.8) 可求得 $(B(t_1),B(t_2),\cdots,B(t_n))$ 的联合概率密度为

$$\begin{aligned}g(x_1,x_2,\cdots,x_n;t_1,t_2,\cdots,t_n)&=f(x_1,x_2-x_1,\cdots,x_n-x_{n-1})|J|\\&=\prod_{i=1}^{n}\frac{1}{\sqrt{2\pi(t_i-t_{i-1})}}\exp\left\{-\frac{(x_i-x_{i-1})^2}{2(t_i-t_{i-1})}\right\}\\&=\prod_{i=1}^{n}p(x_i-x_{i-1};t_i-t_{i-1})\end{aligned}$$

其中

$$J=\begin{vmatrix}1 & 0 & 0 & \cdots & 0 & 0\\ -1 & 1 & 0 & \cdots & 0 & 0\\ 0 & -1 & 1 & \cdots & 0 & 0\\ \vdots & \vdots & \vdots & & \vdots & \vdots\\ 0 & 0 & 0 & \cdots & 1 & 0\\ 0 & 0 & 0 & \cdots & -1 & 1\end{vmatrix}$$

故 $|J|=1$. 证毕.

注 由以上证明过程可知，$(Y_1,Y_2,\cdots,Y_n)$ 是 n 元正态（随机）变量，而 $(B(t_1),B(t_2),\cdots,B(t_n))$ 为其线性变换（即式 (8.1.4) ），从而 $(B(t_1),B(t_2),\cdots,B(t_n))$ 亦为 n 元正态变量（见本书 1.5 节多元正态分布的性质）. 因此，布朗运动 $\{B(t),t\geqslant 0\}$ 为一高斯过程.

由式 (8.1.2) 易知，在给定 $B(t_0)=x_0$ 的条件下，$B(t_0+t)(t>0)$ 的条件概率密度为

$$f(x,t|x_0)=\frac{g(x_0,x;t_0,t_0+t)}{g(x_0;t_0)}=p(x-x_0;t)=\frac{1}{\sqrt{2\pi t}}\exp\left\{-\frac{(x-x_0)^2}{2t}\right\} \tag{8.1.5}$$

从而有

$$P\{B(t_0+t)\geqslant x_0|B(t_0)=x_0\}=P\{B(t_0+t)\leqslant x_0|B(t_0)=x_0\}=\frac{1}{2} \tag{8.1.6}$$

这表明：在给定初始位置 $B(t_0)=x_0$ 的条件下，布朗运动在时刻 $t_0+t(t>0)$ 高于或低于初始位的概率相等，且都等于 1/2. 这称为**布朗运动的对称性**，是一条很重要的性质. 它可视为随机游动模型中质点每次向左和向右游动的可能性相等的性质的进一步推广.

更一般地，在已知 $B(t_1)=x_1,B(t_2)=x_2,\cdots,B(t_n)=x_n$ 的条件下，$B(t_{n+1})$ 的条件密度亦可类似求得为

$$\begin{aligned}f(x_{n+1}|x_1,x_2,\cdots,x_n)&=\frac{g(x_1,\cdots,x_{n+1};t_1,\cdots,t_{n+1})}{g(x_1,\cdots,x_n;t_1,\cdots,t_n)}=p(x_{n+1}-x_n;t_{n+1}-t_n)\\&=\frac{1}{\sqrt{2\pi(t_{n+1}-t_n)}}\exp\left\{-\frac{(x_{n+1}-x_n)^2}{2(t_{n+1}-t_n)}\right\}\end{aligned}$$

即仍为正态概率密度，且它与 $f(x_{n+1}|x_n)=p(x_{n+1}-x_n;t_{n+1}-t_n)$ 相等，这意味

着

$$P\{B(t_{n+1}\leqslant x|B(t_1)=x_1,\cdots,B(t_n)=x_n\}=P\{B(t_{n+1})\leqslant x|B(t_n)=x_n\} \quad (8.1.7)$$

这说明：$\{B(t),t\geqslant 0\}$ 是一个时齐的马氏过程（连续时间、连续状态），这一性质主要是由布朗运动是一个平稳独立增量过程而决定的.

式 (8.1.5) 中的 $f(x,t|x_0)$ 因而又被称为（马氏过程的）转移概率（密度）函数，容易验证它满足下面的偏微分方程：

$$\frac{\partial f}{\partial t}=\frac{1}{2}\frac{\partial^2 f}{\partial x^2} \quad (8.1.8)$$

易见，它就是我们在第 1 章所介绍的由爱因斯坦所导出的偏微分方程 (1.6.2) $(D=\frac{1}{2})$，它又被称为扩散方程.

下面我们计算布朗运动 $\{B(t),t\geqslant 0\}(B(0)=0)$ 的一、二阶矩：

显然

$$E(B(t))=0, \quad \mathrm{Var}(B(t))=E[B^2(t)]=t \quad (t>0)$$

再设 $0<s\leqslant t$，则根据布朗运动的独立增量性得

$$\begin{aligned}\mathrm{Cov}(B(s),B(t))&=E(B(s)B(t))=E[B(s)(B(t)-B(s)+B(s))]\\&=E[B(s)]E[B(t)-B(s)]+E[B^2(s)]=0+s=s\end{aligned}$$

故一般有

$$E[B(t)]=0, \quad \mathrm{Cov}(B(s),B(t))=E[B(s)B(t)]=\min(s,t)\triangleq s\wedge t \quad (8.1.9)$$

由定理 8.1.1 后面的注可知，布朗运动是一个高斯过程（正态过程），而高斯过程又可由其一、二阶矩所确定. 因此，一个高斯过程若满足上面的式 (8.1.9)，它应该也是一个布朗运动. 具体地，我们有如下的定理：

定理 8.1.2 设 $\{B(t),t\geqslant 0\}$ 为一高斯过程，其轨道连续，$B(0)=0$，且对 $\forall s,t>0$，有 $EB(t)=0,E[B(s)B(t)]=s\wedge t$，则 $\{B(t),t\geqslant 0\}$ 为布朗运动.

证明 主要需证明 $\{B(t),t\geqslant 0\}$ 为独立增量过程. 由于满足式 (8.1.9)，故对 $\forall t_1,t_2>0$，有

$$E[B(t_1)-B(t_2)]=EB(t_1)-EB(t_2)=0$$

$$
\begin{aligned}
\operatorname{Var}(B(t_1)-B(t_2)) &= E[B(t_1)-B(t_2)]^2 \\
&= E[B^2(t_1)]+E[B^2(t_2)]-2E[B(t_1)B(t_2)] \\
&= t_1+t_2-2(t_1\wedge t_2)=|t_1-t_2|
\end{aligned}
$$

又对于 $\forall t_1<t_2\leqslant t_3<t_4$，有

$$
\begin{aligned}
&E\{[B(t_2)-B(t_1)][B(t_4)-B(t_3)]\} \\
&\quad = E[B(t_2)B(t_4)]-E[B(t_2)B(t_3)]-E[B(t_1)B(t_4)]+E[B(t_1)B(t_3)] \\
&\quad = t_2-t_2-t_1+t_1=0
\end{aligned}
$$

再由多元正态分布性质可知，两两不相关即为相互独立（见本书 1.5 节），故得到 $\{B(t),t\geqslant 0\}$ 为独立增量过程.

再加上 $B(t)-B(s)\sim N(0,|t-s|)$ 及 $\{B(t),t\geqslant 0\}$ 轨道连续等，对照定义 8.1.2（或 8.1.1）可知 $\{B(t),t\geqslant 0\}$ 为（标准）布朗运动. 证毕.

定理 8.1.2 实际上给出了一个布朗运动的新定义，即从高斯过程来定义布朗运动. 同时，它还提供了判断一个高斯过程是否为布朗运动的实用标准. 试看下面的定理:

定理 8.1.3 设 $\{B(t),t\geqslant 0\}$ 为布朗运动，$B(0)=0$. 则过程：(1) $\{B(t+\tau)-B(\tau),t\geqslant 0\}$（其中 $\tau>0$），(2) $\left\{\dfrac{1}{\sqrt{\lambda}}B(\lambda t),t\geqslant 0\right\}$ $(\lambda>0)$ 与 (3) $\{tB(1/t),t\geqslant 0\}$（其中约定 $tB(1/t)|_{t=0}=0$）亦皆为布朗运动.

证明 (1) 因为 $\{B(t),t\geqslant 0\}$ 为高斯过程，且轨道连续，故根据多元正态分布的性质可知，$\{B(t+\tau)-B(\tau),t\geqslant 0\}$ 的有限维分布亦为多元正态. 从而 $\{B(t+\tau)-B(\tau),t\geqslant 0\}$ 亦为高斯过程，且轨道连续.

若记 $X(t)=B(t+\tau)-B(\tau)$，则 $X(0)=B(\tau)-B(\tau)=0$，且

$$
\begin{aligned}
E[X(t)] &= E[B(t+\tau)]-E[B(\tau)]=0 \\
E[X(s)X(t)] &= E\{[B(s+\tau)-B(\tau)][B(t+\tau)-B(\tau)]\} \\
&= E[B(s+\tau)B(t+\tau)]-E[B(s+\tau)B(\tau)] \\
&\quad -E[B(\tau)B(t+\tau)]+E[B^2(\tau)] \\
&= (s+\tau)\wedge(t+\tau)-\tau=s\wedge t \quad (s,t>0)
\end{aligned}
$$

故据定理 8.1.2 可知，$\{X(t),t\geqslant 0\}=\{B(t+\tau)-B(\tau),t\geqslant 0\}$ 亦为布朗运动.

(2) 记 $X(t)=B(\lambda t)/\sqrt{\lambda}$，易知 $(X(t_1),X(t_2),\cdots,X(t_n))$ 仍服从 n 元正态分布（因为 $X(t_1),X(t_2),\cdots,X(t_n)$ 的任一线性组合服从一维正态分布），从而 $\{X(t),t\geqslant 0\}=\{B(\lambda t)/\sqrt{\lambda},t\geqslant 0\}$ 仍为高斯过程，且轨道连续.

又 $X(0)=B(0)/\sqrt{\lambda}=0$，且

$$E[X(t)]=E[B(\lambda t)]/\sqrt{\lambda}=0$$

$$E[X(t)X(s)]=E[B(\lambda t)B(\lambda s)]/\lambda=(\lambda s)\wedge(\lambda t)/\lambda=s\wedge t$$

故据定理 8.1.2 可知，$\{B(\lambda t)/\sqrt{\lambda},t\geqslant 0\}$ 仍为布朗运动. 此结果又称为布朗运动的尺度（scale）不变性.

(3) 的证明与上述类似，读者试自为之.

下面我们来看布朗运动的鞅性：

定理 8.1.4 设 $\{B(t),t\geqslant 0\}$ 为布朗运动（$B(0)=0$）,$\mathcal{F}_t$ 为由 $\{B(s),0\leqslant s\leqslant t\}$ 所生成的子 σ-域（即 $\mathcal{F}_t=\sigma\{B(s),0\leqslant s\leqslant t\}$），$\{\mathcal{F}_t,t\geqslant 0\}$ 为递增的 σ-域族. 则 (1) $\{B(t),t\geqslant 0\}$，(2) $\{\mathrm{e}^{\lambda B(t)-\lambda^2 t/2},t\geqslant 0\}$ 与 (3) $\{B^2(t)-t,t\geqslant 0\}$ 均为关于 $\{\mathcal{F}_t,t\geqslant 0\}$ 的鞅.

证明 我们仅证明 (2).

根据连续时间鞅的定义 7.5.5 可知，我们仅需验证鞅等式. 事实上，记 $X(t)=\mathrm{e}^{\lambda B(t)-\lambda^2 t/2}$，则对于 $\forall u>0$，有

$$\begin{aligned}E[X(t+u)|\mathcal{F}_t]&=E[X(t+u)-X(t)+X(t)|\mathcal{F}_t]\\&=E[X(t+u)-X(t)|\mathcal{F}_t]+E[X(t)|\mathcal{F}_t]\\&=E[X(t)(X(t+u)/X(t)-1)|\mathcal{F}_t]+X(t)\\&=X(t)E[(X(t+u)/X(t)-1)|\mathcal{F}_t]+X(t)\\&=X(t)E[(\mathrm{e}^{\lambda(B(t+u)-B(t))-\lambda^2 u/2}-1)|\mathcal{F}_t]+X(t)\\&=X(t)E[\mathrm{e}^{\lambda(B(t+u)-B(t))-\lambda^2 u/2}-1]+X(t)\\&=X(t)E[\mathrm{e}^{\lambda(B(t+u)-B(t))-\lambda^2 u/2}]\end{aligned}\tag{8.1.10}$$

（上面的推导利用了 $B(t)$ 关于 $\mathcal{F}_t$ 可测及 $\{B(t),t\geqslant 0\}$ 的独立增量性.）

其中，由于 $B(t+u)-B(t)\sim N(0,u)$，故上式中的

$$E[\mathrm{e}^{\lambda(B(t+u)-B(t))-\lambda^2 u/2}]=\mathrm{e}^{-\lambda^2 u/2}E[\mathrm{e}^{\lambda(B(t+u)-B(t))}]$$

$$= \mathrm{e}^{-\lambda^2 u/2} \int_{-\infty}^{+\infty} \frac{1}{\sqrt{2\pi u}} \mathrm{e}^{\lambda x} \mathrm{e}^{-\frac{x^2}{2u}} \mathrm{d}x$$
$$= \mathrm{e}^{-\lambda^2 u/2} \cdot \mathrm{e}^{\lambda^2 u/2} = 1$$

从而由式 (8.1.10) 便得到

$$E[X(t+u)|\mathcal{F}_t] = X(t) \quad (\forall u > 0)$$

这便证明了 $\{\mathrm{e}^{\lambda B(t)-\lambda^2 t/2}, t \geqslant 0\}$ 为鞅. 其余两个过程的证明与此类似，读者试自为之.

另外，从鞅的角度亦可定义布朗运动，有兴趣的读者可参阅王寿仁著《概率论基础与随机过程》(科学出版社，1986 年).

8.2　首中时、最大值与布朗运动的性质

本节我们继续讨论布朗运动的性质，先来看两个重要的分布.

设 $\{B(t), t \geqslant 0\}$ 为（标准）布朗运动， $B(0) = 0$. 对于 $\forall a \in \mathbf{R}$，记

$$T_a = \inf\{t : t > 0, B(t) = a\}$$

T_a 称为首中时（或首达时），表示过程首次击中（或到达） a 的时刻. 又对于 $\forall t > 0$，记

$$M_t = \max_{0 \leqslant u \leqslant t} B(u) = \sup_{0 \leqslant u \leqslant t} B(u)$$

即 M_t 表示布朗运动在区间 $[0,t]$ 上的最大值. 这两个随机变量的分布是研究布朗运动性质的有用的工具.

我们先设 $a > 0$，由于 $B(u)$ 是 $[0,t]$ 上的连续函数，故易见有： $\{T_a \leqslant t\} = \{M_t \geqslant a\}$，从而得到

$$P\{T_a \leqslant t\} = P\{M_t \geqslant a\} \tag{8.2.1}$$

由全概率公式可知

$$P\{B(t) \geqslant a\} = P\{B(t) \geqslant a | T_a \leqslant t\} P\{T_a \leqslant t\} + P\{B(t) \geqslant a | T_a > t\} P\{T_a > t\} \tag{8.2.2}$$

显然，上式右边第二项中：$P\{B(t)\geqslant a|T_a>t\}=0$（因为布朗运动轨道连续）. 又由布朗运动的对称性（见式 (8.1.6) ）可知，在 $T_a\leqslant t$ 的条件下，即 $B(T_a)=a$ 时，$\{B(t)\geqslant a\}$ 与 $\{B(t)\leqslant a\}$ 发生的可能性相等，且

$$P\{B(t)\geqslant a|T_a\leqslant t\}=P\{B(t)\leqslant a|T_a\leqslant t\}=\frac{1}{2}$$

（如图 8.2.1 所示）从而由式 (8.2.2) 得到

$$\begin{aligned}P\{T_a\leqslant t\}&=2P\{B(t)\geqslant a\}=\frac{2}{\sqrt{2\pi t}}\int_a^{+\infty}\mathrm{e}^{-\frac{u^2}{2t}}\mathrm{d}u\\&=\sqrt{\frac{2}{\pi}}\int_{\frac{a}{\sqrt{t}}}^{+\infty}\mathrm{e}^{-\frac{x^2}{2}}\mathrm{d}x=2\Big(1-\Phi(\frac{a}{\sqrt{t}})\Big)\end{aligned}$$

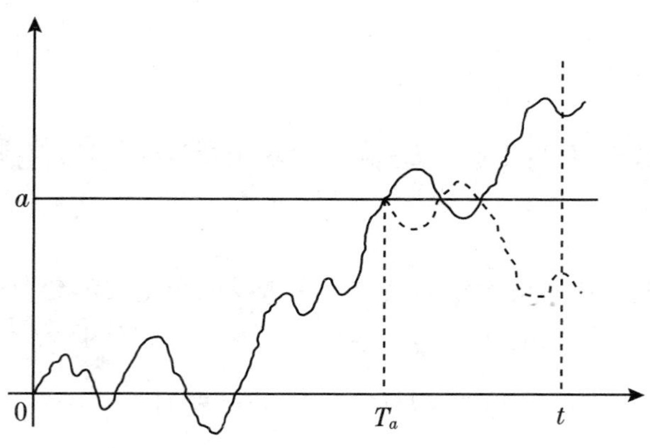

图 8.2.1

当 $a<0$ 时，由布朗运动的对称性易知有：$P\{T_a\leqslant t\}=P\{T_{-a}\leqslant t\}=P\{T_{|a|}\leqslant t\}$. 故对于任意 a，有

$$P\{T_a\leqslant t\}=P\{T_{|a|}\leqslant t\}=2\Big(1-\Phi\Big(\frac{|a|}{\sqrt{t}}\Big)\Big)\quad(t>0)\tag{8.2.3}$$

此即首中时 T_a 的分布. 再由式 (8.2.1) 可求得最大值 $M_t(M_t>0)$ 的分布为

$$P\{M_t\leqslant a\}=2\Phi\Big(\frac{a}{\sqrt{t}}\Big)-1\quad(a>0)\tag{8.2.4}$$

由式 (8.2.3) 可知 T_a 几乎处处有限，即 $P\{T_a<+\infty\}=1$. 事实上

$$P\{T_a<+\infty\}=\lim_{t\to+\infty}P\{T_a\leqslant t\}=\lim_{t\to+\infty}2\Big(1-\Phi\Big(\frac{|a|}{\sqrt{t}}\Big)\Big)=1$$

而且对于 $\forall a\neq 0$，无论 a 与初始状态 0 多么接近，都有 $ET_a=+\infty$，这是因为

$$
\begin{aligned}
E(T_a)&=\int_0^{+\infty}P\{T_a>t\}\mathrm{d}t=\frac{2}{\sqrt{2\pi}}\int_0^{+\infty}\int_0^{\frac{|a|}{\sqrt{t}}}\mathrm{e}^{-\frac{u^2}{2}}\mathrm{d}u\mathrm{d}t\\
&=\frac{2}{\sqrt{2\pi}}\int_0^{+\infty}\Big(\int_o^{a^2/u^2}\mathrm{d}t\Big)\mathrm{e}^{-\frac{u^2}{2}}\mathrm{d}u=\frac{2a^2}{\sqrt{2\pi}}\int_0^{+\infty}\frac{1}{u^2}\mathrm{e}^{-\frac{u^2}{2}}\mathrm{d}u\\
&\geqslant\frac{2a^2/\sqrt{\mathrm{e}}}{\sqrt{2\pi}}\int_0^1\frac{1}{u^2}\mathrm{d}u=+\infty
\end{aligned}
$$

这看起来似乎有点儿不可思议（$P\{T_a<+\infty\}=1$，而 $ET_a=+\infty$），但对比第 4 章离散时间马氏链的有关内容可以知道，这恰好与简单对称随机游动是常返而且是零常返的性质相一致.

下面来看布朗运动轨道的一个重要性质：

定理 8.2.1 设 $\{B(t),t\geqslant 0\}$ 为布朗运动，$B(0)=0$，则对任意 $t\geqslant 0$，有

$$P\Big\{\varlimsup_{h\to 0^+}\frac{B(t+h)-B(t)}{h}=+\infty\Big\}=1 \tag{8.2.5}$$

$$P\Big\{\varliminf_{h\to 0^+}\frac{B(t+h)-B(t)}{h}=-\infty\Big\}=1 \tag{8.2.6}$$

证明 先证明式 (8.2.5). 对于 $\forall t\geqslant 0$ 和 $0<h<\delta$，有

$$\sup_{0<h<\delta}\frac{B(t+h)-B(t)}{h}\geqslant\frac{1}{\delta}\sup_{0<h<\delta}(B(t+h)-B(t))$$

从而对 $\forall x>0$，有

$$
\begin{aligned}
P\Big\{\sup_{0<h<\delta}\frac{B(t+h)-B(t)}{h}>x\Big\}&\geqslant P\{\sup_{0<h<\delta}(B(t+h)-B(t))>\delta x\}\\
&=P\{\sup_{0<h<\delta}B(h)>\delta x\}\quad\text{（利用平稳增量性）}\\
&=2(1-\Phi(\sqrt{\delta}x))\quad\text{（利用式 (8.2.1) 与式 (8.2.3)）}
\end{aligned}
$$

令 $\delta\to 0^+$，得到

$$P\Big\{\varlimsup_{h\to 0^+}\frac{B(t+h)-B(t)}{h}\geqslant x\Big\}\geqslant\lim_{\delta\to 0^+}2(1-\Phi(\sqrt{\delta}x))=1$$

由 x 的任意性便得到

$$P\Big\{\varlimsup_{h\to 0^+}\frac{B(t+h)-B(t)}{h}=+\infty\Big\}=1$$

即式 (8.2.5) 成立.

又因为 $-B(t)$ 与 $B(t)$ 分布相同，故将上式结果用之于 $-B(t)$，便容易得到

$$P\left\{\lim_{h\to 0^+}\frac{B(t+h)-B(t)}{h}=-\infty\right\}=1$$

证毕.

由上述定理可知，对于任何一点 $t\geqslant 0$，布朗运动的几乎所有的轨道均不存在有限的导数. 也就是说， $B(t)$ 的轨道是一个关于 t 点点连续却又点点不可导的函数!（有点难以想象.）事实上，我们在本章中所画的插图均不是真正的、严格意义下的布朗运动. 真正的布朗运动只能是作为随机游动的极限而存在着.

最后来看著名的反正弦律.

设 $t_1<t_2$，现以 $A(t_1,t_2)$ 表示事件:"至少有一个 $t\in(t_1,t_2)$，使得 $B(t)=0$"，我们来求 $P\{A(t_1,t_2)\}$，即布朗运动在 (t_1,t_2) 内至少有一次过零点的概率. 由全概率公式 (1.3.12)，我们有

$$P\{A(t_1,t_2)\}=\int_{-\infty}^{+\infty}P\{A(t_1,t_2)|B(t_1)=x\}\frac{1}{\sqrt{2\pi t_1}}\mathrm{e}^{-\frac{x^2}{2t_1}}\mathrm{d}x \tag{8.2.7}$$

为求 $P\{A(t_1,t_2)|B(t_1)=x\}$，我们考虑 $\tilde{B}(t)=B(t)-B(t_1)\ (t\geqslant t_1)$，则易知 $\{\tilde{B}(t),t\geqslant t_1\}$ 仍为标准布朗运动，且 $\tilde{B}(t_1)=0$（这是布朗运动另一种形式的平移不变性）. 因此，在 $B(t_1)=x$ 的条件下， $B(t)$ 在 (t_1,t_2) 中至少有一次过零点相当于 $\tilde{B}(t)$ 在 (t_1,t_2) 中至少有一次击中（或到达） $-x$ （见图 8.2.2）. 而显然 $\tilde{B}(t)$ 与 $B(t)$ 的首中时的分布是相同的，从而便有

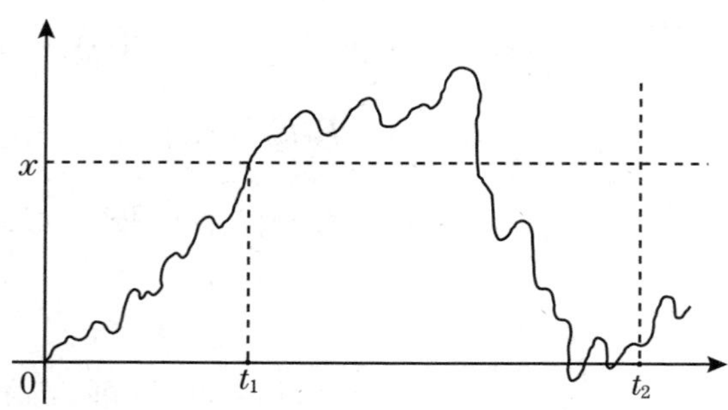

图 8.2.2

$$P\{A(t_1,t_2)|B(t_1)=x\}=P\{T_{-x}\leqslant t_2-t_1\}=P\{T_x\leqslant t_2-t_1\} \tag{8.2.8}$$

由式 (8.2.3) 可以求得首中时 T_a 的概率密度为

$$f_{T_a}(t)=\frac{|a|}{\sqrt{2\pi}}t^{-\frac{3}{2}}\mathrm{e}^{-\frac{a^2}{2t}}\quad (t>0) \tag{8.2.9}$$

故由式 (8.2.7)、式 (8.2.8) 得到

$$\begin{aligned}P\{A(t_1,t_2)\}&=\int_{-\infty}^{+\infty}P\{T_x\leqslant t_2-t_1\}\frac{1}{\sqrt{2\pi t_1}}\mathrm{e}^{-\frac{x^2}{2t_1}}\mathrm{d}x\\&=\int_{-\infty}^{+\infty}\int_0^{t_2-t_1}\frac{|x|}{\sqrt{2\pi}}u^{-\frac{3}{2}}\mathrm{e}^{-\frac{x^2}{2u}}\frac{1}{\sqrt{2\pi t_1}}\mathrm{e}^{-\frac{x^2}{2t_1}}\mathrm{d}u\mathrm{d}x\\&=\frac{1}{\pi\sqrt{t_1}}\int_0^{t_2-t_1}\left(\int_0^{+\infty}x\mathrm{e}^{-\frac{x^2}{2}(\frac{1}{u}+\frac{1}{t_1})}\mathrm{d}x\right)u^{-\frac{3}{2}}\mathrm{d}u\\&=\frac{1}{\pi\sqrt{t_1}}\int_0^{t_2-t_1}\frac{t_1}{u+t_1}u^{-\frac{1}{2}}\mathrm{d}u\end{aligned}$$

作变量代换：$u=t_1v^2$，则由上式可推出

$$\begin{aligned}P\{A(t_1,t_2)\}&=\frac{2}{\pi}\int_0^{\sqrt{t_2/t_1-1}}\frac{\mathrm{d}v}{1+v^2}=\frac{2}{\pi}\arctan\sqrt{t_2/t_1-1}\\&=\frac{2}{\pi}\arccos\sqrt{t_1/t_2}\end{aligned}$$

而

$$P\{\overline{A(t_1,t_2)}\}=1-P\{A(t_1,t_2)\}=\frac{2}{\pi}\arcsin\sqrt{t_1/t_2}$$

由此得到反正弦律：

定理 8.2.2 设 $\{B(t),t\geqslant 0\}$ 为布朗运动，$B(0)=0$. 又设 $t_1<t_2$，$A(t_1,t_2)$ 的含义同上，则 $B(t)$ 在 (t_1,t_2) 内一个零点也没有的概率为

$$P\{\overline{A(t_1,t_2)}\}=\frac{2}{\pi}\arcsin\sqrt{\frac{t_1}{t_2}} \tag{8.2.10}$$

特别，当 $t_1=xt$，$t_2=t$，$0<x<1$ 时，有

$$P\{\overline{A(xt,t)}\}=\frac{2}{\pi}\arcsin\sqrt{x} \tag{8.2.11}$$

反正弦律的意义：由于布朗运动可视为简单对称随机游动的极限，故粗略地讲，若以 $B(t)$ 表示某赌徒所赢的钱数，则在 $B(t_1)=x>0$ 的条件下，$P\{\overline{A(t_1,t_2)}\}$ 表示他在时段 (t_1,t_2) 中一直处在赢钱状态的概率. 若此概率不是太小，则可以解释为何赌徒有时候"运气"会特别好，一直处在赢钱的状态.

反正弦律还有另外一种形式：若以 $C(t)$ 表示时段 $[0,t]$ 中布朗运动处于时间轴上方（或下方）的总时间，而 $0<x<1$，则有

$$P\left\{\frac{C(t)}{t}\leqslant x\right\}=\frac{2}{\pi}\arcsin\sqrt{x} \tag{8.2.12}$$

8.3 布朗运动的推广与变形

关于布朗运动的变形（如平移不变性、尺度不变性及定理 8.1.3 等），我们已经介绍过一些，本节再介绍一些更为重要的类型.

1. 被吸收的布朗运动

设 $\{B(t),t\geqslant 0\}$ 为（标准）布朗运动，但 $B(0)=x>0$. 设 τ 为首次到达 0 的时间，定义过程：

$$Z(t)=\begin{cases}B(t) & (\text{当 } t\leqslant\tau \text{ 时})\\ 0 & (\text{当 } t>\tau \text{ 时})\end{cases} \tag{8.3.1}$$

则 $\{Z(t),t\geqslant 0\}$ 称为被吸收的布朗运动.

$\{Z(t),t\geqslant 0\}$ 已不再是布朗运动，但仍是一马氏过程. $Z(t)$ 的可能的值域为 $[0,+\infty)$，且其分布（在 $Z(0)=x$ 条件下）兼具离散型与连续型的特征. 由图 8.3.1 可知，在 $Z(0)=B(0)=x>0$ 的条件下，$Z(t)=0$ 的充要条件是 $T_{-x}\leqslant t$，其中 T_{-x} 为布朗运动 $\{B(t)-x,t\geqslant 0\}$ 的首中时. 从而按式 (8.2.3) 可得

$$\begin{aligned}P\{Z(t)=0|Z(0)=x\}=P\{T_{-x}\leqslant t\}&=\frac{2}{\sqrt{2\pi t}}\int_x^{+\infty}\mathrm{e}^{-\frac{u^2}{2t}}\mathrm{d}u\\&=\frac{2}{\sqrt{2\pi t}}\int_0^{+\infty}\mathrm{e}^{-\frac{(u+x)^2}{2t}}\mathrm{d}u\end{aligned} \tag{8.3.2}$$

进一步可求得（见参考文献 [8] 的 7.4 节）在区间 $(0,+\infty)$ 上，$Z(t)$ 的条件概率密度为

$$f_t(z|x)=p(z-x;t)-p(z+x;t)=\frac{1}{\sqrt{2\pi t}}\left(\mathrm{e}^{-\frac{(z-x)^2}{2t}}-\mathrm{e}^{-\frac{(z+x)^2}{2t}}\right)\quad(z>0) \tag{8.3.3}$$

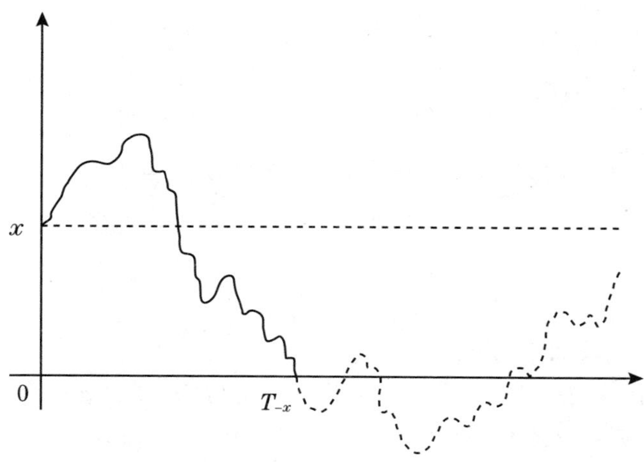

图 8.3.1　被吸收的布朗运动

2. 几何布朗运动

设 $\{B(t),t\geqslant 0\}$ 为布朗运动，且 $B(0)=0$. 定义 $W(t)=\exp\{B(t)\}$，称 $\{W(t),t\geqslant 0\}$ 为几何布朗运动.

几何布朗运动可以作为相对变化独立同分布情形的模拟，例如设 $Y_n(n\geqslant 0)$ 为某商品时刻 n 的价格，且环比价格指数 $Y_n/Y_{n-1}\ (n\geqslant 1)$ 是独立同分布的. 若令 $X_n=Y_n/Y_{n-1}$，并取 $Y_0=1$，则 $Y_n=X_1X_2\cdots X_n\ (n\geqslant 1)$ 而 $\ln Y_n=\sum\limits_{i=1}^{n}\ln X_i$. 由于 $\ln X_i\ (i\geqslant 1)$ 亦为独立同分布，故当 n 充分大后， $\ln Y_n$ 经适当正则化后渐近于布朗运动，从而 $Y_n=\exp\{\ln Y_n\}$ 便近似于几何布朗运动. 因此，几何布朗运动常被用来模拟一些金融产品（如股票、权证等）的价格.

利用布朗运动 $B(t)$ 的矩母函数

$$g(s)=E[\mathrm{e}^{sB(t)}]=\int_{-\infty}^{+\infty}\mathrm{e}^{sx}\frac{1}{\sqrt{2\pi t}}\mathrm{e}^{-x^2/2t}\mathrm{d}x=\mathrm{e}^{s^2t/2}$$

可求得 $W(t)$ 的期望与方差

$$E[W(t)]=E[\mathrm{e}^{B(t)}]=g(1)\ =\mathrm{e}^{t/2} \tag{8.3.4}$$

$$\mathrm{Var}[W(t)]=E[\mathrm{e}^{2B(t)}]-[E(\mathrm{e}^{B(t)})]^2$$

$$= g(2) - g^2(1) = \mathrm{e}^{2t} - \mathrm{e}^t \tag{8.3.5}$$

又对于 $\forall t \geqslant 0, h > 0$，有

$$\begin{aligned} E[W(t+h)|B(t)] &= E[\mathrm{e}^{B(t+h)} - \mathrm{e}^{B(t)}|B(t)] + \mathrm{e}^{B(t)} \\ &= E[\mathrm{e}^{B(t)}(\mathrm{e}^{B(t+h)-B(t)} - 1)|B(t)] + \mathrm{e}^{B(t)} \\ &= \mathrm{e}^{B(t)}(E\mathrm{e}^{B(t+h)-B(t)} - 1) + \mathrm{e}^{B(t)} \\ &= \mathrm{e}^{B(t)+\frac{h}{2}} > \mathrm{e}^{B(t)} = W(t) \end{aligned}$$

故 $\{W(t), t \geqslant 0\}$ 关于 $\{\mathcal{F}_t, t \geqslant 0\}$（其中 $\mathcal{F}_t = \sigma\{B(u), 0 \leqslant u \leqslant t\}$）为一个下鞅. 且容易证明：$W^\lambda(t)/\mathrm{e}^{\lambda^2 t/2} = \mathrm{e}^{\lambda B(t) - \lambda^2 t/2}$ $(t \geqslant 0)$ 关于 $\{\mathcal{F}_t, t \geqslant 0\}$ 为鞅（见定理 8.1.4）.

在后文中，我们将介绍一个更一般的几何布朗运动模型以及应用的实例.

3. 布朗桥

设 $\{B(t), t \geqslant 0\}$ 为标准布朗运动，$B(0) = 0$. 令 $B_{00}(t) = B(t) - tB(1)$，则 $\{B_{00}(t), 0 \leqslant t \leqslant 1\}$ 称为（$[0,1]$ 上的）布朗桥. 这一名称的来源易见是因为有 $B_{00}(0) = B_{00}(1) = 0$ 这一条性质，那么除此之外布朗桥还具有哪些性质呢?

首先，由于 $B_{00}(t)$ 为布朗运动 $\{B(t), t \geqslant 0\}$ 的线性组合，故 $\{B_{00}(t), 0 \leqslant t \leqslant 1\}$ 为高斯过程. 易见它也是独立增量过程，且轨道连续. 那么它会不会就是区间 $[0,1]$ 上的布朗运动呢? 让我们来算一下它的一、二阶矩：

$$EB_{00}(t) = E(B(t)) - tE(B(1)) = 0 \tag{8.3.6}$$

而当 $0 \leqslant s \leqslant t \leqslant 1$ 时，有

$$\begin{aligned} \mathrm{Cov}(B_{00}(s), B_{00}(t)) &= E[B_{00}(s)B_{00}(t)] = E[B(s) - sB(1)][B(t) - tB(1)] \\ &= E[B(s)B(t)] - tE[B(s)B(1)] - sE[B(t)B(1)] \\ &\quad + stE(B^2(1)) \\ &= s - st - st + st = s(1-t) \end{aligned} \tag{8.3.7}$$

这与 $B(t)$ 的一、二阶矩（如见式 (8.1.9)）是不尽相同的，即回答是否定的. 但我们有下面的定理：

定理 8.3.1 $B_{00}(t)$ 的分布与给定 $B(1)=0$ 条件下 $B(t)$ 的条件分布相同. 即 $\{B_{00}(t),0\leqslant t\leqslant 1\}$ 与 $\{B(t),0\leqslant t\leqslant 1|B(0)=B(1)=0\}$ 的有限维分布完全相同.

由上面的分析可知，此二过程的有限维分布都是多元正态分布，要证明二者相同，只消证明其一、二阶矩对应相等即可. 为此，我们需要下面的引理，利用布朗运动的有限维分布（式 (8.1.2) ）可以证明：

引理 8.3.1 设 $\{B(t),t\geqslant 0\}$ 为标准布朗运动， $B(0)=0$. 设 $0\leqslant t_1<t<t_2$，则在给定 $B(t_1)=a$， $B(t_2)=b$ 的条件下， $B(t)$ 的条件分布仍为正态分布，而且

$$E[B(t)|B(t_1)=a,B(t_2)=b]=a+(b-a)(t-t_1)/(t_2-t_1) \tag{8.3.8}$$

$$\operatorname{Var}[B(t)|B(t_1)=a,B(t_2)=b]=(t-t_1)(t_2-t)/(t_2-t_1) \tag{8.3.9}$$

（证明见参考文献 [4] 的 5.1 节.）

在式 (8.3.8) 中取 $t_1=0$， $t_2=1$， $a=b=0$，立即得到

$$E[B(t)|B(0)=B(1)=0]=0$$

又对于 $0\leqslant s\leqslant t\leqslant 1$，有

$$\begin{aligned}
&\operatorname{Cov}[(B(s),B(t))|B(0)=B(1)=0]\\
&\quad=E[B(s)B(t)|B(1)=0]\\
&\quad=E\{E[B(s)B(t)|B(t),B(1)=0]|B(1)=0\} \quad \text{（据式(1.3.18)）}\\
&\quad=E\{B(t)E[B(s)|B(t),B(1)=0]|B(1)=0\}\\
&\quad=E\{B(t)E[B(s)|B(0)=0,B(t)]|B(1)=0\}\\
&\qquad\text{（根据双向马氏性，参见习题8.2）}\\
&\quad=E\{B(t)[0+B(t)s/t]|B(1)=0\} \quad \text{（据式(8.3.8)）}\\
&\quad=(s/t)E[B^2(t)|B(0)=B(1)=0]\\
&\quad=(s/t)t(1-t)=s(1-t) \quad \text{（据式(8.3.9)）}
\end{aligned}$$

显然，这两个结果与前面的式 (8.3.6)、式 (8.3.7) 分别对应相等，从而定理 8.3.1 证毕.

该定理表明，布朗桥的本质仍是布朗运动，是在给定了两个端点边界值的条件下的布朗运动.

布朗桥在实际中的用途很广，下面介绍它在经验分布函数研究中的应用.

设 $X_1, X_2, \cdots, X_n, \cdots$ 独立同分布，且 X_n 服从均匀分布 $U(0,1)$. 设 $0 \leqslant s \leqslant 1$，记 $N_n(s) = \sum_{i=1}^{n} I_{\{X_i \leqslant s\}}$（即为前 n 个 X_i 中取值小于等于 s 者的个数），我们称

$$F_n(s) = N_n(s)/n \quad （0 \leqslant s \leqslant 1，其中\ F_n(0) = 0, F_n(1) = 1） \tag{8.3.10}$$

为经验分布函数或样本分布函数. 显然，对于任何固定的 $n \in \mathbf{N}$，$\{F_n(s), 0 \leqslant s \leqslant 1\}$ 为 $[0,1]$ 上的随机过程.

对于 $\forall s \in (0,1)$，易知 $N_n(s) \sim B(n,s)$，故由强大数定理可知有

$$P\{\lim_{n \to +\infty} F_n(s) = s\} = 1$$

即当 $n \to +\infty$ 时，$F_n(s)$ 以概率 1 收敛于均匀分布 $U(0,1)$ 的分布函数 $F(s) = s$. 事实上还有更强的结果，由 Glivenlko 定理（见参考文献 [2] 的 14.2 节）可知，当 $n \to +\infty$ 时，$F_n(s)$ 以概率 1 一致地收敛于 s，即有

$$P\{\lim_{n \to +\infty} \sup_{0 \leqslant s \leqslant 1} |F_n(s) - s| = 0\} = 1 \tag{8.3.11}$$

进一步，记 $\alpha_n(s) = \sqrt{n}(F_n(s) - s)$，我们来关注过程 $\{\alpha_n(s), 0 \leqslant s \leqslant 1\}$. 容易算得

$$E[\alpha_n(s)] = \sqrt{n}(EF_n(s) - s) = 0, \quad \mathrm{Var}(\alpha_n(s)) = n\mathrm{Var}(F_n(s)) = s(1-s)$$

从而由中心极限定理可知，对 $\forall x \in \mathbf{R}$，有

$$\lim_{n \to +\infty} P\{\alpha_n(s) \leqslant x\} = \frac{1}{\sqrt{2\pi s(1-s)}} \int_{-\infty}^{x} \mathrm{e}^{-\frac{u^2}{2s(1-s)}} \mathrm{d}u$$

这意味着，当 $n \to +\infty$ 时，$\alpha_n(s)$ 渐近于正态分布 $N(0, s(1-s))$.

再来算一下协方差，对于 $0 \leqslant s \leqslant t \leqslant 1$，我们有

$$\begin{aligned}
\mathrm{Cov}[\alpha_n(s), \alpha_n(t)] &= E[\alpha_n(s)\alpha_n(t)] = nE\{[F_n(s) - s][F_n(t) - t]\} \\
&= (1/n)E[N_n(s)N_n(t)] - ntE[F_n(s)] - nsE[F_n(t)] + nst
\end{aligned}$$

$$
\begin{aligned}
&= (1/n)E\{E[N_n(s)N_n(t)|N_n(t)]\} - nst \\
&= (1/n)(s/t)E[N_n^2(t)] - nst \\
&\quad (\text{当 } N_n(t)=k \text{ 时，} N_n(s) \sim B(k,s/t)) \\
&= (1/n)(s/t)(nt(1-t)+n^2t^2) - nst \\
&= s(1-t)
\end{aligned}
$$

对比一下前面的式 (8.3.6)、式 (8.3.7) 等内容，我们发现上述有关 $\{\alpha_n(s), 0 \leqslant s \leqslant 1\}$ 的结果与布朗桥 $\{B_{00}(s), 0 \leqslant s \leqslant 1\}$ 的性质有着惊人的相似. 事实上可以证明，当 $n \to +\infty$ 时，$\{\alpha_n(s), 0 \leqslant s \leqslant 1\}$ 的极限正是布朗桥过程（见参考文献 [10] 的 6.1 节）. 换句话说，当 n 充分大时，我们可以用布朗桥 $\{B_{00}(s), 0 \leqslant s \leqslant 1\}$ 来近似经验分布函数 $\{\alpha_n(s), 0 \leqslant s \leqslant 1\}$.

更一般地，设 $X_1, X_2, \cdots, X_n, \cdots$ 为独立同分布，X_n 的分布函数 $F(x)$ 为连续函数（即 X_n 为连续型随机变量）. 由概率论知识可知，$F(X_n) \sim U(0,1)$. 对于 $0 \leqslant s \leqslant 1$，记 $N_n(s) = \sum_{i=1}^{n} I_{\{F(X_i) \leqslant s\}} = \sum_{i=1}^{n} I_{\{X_i \leqslant t\}}$（其中 $t = F^{-1}(s)$），此时经验分布函数可表为

$$
F_n(t) = N_n(s)/n = N_n(F(t))/n \quad (t \in V, V \text{ 为 } X_i \text{ 的值域})
$$

由前面的分析可知，当 $n \to +\infty$ 时，$F_n(t)$ 以概率 1 收敛到 $F(t)(=s)$. 而且 Glivenlko 定理仍然成立

$$
P\{\lim_{n\to+\infty} \sup_{t\in V} |F_n(t) - F(t)| = 0\} = 1 \tag{8.3.12}
$$

另一方面，若记 $\alpha_n(s) = \sqrt{n}[(N_n(s)/n) - s]$，则 $\{\alpha_n(s), 0 \leqslant s \leqslant 1\}$ 在 $n \to +\infty$ 时的极限仍为布朗桥 $\{B_{00}(s), 0 \leqslant s \leqslant 1\}$. 而且，有关布朗桥的一些泛函，如 $\sup\limits_{0\leqslant s\leqslant 1} B_{00}(s)$，$\sup\limits_{0\leqslant s\leqslant 1} |B_{00}(s)|$ 等，亦可作为相应的 $\sup\limits_{0\leqslant s\leqslant 1} \alpha_n(s)$，$\sup\limits_{0\leqslant s\leqslant 1} |\alpha_n(s)|$（当 $n \to +\infty$ 时）的极限. 由于此时 $F(x)$ 可以是任一连续型分布，故这些结果便有了更一般的意义. 例如我们可以利用这些极限关系以及有关泛函的分布，来检验对于总体分布类型的某种假设是否成立，即属于布朗桥在非参数假设检验中的重

要应用（见参考文献 [7] 的 5.5 节）.

4. 带漂移的布朗运动

设 $\{B(t),t\geqslant 0\}$ 为一标准布朗运动，$\mu\in\mathbf{R}$，$\sigma>0$ 为二常数，令

$$X(t)=\mu t+\sigma B(t)\quad (t\geqslant 0) \tag{8.3.13}$$

则称 $\{X(t),t\geqslant 0\}$ 为漂移系数为 μ，扩散系数为 σ 的布朗运动，简称带漂移的布朗运动.

易知带漂移的布朗运动 $\{X(t),t\geqslant 0\}$ 具有如下性质：

(1) $\{X(t),t\geqslant 0\}$ 为独立增量过程；

(2) 对于 $\forall s\geqslant 0,t>0$, 有

$$X(s+t)-X(s)\sim N(\mu t,\sigma^2 t)$$

(3) $X(t)$ 关于 t 连续（以概率 1）.

（这可以作为一个等价定义.）

带漂移的布朗运动是布朗运动的进一步推广，其背景则可以理解为直线上非对称随机游动的极限. 这是一类非常重要的随机过程. 例如在式 (8.3.13) 两边（形式地）求微分，可以得到 $X(t)$ 所满足的随机微分方程：

$$\mathrm{d}X(t)=\mu\mathrm{d}t+\sigma\mathrm{d}B(t) \tag{8.3.14}$$

（其意义待后文解释，下同.）进一步，若将漂移系数 μ 与扩散系数 σ 均视为 t 与 $X(t)$ 的函数，则有下面更一般的随机微分方程：

$$\mathrm{d}X(t)=\mu(X(t),t)\mathrm{d}t+\sigma(X(t),t)\mathrm{d}B(t) \tag{8.3.15}$$

求解此类方程在物理、工程以及数理金融研究中具有广泛而重要的意义.

我们来看几个有关首达时与最大值分布方面的结论.

定理 8.3.2 设 $\{X(t),t\geqslant 0\}$ 为具有漂移系数 μ 与扩散系数 σ 的布朗运动，设 $T=T_{a,b}=\inf\{t\geqslant 0,X(t)=a$ 或 $b\}$，并且 $a<x<b$，则有

$$\begin{aligned}P\{X(T_{a,b})=b|X(0)=x\}&=P\{T_b<T_a<+\infty|X(0)=x\}\\&=\frac{\exp\{-2\mu x/\sigma^2\}-\exp\{-2\mu a/\sigma^2\}}{\exp\{-2\mu b/\sigma^2\}-\exp\{-2\mu a/\sigma^2\}}\end{aligned} \tag{8.3.16}$$

（其中 $T_x=\inf\{t\geqslant 0,X(t)=x\}$.）

证明　我们利用鞅的停时定理来证明上述结论.

先设 $X(0)=0$（此时有 $a<0<b$），并记 $T\wedge n=\min\{T,n\}$.

由式 (8.3.13) 易知 $X(t)-\mu t\triangleq U(t)$ 关于 $B(t)$ 为鞅，又 $T=T_{a,b}$ 关于 $B(t)$ 为停时，故由命题 7.5.3 可知

$$0=E[U(0)]=E[U(T\wedge n)]=E[X(T\wedge n)]-\mu E[T\wedge n]$$

从而对于 $\forall n\in\mathbf{N}$，有

$$E[T\wedge n]\leqslant\frac{1}{|\mu|}E[|X(T\wedge n)|]\leqslant\frac{1}{|\mu|}(|a|+b)<+\infty$$

又显然 $T\wedge n\leqslant T\wedge(n+1)$ 为单调增，故

$$E(T)=\lim_{n\to+\infty}\int_0^n P\{T>t\}\mathrm{d}t=\lim_{n\to+\infty}E(T\wedge n)\leqslant\frac{1}{|\mu|}(|a|+b)<+\infty$$

从而有 $P\{T<+\infty\}=1$.

再令 $V(t)=\exp\{-2\mu X(t)/\sigma^2\}$，则可以证明 $V(t)$ 也是鞅，从而利用停时定理（例如类似于定理 7.3.1）可知，有

$$E[V(T)]=E[V(T_{a,b})]=E[V(0)]=1$$

另一方面

$$\begin{aligned}E[V(T_{a,b})]=&\exp\{-2\mu a/\sigma^2\}P\{X(T_{a,b})=a|X(0)=0\}\\&+\exp\{-2\mu b/\sigma^2\}P\{X(T_{a,b})=b|X(0)=0\}\end{aligned}$$

由此解出

$$P\{X(T_{a,b})=b|X(0)=0\}=\frac{1-\exp\{-2\mu a/\sigma^2\}}{\exp\{-2\mu b/\sigma^2\}-\exp\{-2\mu a/\sigma^2\}}$$

若 $X(0)=x$，则有

$$\begin{aligned}P\{X(T_{a,b})=b|X(0)=x\}&=P\{X(T_{(a-x),(b-x)})=b-x|X(0)=0\}\\&=\frac{1-\exp\{-2\mu(a-x)/\sigma^2\}}{\exp\{-2\mu(b-x)/\sigma^2\}-\exp\{-2\mu(a-x)/\sigma^2\}}\\&=\frac{\exp\{-2\mu x/\sigma^2\}-\exp\{-2\mu a/\sigma^2\}}{\exp\{-2\mu b/\sigma^2\}-\exp\{-2\mu a/\sigma^2\}}\end{aligned}$$

证毕.

推论 8.3.1 设 $\{X(t),t\geqslant 0\}$ 为带漂移的布朗运动，且其漂移系数 $\mu<0$，设

$$M=\max_{0\leqslant t<+\infty} X(t)-X(0)$$

则 M 服从参数为 $2|\mu|/\sigma^2$ 的指数分布.

证明 在式 (8.3.16) 中令 $a\to-\infty$，由于 $\mu<0$，故我们得到

$$P\{T_b<+\infty|X(0)=x\}=\exp\{2\mu(b-x)/\sigma^2\} \tag{8.3.17}$$

亦即

$$P\{\max_{0\leqslant t<+\infty} X(t)-X(0)\geqslant b-x|X(0)=x\}=\exp\{2\mu(b-x)/\sigma^2\}$$

记 $b-x=y\geqslant 0$，即有

$$P\{M\geqslant y\}=\exp\{2\mu y/\sigma^2\} \quad (y\geqslant 0)$$

故结论成立.

由式 (8.3.17) 可知，当 $\mu<0$ 时，有 $P\{T_b<+\infty|X(0)=x\}<1$，或者，对 $\forall z>0$ 有

$$P\{T_z<+\infty|X(0)=0\}<1$$

由于 T_z 的定义为

$$T_z=\begin{cases}\inf\{t\geqslant 0:X(t)\geqslant z\} & (\text{若有}t\geqslant 0\text{使}X(t)\geqslant z)\\ +\infty & (\text{若对}\forall t\geqslant 0\text{有}X(t)<z)\end{cases}$$

故此时 T_z 有可能取值为 $+\infty$.

若 $\mu\geqslant 0$，则可证明对 $\forall z>0$，有 $P\{T_z<+\infty\}=1$（见参考文献 [8] 的 7.5 节）. 我们来计算 T_z 的一个函数的数学期望，记 $T_z=T$ 并设

$$\theta=\lambda\mu+\frac{1}{2}\lambda^2\sigma^2 \quad (\lambda,\mu>0) \tag{8.3.18}$$

则易证 $V(t)=\exp\{\lambda X(t)-\theta t\}$ 是鞅，且若设 $X(0)=x$，由停时定理可得

$$\mathrm{e}^{\lambda x}=E[V(T\wedge t)]=E[\exp\{\lambda X(T\wedge t)-\theta(T\wedge t)\}] \tag{8.3.19}$$

因为 $\theta>0$，故 $V(T\wedge t)$ 一致有界

$$0\leqslant V(T\wedge t)\leqslant \mathrm{e}^{\lambda z}$$

又因 $P\{T<+\infty\}=1$，故有

$$\lim_{t\to+\infty}V(T\wedge t)=\lim_{t\to+\infty}\exp\{\lambda X(T\wedge t)-\theta(T\wedge t)\}=\exp\{\lambda z-\theta T\}=V(T)$$

从而据 7.3 节的式 (7.3.8) 及上述式 (8.3.19) 得到

$$\mathrm{e}^{\lambda x}=\lim_{t\to+\infty}E[V(T\wedge t)]=E[V(T)]=\mathrm{e}^{\lambda z}E[\mathrm{e}^{-\theta T}]$$

或者

$$E[\mathrm{e}^{-\theta T}]=\mathrm{e}^{\lambda(x-z)}$$

复由式 (8.3.18) 解得

$$\lambda=\frac{1}{\sigma^2}\left(\sqrt{\mu^2+2\sigma^2\theta}-\mu\right)\triangleq\rho$$

从而有

$$E[\mathrm{e}^{-\theta T}]=\exp\left\{\frac{(x-z)}{\sigma^2}(\sqrt{\mu^2+2\sigma^2\theta}-\mu)\right\}=\mathrm{e}^{\rho(x-z)}\tag{8.3.20}$$

例 8.3.1　（认股权证所致的利润）设 $X(t)=\mu t+\sigma B(t)(t\geqslant 0)$ 为带漂移的布朗运动，其中 $\mu>0$. 定义 $Y(t)=\exp\{X(t)\}$，则 $\{Y(t),t\geqslant 0\}$ 称为几何布朗运动. 今以 $Y(t)$ 表示某只股票在时刻 t 的价格，并假定 $Y(0)=y$. 现有一种认股权证（期权），其持有者可在一个特定的时间段内的任意时点以规定的价格（称为执行价格或敲定价格）购买固定数量的该种股票，并在当该股的市场价格高于执行价格时售出，从而赚取差价利润. 当然，若市场价格总是低于执行价格，则权证持有者只能选择不行权（从而损失购买权证的费用）.

为简化问题，假定这是一种永久认股权证（无到期日），权证规定的价格（执行价）为 1，并且权证持有者仅购买一股该种股票. 一个合理的策略是：当股价首次达到某个特定水平 $a(a>1)$ 时就行权，因而权证持有者潜在的利润为 $a-1$（不计他购买权证的费用，因通常较低）.

假定某人在购买权证时该股票的价格 $Y(0)=y$，则到时刻 t 股价的平均值为

$$E[Y(t)|Y(0)=y]=yE[\exp\{X(t)-X(0)\}]=y\exp\{(\mu+\sigma^2/2)\}$$

它以单位时间比率为 $\alpha=\mu+\sigma^2/2$ 的速度增加. 一般人们期待有更高的回报率，设 $\theta>\alpha=\mu+\sigma^2/2$，并设 $T(a)$ 为股价第一次到达水平 a 的时间，则权证持有者潜在利润的贴现值可表示为

$$\mathrm{e}^{-\theta T(a)}[Y(T(a))-1]=\mathrm{e}^{-\theta T(a)}(a-1) \tag{8.3.21}$$

我们拟求上式的期望值，并选择 a 以使期望值达到最大. 注意到 $X(t)=\ln Y(t)$，故 $T(a)$ 也是使 $X(t)$ 第一次达到水平 $\ln a$ 的时间，即 $T(a)=T_{\ln a}$. 从而根据式 (8.3.20)（其中 $x=\ln y$）有

$$\begin{aligned}E[\mathrm{e}^{-\theta T(a)}|Y(0)=y]&=E[\mathrm{e}^{-\theta T_{\ln a}}|X(0)=\ln y]\\&=\mathrm{e}^{-\rho(\ln y-\ln a)}=(y/a)^{\rho}\end{aligned}$$

（其中 $\rho=(\sqrt{\mu^2+2\sigma^2\theta}-\mu)/\sigma^2$.）

由此并根据式 (8.3.21)，我们得到贴现利润的期望值为

$$g(y,a)=(a-1)(y/a)^{\rho}\quad(a>1)$$

用微积分方法容易求得上式的最大值点为：$a^*=\rho/(\rho-1)$，从而得到给定当前股价 $Y(0)=y$ 时，权证的价值（即其所致的利润）为

$$g(y,a^*)=(a^*-1)(y/a^*)^{\rho}=\frac{1}{(\rho-1)}\left[\frac{y(\rho-1)}{\rho}\right]^{\rho}$$

8.4 关于布朗运动的积分

关于布朗运动的积分有两层含义. 第一种是形如 $\int_0^t B(u)\mathrm{d}u$ 的积分，这就是通常的二阶矩过程在均方收敛意义下的积分（见本书 6.2 节）. 第二种，也是最重要的，是形如 $\int_0^t g(u)\mathrm{d}B(u)$ 的积分（又被称为伊藤随机积分）. 从表面看，它与我们在第一章中所介绍的 R-S 积分似乎很相似. 但事实上正如我们所知，布朗运动的轨道是一个处处不可导的函数，而且它还是非有界变差的函数（见下）. 因此，积分 $\int_0^t g(u)\mathrm{d}B(u)$ 以及相关的微分 $\mathrm{d}B(t)$、导数 $B'(t)$ 的确切含义究竟为

何，自然要引起人们的疑惑，而这正是所谓伊藤随机积分（以及微分）的核心概念之所在. 在本节中，均方分析的方法亦非常重要.

1. $\int_0^t B(u)\mathrm{d}u$——积分布朗运动

设 $\{B(t),t\geqslant 0\}$ 为标准布朗运动， $B(0)=0$. 由于 $B(t)$ 在 $T=[0,+\infty)$ 上连续，故可定义（均方）积分

$$S(t)=\int_0^t B(u)\mathrm{d}u \quad (t\geqslant 0) \tag{8.4.1}$$

$\{S(t),t\geqslant 0\}$ 又称为积分布朗运动.

因为 $\{B(t),t\geqslant 0\}$ 为高斯过程，故由第 6 章定理 6.2.7 可知 $\{S(t),t\geqslant 0\}$ 仍为一高斯过程. 我们来求其均值与协方差函数，由于求期望与积分可交换（见第 6 章式 (6.3.5)、式 (6.3.6) ），故有

$$E[S(t)]=E\left[\int_0^t B(u)\mathrm{d}u\right]=\int_0^t EB(u)\mathrm{d}u=0 \quad (t\geqslant 0)$$

又设 $0<t_1\leqslant t_2$，则

$$\begin{aligned}\mathrm{Cov}(S(t_1),S(t_2))&=E\left[\int_0^{t_1}\int_0^{t_2}B(u)B(v)\mathrm{d}u\mathrm{d}v\right]=\int_0^{t_1}\int_0^{t_2}EB(u)B(v)\mathrm{d}u\mathrm{d}v\\&=\int_0^{t_1}\int_0^{t_2}(u\wedge v)\mathrm{d}u\mathrm{d}v=\int_0^{t_1}\left[\int_0^{u}v\mathrm{d}v\right]\mathrm{d}u+\int_0^{t_1}\left[\int_u^{t_2}u\mathrm{d}v\right]\mathrm{d}u\\&=\frac{t_1^2}{2}\left(t_2-\frac{t_1}{3}\right)>0\end{aligned} \tag{8.4.2}$$

特别，当 $t>0$ 时得到

$$\mathrm{Var}(S(t))=\frac{t^3}{3}$$

又设 $0<t_1<t_2$，我们有

$$\begin{aligned}\mathrm{Cov}(S(t_1),S(t_2)-S(t_1))&=E\left[\int_0^{t_1}\int_{t_1}^{t_2}B(u)B(v)\mathrm{d}u\mathrm{d}v\right]\\&=\int_0^{t_1}\int_{t_1}^{t_2}E\Big[B(u)B(v)\Big]\mathrm{d}u\mathrm{d}v\\&=\int_0^{t_1}\int_{t_1}^{t_2}(u\wedge v)\mathrm{d}u\mathrm{d}v\\&=\int_0^{t_1}\int_{t_1}^{t_2}u\mathrm{d}u\mathrm{d}v=\frac{t_1^2(t_2-t_1)}{2}>0\end{aligned}$$

故 $\{S(t),t\geqslant 0\}$ 不是独立增量过程. 进一步，由协方差函数的表达式 (8.4.2)，我们还可以证明 $\{S(t),t\geqslant 0\}$ 不是马氏过程（利用参考文献 [4] 中的命题 8.2.6）.

若设 $S(t)$ 为某种商品在时刻 t 的价格，则导数 $\dfrac{\mathrm{d}S(t)}{\mathrm{d}t}=B(t)$ 为价格变化率，它通常为布朗运动，此模型因而具有一定的实际意义.

2. 布朗运动的形式导数 $B'(t)$——白噪声过程

设 $\{B(t),t\geqslant 0\}$ 同上，考虑差商过程 $[B(t+\Delta t)-B(t)]/\Delta t\triangleq\Delta B(t)/\Delta t$（其中 $\Delta t>0$，为固定值），易知

$$\left\{\frac{\Delta B(t)}{\Delta t},t\geqslant 0\right\}$$

仍为高斯过程，且有

$$E\left[\frac{\Delta B(t)}{\Delta t}\right]=\frac{EB(t+\Delta t)-EB(t)}{\Delta t}=0$$
$$\mathrm{Var}\left(\frac{\Delta B(t)}{\Delta t}\right)=\frac{\mathrm{Var}[B(t+\Delta)-B(t)]}{(\Delta t)^2}=\frac{\Delta t}{(\Delta t)^2}=\frac{1}{\Delta t}$$

亦即有

$$\frac{\Delta B(t)}{\Delta t}\sim N\left(0,\frac{1}{\Delta t}\right)$$

再设 $s,t\geqslant 0$ 且 $s\neq t$，取 $\Delta s=\Delta t$ 充分小，使得 $[s,s+\Delta s]$ 与 $[t,t+\Delta t]$ 无交集. 则因 $B(t)$ 为独立增量过程，故

$$\mathrm{Cov}\left[\frac{\Delta B(s)}{\Delta s},\frac{\Delta B(t)}{\Delta t}\right]=\frac{1}{\Delta s\Delta t}E[\Delta B(s)]E[\Delta B(t)]=0$$

即 $\dfrac{\Delta B(s)}{\Delta s}$ 与 $\dfrac{\Delta B(t)}{\Delta t}$ 不相关. 又因 $\left\{\dfrac{\Delta B(t)}{\Delta t},t\geqslant 0\right\}$ 为高斯过程，故 $\dfrac{\Delta B(s)}{\Delta s}$ 与 $\dfrac{\Delta B(t)}{\Delta t}$ 亦相互独立.

现令 $\Delta t\to 0^+$，记 $\lim\limits_{\Delta t\to 0^+}\dfrac{\Delta B(t)}{\Delta t}\triangleq\dfrac{\mathrm{d}B(t)}{\mathrm{d}t}=B'(t)$，称 $\{B'(t),t\geqslant 0\}$ 为布朗运动的形式导数过程（注意，由于 $B(t)$ 处处不可导，故 $B'(t)$ 只是形式上的导数）. 由上述差商过程的性质可以推知

$$EB'(t)=0;\quad \mathrm{Var}(B'(t))=\lim_{\Delta t\to 0^+}\mathrm{Var}\left(\frac{\Delta B(t)}{\Delta t}\right)=+\infty \tag{8.4.3}$$

而且 $s\neq t$ 时， $B'(s)$ 与 $B'(t)$ 相互独立，且有

$$\mathrm{Cov}(B'(s),B'(t))=E[B'(s)]E[B'(t)]=0 \tag{8.4.4}$$

即 $\{B'(t),t\geqslant 0\}$ 的协方差函数可以表为狄拉克 $-\delta$ 函数（见本书 6.4 节）

$$\delta(\tau)=\begin{cases}+\infty & (\tau=0)\\ 0 & (\tau\neq 0)\end{cases}\quad(\tau\in\mathrm{R})\tag{8.4.5}$$

经与第 6 章例 6.4.4 对比可知，$\{B'(t),t\geqslant 0\}$ 正是（连续参数的）白噪声过程，其所对应的功率谱密度函数为常数. 又因为 $\{B'(t),t\geqslant 0\}$ 可近似地被视为一光滑的（即可导的）高斯过程的导数过程，故它本身具有高斯过程的特征，从而 $\{B'(t),t\geqslant 0\}$ 又被称为高斯白噪声（见参考文献 [9] 的 15.14 节）. 虽然（连续时间的）白噪声过程并非是一个可实现（或可观测）的过程，而只是一种理论的抽象和近似，但它在生物、物理、通信和金融分析等众多领域内有着广泛的应用，在随机微分方程理论中也起着重要的作用.

此外，式 (8.4.3)、式 (8.4.4) 写成微分的形式即为

$$E[\mathrm{d}B(t)]=0;\quad E[\mathrm{d}B(s)\mathrm{d}B(t)]=\begin{cases}\mathrm{d}s=\mathrm{d}t & (\text{当}s=t\text{时})\\ 0 & (\text{当}s\neq t(\mathrm{d}B(s)\text{与}\mathrm{d}B(t)\text{独立})\text{时})\end{cases}\tag{8.4.6}$$

3. 伊藤随机积分

本节我们引进形如 $\int_0^t g(u)\mathrm{d}B(u)$ 的积分，除了是随机积分而外，它与我们在第 1 章所定义的 R-S 积分 $\int_a^b g(x)\mathrm{d}F(x)$（见第 1 章定义 1.2.4）还有着诸多的不同. 首先，R-S 积分中的 $F(x)$ 是单调非降且右连续的函数，因而它在任意有限区间上的一阶变差为有界. 但是 $B(t)$ 的几乎每一条样本路径都不是有界变差函数，即有：

定理 8.4.1　设 $\{B(t),t\geqslant 0\}$ 为标准布朗运动, 且 $B(0)=0$，则对任意 $t>0$，有

$$P\left\{\lim_{n\to\infty}\sum_{k=1}^{2^n}\left|B\left(\frac{k}{2^n}t\right)-B\left(\frac{k-1}{2^n}t\right)\right|=\infty\right\}=1\tag{8.4.7}$$

（证明见参考文献 [4] 的 5.2 节.）

然而，我们却可以仿照 R-S 积分的形式来定义有关的随机积分.

设 $\{B(t),t\geqslant 0\}$ 与 $\{g(t),t\geqslant 0\}$ 均为概率空间 $(\Omega,\mathcal{F},P)$ 上的随机过程，其中 $\{B(t),t\geqslant 0\}$ 为标准布朗运动，且 $B(0)=0$. 又设 $\mathcal{F}_t=\sigma\{B(s),0\leqslant s\leqslant t\}$ 为由

$\{B(s),0\leqslant s\leqslant t\}$ 所生成的（$\mathcal{F}$ 的）子 σ-域，则 $\{\mathcal{F}_t,t\geqslant 0\}$ 为一递增的子 σ-域族. 我们在本章第 1 节（见定理 8.1.4）即已提到，$\{B(t),t\geqslant 0\}$ 关于 $\{\mathcal{F}_t,t\geqslant 0\}$ 构成一个鞅. 基于 $\{\mathcal{F}_t,t\geqslant 0\}$，我们要对 $\{g(t),t\geqslant 0\}$ 作一些重要的规定:

假设 8.4.1 设随机过程（或函数）$\{g(t),t\geqslant 0\}$ 如上（$\{\mathcal{F}_t,t\geqslant 0\}$ 亦同上），并进一步假定它满足:

(1) 对 $\forall t\geqslant 0$，$g(t)$ 关于 $\mathcal{F}_t$ 可测. 即 $\{g(t),t\geqslant 0\}$ 适应于 $\{\mathcal{F}_t,t\geqslant 0\}$（见本书 7.5.2 节）;

(2) 对于 $\forall t\geqslant 0$ 有: $E[g^2(t)]<\infty$ 且 $\int_0^t E[g^2(u)]\mathrm{d}u<\infty$.

下面我们给出伊藤随机积分的定义:

定义 8.4.1 设 $\{B(t),t\geqslant 0\}$ 为标准布朗运动，$B(0)=0$. $\{g(t),t\geqslant 0\}$ 满足假设 8.4.1. 对 $\forall t>0$，取分割: $0=t_0<t_1<t_2<\cdots<t_n=t$，记 $t_k-t_{k-1}=\Delta_k(1\leqslant k\leqslant n)$，且 $\lambda=\max\limits_{1\leqslant k\leqslant n}\Delta_k$，若和式

$$\sum_{k=1}^{n}g(t_{k-1})(B(t_k)-B(t_{k-1}))\tag{8.4.8}$$

当 $\lambda\to 0$ 时的均方极限存在，则称该极限为 $\{g(t),t\geqslant 0\}$ 关于 $\{B(t),t\geqslant 0\}$ 在区间 $[0,t]$ 上的伊藤（随机）积分，并记为

$$I_g(t)=I-\int_0^t g(s)\mathrm{d}B(s)=\lim_{\lambda\to 0}\sum_{k=1}^{n}g(t_{k-1})(B(t_k)-B(t_{k-1}))\quad(\text{m.s.})\tag{8.4.9}$$

（在不致引起混淆时，即可记为 $\int_0^t g(s)\mathrm{d}B(s)$.）

注 (1) 可以证明，当 $g(t)$ 满足假设 8.4.1 时，式 (8.4.9) 的极限存在，亦即伊藤积分 $\int_0^t g(s)\mathrm{d}B(s)$ 的定义是合理的. 同时我们今后只在 $g(t)$ 满足假设 8.4.1 的前提下来讨论伊藤积分.

(2) 注意在和式 (8.4.8) 中，在小区间 $[t_{k-1},t_k]$ 上函数 g 取的是其在左端点上的函数值 $g(t_{k-1})$，这与 R-S 积分的定义也不相同. 而这一点对于伊藤积分来讲十分关键，因为若取 $[t_{k-1},t_k]$ 上的其他点的函数值，则类似于式 (8.4.8) 的和式可能收敛到其他的值甚至可能极限不存在. 例如，若将它取为 $\frac{1}{2}(g(t_{k-1})+g(t_k))$（如果 $g(t)$ 连续，这相当于取 $[t_{k-1},t_k]$ 中某一点 ξ_k 上的函数值 $g(\xi_k)$），则和式

$$\sum_{k=1}^{n}\frac{1}{2}[g(t_{k-1})+g(t_k)][B(t_k)-B(t_{k-1})]$$

当 $\lambda = \max\limits_{1\leqslant k\leqslant n}(t_k - t_{k-1}) \to 0$ 时，均方收敛到另一种随机积分，称为斯特拉托诺维奇 (Stratonovich) 积分，简记为 $S-\int_0^t g(s)\mathrm{d}B(s)$（参见文献 [9]15.14 节）.

(3) 伊藤积分 $\int_0^t g(s)\mathrm{d}B(s)$ 的存在具有重要的意义. 像我们前面所提到有关布朗运动的导数、微分等概念，由于 $B(t)$ 为处处不可导的函数而产生一些理解上的迷惑与困难之处. 现在由于可以等价地转化为关于布朗运动的积分. 这些困难便可迎刃而解了（这可看作是微积分思想的深层次体现）. 例如，我们在本章第 3 节带漂移的布朗运动模型中所介绍的随机微分方程

$$\mathrm{d}X(t) = \mu(X(t),t)\mathrm{d}t + \sigma(X(t),t)\mathrm{d}B(t)$$

或写为

$$X'(t) = \mu(X(t),t) + \sigma(X(t),t)B'(t) \tag{8.4.10}$$

现在可等价地转化为

$$\int_0^t \mathrm{d}X(s) = X(t) - X(0) = \int_0^t \mu(X(s),s)\mathrm{d}s + \int_0^t \sigma(X(s),s)\mathrm{d}B(s) \tag{8.4.11}$$

而后者是有意义的，因此前者便有了存在的基础，而所有形式的运算也都有了合理的解释.

下面我们介绍伊藤随机积分的性质:

定理 8.4.2　设 $\{B(t), t\geqslant 0\}$ 为标准布朗运动，$B(0)=0$. $g(t)$，$g_1(t)$，$g_2(t)$ 均满足假设 8.4.1，则伊藤积分 $I_g(t) = \int_0^t g(s)\mathrm{d}B(s)$ 具有如下的性质:

(1)

$$EI_g(t) = E\left[\int_0^t g(s)\mathrm{d}B(s)\right] = 0 \tag{8.4.12}$$

(2)

$$\begin{aligned} E[I_g(s)I_g(t)] &= E\left[\int_0^s g(u)\mathrm{d}B(u)\int_0^t g(u)\mathrm{d}B(u)\right] \\ &= \int_0^s E[g^2(u)]\mathrm{d}u \quad (\forall 0\leqslant s\leqslant t) \end{aligned} \tag{8.4.13}$$

特别，对 $\forall t\geqslant 0$ 有

$$\mathrm{Var}(I_g(t)) = E[I_g^2(t)] = \int_0^t E[g^2(u)]\mathrm{d}u \tag{8.4.14}$$

(3)

$$I_{\alpha_1 g_1+\alpha_2 g_2}(t)=\alpha_1 I_{g_1}(t)+\alpha_2 I_{g_2}(t) \quad (\forall \alpha_1,\alpha_2\in \mathbf{R}) \tag{8.4.15}$$

(4)

$$\int_0^t g(s)\mathrm{d}B(s)=\int_0^{t_1} g(s)\mathrm{d}B(s)+\int_{t_1}^t g(s)\mathrm{d}B(s) \quad (0\leqslant t_1\leqslant t) \tag{8.4.16}$$

(5) $\{\mathrm{I}_g(t),t\geqslant 0\}$关于$\{\mathcal{F}_t,t\geqslant 0\}$是鞅.

证明 (1) 由 6.2 节有关内容可知，求期望与求（均方）极限可交换，故我们有

$$\begin{aligned}E\Big[\int_0^t g(s)\mathrm{d}B(s)\Big]&=E\Big[\lim_{\lambda\to 0}\sum_{k=1}^n g(t_{k-1})(B(t_k)-B(t_{k-1}))\Big]\\&=\lim_{\lambda\to 0}\sum_{k=1}^n E[g(t_{k-1})(B(t_k)-B(t_{k-1}))]\end{aligned} \tag{8.4.17}$$

其中

$$\begin{aligned}&E[g(t_{k-1})(B(t_k)-B(t_{k-1}))]\\&\quad=E\{E[g(t_{k-1})(B(t_k)-B(t_{k-1}))|\mathcal{F}_{t_{k-1}}]\} \quad （全期望公式）\\&\quad=E\{g(t_{k-1})E[(B(t_k)-B(t_{k-1}))|\mathcal{F}_{t_{k-1}}]\} \quad （g(t_{k-1})\ 关于\ \mathcal{F}_{t_{k-1}}\ 可测）\\&\quad=E\{0g(t_{k-1})\}=0 \quad （\{B(t)\}\ 关于\ \{\mathcal{F}_t\}\ 是鞅）\end{aligned}$$

故由式 (8.4.17) 可知式 (8.4.12) 成立.

(2) 我们先证明式 (8.4.14) 成立，事实上

$$\begin{aligned}E[I_g^2(t)]&=E[\lim_{\lambda\to 0}\sum_{k=1}^n g(t_{k-1})(B(t_k)-B(t_{k-1}))]^2\\&=E[\lim_{\lambda\to 0}\sum_{i,j=1}^n g(t_{i-1})g(t_{j-1})(B(t_i)-B(t_{i-1}))(B(t_j)-B(t_{j-1}))]\\&=\lim_{\lambda\to 0}\sum_{i,j=1}^n E[g(t_{i-1})g(t_{j-1})(B(t_i)-B(t_{i-1}))(B(t_j)-B(t_{j-1}))]\end{aligned} \tag{8.4.18}$$

其中，当 $i\neq j$ 时（不妨设 $i<j$，即 $t_i<t_j$），有

$$E[g(t_{i-1})g(t_{j-1})(B(t_i)-B(t_{i-1}))(B(t_j)-B(t_{j-1}))]$$

$$
\begin{aligned}
&= E\{E[g(t_{i-1})g(t_{j-1})(B(t_i)-B(t_{i-1}))(B(t_j)-B(t_{j-1}))|\mathcal{F}_{t_{j-1}}]\} \\
&= E\{g(t_{i-1})g(t_{j-1})(B(t_i)-B(t_{i-1}))E[(B(t_j)-B(t_{j-1}))|\mathcal{F}_{t_{j-1}}]\} \\
&= E\{0\times g(t_{i-1})g(t_{j-1})(B(t_i)-B(t_{i-1}))\}=0
\end{aligned}
$$

而当 $i=j$ 时，有

$$
\begin{aligned}
&E\{g(t_{i-1})g(t_{j-1})(B(t_i)-B(t_{i-1}))(B(t_j)-B(t_{j-1}))\\
&\quad = E[g^2(t_{i-1})(B(t_i)-B(t_{i-1}))^2] \\
&\quad = E\{E[g^2(t_{i-1})(B(t_i)-B(t_{i-1}))^2|\mathcal{F}_{t_{i-1}}]\} \\
&\quad = E\{g^2(t_{i-1})E[(B(t_i)-B(t_{i-1}))^2|\mathcal{F}_{t_{i-1}}]\} \\
&\quad = E\{g^2(t_{i-1})E(B(t_i)-B(t_{i-1}))^2\} \quad (B(t)\text{的独立增量型性}) \\
&\quad = E\{g^2(t_{i-1})(t_i-t_{i-1})\} = E[g^2(t_{i-1})]\Delta t_i \quad (B(t)\text{的正态性})
\end{aligned}
$$

从而由式 (8.4.18) 可得

$$
E[I_g^2(t)] = \lim_{\lambda\to 0}\sum_{i=1}^{n} E[g^2(t_{i-1})]\Delta t_i = \int_0^t E[g^2(u)]\mathrm{d}u
$$

此即式 (8.4.14).

当 $0\leqslant s<t$ 时，易知有

$$
\begin{aligned}
&E\Big[\int_0^s g(u)\mathrm{d}B(u)\int_0^t g(u)\mathrm{d}B(u)\Big] \\
&\quad = E\Big[\int_0^s g(u)\mathrm{d}B(u)\Big]^2 + E\Big[\int_0^s g(u)\mathrm{d}B(u)\int_s^t g(u)\mathrm{d}B(u)\Big] \\
&\quad = (\text{I}) + (\text{II})
\end{aligned}
$$

其中 (Ⅰ) 即为 $\int_0^s E[g(u)]^2\mathrm{d}u$. 至于 (Ⅱ)，则利用与式 (8.4.14) 类似的证明方法可证明其值为 0. 从而式 (8.4.13) 亦得证.

(3)、(4)、(5) 诸条的证明读者可自行为之. □

我们下面来计算一个具体的伊藤积分，先介绍布朗运动轨道的一条重要性质：

定理 8.4.3 设 $\{B(t), t\geqslant 0\}$ 为标准布朗运动，$B(0)=0$. 对 $\forall t>0$，考虑分割：$0=t_0<t_1<t_2<\cdots<t_n=t$，记 $t_k-t_{k-1}=\Delta t_k$ $(k=1,2,\cdots,n)$，

$\lambda = \max\limits_{1\leqslant k\leqslant n} \Delta t_k$，则有

$$\lim_{\lambda\to 0}\sum_{k=1}^{n}[B(t_k)-B(t_{k-1})]^2 = t \quad (\text{m.s.}) \tag{8.4.19}$$

证 明 记 $B(t_k)-B(t_{k-1}) = \Delta B(t_k)$ $(k=1,2,\cdots,n)$，则 $\Delta B(t_k) \sim N(0,\Delta t_k)$，且 $E(\Delta B(t_k))^2 = \Delta t_k$， $E(\Delta B(t_k))^4 = 3(\Delta t_k)^2$ $(k=1,2,\cdots,n)$，而

$$\begin{aligned}
E\Big[\sum_{k=1}^{n}(\Delta B(t_k))^2 - t\Big]^2 &= E\Big\{\sum_{k=1}^{n}[(\Delta B(t_k))^2-\Delta t_k]\Big\}^2\\
&= \sum_{k=1}^{n}E[(\Delta B(t_k))^2-\Delta t_k]^2 \quad (B(t)\text{的独立增量性})\\
&= \sum_{k=1}^{n}(E(\Delta B(t_k))^4 - 2\Delta t_k E(\Delta B(t_k))^2 + (\Delta t_k)^2]\\
&= \sum_{k=1}^{n}(3(\Delta t_k)^2 - 2(\Delta t_k)^2 + (\Delta t_k)^2) = 2\sum_{k=1}^{n}(\Delta t_k)^2\\
&\leqslant 2\lambda\sum_{k=1}^{n}\Delta t_k = 2\lambda t \to 0 \quad (\lambda\to 0)
\end{aligned}$$

故结论证毕.

注 上述定理告诉我们，虽然布朗运动的轨道 $B(t)$ 在任意有限区间上的一阶变差是无限的，但是其平方变差却是有限的，且就等于该区间的长度（均方极限）. 这是一个揭示布朗运动特质的非常深刻的结论（见参考文献 [7] 的 5.4.1 节）. 由此我们可以导出下面的一个重要的公式

$$(\mathrm{d}B(t))^2 \approx \mathrm{d}t \tag{8.4.20}$$

事实上，$(\mathrm{d}B(t))^2 \approx [B(t+\mathrm{d}t)-B(t)]^2 = \Big[\sum\limits_{k=1}^{n}(B(t_k)-B(t_{k-1}))\Big]^2$，其中的分割为： $t=t_0<t_1<t_2<\cdots<t_n=t+\mathrm{d}t$，又记 $\lambda = \max\limits_{1\leqslant k\leqslant n}(t_k-t_{k-1})$，则按定理 8.4.3 可知，当 $\lambda\to 0$ 时， $\Big[\sum\limits_{k=1}^{n}(B(t_k)-B(t_{k-1}))\Big]^2$ 是均方收敛到 $\mathrm{d}t$ 的，亦即有 $[B(t+\mathrm{d}t)-B(t)]^2 = \mathrm{d}t$ (m.s.) 从而式 (8.4.20) 成立. 这个公式将在下一节伊藤微分公式中起到重要的作用.

例 8.4.1　试求伊藤随机积分 $\int_0^t B(s)\mathrm{d}B(s)$.

解　这相当于伊藤积分定义中 $g(t)=B(t)$ 的情形，显然它满足假设 8.4.1 的要求. 我们利用伊藤积分的定义来求解. 作区间 $[0,t]$ 的分割 $0=t_0<t_1<t_2<\cdots<t_n=t$，记 $\lambda=\max\limits_{1\leqslant k\leqslant n}(t_k-t_{k-1})$，考虑和式

$$\begin{aligned}
&\sum_{k=1}^{n}B(t_{k-1})(B(t_k)-B(t_{k-1}))\\
&\quad=\sum_{k=1}^{n}[B(t_k)(B(t_k)-B(t_{k-1}))-(B(t_k)-B(t_{k-1}))^2]\\
&\quad=\sum_{k=1}^{n}B(t_k)(B(t_k)-B(t_{k-1}))-\sum_{k=1}^{n}(B(t_k)-B(t_{k-1}))^2\\
&\quad=(\,\mathrm{I}\,)-(\,\mathrm{II}\,)
\end{aligned}\tag{8.4.21}$$

由式 (8.4.17) 可知 $(\,\mathrm{II}\,)$ 均方收敛于 t，而

$$\begin{aligned}
(\,\mathrm{I}\,)&=\sum_{k=1}^{n}(B^2(t_k)-B(t_{k-1})B(t_k))\\
&=\sum_{k=1}^{n}\left\{B^2(t_k)+\frac{1}{2}[(B(t_k)-B(t_{k-1}))^2-B^2(t_k)-B^2(t_{k-1})]\right\}\\
&=\frac{1}{2}\sum_{k=1}^{n}(B^2(t_k)-B^2(t_{k-1}))+\frac{1}{2}\sum_{k=1}^{n}(B(t_k)-B(t_{k-1}))^2\\
&=\frac{1}{2}B^2(t)+\frac{1}{2}\times(\,\mathrm{II}\,)
\end{aligned}$$

代入式 (8.4.21) 后可知

$$\int_0^t B(s)\mathrm{d}B(s)=\lim_{\lambda\to 0}\left(\frac{1}{2}B^2(t)-\frac{1}{2}\times(\,\mathrm{II}\,)\right)=\frac{1}{2}B^2(t)-\frac{1}{2}t\quad(\text{m.s.})$$

还可以证明：和式 $\sum\limits_{k=1}^{n}B(t_k)(B(t_k)-B(t_{k-1}))$ 当 $\lambda\to 0$ 时的均方极限为 $\frac{1}{2}B^2(t)+\frac{1}{2}t$，进而容易知道，$B(t)$ 的斯特拉托诺维奇积分（见定义 8.4.1 的注（2））$S-\int_0^t B(s)\mathrm{d}B(s)=\frac{1}{2}B^2(t)$（这个结果与通常的黎曼积分的结果倒是一致的）. 读者可自行加以验证，并对所得结果加以比较.

8.5 伊藤微分公式与随机微分方程

由例 8.4.1 可想而知，直接利用定义来计算伊藤积分一般来说是比较困难的. 本节因而介绍一个重要的公式：伊藤微分公式，它可以被视为通常微积分中复合函数求微分法则的推广，但它与前者有很大的不同（就像伊藤积分与通常的黎曼积分有很大不同一样）. 它不仅可以帮助我们来计算伊藤积分，而且与求解随机微分方程密切相关.

应用中比较常见的一类随机微分方程具有如下的形式：

$$\mathrm{d}X(t)=\mu(X(t),t)\mathrm{d}t+\sigma(X(t),t)\mathrm{d}B(t) \tag{8.3.15}$$

这是我们在带漂移的布朗运动一节所提到的模型. 以液体中微粒的运动为例，若以 $X(t)$ 表示微粒在时刻 t 所处的位置，则上式等号右边第一项代表了由确定性因素（如液体流动）所引起的微粒运动的位移，其中 $\mu(X(t),t)$（又称为漂移系数）相当于微粒在时刻 t 的瞬时速率. 而第二项 $\sigma(X(t),t)\mathrm{d}B(t)$ 则代表了微粒因受到分子的碰撞而产生的随机振动的位移，这部分运动通常可用布朗运动来描述. 上式应用的范围非常广泛，例如在工程研究中 $\sigma(X(t),t)\mathrm{d}B(t)$ 表示随机脉冲，而在金融模型中它又可表示标的资产的风险等等. 在一定条件下，方程 (8.3.15) 存在唯一解：$\{X(t),t\geqslant 0\}$（见参考文献 [4] 的 7.7 节），且 $\{X(t),t\geqslant 0\}$ 属于更为一般的**扩散过程**的范畴（$\sigma(X(t),t)$ 又称为扩散系数）.

定理 8.5.1 设 $\{X(t),t\geqslant 0\}$ 为式 (8.3.15) 的解，二元函数 $y=f(x,t)$ 具有连续偏导数 $f_x=\dfrac{\partial f}{\partial x}$，$f_t=\dfrac{\partial f}{\partial t}$ 及 $f_{xx}=\dfrac{\partial^2 f}{\partial x^2}$，若令 $Y(t)=f(X(t),t)$，则有

$$\begin{aligned}\mathrm{d}Y(t)=&\left[f_x(X(t),t)\mu(X(t),t)+f_t(X(t),t)+\frac{1}{2}f_{xx}(X(t),t)\sigma^2(X(t),t)\right]\mathrm{d}t\\&+f_x(X(t),t)\sigma(X(t),t)\mathrm{d}B(t)\end{aligned} \tag{8.5.1}$$

或等价地

$$\begin{aligned}&Y(t)-Y(0)\\&\quad=\int_0^t\left[f_x(X(s),s)\mu(X(s),s)+f_t(X(s),s)+\frac{1}{2}f_{xx}(X(s),s)\sigma^2(X(s),s)\right]\mathrm{d}s\end{aligned}$$

$$+\int_0^t f_x(X(s),s)\sigma(X(s),s)\mathrm{d}B(s) \tag{8.5.2}$$

上面的式 (8.5.1) 便是著名的伊藤微分公式，式 (8.5.2) 是其积分形式. 二者统称伊藤公式. 它们是随机分析中非常重要的工具.

下面我们将原定理的条件放宽，然后形式地推导一下式 (8.5.1) 的结果（不能算严格的证明）:

假定 $f(x,t)$ 充分光滑（具有直至二阶的全部连续偏导数），则由函数的泰勒展开式有

$$\begin{aligned}\Delta Y(t)=Y(t+\mathrm{d}t)-Y(t)=&f_x(X(t),t)\mathrm{d}X(t)+f_t(X(t),t)\mathrm{d}t+\frac{1}{2}f_{xx}(X(t),t)[\mathrm{d}X(t)]^2\\&+f_{xt}(X(t),t)\mathrm{d}X(t)\mathrm{d}t+\frac{1}{2}f_{tt}(X(t),t)(\mathrm{d}t)^2+o((\mathrm{d}t)^2)\end{aligned}$$

利用式 (8.3.15) 及式 (8.4.20)，推得

$$\begin{aligned}\Delta Y(t)=&\left[f_x(X(t),t)\mu(X(t),t)+f_t(X(t),t)+\frac{1}{2}f_{xx}(X(t),t)\sigma^2(X(t),t)\right]\mathrm{d}t\\&+f_x(X(t),t)\sigma(X(t),t)\mathrm{d}B(t)+o(\mathrm{d}t)\end{aligned}$$

略去 $(\mathrm{d}t)$ 的高阶无穷小项，便得到微分

$$\begin{aligned}\mathrm{d}Y(t)=&\left[f_x(X(t),t)\mu(X(t),t)+f_t(X(t),t)+\frac{1}{2}f_{xx}(X(t),t)\sigma^2(X(t),t)\right]\mathrm{d}t\\&+f_x(X(t),t)\sigma(X(t),t)\mathrm{d}B(t)\end{aligned}$$

这就是式 (8.5.1). □

注 在上述推导过程中，式 (8.4.20) 起了关键的作用. 它告诉我们，当 $\mathrm{d}t$ 充分小时，$\mathrm{d}B(t)$ 是一个相当于 $\sqrt{\mathrm{d}t}$ 数量级的量.

例 8.5.1 利用伊藤公式来求（伊藤）随机积分 $\int_0^t B(s)\mathrm{d}B(s)$.

解 设 $X(t)=B(t)$，则 $X(t)$ 满足式 (8.3.15)，其中 $\mu(X(t),t)=0$，$\sigma(X(t),t)=1$. 又设 $f(x,t)=\frac{1}{2}x^2$，则 $Y(t)=f(X(t),t)=\frac{1}{2}B^2(t)$. 按式 (8.5.2) 得到

$$\frac{1}{2}B^2(t)=\int_0^t\frac{1}{2}\mathrm{d}s+\int_0^t B(s)\mathrm{d}B(s)$$

即

$$\int_0^t B(s)\mathrm{d}B(s)=\frac{1}{2}B^2(t)-\frac{1}{2}t$$

显然，这比例 8.4.1 的方法简便多了.

例 8.5.2 设 $g(t)(t \geqslant 0)$ 为确定性函数，且具有连续导数 $g'(t)$，试求 $\int_0^t g(t)\mathrm{d}B(t)\ (0 \leqslant a < b)$.

解 易知 $g(t)$ 满足假设 8.4.1. 又设 $X(t) = g(t)B(t)$，则有：$\mathrm{d}X(t) = B(t)g'(t)\mathrm{d}t + g(t)\mathrm{d}B(t)$，即 $X(t)$ 满足式 (8.3.15)，且

$$\mu(X(t),t) = g'(t)B(t), \quad \sigma(X(t),t) = g(t)$$

再设 $f(x,t) = x$，$Y(t) = X(t) = g(t)B(t)$，于是按照式 (8.5.2) 有

$$g(b)B(b) - g(a)B(a) = \int_a^b g'(t)B(t)\mathrm{d}t + \int_a^b g(t)\mathrm{d}B(t)$$

亦即

$$\int_a^b g(t)\mathrm{d}B(t) = g(b)B(b) - g(a)B(a) - \int_a^b g'(t)B(t)\mathrm{d}t \tag{8.5.3}$$

这一结果相当于把伊藤积分转换成了关于布朗运动的通常的均方积分，而且它与微积分中的分部积分公式刚好是一致的.

下面我们来求一些随机微分方程的解.

例 8.5.3 验证 $Y(t) = \exp\{B(t) - t/2\}$ 为随机微分方程 $\mathrm{d}Y(t) = Y(t)\mathrm{d}B(t)$ 的解.

证明 设 $X(t) = B(t)$，则 $X(t)$ 满足式 (8.3.15)，其中 $\mu(X(t),t) = 0$，$\sigma(X(t),t) = 1$. 又设 $f(x,t) = \mathrm{e}^{x-t/2}$，则

$$f_x = f_{xx} = \exp\{x - t/2\}, \quad f_t = -\frac{1}{2}\exp\{x - t/2\}$$

记 $Y(t) = f(X(t),t) = \exp\{B(t) - t/2\}$，则据式 (8.5.1) 有

$$\begin{aligned}\mathrm{d}Y(t) &= \left[-\frac{1}{2}\exp\{X(t) - t/2\} + \frac{1}{2}\exp\{X(t) - t/2\}\right]\mathrm{d}t + \exp\{X(t) - t/2\}\mathrm{d}B(t) \\ &= \exp\{B(t) - t/2\}\mathrm{d}B(t) = Y(t)\mathrm{d}B(t)\end{aligned}$$

证毕.

例 8.5.4 设 $\{X(t), t \geqslant 0\}$ 满足下面的奥恩斯坦–乌伦贝克（Ornstein-Uhlenbeck) 方程：

$$\mathrm{d}X(t) = -\mu X(t)\mathrm{d}t + \sigma\mathrm{d}B(t) \quad （\mu,\sigma\text{为常数}） \tag{8.5.4}$$

试求 $X(t)$.

解　在形如式 (8.3.15) 的随机微分方程中，式 (8.5.4) 属于常系数线性随机微分方程，其解可以不动用伊藤公式，而仅使用传统的方法.

将上式移项变成 $\mathrm{d}X(t)+\mu X(t)\mathrm{d}t=\sigma\mathrm{d}B(t)$，并在两边同时乘以 $\mathrm{e}^{\mu t}$，整理得

$$\mathrm{d}(X(t)\mathrm{e}^{\mu t})=\sigma\mathrm{e}^{\mu t}\mathrm{d}B(t)$$

两边从 0 到 t 积分，有

$$X(t)\mathrm{e}^{\mu t}-X(0)=\int_0^t\sigma\mathrm{e}^{\mu s}\mathrm{d}B(s)$$

故而得到

$$X(t)=X(0)\mathrm{e}^{-\mu t}+\int_0^t\sigma\mathrm{e}^{-\mu(t-s)}\mathrm{d}B(s)\tag{8.5.5}$$

当然，也可利用式 (8.5.3) 将上式化为

$$X(t)=X(0)\mathrm{e}^{-\mu t}+\sigma B(t)-\int_0^t\mu\sigma\mathrm{e}^{-\mu(t-s)}B(s)\mathrm{d}s\tag{8.5.6}$$

例 8.5.5　求奥恩斯坦–乌伦贝克过程 $\{X(t),t\geqslant 0\}$（即式 (8.5.4) 的解）的均值与协方差函数（假定 $X(0)=x$）.

解　由式 (8.5.5) 知

$$X(t)=x\mathrm{e}^{-\mu t}+\int_0^t\sigma\mathrm{e}^{-\mu(t-s)}\mathrm{d}B(s)$$

从而有

$$E[X(t)]=E[x\mathrm{e}^{-\mu t}]+E\left[\int_0^t\sigma\mathrm{e}^{-\mu(t-s)}\mathrm{d}B(s)\right]=x\mathrm{e}^{-\mu t}\quad\text{（由式 (8.4.12) ）}$$

又设 $\tau\geqslant 0$，则

$$\begin{aligned}\mathrm{Cov}(X(t),X(t+\tau))&=E[X(t)X(t+\tau)]-E[X(t)]E[X(t+\tau)]\\&=E\left[\sigma^2\int_0^t\int_0^{t+\tau}\mathrm{e}^{-\mu(t-s_1)}\mathrm{e}^{-\mu(t+\tau-s_2)}\mathrm{d}B(s_1)\mathrm{d}B(s_2)\right]\\&=\sigma^2\mathrm{e}^{-\mu(2t+\tau)}E\left[\int_0^t\int_0^{t+\tau}\mathrm{e}^{\mu(s_1+s_2)}\mathrm{d}B(s_1)\mathrm{d}B(s_2)\right]\\&=\sigma^2\mathrm{e}^{-\mu(2t+\tau)}\int_0^t\int_0^{t+\tau}\mathrm{e}^{\mu(s_1+s_2)}E[\mathrm{d}B(s_1)\mathrm{d}B(s_2)]\\&=\sigma^2\mathrm{e}^{-\mu(2t+\tau)}\int_0^t\mathrm{e}^{2\mu s}\mathrm{d}s\quad\text{（利用式 (8.4.6) ）}\end{aligned}$$

$$= \frac{\sigma^2}{2\mu}(1-\mathrm{e}^{-2\mu t})\mathrm{e}^{-\mu\tau}$$

特别

$$\mathrm{Var}(X(t)) = \frac{\sigma^2}{2\mu}(1-\mathrm{e}^{-2\mu t})$$

例 8.5.6 （几何布朗运动）我们在本章第 3 节曾讨论过几何布朗运动（见例 8.3.1），现在我们从随机微分方程来导出几何布朗运动. 设 $\{S(t),t \geqslant 0\}$ 满足

$$\mathrm{d}S(t) = \mu S(t)\mathrm{d}t + \sigma S(t)\mathrm{d}B(t) \tag{8.5.7}$$

（其中 μ,σ 均为常数.）试求上式的解 $S(t)$.

解 设 $f(x,t) = \ln x$，则 $f_x = \dfrac{1}{x}$，$f_{xx} = -\dfrac{1}{x^2}$，$f_t = 0$. 记 $Y(t) = \ln S(t)$，则由 (8.5.7) 式及伊藤公式式 (8.5.1)，有

$$\begin{aligned}
\mathrm{d}\ln S(t) &= \left[\frac{1}{S(t)}\mu S(t) - \frac{1}{2} \times \frac{1}{S^2(t)} \times \sigma^2 S^2(t)\right]\mathrm{d}t + \frac{1}{S(t)} \times \sigma S(t)\mathrm{d}B(t) \\
&= \left(\mu - \frac{1}{2}\sigma^2\right)\mathrm{d}t + \sigma \mathrm{d}B(t)
\end{aligned}$$

两边从 0 到 t 积分，得

$$\ln\frac{S(t)}{S(0)} = \left(\mu - \frac{\sigma^2}{2}\right)t + \sigma B(t)$$

亦即

$$S(t) = S(0)\exp\left\{\left(\mu - \frac{\sigma^2}{2}\right)t + \sigma B(t)\right\}$$

若令 $S(0) = 1$，则得到

$$S(t) = \exp\left\{\left(\mu - \frac{\sigma^2}{2}\right)t + \sigma B(t)\right\}$$

显然，这是几何布朗运动.

例 8.5.7 （Black-Scholes 期权定价方程）假设时刻 t 股票的价格 $S(t)$（标的资产）为一几何布朗运动，即 $\{S(t),t \geqslant 0\}$ 满足式 (8.5.7). 又设有一期权（或称权证，见例 8.3.1. 其持有者可在一个特定的时间段以规定的价格（执行价）购入（或卖出）一定数量的该种股票，并进而赚取执行价与市场价之间的差价利润），其在时刻 t 的价格可表为 $S(t)$ 与 t 的函数 $Y(t) = F(S,t) = F(S(t),t)$. 假

定 F 具有连续偏导数 $F_s = \dfrac{\partial F}{\partial s}$， $F_{ss} = \dfrac{\partial^2 F}{\partial s^2}$ 及 $F_t = \dfrac{\partial F}{\partial t}$，则据伊藤微分公式 (8.5.1) 有

$$\mathrm{d}Y(t) = \left(F_s\mu S + F_t + \frac{1}{2}\sigma^2 S^2 F_{ss}\right)\mathrm{d}t + F_s\sigma S\mathrm{d}B \tag{8.5.8}$$

购买股票存在风险（即式 (8.5.7) 右边第二项），故可采取同时购买一定数量的期权来规避风险. 假定某人的投资组合为

$$I = Y - \alpha S = F(S,t) - \alpha S \tag{8.5.9}$$

由式 (8.5.7) 可得

$$\alpha\mathrm{d}S = \alpha\mu S\mathrm{d}t + \alpha\sigma S\mathrm{d}B \tag{8.5.10}$$

再由式 (8.5.9) 可算得总的投资回报率为

$$\begin{aligned}\mathrm{d}I &= \mathrm{d}Y - \alpha\mathrm{d}S \\ &= \left[(F_s - \alpha)\mu S + F_t + \frac{1}{2}\sigma^2 S^2 F_{ss}\right]\mathrm{d}t + (F_s - \alpha)\sigma S\mathrm{d}B\end{aligned} \tag{8.5.11}$$

选择所谓对冲策略 $\alpha = F_s$，可消除上式中的风险项（含 $\mathrm{d}B$ 的项），从而式 (8.5.11) 变为

$$\mathrm{d}I = \left(F_t + \frac{1}{2}\sigma^2 S^2 F_{ss}\right)\mathrm{d}t \tag{8.5.12}$$

假定市场是稳定的，则上式应等于将 I 投资于无风险资产而获得的收益 $rI\mathrm{d}t$（r 为市场无风险利率），即应有

$$rI\mathrm{d}t = \mathrm{d}I = \left(F_t + \frac{1}{2}\sigma^2 S^2 F_{ss}\right)\mathrm{d}t \tag{8.5.13}$$

将式 (8.5.9) 及 $\alpha = F_s$ 代入上式，即可得出期权定价的 Black-Scholes 公式

$$F_t + \frac{1}{2}\sigma^2 S^2 F_{ss} + rSF_s - rF = 0 \tag{8.5.14}$$

对于欧氏看涨期权，上式的边界条件是

$$F(S,T) = \max\{S - E, 0\} \tag{8.5.15}$$

（其中 T 为期权的到期时刻， E 为执行价格.）
对于欧式看跌期权，边界条件为

$$F(S,T) = \max\{E - S, 0\} \tag{8.5.16}$$

关于随机微分方程求解的更多内容，有兴趣的读者可参阅参考文献 [4]，[7]，[9] 中的有关章节.

习 题 8

8.1 设 $\{B(t),t\geqslant 0\}$ 为标准布朗运动，$B(0)=0$（以下题目中的 $B(t)(t\geqslant 0)$，若未作特别说明，则皆准此意）.

(1) 试求 $B(1)+B(2)+\cdots+B(n)$ 的分布；

(2) 命 $Y(t)=B(t+1)-B(t)$，证明：$\{Y(t),t\geqslant 0\}$ 为平稳过程，且其功率谱密度函数为：$(1-\cos\omega)/(\pi\omega^2)$.

8.2 设 $\{B(t),t\geqslant 0\}$ 为标准布朗运动，试证明：

(1) $\{B(t),t\geqslant 0\}$ 具有逆向马氏性：即对 $\forall 0<t_n<t_{n-1}<\cdots<t_1$，有

$$\begin{aligned}&P\{B(t_n)\leqslant x|B(t_{n-1})=x_{n-1},B(t_{n-2})=x_{n-2},\cdots,B(t_1)=x_1\}\\&\quad=P\{B(t_n)\leqslant x|B(t_{n-1})=x_{n-1}\}\end{aligned}$$

(2) $\{B(t),t\geqslant 0\}$ 具有双向（从中间往两边的）马氏性：即对于 $\forall t_1<t_2<\cdots<t_i<\cdots<t_n$，有

$$\begin{aligned}&P\{B(t_i)\leqslant x|B(t_1)=x_1,\cdots,B(t_{i-1})=x_{i-1},B(t_{i+1})=x_{i+1},\cdots,B(t_n)=x_n\}\\&\quad=P\{B(t_i)\leqslant x|B(t_{i-1})=x_{i-1},B(t_{i+1})=x_{i+1}\}\quad(1<i<n)\end{aligned}$$

（提示：参考式 (8.1.7) 的证明.）

8.3 验证式 (8.1.5) 中的转移概率密度

$$f(x,t|x_0)=p(x-x_0;t)=\frac{1}{\sqrt{2\pi t}}\exp\left\{-\frac{(x-x_0)^2}{2t}\right\}$$

满足热传导方程：$\dfrac{\partial f}{\partial t}=\dfrac{1}{2}\dfrac{\partial^2 f}{\partial x^2}$.

8.4 设 $\{B(t),t\geqslant 0\}$ 为标准布朗运动，证明下二过程皆为布朗运动：

(1) $\{tB(1/t),t\geqslant 0\}$（约定 $tB(1/t)|_{t=0}=0$）；

(2) $B(t)-B(a),t\geqslant a$（其中 $a>0$）.

8.5 证明定理 8.1.4 的 (1) 和 (3).

8.6 设 $\{B(t),t\geqslant 0\}$ 为标准布朗运动，试证明：

(1) $E[\exp\{\lambda\int_0^t B(s)\mathrm{d}s\}]=\exp(\lambda^2t^3/6)(\lambda\in\mathbf{R})$；

(2) $E[\exp\{\lambda\int_0^t sB(s)\mathrm{d}s\}]=\exp(\lambda^2t^5/15)(\lambda\in\mathbf{R})$.

8.7 设 $\{B(t),t\geqslant 0\}$ 为标准布朗运动，试证明柯尔莫哥洛夫不等式：

$$P\{\sup_{0\leqslant u\leqslant t}|B(u)|>\varepsilon\}\leqslant t/\varepsilon^2 \quad (\forall\varepsilon>0)$$

（利用下鞅最大值不等式.）

8.8 设 $\{B(t),t\geqslant 0\}$ 为标准布朗运动.

(1) 设 T_0 为 $B(t)$ 的不超过 t 的最大零点，试证明：

$$P\{T_0<t_0\}=\frac{2}{\pi}\mathrm{arsin}\sqrt{t_0/t}$$

(2) 设 T_1 为 $B(t)$ 的超过 t 的最小零点，试证明：

(a)

$$P\{T_1<t_1\}=\frac{2}{\pi}\mathrm{arcos}\sqrt{t/t_1}$$

(b)

$$P\{T_0<t_0,T_1>t_1\}=\frac{2}{\pi}\mathrm{arsin}\sqrt{t_0/t_1}$$

8.9 某选区要从候选人甲和乙中选出一名人大代表，民意测验表明甲和乙当选的可能性都是 50%，设该选区共有 5000 个选民参加投票，问当计票至 2000 张时，一个候选人始终领先另一个候选人的概率是多少？

8.10 设 $\{Z(t),0\leqslant t\leqslant 1\}$ 为布朗桥，命 $U(t)=(t+1)Z[t/(t+1)]\ (t\geqslant 0)$. 证明：$\{U(t),t\geqslant 0\}$ 为布朗运动.

8.11 设 $X(t)=\mu t+\sigma B(t)(t\geqslant 0)$ 为带漂移的布朗运动（其中 $B(t)$ 为标准布朗运动）.

(1) 命 $U(t)=\exp\{-2\mu X(t)/\sigma^2\}$，证明 $\{U(t),t\geqslant 0\}$ 是鞅；

(2) 设 $\mu>0$，命 $V(t)=\exp\{\lambda X(t)-\theta t\}(t\geqslant 0)$，其中 $\theta=\lambda\mu+\dfrac{1}{2}\lambda^2\sigma^2\ (\lambda>0)$，证明 $\{V(t),t\geqslant 0\}$ 为鞅.

8.12 设 $\{B(t),t\geqslant 0\}$ 为标准布朗运动，常数 $\alpha,\beta>0$. 证明：

$$P\{B(t)\leqslant\alpha t+\beta,\forall t\geqslant 0|B(0)=\omega\}=1-\mathrm{e}^{2\alpha(\beta-\omega)} \quad (\omega\leqslant\beta)$$

（提示：利用推论 8.3.2.）

8.13 证明定理 8.4.2 的 (5).

8.14 设 $\{B(t),t\geqslant 0\}$ 为标准布朗运动， $g(t)(t\geqslant 0)$ 为确定性函数，且具有连续导函数 $g'(t)$. 试用伊藤积分定义证明式 (8.5.3)

$$\int_a^b g(t)\mathrm{d}B(t)=g(b)B(b)-g(a)B(a)-\int_a^b g'(t)B(t)\mathrm{d}t$$

8.15 设 $\{W(t),t\geqslant 0\}$ 为布朗运动（满足定义 8.1.1），证明下面的一阶常系数线性随机微分方程：

$$a_0\mathrm{d}X(t)+a_1X(t)=\mathrm{d}W(t)$$

（其中 $a_0,a_1\in\mathbf{R}$，且 $a_0\neq 0$.）的通解为

$$\begin{aligned}X(t)&=X(t_0)\mathrm{e}^{\alpha(t-t_0)}+\frac{1}{a_0}\int_{t_0}^{t}\mathrm{e}^{\alpha(t-s)}\mathrm{d}W(s)\\&=\left(X(t_0)-\frac{W(t_0)}{a_0}\right)\mathrm{e}^{\alpha(t-t_0)}+\frac{W(t)}{a_0}+\frac{\alpha}{a_0}\int_{t_0}^{t}\mathrm{e}^{\alpha(t-s)}W(s)\mathrm{d}s\end{aligned}$$

（其中 $\alpha=-a_1/a_0,t\geqslant t_0\geqslant 0$.）

8.16 （人口增长模型）设 $N(t)$ 为时刻 t 的人口数 $(t\geqslant 0)$，且 $N(t)$ 满足随机微分方程 (SDE)：

$$\mathrm{d}N(t)=\gamma N(t)\mathrm{d}t+\alpha N(t)\mathrm{d}B(t)$$

（其中 $B(t)$ 为标准布朗运动，γ,α 为常数.）设 $N(0)=1$，试用伊藤公式求 $N(t)$ 的显表达式，并讨论当 $t\to+\infty$ 时 $N(t)$ 的发展趋势.

8.17 设 $\{X(t),t\geqslant 0\}$ 满足如下的随机微分方程：

$$\mathrm{d}X(t)=a_1(t)X(t)\mathrm{d}t+b_1(t)X(t)\mathrm{d}B(t)$$

其中 $B(t)$ 为标准布朗运动，$a_1(t)$、$b_1(t)$ 为连续函数，试用伊藤公式证明上式的通解为

$$X(t)=X(t_0)\exp\left\{\int_{t_0}^{t}\left(a_1(s)-\frac{b_1^2(s)}{2}\right)\mathrm{d}s+\int_{t_0}^{t}b_1(s)\mathrm{d}B(s)\right\}\quad(t\geqslant t_0\geqslant 0)$$

（提示：命 $f(x,t)=\ln x$.）

附　　录

附表 1　常用概率分布及其矩母函数

离散概率分布	概率质量函数 $p(x)$	矩母函数 $g(t)$	均值	方差
二项分布参数 $n,p,0\leqslant p\leqslant 1$	$\binom{n}{x}p^x(1-p)^{n-x}$ $x=0,1,\cdots,n$	$[pe^t+(1-p)]^n$	np	$np(1-p)$
泊松分布参数 $\lambda>0$	$e^{-\lambda}\dfrac{\lambda^x}{x!}$ $x=0,1,2,\cdots$	$\exp\{\lambda(e^t-1)\}$	λ	λ
几何分布参数 $0\leqslant p\leqslant 1$	$p(1-p)^{x-1}$ $x=1,2,\cdots$	$\dfrac{pe^t}{1-(1-p)e^t}$	$\dfrac{1}{p}$	$\dfrac{1-p}{p^2}$
负二项分布参数 r,p	$\binom{x-1}{r-1}p^r(1-p)^{x-r}$ $x=r,r+1,\cdots$	$\left[\dfrac{pe^t}{1-(1-p)e^t}\right]^r$	$\dfrac{r}{p}$	$\dfrac{r(1-p)}{p^2}$

连续概率分布	概率密度函数 $f(x)$	矩母函数 $g(t)$	均值	方差
(a,b) 上的均匀分布	$\dfrac{1}{b-a},a<x<b$	$\dfrac{e^{tb}-e^{ta}}{t(b-a)}$	$\dfrac{a+b}{2}$	$\dfrac{(b-a)^2}{12}$
指数分布参数 $\lambda>0$	$\lambda e^{-\lambda x},x\geqslant 0$	$\dfrac{\lambda}{\lambda-t}$	$\dfrac{1}{\lambda}$	$\dfrac{1}{\lambda^2}$
Γ-分布参数 $(n,\lambda),\lambda>0$	$\dfrac{\lambda e^{-\lambda x}(\lambda x)^{n-1}}{(n-1)!}$ $x\geqslant 0$	$\left(\dfrac{\lambda}{\lambda-t}\right)^n$	$\dfrac{n}{\lambda}$	$\dfrac{n}{\lambda^2}$
正态分布参数 (μ,σ^2)	$\dfrac{1}{\sqrt{2\pi}\sigma}e^{-(x-\mu)^2/2\sigma^2}$ $-\infty<x<\infty$	$\exp\left\{\mu t+\dfrac{\sigma^2t^2}{2}\right\}$	μ	σ^2
B-分布参数 a,b $a>0,b>0$	$cx^{a-1}(1-x)^{b-1}$ $0<x<1$ $c=\dfrac{\Gamma(a+b)}{\Gamma(a)\Gamma(b)}$		$\dfrac{a}{a+b}$	$\dfrac{ab}{(a+b)^2/(a+b+1)}$

附表 2　常见协方差函数与谱密度函数

	$R(\tau)$	$S(\omega)$
(1)	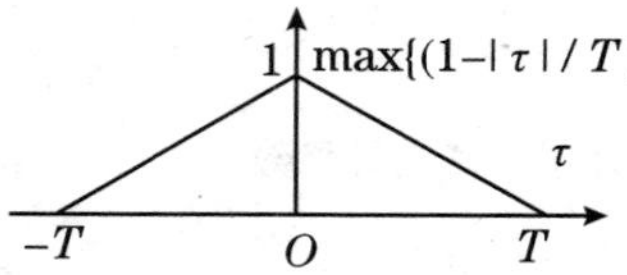 $\max\{(1-\vert\tau\vert/T),0\}$	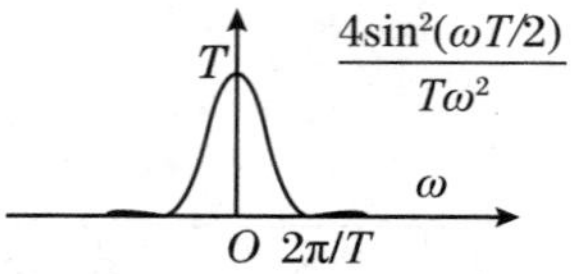 $\dfrac{4\sin^2(\omega T/2)}{T\omega^2}$
(2)	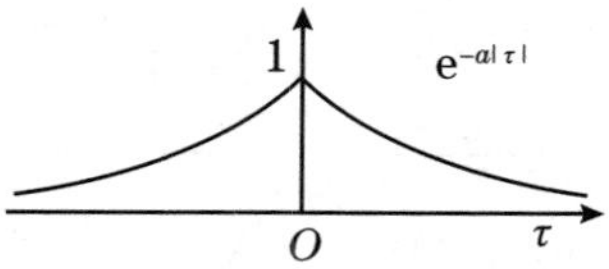 $e^{-a\vert\tau\vert}$	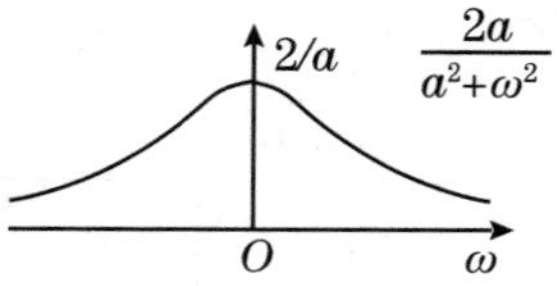 $\dfrac{2a}{a^2+\omega^2}$
(3)	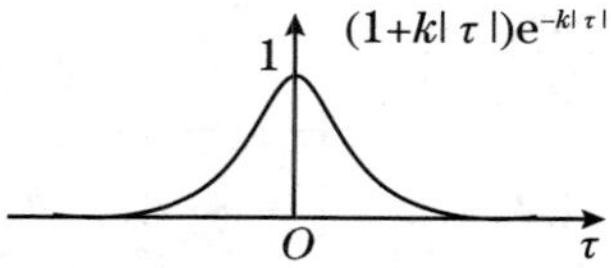 $(1+k\vert\tau\vert)e^{-k\vert\tau\vert}$	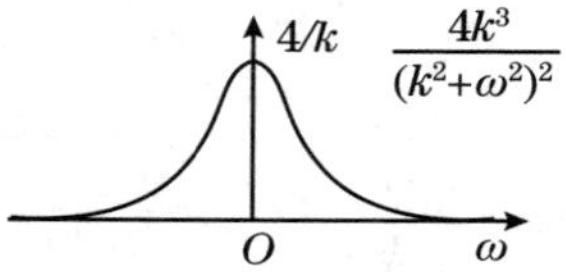 $\dfrac{4k^3}{(k^2+\omega^2)^2}$
(4)	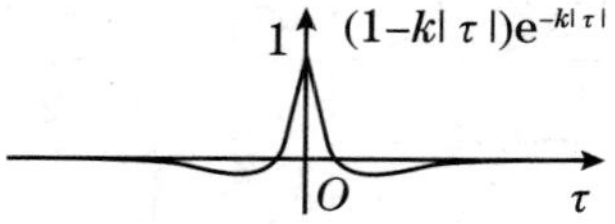 $(1-k\vert\tau\vert)e^{-k\vert\tau\vert}$	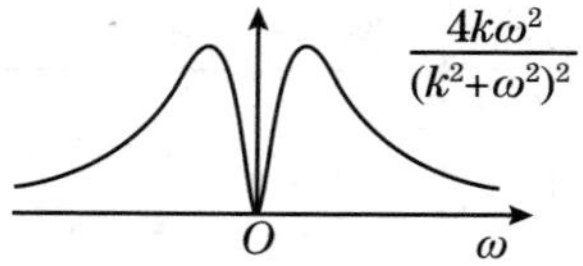 $\dfrac{4k\omega^2}{(k^2+\omega^2)^2}$
(5)	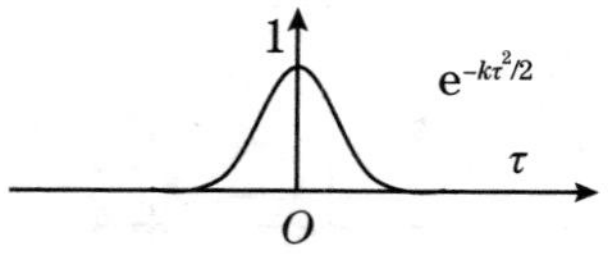 $e^{-k\tau^2/2}$	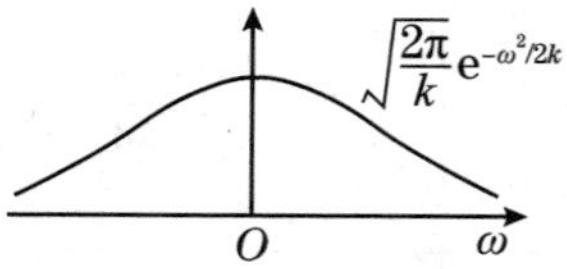 $\sqrt{\dfrac{2\pi}{k}}e^{-\omega^2/2k}$

续表

	$R(\tau)$	$S(\omega)$
(6)	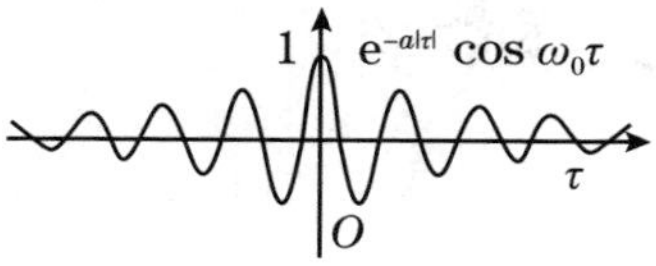 1　$e^{-a\|\tau\|}\cos\omega_0\tau$　O　τ	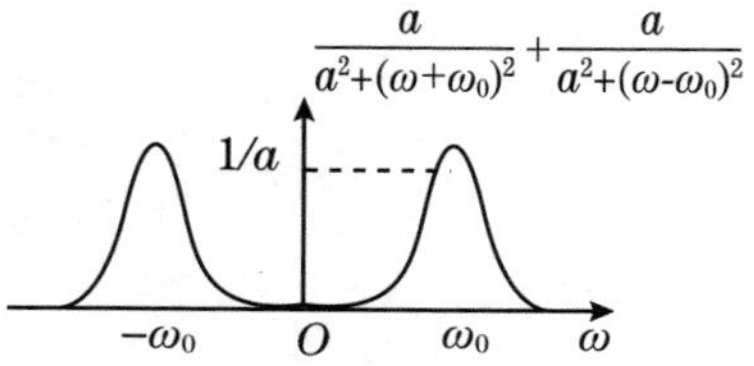 $\frac{a}{a^2+(\omega+\omega_0)^2}+\frac{a}{a^2+(\omega-\omega_0)^2}$　$1/a$　$-\omega_0$　O　ω_0　ω
(7)	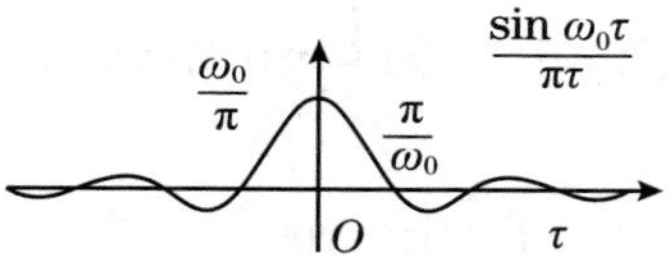 $\frac{\omega_0}{\pi}$　$\frac{\sin\omega_0\tau}{\pi\tau}$　$\frac{\pi}{\omega_0}$　O　τ	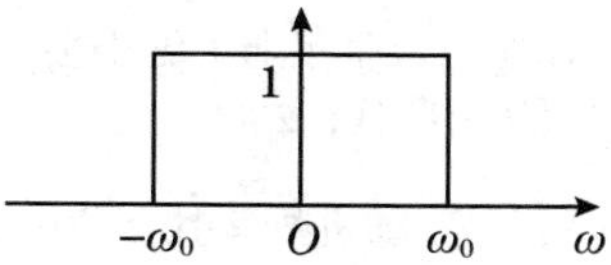 1　$-\omega_0$　O　ω_0　ω
(8)	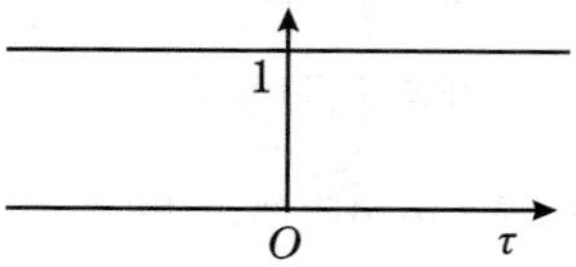 1　O　τ	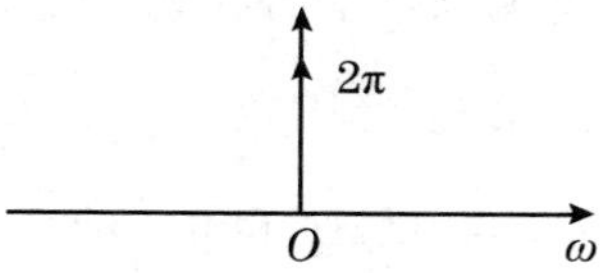 2π　O　ω
(9)	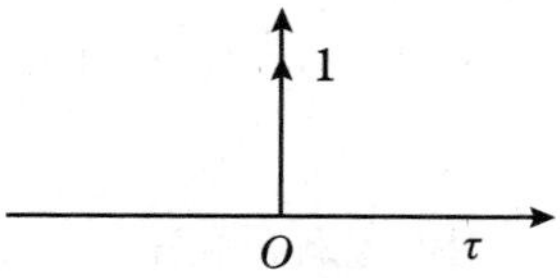 1　O　τ	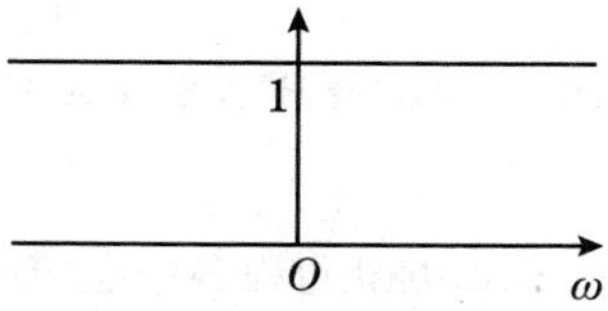 1　O　ω
(10)	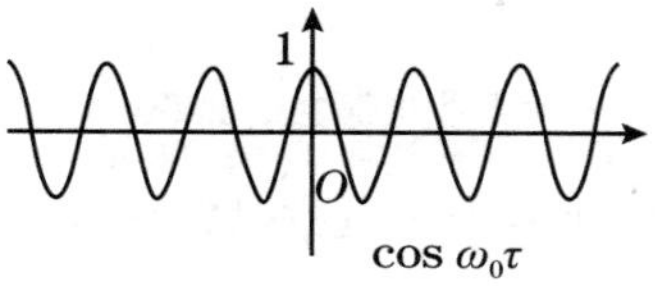 1　O　$\cos\omega_0\tau$	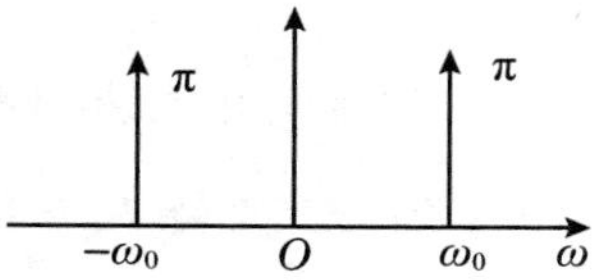 π　π　$-\omega_0$　O　ω_0　ω

参 考 文 献

[1] 严士健，等. 概率论基础 [M]. 北京: 科学出版社，1982.

[2] 《现代应用数学手册》编委会. 现代应用数学手册: 概率统计与随机过程卷 [M]. 北京: 清华大学出版社，2000.

[3] 林元烈，等. 随机数学引论 [M]. 北京: 清华大学出版社，2003.

[4] 林元烈，等. 应用随机过程 [M]. 北京: 清华大学出版社，2002.

[5] 何声武. 随机过程引论 [M]. 北京: 高等教育出版社，1999.

[6] 何声武. 随机过程导论 [M]. 上海: 华东师范大学出版社，1989.

[7] 方兆本，等. 随机过程 [M]. 合肥: 中国科学技术大学出版社，1993.

[8] Karlin S, et al. 随机过程初级教程 [M].2 版. 庄兴无，等，译. 北京: 人民邮电出版社，2007.

[9] Karlin S, Taylor H. A Second Course in Stochastic Processes[M]. San Diego: Academic Press, 1981.

[10] Ross S M. 随机过程 [M]. 何声武, 等, 译. 北京: 中国统计出版社，1997.

[11] Box G E P, et al. 时间序列分析: 预测与控制 [M]. 顾岚, 等, 译. 北京: 中国统计出版社，1997.

[12] 陆传赉. 工程系统中的随机过程 [M]. 北京: 电子工业出版社，2000.

[13] 叶中行，等. 数理金融: 资产定价与金融决策理论 [M]. 北京: 科学出版社，2010.